Hochschultext

W0269317

H. P. Künzi W. Krelle R. von Randow

Nichtlineare Programmierung

Unter Mitwirkung von W. Oettli

Zweite, neubearbeitete und erweiterte Auflage

Mit 36 Abbildungen

Springer-Verlag
Berlin Heidelberg New York 1979

Professor Dr. Dr. h. c. Hans Paul Künzi
Volkswirtschaftsdirektor des Kantons Zürich
und Honorarprofessor der Universität Zürich
CH-8090 Zürich

Professor Dr. Wilhelm Krelle
Institut für Gesellschafts- und Wirtschaftswissenschaften
D-5300 Bonn

Dr. Rabe von Randow
Institut für Ökonometrie und Operations Research
Abteilung Operations Research
D-5300 Bonn

Professor Dr. Werner Oettli
Fakultät für Mathematik und Informatik der Universität
D-6800 Mannheim

Die 1. Auflage erschien 1962 als Band 1 der Reihe Ökonometrie und Unternehmensforschung und 1975 als unveränderter Nachdruck der 1. Auflage in den Heidelberger Taschenbüchern, Band 172

CIP-Kurztitelaufnahme der Deutschen Bibliothek
Künzi, Hans Paul: Nichtlineare Programmierung / H. P. Künzi; W. Krelle; R. von Randow. Unter Mitw. von Werner Oettli.– 2., neubearb. u. erw. Aufl.– Berlin, Heidelberg, New York: Springer, 1979.– (Hochschultext)

ISBN-13: 978-3-540-09343-5   e-ISBN-13: 978-3-642-81331-3
DOI: 10.1007/978-3-642-81331-3

NE: Krelle, Wilhelm:; Randow, Rabe von:

Das Werk ist urheberrechtlich geschützt. Die dadurch begründeten Rechte, insbesondere die der Übersetzung, des Nachdruckes, der Entnahme von Abbildungen, der Funksendung, der Wiedergabe auf photomechanischem oder ähnlichem Wege und der Speicherung in Datenverarbeitungsanlagen bleiben, auch bei nur auszugsweiser Verwertung, vorbehalten. Bei Vervielfältigungen für gewerbliche Zwecke ist gemäß § 54 UrhG eine Vergütung an den Verlag zu zahlen, deren Höhe mit dem Verlag zu vereinbaren ist.
© by Springer-Verlag Berlin Heidelberg 1962, 1979

2142/3140-543210

Vorwort zur zweiten Auflage

Nachdem die 1. Auflage dieses Buches vor 16 Jahren geschrieben wurde und, wie erwartet, das Gebiet der nichtlinearen Programmierung in der Zwischenzeit – man kann sagen – stürmisch weiterentwickelt wurde, kann eine 2. Auflage nicht nur in marginalen Verbesserungen bestehen. Auf der einen Seite haben sich manche Verfahren der nichtlinearen und insbesondere der quadratischen Programmierung, die in der ersten Auflage noch ausführlich dargestellt wurden, als nicht so zweckmäßig herausgestellt und sind daher ausgeschieden worden. Es handelt sich hierbei um das Verfahren von Theil und Van de Panne, das Multiplex-Verfahren von Frisch, und die Kapazitätsmethode von Houthakker. Sie erscheinen daher in dieser zweiten Auflage nicht mehr. Auf der anderen Seite sind neue, allgemeine Verfahren der nichtlinearen Programmierung entwickelt worden. Sie unterscheiden sich von den in der ersten Auflage dieses Buches behandelten Verfahren dadurch, daß sie im allgemeinen algorithmisch nicht eindeutig festgelegt sind, sondern daß sie je nach den zur Verfügung stehenden Unterprogrammen und Computern und je nach dem jeweiligen Problem unterschiedlich implementiert werden können. Sie geben sozusagen nur noch die „Generalidee" an und überlassen die Ausführung dieser Idee im einzelnen dem jeweiligen Anwender.

So enthalten insbesondere viele Verfahren der nichtlinearen Programmierung als wesentlichen Schritt das Unterprogramm: man minimiere die Funktion $F(\mathbf{x})$ über dem Bereich derjenigen $\mathbf{x} \in R^n$ die auf einer bestimmten Geraden im R^n liegen. Zur Konstruktion von Algorithmen zur Lösung dieses eindimensionalen Minimierungsproblems (auf englisch "line search" genannt) gibt es hauptsächlich zwei Ansätze: (a) die Bestimmung von schrittweise kleineren das lokale Minimum von F enthaltenden Intervallen auf der Geraden, und (b) die Bestimmung eines schrittweise besseren Annäherungspunktes zum lokalen Minimum von F auf der Geraden. Von jedem Typ haben wir zwei ausgewählt: das Fibonacci-Verfahren und das verwandte Verfahren des goldenen Schnittes, bzw. das Verfahren von Powell und jenes von Swann, die beide quadratische Interpolation benutzen.

Aus der Klasse der Verfahren für freie, d. h. unbeschränkte Programme betrachten wir das Verfahren des steilsten Abstiegs und das von Newton, sodann die drei miteinander verwandten Verfahren von Davidon, Fletcher und Powell (Variable Metric Method), von Broyden, Fletcher, Goldfarb und Shanno, und das Verfahren der Rang-1-Korrektur. Ferner geben wir das Verfahren von Fletcher und Reeves an, welches das in dem in der zweiten Auflage erweiterten 2. Abschnitt von Kapitel X besprochene Verfahren der konjugierten Gradienten verallgemeinert. Schließlich behandeln wir noch das interessante ableitungsfreie Verfahren von Powell.

Die weiteren betrachteten Verfahren beziehen sich alle auf nichtlineare Programme mit Restriktionen. Sie seien im folgenden kurz zusammengestellt.

Das Verfahren von Topkis und Veinott verallgemeinert das im Kapitel XII besprochene Verfahren der zulässigen Richtungen von Zoutendijk auf den Fall nichtlinearer Ungleichungsrestriktionen.

Die Methode der reduzierten Gradienten von Wolfe eignet sich für nichtlineare Programme mit linearen Nebenbedingungen und hat große Ähnlichkeiten mit dem Simplexverfahren. Sie wurde von Abadie und Carpentier für den Fall nichtlinearer Gleichungsrestriktionen verallgemeinert. Letzteres Verfahren wurde in der Colville-Studie von 1970 als das beste für diesen Problemtyp ermittelt.

Die Schnittebenenverfahren von Kelley und von Kleibohm und Veinott dienen der Minimierung einer konvexen Funktion über einem konvexen abgeschlossenen Bereich. Sie sind lineare Approximierungsmethoden, die den zulässigen Bereich in einen Polyeder einschließen und sich von außen durch „Wegschneiden" des vorliegenden Punktes mittels einer weiteren linearen Ungleichung und anschließendem dualen Simplex-Schritt an den zulässigen Bereich heranarbeiten.

Die Straffunktionsverfahren, welche von Fiacco und McCormick unter dem Namen SUMT (Sequential Unconstrained Minimization Techniques) eingehend untersucht wurden, bestehen in der Umwandlung des ursprünglichen Programmierungsproblems in eine Folge von freien, d. h. unbeschränkten Programmen. Dies geschieht dadurch, daß man einen mit einem Parameter gewichteten Ausdruck (Straffunktion) der den zulässigen Bereich beschreibenden Funktionen mit in die Zielfunktion nimmt. Dies bewirkt bei der inneren Straffunktionsmethode (nur für Probleme mit Ungleichungsrestriktionen), daß man innerhalb des zulässigen Bereiches bleibt, und bei der äußeren Straffunktionsmethode, daß man außerhalb, aber in der Nähe des Randes des zulässigen Bereiches bleibt. Bei sich schrittweise monoton veränderndem Parameter nähert sich diese Programmfolge immer mehr dem ursprünglichen Programm. Ist das ursprüngliche Programm konvex, so lassen sich mit Hilfe der in der zweiten Auflage im Kapitel III eingefügten konvexen Dualitätstheorie Schranken für den optimalen Zielfunktionswert angeben, die als Abbruchkriterium dienen können.

Schließlich wird noch die interessante Zentrenmethode von Huard behandelt, die wie die Straffunktionsverfahren ein nichtlineares Programm mit Ungleichungsrestriktionen auf eine Folge von freien Programmen zurückführt. Hier wird der zulässige Bereich schrittweise reduziert durch die Bestimmung einer Punktfolge von sogenannten „Zentren" der zulässigen Bereiche, die die jeweilige Approximation an die Lösung des ursprünglichen Problems darstellen und deren Bestimmung ein freies Programm ist.

Seit der ersten Auflage ist die Literatur zum Gebiet der Verfahren für nichtlineare Programme, wie wir bereits erwähnten, besonders stark angewachsen, insbesondere ist auch eine Vielzahl verschiedener Lehrbücher mit differenzierten Zielen erschienen (s. Literaturverzeichnis). Besonders hervorzuheben sind unseres Erachtens die Bücher von Blum und Oettli, von Luenberger und von Polak, die in verschiedenen Hinsichten weit über den Rahmen des vorliegenden Buches hinausgehen. Mit ausschlaggebend für die Wahl der betrachteten Verfahren waren die Überblicksarbeit von Reklaitis und Phillips von 1975 und der Lecture Notes Band von Künzi und Oettli (1969) mit dem Titel „Nichtlineare Optimierung: Neuere Verfahren, Bibliographie".

Da die Verfahren der quadratischen Programmierung mit linearen Nebenbedingungen für viele Verfahren der allgemeinen Programmierung weiterhin den Ausgangspunkt bilden und überdies zu eindeutigen Algorithmen führen und rechnerisch am einfachsten sind, sind sie im zweiten Teil des Buches (nach einem ersten, einleitenden Teil) wiederum wie in der ersten Auflage zusammengefaßt. Dann erst folgen im dritten Teil die Verfahren der allgemeinen Programmierung. Daß sich Stil und Methode der Darstellung bei beiden Teilen unterscheiden, liegt nicht nur an dem neuen Mitautor, sondern wesentlich an den verschiedenen mathematischen Objekten dieser beiden Teile.

Wir haben im dritten Teil darauf verzichtet, wie im zweiten Teil jeweils dasselbe Zahlenbeispiel für alle Verfahren „von Hand" durchzurechnen. Das wäre diesen Verfahren nicht gerecht geworden, ganz abgesehen von dem sehr großen Rechenaufwand. Sie sind von vornherein für die Computeranwendung konzipiert. Der Vergleich von Rechenzeiten auf Computern bei den verschiedenen Programmen ist *ein* Kriterium für ihre relative Nützlichkeit. Dies liegt aber außerhalb des hier gespannten Rahmens.

Wir hoffen, daß auch diese zweite Auflage ihren Zweck erfüllt, in dieses theoretisch interessante und praktisch wichtige Gebiet einzuführen und zur Weiterarbeit anzuregen.

Bonn und Zürich, im Herbst 1978   H. P. Künzi   W. Krelle   R. von Randow

Auszug aus dem Vorwort zur ersten Auflage

In den letzten Jahren sind verschiedene Werke über das Gebiet der linearen Programmierung (linearen Optimierung) geschrieben worden, wobei die einen mehr theoretisch, die anderen mehr praktisch ausgerichtet sind.

Fast parallel zur linearen Programmierung setzte auch die Forschung in Richtung der nichtlinearen Programmierung ein, bei der sich allerdings vom mathematischen Standpunkt aus erheblich größere Schwierigkeiten zeigten. Keineswegs kann man heute schon von einer abgeschlossenen Theorie der nichtlinearen Programmierung sprechen, vielmehr ist zu betonen, daß sich die weitere Entwicklung noch in vollem Flusse befindet, und es ist damit zu rechnen, daß die kommenden Jahre noch große Fortschritte auf diesem Sektor der angewandten Mathematik mit sich bringen werden.

Bei diesem Stand der Dinge erhebt sich natürlich die Frage, ob die Zeit für eine lehrbuchmäßige Darstellung dieses Gebiets schon reif ist. Den Versuch haben wir aber trotzdem gewagt; doch gehört eine gewisse Rechtfertigung dazu.

Wir hatten nicht die Absicht, alle zur Zeit ausgearbeiteten oder skizzierten Verfahren der nichtlinearen Programmierung darzustellen. Es lag uns vielmehr daran, einleitend die theoretischen Grundkonzeptionen zu formulieren, um anschließend verschiedene mögliche Lösungswege anhand der, wie wir glauben, grundsätzlich wichtigsten und interessantesten Verfahren zu erläutern. Die meisten dieser Verfahren sind an quadratische Zielfunktionen (mit definiten oder semidefiniten Matrizen) und lineare Restriktionen gebunden. Es gibt aber schon heute Verfahren, die sich in Richtung der Zielfunktion und/oder in Richtung der Restriktionen verallgemeinern lassen. Zu diesen gehören ... diejenigen von Rosen, Frisch und Zoutendijk.

Bei der Darstellung des Stoffes verfolgten wir zwei verschiedene Ziele. Erstens wollten wir gewisse Verfahren, die zum Teil in dieser Monographie theoretisch noch weiter ausgebaut wurden, für das praktische Rechnen zugänglich machen. Zweitens ging es uns darum, einige Methoden, die vom Standpunkt der Anwendung oder der Allgemeinheit ihrer Voraussetzungen aus gesehen, noch nicht voll befriedigen, zur Diskussion zu stellen. ...

Es ist zu hoffen, daß diese so gewählte Form der ersten buchförmigen Behandlung der nichtlinearen Programmierung den beiden erwähnten Gesichtspunkten gerecht werde, und es wäre erfreulich, wenn durch die vorgenommenen Ansätze möglichst viele an diesem Gebiet Interessierte angeregt würden, ihre Forschung in den Dienst der nichtlinearen Programmierung zu stellen, um von den vielen noch offenen Fragen die eine oder die andere zu beantworten.

Der Schwerpunkt dieser Darstellung liegt auf der Theorie. Die Bedeutung der nichtlinearen Programmierung für die Praxis ist für jeden Sachkenner offensichtlich. Im übrigen ist es nicht Aufgabe der Wissenschaft, stets unmittelbar für die Praxis ausnutzbare Ergebnisse zu bringen. Oft zeigen sich überraschende Anwendungen, an die früher niemand gedacht hat, nach einigen Jahren von selbst. Im Falle der nichtlinearen Programmierung lassen sich aber viele mögliche Anwendungsfälle schon jetzt übersehen, hat man doch bisher viel Mühe und Scharfsinn darauf verwandt, ursprünglich nichtlineare Probleme linear einigermaßen vernünftig zu approximieren, um sie lösen zu können. Das kann nun, jedenfalls zum Teil, fortfallen. Mit der Ausbreitung wissenschaftlicher Methoden in der Betriebsführung, wie sie unter dem Namen Unternehmensforschung (Operations Research) bezeichnet werden, werden sich diese Anwendungen bald vermehren, und die Methode der nichtlinearen Programmierung wird eine stets größere Bedeutung gewinnen. ...

... Die Kunst des Unternehmensforschers in der Firma ist es, die logische Grundstruktur eines vorliegenden betriebswirtschaftlichen Problems zu erkennen und den für seine Lösung geeigneten Ansatz zu finden. Dieses Buch soll auch dazu dienen, diese Ansatzmöglichkeiten zu erweitern und damit wirklichkeitsnähere Lösungen zu ermöglichen. Der Leser wird leicht feststellen, daß sich nicht alle behandelten Verfahren gleich gut für ein bestimmtes Problem eignen. Aus diesem Grunde sollen die in diesem Buche behandelten Verfahren in dieser Hinsicht gleich kurz charakterisiert werden.

Das *Hildreth*-Verfahren ist ein besonders einfaches Iterationsverfahren. In vielen Fällen ist die Konvergenz nicht immer gut, so daß man oft sehr viele Iterationen braucht. Dieses Verfahren kann allerdings gut auf automatischen Rechenmaschinen programmiert werden. Die Zielfunktion muß jedoch streng konvex sein, was die Verwendbarkeit reduziert. ...

Das Verfahren von Beale benützt weitgehend den Simplex-Algorithmus und ist insofern recht allgemein, als für die quadratische Zielfunktion semidefinite Formen zugelassen werden.

Der Algorithmus von Wolfe schließt direkt an die Kuhn-Tucker-Relationen an und benützt wie Beale in starkem Maße die Simplexiteration. Auch Wolfe läßt semidefinite Formen in der quadratischen Zielfunktion zu. Für dieses Verfahren besitzt man auch gut ausgebaute Computer-Programme.

Das Verfahren von Barankin und Dorfman weist ähnliche Züge auf wie dasjenige von Wolfe, benötigt aber z. T. einen neuen Algorithmus und funktioniert nicht immer.

Das Verfahren von Frank und Wolfe behebt die Schwierigkeiten des Barankin-Dorfman-Verfahrens, verwendet nur die Simplex-Technik und ist kürzer als das Wolfe-Verfahren. Vielleicht ist eine Kombination des Barankin-Dorfman-Verfahrens und des Frank-Wolfe-Verfahrens am günstigsten.

Das Verfahren von Rosen hat den Vorteil, daß man sich auch in das Innere des zulässigen Gebiets hineinbegeben kann um die Zielfunktion zu vergrößern bzw. zu verkleinern. Man bewegt sich weitgehend in Richtung des Gradienten der Zielfunktion unter Berücksichtigung der Restriktionen, was meist eine schnellere Konvergenz zur Folge hat.

Entsprechende Überlegungen liegen dem Verfahren von Zoutendijk zugrunde. Diese beiden letzten Verfahren sind ... verallgemeinerungsfähig bezüglich der Restriktionen und der Zielfunktion. In der vorliegenden Darstellung beschränken wir uns weitgehend auf quadratische semidefinite Zielfunktionen mit linearen Restriktionen. . . .

Das Werk richtet sich vorwiegend an Studierende der Mathematik, der Wirtschaftswissenschaften, der Naturwissenschaften, der Ingenieurwissenschaften und an interessierte Praktiker in der Wirtschaft und in der Industrie. Für den Nichtmathematiker haben wir speziell im ersten Kapitel alle theoretischen Hilfsmittel, die in den folgenden Abschnitten verwendet werden, in möglichst elementarer Weise zusammengestellt. . . .

Zürich und Bonn, im Frühjahr 1962   H. P. Künzi und W. Krelle

Inhaltsverzeichnis

I. Teil
Einführung: Mathematische Hilfsmittel, lineare und konvexe Programme, Dualität

Erstes Kapitel

Mathematische Hilfsmittel

1. Der Begriff der Matrix

Unter einer $(m \times n)$-Matrix $\mathbf{A}$ versteht man eine Anordnung von $m \cdot n$ Größen a_{ij} ($i = 1, 2, \ldots, m; j = 1, 2, \ldots, n$) in einem rechteckigen Schema zu m Zeilen und n Spalten derart, daß das Element a_{ij} in der i-ten Zeile und der j-ten Spalte steht. Man schreibt

$$\mathbf{A} = \left\| \begin{array}{cccc} a_{11} & a_{12} & \cdots & a_{1n} \\ a_{21} & a_{22} & \cdots & a_{2n} \\ \cdot & \cdot & \cdots & \cdot \\ a_{m1} & a_{m2} & \cdots & a_{mn} \end{array} \right\| \tag{1.1}$$

oder auch kurz

$$\mathbf{A} = \| a_{ij} \| .$$

Die Elemente a_{ij} sind im folgenden immer reelle Zahlen oder, wie man auch sagt, Skalare.

Zwei $(m \times n)$-Matrizen $\mathbf{A} = \| a_{ij} \|$ und $\mathbf{B} = \| b_{ij} \|$ heißen gleich,

$$\mathbf{A} = \mathbf{B} ,$$

wenn $a_{ij} = b_{ij}$ für alle i, j.

Wenn eine Matrix gleiche Zeilen- und Spaltenzahl hat, $m = n$, so spricht man von einer (n-reihigen) quadratischen Matrix. Unter der Hauptdiagonalen einer quadratischen Matrix versteht man die von links oben nach rechts unten verlaufende Diagonale, also die Elemente a_{ii}.

Eine quadratische Matrix, bei der alle Elemente außerhalb der Hauptdiagonalen verschwinden, heißt Diagonalmatrix. Eine besondere Rolle spielt die Diagonalmatrix, die in der Hauptdiagonalen lauter Einsen aufweist, die sogenannte Einheitsmatrix. Wir bezeichnen sie ohne Rücksicht auf die Anzahl ihrer Reihen mit $\mathbf{E}$:

$$\mathbf{E} = \left\| \begin{array}{cccccc} 1 & 0 & . & . & . & . & 0 \\ 0 & 1 & & & & 0 \\ \cdot & & \cdot & & & \\ \cdot & & & \cdot & & \\ \cdot & & & & \cdot & \\ \cdot & & & & & \cdot \\ 0 & 0 & & & & 1 \end{array} \right\| = \| \delta_{ij} \| , \quad \delta_{ij} = \begin{cases} 1 & \text{für } i = j \\ 0 & \text{für } i \neq j \end{cases} . \tag{1.2}$$

Eine Nullmatrix ist eine Matrix, die nur Nullen aufweist.

2. Matrizenoperationen

Verwandelt man bei der Matrix (1.1) die Zeilen in Spalten und umgekehrt, so erhält man eine $(n \times m)$-Matrix, die Transponierte:

$$\mathbf{A'} = \left\| \begin{array}{cccc} a_{11} & a_{21} & \cdots & a_{m1} \\ a_{12} & a_{22} & \cdots & a_{m2} \\ \cdot & \cdot & \cdots & \cdot \\ a_{1n} & a_{2n} & \cdots & a_{mn} \end{array} \right\| = \| a_{ji} \| . \tag{1.3}$$

Beispiel:

$$\mathbf{A} = \left\| \begin{array}{ccc} 3 & 2 & -1 \\ 5 & 0 & 7 \end{array} \right\|, \qquad \mathbf{A'} = \left\| \begin{array}{cc} 3 & 5 \\ 2 & 0 \\ -1 & 7 \end{array} \right\| .$$

Bei einer quadratischen Matrix entspricht das Transponieren einer Spiegelung an der Hauptdiagonalen, wobei die Diagonalelemente unverändert bleiben. Offensichtlich gilt

$$(\mathbf{A'})' = \mathbf{A} . \tag{1.4}$$

Eine quadratische Matrix $\mathbf{A}$ heißt symmetrisch, wenn

$$\mathbf{A'} = \mathbf{A} , \tag{1.5}$$

d. h. wenn $a_{ij} = a_{ji}$. Ist dagegen

$$\mathbf{A'} = -\mathbf{A} , \tag{1.6}$$

d. h. $a_{ij} = -a_{ji}$ und $a_{ii} = 0$, so heißt die Matrix schiefsymmetrisch.

Eine Matrix wird mit einem Skalar multipliziert, indem man jedes Element der Matrix mit diesem Skalar multipliziert:

$$\lambda \mathbf{A} = \mathbf{A} \lambda = \left\| \begin{array}{cccc} \lambda a_{11} & \cdots & & \lambda a_{1n} \\ \cdot & \cdots & & \cdot \\ \cdot & & \cdots & \cdot \\ \lambda a_{m1} & \cdots & & \lambda a_{mn} \end{array} \right\| . \tag{1.7}$$

Die Summe zweier $(m \times n)$-Matrizen $\mathbf{A} = \| a_{ij} \|$ und $\mathbf{B} = \| b_{ij} \|$ ist definiert als die $(m \times n)$-Matrix $\mathbf{C} = \| c_{ij} \|$, mit $c_{ij} = a_{ij} + b_{ij}$. Man schreibt

$$\mathbf{A} + \mathbf{B} = \mathbf{C} \quad \text{oder} \quad \| a_{ij} \| + \| b_{ij} \| = \| a_{ij} + b_{ij} \| . \tag{1.8}$$

Man kann nur Matrizen von gleicher Zeilen- und Spaltenzahl addieren.

Als Produkt einer $(m \times n)$-Matrix $\mathbf{A}$ und einer $(n \times q)$-Matrix $\mathbf{B}$ definiert man die $(m \times q)$-Matrix

$$\mathbf{C} = \| c_{ik} \| \quad \text{mit} \quad c_{ik} = \sum_{v=1}^{n} a_{iv} b_{vk}, \quad i = 1, 2, \ldots, m; \quad k = 1, 2, \ldots, q. \tag{1.9}$$

Man schreibt

$$\mathbf{A} \mathbf{B} = \mathbf{C} , \tag{1.10}$$

ausführlich

$$\left\| \begin{array}{ccc} a_{11} & \cdots & a_{1n} \\ \cdot & \cdots & \cdot \\ \cdot & \cdots & \cdot \\ a_{m1} & \cdots & a_{mn} \end{array} \right\| \left\| \begin{array}{ccc} b_{11} & \cdots & b_{1q} \\ \cdot & \cdots & \cdot \\ \cdot & \cdots & \cdot \\ b_{n1} & \cdots & b_{nq} \end{array} \right\| = \left\| \begin{array}{cccc} \sum_{v=1}^{n} a_{1v} b_{v1} & \sum_{v=1}^{n} a_{1v} b_{v2} & \cdots & \sum_{v=1}^{n} a_{1v} b_{vq} \\ \cdot & \cdot & & \cdot \\ \cdot & \cdot & \cdots & \cdot \\ \sum_{v=1}^{n} a_{mv} b_{v1} & \sum_{v=1}^{n} a_{mv} b_{v2} & \cdots & \sum_{v=1}^{n} a_{mv} b_{vq} \end{array} \right\| .$$

$$\tag{1.11}$$

Das Produkt zweier Matrizen ist also nur definiert, wenn der erste Faktor soviele
Spalten aufweist wie der zweite Faktor Zeilen. Die Produktmatrix hat soviele Zeilen
wie der erste Faktor und soviele Spalten wie der zweite Faktor. Das Produkt zweier
n-reihiger quadratischer Matrizen ist wieder eine n-reihige quadratische Matrix. Die
Matrizenmultiplikation ist assoziativ,

$$(A\,B)\,C = A\,(B\,C) = A\,B\,C, \tag{1.12}$$

distributiv,

$$A\,(B + C) = A\,B + A\,C; \quad (A + B)\,C = A\,C + B\,C, \tag{1.13}$$

aber nicht kommutativ, d. h. es kann

$$A\,B \neq B\,A \tag{1.14}$$

sein, vorausgesetzt, daß überhaupt beide Produkte gleichzeitig definiert sind.

Die Einheitsmatrix E hat die Eigenschaft, daß

$$E\,A = A\,E = A \tag{1.15}$$

für jede beliebige $(m \times n)$-Matrix A. Dabei ist E als Linksfaktor m-reihig und als
Rechtsfaktor n-reihig.

Für die Transponierte eines Produktes gilt

$$(A\,B)' = B'\,A', \tag{1.16}$$

allgemein $(A\,B \ldots Q)' = Q' \ldots B'\,A'$.

3. Der Begriff des Vektors

Man bezeichnet eine $(n \times 1)$-Matrix, eine Matrix also, die nur eine Spalte mit n Elementen aufweist, als Spaltenvektor und schreibt

$$\mathbf{a} = \begin{Vmatrix} a_1 \\ a_2 \\ \cdot \\ \cdot \\ \cdot \\ a_n \end{Vmatrix} = \| a_i \| . \tag{1.17}$$

Die a_i heißen Komponenten des Vektors $\mathbf{a}$. Der Vektor (1.17) geht durch Transponieren in eine $(1 \times n)$-Matrix, einen sogenannten Zeilenvektor, über:

$$\mathbf{a}' = \| a_1, a_2, \ldots, a_n \| . \tag{1.18}$$

Wenn wir in Zukunft einfach von Vektoren oder genauer von n-Vektoren sprechen,
so sind darunter geordnete n-Tupel von reellen Zahlen zu verstehen, denen im Rahmen des Matrizenkalküls Spaltenvektoren mit n Komponenten entsprechen. Etwa
auftretende Zeilenvektoren werden wir stets als Transponierte von Spaltenvektoren
auffassen und in der Form (1.18) schreiben.

Faßt man die Komponenten eines n-Vektors als Koordinaten eines Punktes im
n-dimensionalen euklidischen Raum R^n auf, so läßt sich jedem n-Vektor ein Punkt

des R^n zuordnen. In diesem Sinne werden wir später die Ausdrücke Punkt und Vektor als gleichbedeutend verwenden. Dem Punkt mit den Koordinaten $x_1, x_2, \ldots, x_n$ entspricht der (variable) Vektor

$$\mathbf{x} = \left\| \begin{array}{c} x_1 \\ x_2 \\ \cdot \\ \cdot \\ \cdot \\ x_n \end{array} \right\| \tag{1.19}$$

und umgekehrt. Dem Koordinatenanfangspunkt entspricht der Nullvektor

$$\mathbf{0} = \left\| \begin{array}{c} 0 \\ 0 \\ \cdot \\ \cdot \\ \cdot \\ 0 \end{array} \right\| . \tag{1.20}$$

Man schreibt

$$\mathbf{a} \neq \mathbf{b}, \quad \text{wenn} \quad a_i \neq b_i \quad \text{für mindestens ein } i \text{ und} \tag{1.21}$$

$$\mathbf{a} \geqq \mathbf{b}, \quad \text{wenn} \quad a_i \geqq b_i \quad \text{für alle } i. \tag{1.22}$$

Als Sonderfälle der allgemeinen Produktdefinition für Matrizen erhält man:

Das Produkt $\mathbf{a}'\mathbf{b}$ eines n-Zeilenvektors und eines n-Spaltenvektors ist eine (1×1)-Matrix, die man als Skalar auffaßt. Sie ist trivialerweise invariant gegen Transponierung:

$$\mathbf{a}'\mathbf{b} = \mathbf{b}'\mathbf{a} = \sum_{i=1}^{n} a_i b_i . \tag{1.23}$$

Man nennt das Produkt (1.23) auch Skalarprodukt zweier Vektoren. Ist ein Faktor variabel, so spricht man von einer Linearform $\mathbf{a}'\mathbf{x} = \sum_{i=1}^{n} a_i x_i$. Zwei Vektoren heißen orthogonal oder senkrecht zueinander, wenn ihr Skalarprodukt verschwindet:

$$\mathbf{a}'\mathbf{b} = 0 . \tag{1.24}$$

Als Norm oder Betrag $|\mathbf{a}|$ eines Vektors $\mathbf{a}$ bezeichnet man den Ausdruck

$$|\mathbf{a}| = {}_+\sqrt{\mathbf{a}'\mathbf{a}} = {}_+\sqrt{\sum_{i=1}^{n} a_i^2} . \tag{1.25}$$

Für $\mathbf{a} \neq \mathbf{0}$ ist $|\mathbf{a}| > 0$; $\mathbf{a}$ heißt normiert, wenn $|\mathbf{a}| = 1$. Die Norm $|\mathbf{x}^2 - \mathbf{x}^1|$ heißt Abstand zwischen $\mathbf{x}^1$ und $\mathbf{x}^2$.

Das Produkt eines n-Spaltenvektors und eines m-Zeilenvektors ist eine $(n \times m)$-Matrix:

$$\mathbf{a}\,\mathbf{b}' = \left\| \begin{array}{c} a_1 \\ \cdot \\ \cdot \\ \cdot \\ a_n \end{array} \right\| \left\| b_1, \ldots, b_m \right\| = \left\| \begin{array}{cccc} a_1 b_1 & a_1 b_2 & \cdots & a_1 b_m \\ a_2 b_1 & a_2 b_2 & \cdots & a_2 b_m \\ \cdot & \cdot & \cdots & \cdot \\ \cdot & \cdot & \cdots & \cdot \\ a_n b_1 & a_n b_2 & \cdots & a_n b_m \end{array} \right\| . \tag{1.26}$$

Man nennt dieses Produkt auch dyadisches Produkt. Offensichtlich ist $\mathbf{a}\,\mathbf{b}' \neq \mathbf{b}\,\mathbf{a}'$.

Man kann die Matrix (1.1) zerlegen in m Zeilenvektoren

$$\mathbf{a}'_i = \| a_{i1}, a_{i2}, \ldots, a_{in} \| , \quad i = 1, 2, \ldots, m , \tag{1.27}$$

oder in n Spaltenvektoren

$$\alpha_j = \left\| \begin{matrix} a_{1j} \\ a_{2j} \\ \cdot \\ \cdot \\ \cdot \\ a_{mj} \end{matrix} \right\| , \quad j = 1, 2, \ldots, n . \tag{1.28}$$

Man schreibt dafür

$$\mathbf{A} = \| \alpha_1, \alpha_2, \ldots, \alpha_n \| = \left\| \begin{matrix} \mathbf{a}'_1 \\ \mathbf{a}'_2 \\ \cdot \\ \cdot \\ \mathbf{a}'_m \end{matrix} \right\| . \tag{1.29}$$

Zerlegt man

$$\mathbf{A} = \left\| \begin{matrix} \mathbf{a}'_1 \\ \cdot \\ \cdot \\ \mathbf{a}'_m \end{matrix} \right\| , \quad \mathbf{B} = \| \beta_1, \ldots, \beta_q \| , \tag{1.30}$$

so kann man das Matrizenprodukt schreiben als

$$\mathbf{A}\,\mathbf{B} = \left\| \begin{matrix} \mathbf{a}'_1 \beta_1 & \mathbf{a}'_1 \beta_2 & \cdots & \mathbf{a}'_1 \beta_q \\ \cdot & \cdot & \cdots & \cdot \\ \cdot & \cdot & \cdots & \cdot \\ \cdot & \cdot & \cdots & \cdot \\ \mathbf{a}'_m \beta_1 & \mathbf{a}'_m \beta_2 & \cdots & \mathbf{a}'_m \beta_q \end{matrix} \right\| . \tag{1.31}$$

Das Element c_{ij} der Produktmatrix ist also gleich dem Skalarprodukt der i-ten Zeile von $\mathbf{A}$ und der j-ten Spalte von $\mathbf{B}$.

Zerlegt man dagegen

$$\mathbf{A} = \| \alpha_1, \ldots, \alpha_n \| , \quad \mathbf{B} = \left\| \begin{matrix} \mathbf{b}'_1 \\ \cdot \\ \cdot \\ \mathbf{b}'_n \end{matrix} \right\| , \tag{1.32}$$

so kann man (1.10) schreiben als

$$\mathbf{A}\,\mathbf{B} = \sum_{i=1}^{n} \alpha_i \, \mathbf{b}'_i . \tag{1.33}$$

In beiden Schreibweisen verhalten sich die Matrizen $\mathbf{A}$ und $\mathbf{B}$ hinsichtlich der Multiplikation ähnlich wie einfache Vektoren.

Das Produkt aus einer Matrix und einem Spaltenvektor ist wieder ein Spaltenvektor:

$$
\mathbf{A\,u} = \left\| \begin{array}{ccc} a_{11} & \cdots & a_{1n} \\ \cdot & \cdot \cdot \cdot & \cdot \\ \cdot & \cdot \cdot \cdot & \cdot \\ \cdot & \cdot \cdot \cdot & \cdot \\ a_{m1} & \cdots & a_{mn} \end{array} \right\| \; \left\| \begin{array}{c} u_1 \\ \cdot \\ \cdot \\ \cdot \\ u_n \end{array} \right\| = \left\| \begin{array}{c} \sum_{v=1}^{n} a_{1v} u_v \\ \cdot \\ \cdot \\ \cdot \\ \sum_{v=1}^{n} a_{mv} u_v \end{array} \right\| = \left\| \begin{array}{c} \mathbf{a}'_1\,\mathbf{u} \\ \cdot \\ \cdot \\ \cdot \\ \mathbf{a}'_m\,\mathbf{u} \end{array} \right\| = \sum_{v=1}^{n} u_v\, \boldsymbol{\alpha}_v\,. \qquad (1.34)
$$

Einen Ausdruck der Form $\sum_v u_v\,\boldsymbol{\alpha}_v$ bezeichnet man als Linearkombination der Vektoren $\boldsymbol{\alpha}_v$. Die Linearkombination heißt konvex, wenn

$$
\mathbf{u} \geqq \mathbf{0} \quad \text{und} \quad \sum_v u_v = 1\,. \qquad (1.35)
$$

Ein lineares Gleichungssystem

$$
\begin{aligned}
a_{11} x_1 + a_{12} x_2 + \ldots + a_{1n} x_n &= a_1 \\
a_{21} x_1 + a_{22} x_2 + \ldots + a_{2n} x_n &= a_2 \\
\cdot \qquad\qquad\qquad\qquad\quad & \\
\cdot \qquad\qquad\qquad\qquad\quad & \\
\cdot \qquad\qquad\qquad\qquad\quad & \\
a_{m1} x_1 + a_{m2} x_2 + \ldots + a_{mn} x_n &= a_m
\end{aligned} \qquad (1.36)
$$

läßt sich schreiben als

$$
\mathbf{A\,x} = \mathbf{a}\,. \qquad (1.37)
$$

Eine lineare Transformation vom R^n mit den Koordinaten $\mathbf{x}' = \| x_1, \ldots, x_n \|$ in den
R^m mit den Koordinaten $\mathbf{y}' = \| y_1, \ldots, y_m \|$, nämlich

$$
y_i = \sum_{v=1}^{n} a_{iv} x_v, \quad i = 1, 2, \ldots, m \qquad (1.38)
$$

läßt sich schreiben als

$$
\mathbf{y} = \mathbf{A\,x}\,. \qquad (1.39)
$$

Das Produkt zweier Matrizen entspricht dem Nacheinanderausführen zweier linearer Transformationen:
Aus $\mathbf{y} = \mathbf{Ax}$, $\mathbf{z} = \mathbf{By}$ folgt $\mathbf{z} = \mathbf{B}\,(\mathbf{Ax}) = (\mathbf{BA})\,\mathbf{x}$.
    Die Einheitsmatrix entspricht der identischen Transformation:

$$
\mathbf{E\,x} = \mathbf{x}\,. \qquad (1.40)
$$

Aus (1.40) folgt trivialerweise

$$
\mathbf{x} = \sum_{i=1}^{n} x_i\,\mathbf{e}_i\,, \qquad (1.41)
$$

wobei $\mathbf{e}_i$ die i-te Spalte der Einheitsmatrix ist; man nennt den Vektor $\mathbf{e}_i$, der als i-te
Komponente eine Eins und sonst lauter Nullen aufweist, den i-ten Einheitsvektor.
Die Einheitsvektoren sind orthogonal und normiert. Schließlich gilt

$$
\mathbf{x}'\,\mathbf{e}_i = x_i\,. \qquad (1.42)
$$

4. Lineare Abhängigkeit von Vektoren und Rang einer Matrix

m Vektoren $\mathbf{a}_1, \mathbf{a}_2, \ldots, \mathbf{a}_m$ heißen linear unabhängig, wenn die Beziehung

$$u_1\mathbf{a}_1 + u_2\mathbf{a}_2 + \ldots + u_m\mathbf{a}_m = \mathbf{0} \tag{1.43}$$

nur dadurch erfüllt werden kann, daß $u_i = 0$ ist für alle i. Gleichbedeutend damit ist, daß das lineare Gleichungssystem

$$\mathbf{Au} = \mathbf{0} \quad \text{mit} \quad \mathbf{A} = \|\,\mathbf{a}_1, \mathbf{a}_2, \ldots, \mathbf{a}_m\,\|; \quad \mathbf{u'} = \|\,u_1, u_2, \ldots, u_m\,\| \tag{1.44}$$

nur die triviale Lösung $\mathbf{u} = \mathbf{0}$ hat, oder daß für alle $\mathbf{u} \neq \mathbf{0}$ folgt $\mathbf{A\,u} \neq \mathbf{0}$. Läßt sich dagegen (1.43) auch mit gewissen u_i erfüllen, die nicht sämtlich Null sind, so heißen die Vektoren linear abhängig.

Sind m Vektoren linear abhängig, so läßt sich mindestens einer von ihnen als Linearkombination der $m-1$ übrigen darstellen. Wenn die $m-1$ restlichen Vektoren linear unabhängig sind, so sind die Koeffizienten dieser Linearkombination eindeutig festgelegt.

Beispiel:

$$\mathbf{a}_1 = \begin{Vmatrix} 5 \\ 1 \\ 3 \end{Vmatrix}; \qquad \mathbf{a}_2 = \begin{Vmatrix} -3 \\ 1 \\ 0 \end{Vmatrix}; \qquad \mathbf{a}_3 = \begin{Vmatrix} -1 \\ 3 \\ 3 \end{Vmatrix}.$$

Die drei Vektoren sind linear abhängig, denn es gilt

$$\mathbf{a}_1 + 2\,\mathbf{a}_2 - \mathbf{a}_3 = \mathbf{0}.$$

Dagegen sind die drei Einheitsvektoren

$$\mathbf{e}_1 = \begin{Vmatrix} 1 \\ 0 \\ 0 \end{Vmatrix}; \qquad \mathbf{e}_2 = \begin{Vmatrix} 0 \\ 1 \\ 0 \end{Vmatrix}; \qquad \mathbf{e}_3 = \begin{Vmatrix} 0 \\ 0 \\ 1 \end{Vmatrix}$$

linear unabhängig.

Es gilt ferner: Ist in (1.43) $\mathbf{a}_i = \mathbf{0}$ für irgendein i, so herrscht lineare Abhängigkeit. Mehr als n n-Vektoren sind stets linear abhängig.

Unter dem Rang r einer Menge von m n-Vektoren versteht man die Maximalzahl linear unabhängiger unter ihnen. Es gilt stets

$$0 \leqq r \leqq \min\{m, n\}. \tag{1.45}$$

Im ersten Beispiel ist $r = 2$, im zweiten dagegen $r = 3$.

Da sich eine $(m \times n)$-Matrix nach (1.27) und (1.28) zerlegen läßt in m Zeilenoder n Spaltenvektoren, kann man analog für eine Matrix einen Zeilenrang und einen Spaltenrang definieren als die maximale Anzahl linear unabhängiger Zeilen bzw. Spalten. Es zeigt sich, daß diese beiden Rangzahlen übereinstimmen, so daß man einfach vom Rang r einer $(m \times n)$-Matrix sprechen kann. Es gilt wieder (1.45). Eine Matrix mit Rang 0 besteht nur aus Nullen. Die Matrix (1.26) hat den Rang 1, da je zwei Zeilen bzw. Spalten linear abhängig sind. Ein allgemeines Verfahren zur Bestimmung des Ranges einer Matrix folgt später.

Einer n-reihigen quadratischen Matrix $\mathbf{A}$ kann man bekanntlich eine Determinante $|\mathbf{A}|$ zuordnen. Wenn $|\mathbf{A}| \neq 0$, so heißt $\mathbf{A}$ nichtsingulär. In diesem Fall ist $r = n$. Wenn $\mathbf{A}$ dagegen singulär ist, $|\mathbf{A}| = 0$, so ist $r < n$. Wir erwähnen noch kurz einige Sätze im Zusammenhang mit dem Rang einer Matrix.

1. n Vektoren

$$\mathbf{a}_i = \left\| \begin{array}{c} a_{1i} \\ a_{2i} \\ \cdot \\ \cdot \\ \cdot \\ a_{ni} \end{array} \right\|, \qquad i = 1, 2, \ldots, n$$

sind genau dann linear unabhängig, wenn die $(n \times n)$-Matrix

$$\mathbf{A} = \| \mathbf{a}_1, \ldots, \mathbf{a}_n \|$$

den Rang n hat, d. h. nicht singulär ist. $\hspace{4cm}$ (1.46)[1]

2. m Vektoren

$$\mathbf{a}_i = \left\| \begin{array}{c} a_{1i} \\ a_{2i} \\ \cdot \\ \cdot \\ \cdot \\ a_{ni} \end{array} \right\|, \qquad i = 1, 2, \ldots, n; \quad m \leqq n$$

sind genau dann linear unabhängig, d. h. die

$$(n \times m)\text{-Matrix } \mathbf{A} = \| \mathbf{a}_1, \ldots, \mathbf{a}_m \| = \left\| \begin{array}{c} \alpha'_1 \\ \cdot \\ \cdot \\ \cdot \\ \cdot \\ \alpha'_n \end{array} \right\|$$

hat genau dann den Rang m, wenn mindestens eine m-reihige quadratische Teilmatrix

$$\hat{\mathbf{A}} = \left\| \begin{array}{c} \alpha_{i_1} \\ \alpha_{i_2} \\ \cdot \\ \cdot \\ \alpha_{im} \end{array} \right\|$$

nicht singulär ist. $\hspace{8cm}$ (1.47)

3. Der Rang eines Systems von m Vektoren ändert sich nicht, wenn man einen der Vektoren mit einem von Null verschiedenen Skalar multipliziert oder ein Vielfaches eines Vektors zu einem andern addiert. Man kann demnach die Zeilen (Spal-

---

1 Die Nummern (1.46) bis (1.49) beziehen sich jeweils auf den ganzen Satz.

ten) einer Matrix mit einer Konstanten $\neq 0$ multiplizieren oder ein Vielfaches einer Zeile (Spalte) zu einer andern addieren, ohne daß die Matrix ihren Rang ändert.

$$(1.48)$$

4. Ein Gleichungssystem $\mathbf{A}\,\mathbf{x} = \mathbf{a}$ [$\mathbf{A}$ eine $(m \times n)$-Matrix, $\mathbf{x}$ ein n- und $\mathbf{a}$ ein m-Vektor] hat genau dann eine Lösung, wenn die Matrix $\mathbf{A}$ und die erweiterte $[m \times (n+1)]$-Matrix $\tilde{\mathbf{A}} = \| \mathbf{A} \vdots \mathbf{a} \|$ beide den gleichen Rang r haben. Die Lösung ist eindeutig, wenn $r = n$. Falls $r < n$, so hängt die Lösung von $n - r$ Parametern ab, d. h. man kann die Werte von $n - r$ Variabeln beliebig vorgeben. Die Lösung ist insbesondere eindeutig, wenn $\mathbf{A}$ quadratisch nichtsingulär ist. $\hspace{2em}(1.49)$

5. Die Adjungierte und die Inverse einer Matrix

Als Adjungierte einer $(n \times n)$-Matrix

$$\mathbf{A} = \left\| \begin{matrix} a_{11} & \cdot\ \cdot\ \cdot & a_{1n} \\ \cdot & & \cdot \\ \cdot & & \cdot \\ a_{n1} & \cdot\ \cdot\ \cdot & a_{nn} \end{matrix} \right\|$$

definiert man die $(n \times n)$-Matrix

$$\mathbf{A}_{adj} = \left\| \begin{matrix} A_{11} & A_{21} & \cdot\ \cdot\ \cdot & A_{n1} \\ A_{12} & A_{22} & \cdot\ \cdot\ \cdot & A_{n2} \\ \cdot & \cdot & \cdot\ \cdot\ \cdot & \cdot \\ A_{1n} & A_{2n} & \cdot\ \cdot\ \cdot & A_{nn} \end{matrix} \right\| \hspace{3em} (1.50)$$

$$\text{mit } A_{ij} = (-1)^{i+j} \begin{vmatrix} a_{11} & \cdot\ \cdot\ \cdot & a_{1,j-1} & a_{1,j+1} & \cdot\ \cdot\ \cdot & a_{1n} \\ \cdot & \cdot\ \cdot\ \cdot & \cdot & \cdot & \cdot\ \cdot\ \cdot & \cdot \\ a_{i-1,1} & \cdot\ \cdot\ \cdot & a_{i-1,j-1} & a_{i-1,j+1} & \cdot\ \cdot\ \cdot & a_{i-1,n} \\ a_{i+1,1} & \cdot\ \cdot\ \cdot & a_{i+1,j-1} & a_{i+1,j+1} & \cdot\ \cdot\ \cdot & a_{i+1,n} \\ \cdot & \cdot\ \cdot\ \cdot & \cdot & \cdot & \cdot\ \cdot\ \cdot & \cdot \\ a_{n1} & \cdot\ \cdot\ \cdot & a_{n,j-1} & a_{n,j+1} & \cdot\ \cdot\ \cdot & a_{nn} \end{vmatrix} . \hspace{1em} (1.51)$$

Der sogenannte Kofaktor A_{ij} entsteht also dadurch, daß man in $\mathbf{A}$ die i-te Zeile und j-te Spalte streicht, von der verbleibenden $[(n-1) \times (n-1)]$-Matrix die Determinante bildet und diese mit $+1$ oder -1 multipliziert.

Aus dem Entwicklungssatz für Determinanten folgt:

$$\sum_{v=1}^{n} a_{hv} A_{iv} = \begin{vmatrix} a_{11} & \cdot\ \cdot\ \cdot & a_{1n} \\ \cdot & \cdot\ \cdot\ \cdot & \cdot \\ a_{i-1,1} & \cdot\ \cdot\ \cdot & a_{i-1,n} \\ a_{h1} & \cdot\ \cdot\ \cdot & a_{hn} \\ a_{i+1,1} & \cdot\ \cdot\ \cdot & a_{i+1,n} \\ \cdot & \cdot\ \cdot\ \cdot & \cdot \\ a_{n1} & \cdot\ \cdot\ \cdot & a_{nn} \end{vmatrix} = \begin{cases} 0 & \text{für } h \neq i \\ |\mathbf{A}| & \text{für } h = i \end{cases} . \hspace{1em} (1.52)$$

Analog folgt für die Entwicklung nach einer Spalte:

$$\sum_{v=1}^{n} a_{vh} A_{vi} = |\mathbf{A}| \, \delta_{ih} \, .\tag{1.53}$$

Aus (1.52) und (1.53) folgt, daß

$$\mathbf{A}\,\mathbf{A}_{adj} = \mathbf{A}_{adj}\,\mathbf{A} = \left\|\begin{array}{cccc} |\mathbf{A}| & 0 & \ldots & 0 \\ 0 & |\mathbf{A}| & & \\ \cdot & & \cdot & \\ \cdot & & & \cdot \\ \cdot & & & \cdot & 0 \\ 0 & & 0 & |\mathbf{A}| \end{array}\right\| = |\mathbf{A}|\,\mathbf{E}\,.\tag{1.54}$$

Falls $\mathbf{A}$ nichtsingulär ist, so kann man (1.54) durch $|\mathbf{A}|$ dividieren und erhält mit

$$\mathbf{K} = \frac{1}{|\mathbf{A}|}\,\mathbf{A}_{adj}\tag{1.55}$$

$$\mathbf{A}\,\mathbf{K} = \mathbf{K}\,\mathbf{A} = \mathbf{E}\,.\tag{1.56}$$

Es zeigt sich, daß nur für nichtsinguläre Matrizen eine Matrix $\mathbf{K}$ mit der Eigenschaft (1.56) existiert, und daß $\mathbf{K}$ eindeutig ist. Man bezeichnet deshalb $\mathbf{K}$ als die Inverse oder Kehrmatrix zu $\mathbf{A}$ und schreibt $\mathbf{K} = \mathbf{A}^{-1}$:

$$\mathbf{A}^{-1} = \left\|\begin{array}{cccc} \dfrac{A_{11}}{|\mathbf{A}|} & \dfrac{A_{21}}{|\mathbf{A}|} & \cdots & \dfrac{A_{n1}}{|\mathbf{A}|} \\ \cdot & \cdot & \cdots & \cdot \\ \dfrac{A_{1n}}{|\mathbf{A}|} & \dfrac{A_{2n}}{|\mathbf{A}|} & \cdots & \dfrac{A_{nn}}{|\mathbf{A}|} \end{array}\right\|\,.\tag{1.57}$$

$$\mathbf{A}\,\mathbf{A}^{-1} = \mathbf{A}^{-1}\,\mathbf{A} = \mathbf{E}\,.\tag{1.58}$$

Es gilt

$$|\mathbf{A}^{-1}| = \frac{1}{|\mathbf{A}|}\,;\tag{1.59}$$

$$(\mathbf{A}')^{-1} = (\mathbf{A}^{-1})'\,;\tag{1.60}$$

$$(\mathbf{A}\,\mathbf{B})^{-1} = \mathbf{B}^{-1}\,\mathbf{A}^{-1}\,,\tag{1.61}$$

falls $\mathbf{A}$ und $\mathbf{B}$ nichtsingulär.

Nimmt man in der linearen Transformation (1.39) die Matrix $\mathbf{A}$ als quadratisch und nichtsingulär an, so kann man von links mit $\mathbf{A}^{-1}$ multiplizieren und erhält

$$\mathbf{x} = \mathbf{A}^{-1}\,\mathbf{y}\,.\tag{1.62}$$

$\mathbf{A}^{-1}$ gibt also die Umkehrung der durch $\mathbf{A}$ vermittelten linearen Transformation (1.39).

Beispiel:

$$\mathbf{A} = \left\|\begin{array}{ccc} -1 & 3 & -3 \\ 2 & 0 & 3 \\ 2 & 1 & 0 \end{array}\right\|\,;\quad |\mathbf{A}| = 15$$

$$A_{adj} = \left\| \begin{array}{ccc} -3 & -3 & 9 \\ 6 & 6 & -3 \\ 2 & 7 & -6 \end{array} \right\|$$

$$A^{-1} = \left\| \begin{array}{ccc} -1/5 & -1/5 & 3/5 \\ 2/5 & 2/5 & -1/5 \\ 2/15 & 7/15 & -2/5 \end{array} \right\|.$$

Eine $(n \times n)$-Matrix A heißt orthogonal, wenn $A^{-1} = A'$, d. h. wenn

$$A' A = A A' = E. \tag{1.63}$$

In diesem Falle sind die Zeilenvektoren (Spaltenvektoren) von A orthogonal und normiert. Die Matrix E ist trivialerweise orthogonal. Wegen

$$|A B| = |A| |B|, \quad |A'| = |A|, \quad |E| = 1$$

gilt nach (1.63)

$$|A| = \pm 1 \tag{1.64}$$

für orthogonale Matrizen.

Die Bestimmung der inversen Matrix mittels (1.57) unter Verwendung von Determinanten ist ziemlich umständlich. Wir werden im nächsten Abschnitt noch ein anderes Verfahren bringen.

6. Die Lösung linearer Gleichungssysteme

Für die explizite Bestimmung des Ranges einer Matrix sowie für die Berechnung der Kehrmatrix, was in der praktischen Handhabung bei quadratischen Programmen sehr oft vorkommt, benötigt man Rechenverfahren, die in engem Zusammenhang mit dem Auflösen linearer Gleichungssysteme stehen. Für die folgenden Ausführungen sei speziell auf Zurmühl [1] hingewiesen, da wir hier nur das Notwendigste bringen können.

Die Determinantenmethode

Zur Bestimmung der Lösung eines Gleichungssystems der Art (1.37) in n Variablen, geschrieben als $A x = a$ (A quadratisch, nichtsingulär) oder als $\sum_{i=1}^{n} x_i a_i = a$, könnte man so vorgehen, daß man zunächst A^{-1} mittels (1.57) berechnet und die Lösung x erhält als

$$x = A^{-1} a. \tag{1.65}$$

Dabei ist noch eine kleine Vereinfachung möglich. Schreibt man nämlich die Vektorgleichung (1.65) für die i-te Komponente aus, so erhält man unter Berücksichtigung von (1.57):

$$x_i = \frac{1}{|A|} \left(\sum_{v=1}^{n} a_v A_{vi} \right) = \frac{|a_1 \, a_2 \ldots a_{i-1} \, a \, a_{i+1} \ldots a_n|}{|A|}. \tag{1.66}$$

Der Ausdruck über dem Bruchstrich ist die Determinante der Koeffizientenmatrix, wobei jedoch die zu x_i gehörige Spalte durch die Spalte auf der rechten Seite der Gleichung ersetzt ist.

Beispiel: Vorgelegt sei das lineare System

$$\begin{aligned}
2\,x_1 + 2\,x_2 - 3\,x_3 &= 2 \\
x_1 - 2\,x_2 + 6\,x_3 &= 5 \\
x_1 + 4\,x_2 - 6\,x_3 &= -2\,.
\end{aligned}$$

Die Lösung ist

$$x_1 = \frac{\begin{vmatrix} 2 & 2 & -3 \\ 5 & -2 & 6 \\ -2 & 4 & -6 \end{vmatrix}}{\begin{vmatrix} 2 & 2 & -3 \\ 1 & -2 & 6 \\ 1 & 4 & -6 \end{vmatrix}} = \frac{-36}{-18} = 2$$

$$x_2 = \frac{\begin{vmatrix} 2 & 2 & -3 \\ 1 & 5 & 6 \\ 1 & -2 & -6 \end{vmatrix}}{-18} = \frac{9}{-18} = -\frac{1}{2}$$

$$x_3 = \frac{\begin{vmatrix} 2 & 2 & 2 \\ 1 & -2 & 5 \\ 1 & 4 & -2 \end{vmatrix}}{-18} = \frac{-6}{-18} = \frac{1}{3}\,.$$

Das Rechnen mit Determinanten ist viel zu mühsam, als daß man dieses Verfahren bei umfangreichen Problemen anwenden könnte. Wichtiger ist der

Gauß'sche Algorithmus

Man geht aus von dem System

$$\begin{aligned}
a_{11}\,x_1 + a_{12}\,x_2 + \ldots + a_{1n}\,x_n &= a_1 \\
a_{21}\,x_1 + a_{22}\,x_2 + \ldots + a_{2n}\,x_n &= a_2 \\
&\ \vdots \\
a_{n1}\,x_1 + a_{n2}\,x_2 + \ldots + a_{nn}\,x_n &= a_n
\end{aligned} \tag{1.67}$$

und versucht, dieses mit Hilfe bestimmter Eliminationsverfahren auf die sogenannte Dreiecksform zu bringen:

$$\begin{aligned}
b_{11}\,x_1 + b_{12}\,x_2 + \ldots + b_{1n}\,x_n &= b_1 \\
b_{22}\,x_2 + \ldots + b_{2n}\,x_n &= b_2 \\
\cdots\cdots\cdots\cdots \\
b_{nn}\,x_n &= b_n\,.
\end{aligned} \tag{1.68}$$

Der erste Schritt von (1.67) zu (1.68) erfolgt dadurch, daß man die erste Gleichung von (1.67) der Reihe nach multipliziert mit

$$c_{11} = 1, \quad c_{21} = a_{21}/a_{11}, \quad c_{31} = a_{31}/a_{11}, \ldots, \quad c_{n1} = a_{n1}/a_{11}$$

und die mit c_{i1} erweiterte Gleichung von der i-ten Gleichung von (1.67) subtrahiert. Dabei wird $a_{11} \neq 0$ angenommen. Wenn dies nicht zutrifft, muß man eine Zeilenvertauschung vornehmen. Es ist sinnvoll, von den Gleichungssystemen lediglich das Koeffizientenschema aufzuschreiben. Im vorliegenden Falle ergeben sich die beiden ersten Tabellen als

$$\mathbf{A}_0 \quad \begin{array}{cccc|c} a_{11} & a_{12} & \cdots & a_{1n} & a_1 \\ a_{21} & a_{22} & \cdots & a_{2n} & a_2 \\ \cdot & & & & \\ \cdot & & & & \\ \cdot & & & & \\ a_{n1} & a_{n2} & \cdots & a_{nn} & a_n \end{array} \qquad (1.69)$$

$$\mathbf{A}_1 \quad \begin{array}{cccc|c} 0 & 0 & \cdots & 0 & 0 \\ 0 & a_{22}^{(1)} & \cdots & a_{2n}^{(1)} & a_2^{(1)} \\ \cdot & & & & \cdot \\ \cdot & & & & \\ \cdot & & & & \\ 0 & a_{n2}^{(1)} & \cdots & a_{nn}^{(1)} & a_n^{(1)} \end{array} \qquad (1.70)$$

Dabei gilt

$$a_{ij}^{(1)} = a_{ij} - a_{1j} \frac{a_{i1}}{a_{11}}$$

$$a_i^{(1)} = a_i - a_1 \frac{a_{i1}}{a_{11}}.$$

Der Übergang von (1.69) zu (1.70) entspricht der Elimination der Unbekannten x_1, so daß (1.70) einem System von $(n-1)$ Gleichungen in $(n-1)$ Unbekannten gleichkommt.

Der Eliminationsprozeß wird nun mit (1.70) gleichermaßen fortgeführt, indem man die erste Zeile, die nicht aus lauter Nullen besteht, mit den Zahlen

$$c_{22} = 1, \quad c_{32} = \frac{a_{32}^{(1)}}{a_{22}^{(1)}}, \quad c_{42} = \frac{a_{42}^{(1)}}{a_{22}^{(1)}}, \ldots$$

multipliziert und hernach wiederum diese multiplizierten Zeilen der Reihe nach von den Zeilen des Systems (1.70) subtrahiert. Es ergibt sich

$$\mathbf{A}_2 \quad \begin{array}{cccc|c} 0 & 0 & 0 & \cdots & 0 & 0 \\ 0 & 0 & 0 & \cdots & 0 & 0 \\ 0 & 0 & a_{33}^{(2)} & \cdots & a_{3n}^{(2)} & a_3^{(2)} \\ 0 & 0 & a_{43}^{(2)} & \cdots & a_{4n}^{(2)} & a_4^{(2)} \\ \cdot & & & & & \cdot \\ \cdot & & & & & \\ 0 & 0 & a_{n3}^{(2)} & \cdots & a_{nn}^{(2)} & a_n^{(2)} \end{array} \qquad (1.71)$$

Nach n derartigen Schritten erhält man so die Nullmatrix $\mathbf{A}_n$. Falls irgendwann $a_{ii}^{(i-1)}$ verschwindet, so ist eine Zeilenumstellung nötig. Aus den so berechneten Matrizen $\mathbf{A}_0, \mathbf{A}_1, \mathbf{A}_2, \ldots, \mathbf{A}_{n-1}$ läßt sich jetzt die Dreiecksform (1.68) leicht aufstellen, indem man aus $\mathbf{A}_0$ die erste Gleichung übernimmt, aus $\mathbf{A}_1$ die zweite usw., und schließlich aus $\mathbf{A}_{n-1}$ die n-te.

Dieses neue Dreieckssystem läßt sich sofort lösen, denn die letzte Gleichung liefert unmittelbar x_n, diesen Wert setzt man in der zweitletzten ein und bekommt x_{n-1} usw.

Die verschiedenen Schritte, welche von der Matrix $\mathbf{A}_0$ zu $\mathbf{A}_1$ usw. bis zu $\mathbf{A}_n$ führen, kann man zweckmäßig miteinander verketten, was dann zum sogenannten

Verketteten Gauß'schen Algorithmus

führt. Um dieses abgekürzte Verfahren zu verstehen, betrachte man die drei Matrizen $\mathbf{A}, \mathbf{C}, \mathbf{B}$:

$$\mathbf{A} = \begin{Vmatrix} a_{11} & a_{12} & \cdots & a_{1n} \\ a_{21} & a_{22} & \cdots & a_{2n} \\ \cdot & & & \\ \cdot & & & \\ \cdot & & & \\ a_{n1} & a_{n2} & \cdots & a_{nn} \end{Vmatrix}, \tag{1.72}$$

$$\mathbf{C} = \begin{Vmatrix} 1 & 0 & \cdots & 0 \\ c_{21} & 1 & \cdots & 0 \\ \cdot & & & \\ \cdot & & & \\ \cdot & & & \\ c_{n1} & c_{n2} & \cdots & 1 \end{Vmatrix}, \tag{1.73}$$

$$\mathbf{B} = \begin{Vmatrix} b_{11} & b_{12} & \cdots & b_{1n} \\ 0 & b_{22} & \cdots & b_{2n} \\ \cdot & & & \\ \cdot & & & \\ \cdot & & & \\ 0 & 0 & \cdots & b_{nn} \end{Vmatrix}. \tag{1.74}$$

(1.73) und (1.74) sind Dreiecksmatrizen, welche sich aus den soeben diskutierten Elementen c_{ij} bzw. b_{ij} aufbauen. Weiter seien

$$\mathbf{c}_1 = \begin{Vmatrix} 1 \\ c_{21} \\ \cdot \\ \cdot \\ c_{n1} \end{Vmatrix}, \quad \mathbf{c}_2 = \begin{Vmatrix} 0 \\ 1 \\ c_{32} \\ \cdot \\ \cdot \\ c_{n2} \end{Vmatrix}, \ldots, \quad \mathbf{c}_n = \begin{Vmatrix} 0 \\ 0 \\ \cdot \\ \cdot \\ 1 \end{Vmatrix} \tag{1.75}$$

die entsprechenden Spaltenvektoren der Matrix (1.73) und

$$\mathbf{b}_1' = \|b_{11}, b_{12}, \ldots, b_{1n}\| \quad \text{mit} \quad b_{1j} = a_{1j}, \quad \mathbf{b}_2' = \|0, b_{22}, b_{23}, \ldots, b_{2n}\|$$

mit $\quad b_{2j} = a_{2j}^{(1)}, \ldots, b_n' = \| 0, 0, \ldots, 0, b_{nn} \| \quad$ mit $\quad b_{nn} = a_{nn}^{(n-1)}$ $\qquad$ (1.76)

die Zeilenvektoren der Matrix (1.74).

Nach diesen Festlegungen erkennt man sofort das Bildungsgesetz der Matrizen $\mathbf{A}_i$. Es ist nämlich

$$
\begin{aligned}
\mathbf{A}_1 &= \mathbf{A} - \mathbf{c}_1\, \mathbf{b}_1' \\
\mathbf{A}_2 &= \mathbf{A}_1 - \mathbf{c}_2\, \mathbf{b}_2' = \mathbf{A} - \mathbf{c}_1\, \mathbf{b}_1' - \mathbf{c}_2\, \mathbf{b}_2' \\
&\;\cdot \\
&\;\cdot \\
&\;\cdot \\
\mathbf{A}_n &= \mathbf{0} = \mathbf{A} - \mathbf{c}_1\, \mathbf{b}_1' - \mathbf{c}_2\, \mathbf{b}_2' - \ldots - \mathbf{c}_n\, \mathbf{b}_n' = \mathbf{A} - \mathbf{CB}.
\end{aligned}
\qquad (1.77)
$$

Die Produkte in (1.77) sind dyadische Vektorprodukte, und ihre Summe ist nach Definition von $\mathbf{C}$ und $\mathbf{B}$ nichts anderes als $\mathbf{CB}$.

Aus (1.77) folgt die Dreieckszerlegung von (1.72), nämlich

$$\mathbf{A} = \mathbf{CB}, \qquad (1.78)$$

oder, wenn man die Matrizengleichung (1.78) für ein spezielles Element ausschreibt unter Berücksichtigung von (1.73) und (1.74):

$$
\begin{aligned}
a_{ij} &= \sum_{v=1}^{i-1} c_{iv} b_{vj} + b_{ij} \quad \text{für} \quad i \le j \\
a_{ij} &= \sum_{v=1}^{j} c_{iv} b_{vj} \qquad\;\; \text{für} \quad i > j.
\end{aligned}
\qquad (1.79)
$$

Der verkettete Algorithmus bezweckt nun, die Elemente von $\mathbf{B}$ und $\mathbf{C}$ gleichzeitig rekursiv zu bestimmen. Man denkt sich dabei zweckmäßig die beiden Matrizen $\mathbf{B}$ und $\mathbf{C}$ zu einer neuen Matrix $\bar{\mathbf{A}}$ verschachtelt gemäß

$$
\bar{\mathbf{A}} =
\left\|
\begin{array}{cccc}
b_{11} & b_{12} & \cdots & b_{1n} \\
c_{21} & b_{22} & \cdots & b_{2n} \\
\cdot & & & \cdot \\
\cdot & & & \cdot \\
\cdot & & & \cdot \\
c_{n1} & c_{n2} & \cdots & b_{nn}
\end{array}
\right\|
= \mathbf{B} + \mathbf{C} - \mathbf{E}.
\qquad (1.80)
$$

Die Bestimmung der Elemente von $\bar{\mathbf{A}}$ erfolgt in n Runden, so daß man in der i-ten Runde zuerst das Diagonalelement b_{ii} berechnet und hierauf die Elemente rechts und unterhalb von b_{ii}, also b_{ij}, $j > i$, und c_{ki}, $k > i$, gemäß

$$
b_{ij} = a_{ij} - \sum_{v=1}^{i-1} c_{iv} b_{vj}, \qquad j \ge i;
\qquad (1.81)
$$

$$
c_{ki} = \frac{\left(a_{ki} - \displaystyle\sum_{v=1}^{i-1} c_{kv} b_{vi} \right)}{b_{ii}}, \quad k > i.
\qquad (1.82)
$$

(1.81) und (1.82) folgen sofort aus (1.79). Die rechts auftretenden Größen $c_{i\nu}$ und $b_{\nu i}$ wurden bereits in der ν-ten Runde berechnet. In der ersten Runde hat man einfach

$$b_{1j} = a_{1j}, \qquad j = 1, 2, \ldots, n;$$

$$c_{k1} = \frac{a_{k1}}{b_{11}}, \qquad k = 2, 3, \ldots, n.$$

Falls irgendein b_{ii} verschwindet, so muß man wieder eine Zeilenvertauschung vornehmen. Man fügt nun der Matrix **A** noch die Spalte

$$\mathbf{a} = \left\| \begin{array}{c} a_1 \\ a_2 \\ \cdot \\ \cdot \\ \cdot \\ a_n \end{array} \right\|$$

und der Matrix **B** die entsprechende

$$\mathbf{b} = \left\| \begin{array}{c} b_1 \\ b_2 \\ \cdot \\ \cdot \\ \cdot \\ b_n \end{array} \right\|$$

an und dehnt (1.81) auch auf diese Zusatzspalten aus:

$$b_i = a_i - \sum_{\nu=1}^{i-1} c_{i\nu} b_\nu. \tag{1.83}$$

Mit **B** und **b** kann man nun das ursprüngliche System (1.67) in der gewünschten Form (1.68) schreiben, wodurch sich die Unbekannten sofort berechnen lassen.

Zur Durchführung des Algorithmus verwendet man am besten ein Rechentableau der Form

$$\begin{array}{c|c} \mathbf{A} & \mathbf{a} \\ \hline \bar{\mathbf{A}} & \mathbf{b} \end{array} \tag{1.84}$$

wobei in $\bar{\mathbf{A}}$ die c_{ij} mit -1 durchmultipliziert sind, damit man in (1.81), (1.82) und (1.83) an Stelle der Subtraktionen lauter Additionen hat. Für $n = 4$ lautet das Tableau

$$\begin{array}{cccc|c} a_{11} & a_{12} & a_{13} & a_{14} & a_1 \\ a_{21} & a_{22} & a_{23} & a_{24} & a_2 \\ a_{31} & a_{32} & a_{33} & a_{34} & a_3 \\ a_{41} & a_{42} & a_{43} & a_{44} & a_4 \\ \hline b_{11} & b_{12} & b_{13} & b_{14} & b_1 \\ -c_{21} & b_{22} & b_{23} & b_{24} & b_2 \\ -c_{31} & -c_{32} & b_{33} & b_{34} & b_3 \\ -c_{41} & -c_{42} & -c_{43} & b_{44} & b_4 \end{array} \tag{1.85}$$

Beispiel: Dieselbe Aufgabe wie bei der Determinantenmethode sei vorgelegt. Es sind Unbekannte x_1, x_2, x_3 zu bestimmen, so daß

$$2\,x_1 + 2\,x_2 - 3\,x_3 = 2$$

$$x_1 - 2\,x_2 + 6\,x_3 = 5$$

$$x_1 + 4\,x_2 - 6\,x_3 = -2\,.$$

Nach den Vorschriften (1.81) bis (1.83) errechnet sich das Koeffizientenschema

a_{11}	a_{12}	a_{13}	a_1					
a_{21}	a_{22}	a_{23}	a_2		2	2	-3	2
a_{31}	a_{32}	a_{33}	a_3	zu	1	-2	6	5
b_{11}	b_{12}	b_{13}	b_1		1	4	-6	-2
$-c_{21}$	b_{22}	b_{23}	b_2		2	2	-3	2
$-c_{31}$	$-c_{32}$	b_{33}	b_3		$-1/2$	-3	$15/2$	4
					$-1/2$	1	3	1

Daraus erhält man das äquivalente System

$$2\,x_1 + 2\,x_2 - 3\,x_3 = 2$$

$$-3\,x_2 + \frac{15}{2}\,x_3 = 4$$

$$3\,x_3 = 1\,.$$

Aus der letzten Gleichung folgt $\qquad\qquad x_3 = 1/3,$

durch Substitution in die vorletzte Gleichung $\quad x_2 = -1/2,$

durch Substitution in die erste Gleichung $\qquad x_1 = 2\,.$

Man verifiziert leicht durch vollständige Induktion, daß im Falle einer symmetrischen Matrix $\mathbf{A} = \mathbf{A}'$ auch die Matrizen $\mathbf{A}_1$ bis $\mathbf{A}_{n-1}$ symmetrisch sind, und daß sich der Ausdruck (1.82) vereinfacht zu

$$c_{ki} = \frac{b_{ik}}{b_{ii}}\,. \tag{1.86}$$

Hierbei muß aber zur Wahrung der Symmetrie jede Zeilenumstellung durch eine gleichnamige Spaltenumstellung kompensiert werden, die später bei der Aufrechnung der Unbekannten zu berücksichtigen ist. Wenn $\mathbf{A}$ außer der Symmetrie auch noch die später zu besprechende Eigenschaft positiver Definitheit aufweist, so sind keine Umstellungen nötig; die b_{ii} sind in der natürlichen Reihenfolge von Null verschieden, sogar positiv.

7. Berechnung der inversen Matrix

Zur Berechnung der Kehrmatrix oder inversen Matrix $\mathbf{A}^{-1}$ bei gegebener Matrix $\mathbf{A}$ gelten ähnliche Regeln wie beim Auflösen eines linearen Gleichungssystems. Die

Matrix $\mathbf{A}^{-1}$ ist bei nichtsingulärem $\mathbf{A}$ eindeutig definiert als Lösung $\mathbf{X}$ der Matrizengleichung

$$\mathbf{A}\,\mathbf{X} = \mathbf{E}, \tag{1.87}$$

ausführlich

$$\begin{Vmatrix} a_{11} & a_{12} & . & . & . & a_{1n} \\ a_{21} & a_{22} & . & . & . & a_{2n} \\ . \\ . \\ . \\ a_{n1} & a_{n2} & . & . & . & a_{nn} \end{Vmatrix} \begin{Vmatrix} x_{11} & x_{12} & . & . & . & x_{1n} \\ x_{21} & x_{22} & . & . & . & x_{2n} \\ . \\ . \\ . \\ x_{n1} & x_{n2} & . & . & . & x_{nn} \end{Vmatrix} = \begin{Vmatrix} 1 & 0 & . & . & . & 0 \\ 0 & 1 & . & . & . & 0 \\ & & . & . & 1 \\ . \\ . \\ 0 & 0 & . & . & . & 1 \end{Vmatrix}$$

in den n^2 Unbekannten x_{ij}. Diese Matrizengleichung läßt sich aber aufspalten in n Vektorgleichungen mit je n Unbekannten, nämlich

$$\mathbf{A}\,\mathbf{x}_i = \mathbf{e}_i, \qquad i = 1, 2, \ldots, n, \tag{1.88}$$

wobei

$$\mathbf{x}_i = \begin{Vmatrix} x_{1i} \\ x_{2i} \\ . \\ . \\ . \\ x_{ni} \end{Vmatrix} \tag{1.89}$$

die i-te Spalte von $\mathbf{X}$ und $\mathbf{e}_i$ die i-te Spalte von $\mathbf{E}$ darstellt. Auf jedes der Systeme (1.88) wendet man nun zur Lösung den verketteten Gaußschen Algorithmus an. Da sich alle Systeme nur in der Zusatzspalte unterscheiden, kann man alle Transformationen in einem Rechnungsgang erledigen. Man hat einfach statt einer Zusatzspalte jetzt deren n niederzuschreiben, nämlich $\mathbf{e}_1, \mathbf{e}_2, \ldots, \mathbf{e}_n$, kurz $\mathbf{E}$. Die Spalten $\mathbf{e}_i$ werden, jede für sich, genau wie eine gewöhnliche Zusatzspalte behandelt, im Grunde also gleich wie die Spalten von $\mathbf{A}$. Dabei geht die Spalte $\mathbf{e}_i$ über in eine Spalte

$$\mathbf{d}_i = \begin{Vmatrix} 0 \\ . \\ . \\ . \\ 0 \\ 1 \\ d_{i+1, i} \\ . \\ . \\ d_{ni} \end{Vmatrix} \tag{1.90}$$

gemäß

$$d_{ij} = \delta_{ij} - \sum_{v=1}^{i-1} c_{iv}\, d_{vj} \qquad (\delta_{ij} \text{ die Elemente von } \mathbf{E}). \tag{1.91}$$

(1.91) entspricht (1.81) bzw. (1.83). Die Matrix $\mathbf{E}$ als ganze geht somit über in eine untere Dreiecksmatrix $\mathbf{D}$, die in der Hauptdiagonalen lauter Einsen aufweist:

$$\mathbf{D} = \begin{Vmatrix} 1 & 0 & . & . & . & . & . & 0 \\ d_{21} & 1 & & & & & & 0 \\ . & & . & & & & & . \\ . & & & . & & & & . \\ . & & & & . & & & 0 \\ d_{n1} & . & . & . & . & . & . & 1 \end{Vmatrix} = \| \mathbf{d}_1, \ldots, \mathbf{d}_n \|. \tag{1.92}$$

Der Zerlegung $\mathbf{A} = \mathbf{CB}$ nach (1.78) entspricht jetzt für die Zusatzmatrix die Zerlegung

$$\mathbf{E} = \mathbf{CD}, \tag{1.93}$$

woraus nebenbei $\mathbf{D} = \mathbf{C}^{-1}$ folgt.

Aus dem gestaffelten System

$$\mathbf{B}\mathbf{x}_i = \mathbf{d}_i \tag{1.94}$$

kann man schließlich der Reihe nach, mit x_{in} beginnend, alle Elemente x_{ij} der i-ten Spalte $\mathbf{x}_i$ von $\mathbf{X}$ berechnen. Die auf diesem Weg bestimmte Inverse $\mathbf{A}^{-1} = \mathbf{X}$ stimmt natürlich mit (1.57) überein. Entsprechend zu (1.84) verwendet man bei den Rechnungen zweckmäßig ein Tableau der Form

$$\begin{array}{c|c} \mathbf{A} & \mathbf{E} \\ \hline \bar{\mathbf{A}} & \mathbf{D} \\ \hline \mathbf{X}' & \end{array} \tag{1.95}$$

ausführlich für $n = 3$:

$$\begin{array}{ccc|ccc} & & & \multicolumn{3}{c}{\text{Zusatz-spalten}} \\ a_{11} & a_{12} & a_{13} & 1 & 0 & 0 \\ a_{21} & a_{22} & a_{23} & 0 & 1 & 0 \\ a_{31} & a_{32} & a_{33} & 0 & 0 & 1 \\ \hline b_{11} & b_{12} & b_{13} & 1 & 0 & 0 \\ -c_{21} & b_{22} & b_{23} & d_{21} & 1 & 0 \\ -c_{31} & -c_{32} & b_{33} & d_{31} & d_{32} & 1 \\ \hline x_{11} & x_{21} & x_{31} & & & \\ x_{12} & x_{22} & x_{32} & & & \\ x_{13} & x_{23} & x_{33} & & & \end{array} \tag{1.96}$$

Die i-te Zeile von $\mathbf{X}'$ entspricht der i-ten Zusatzspalte.

Beispiel: Gegeben sei die Matrix

$$\mathbf{A} = \begin{Vmatrix} 2 & 2 & -3 \\ 1 & -2 & 6 \\ 1 & 4 & -6 \end{Vmatrix}.$$

Gesucht ist die Inverse $\mathbf{A}^{-1}$.

Füllt man das Schema (1.96) mit Hilfe von (1.81), (1.82), (1.91) aus, und löst man die entstehenden rekursiven Gleichungssysteme (1.94) durch sukzessive Rücksubstitution, so erhält man

$$
\begin{array}{rrr|rrr}
& & & \multicolumn{3}{c}{\text{Zusatz-}} \\
& & & \multicolumn{3}{c}{\text{spalten}} \\
\hline
2 & 2 & -3 & 1 & 0 & 0 \\
1 & -2 & 6 & 0 & 1 & 0 \\
1 & 4 & -6 & 0 & 0 & 1 \\
\hline
2 & 2 & -3 & 1 & 0 & 0 \\
-1/2 & -3 & 15/2 & -1/2 & 1 & 0 \\
-1/2 & 1 & 3 & -1 & 1 & 1 \\
\hline
2/3 & -2/3 & -1/3 & & & \\
0 & 1/2 & 1/3 & & & \\
-1/3 & 5/6 & 1/3 & & &
\end{array}
$$

Die Lösung ist also

$$
\mathbf{A}^{-1} = \left\|\begin{array}{rrr}
2/3 & 0 & -1/3 \\
-2/3 & 1/2 & 5/6 \\
-1/3 & 1/3 & 1/3
\end{array}\right\|
$$

Es sei erwähnt, daß man sich die Bestimmung der d_{ij} sparen kann, wenn $\mathbf{A} = \mathbf{A}'$ eine symmetrische Matrix ist. Wegen $(\mathbf{A}^{-1})' = (\mathbf{A}')^{-1}$ ist nämlich dann auch $\mathbf{X} = \mathbf{A}^{-1}$ symmetrisch. Wenn man nun so vorgeht, daß man die Spalten von $\mathbf{X}$ in umgekehrter Reihenfolge berechnet – zuerst $\mathbf{x}_n$, hierauf $\mathbf{x}_{n-1}$ usw., schließlich $\mathbf{x}_1$ – so würde man zwar die Größe d_{ij}, $j < i$, bei der Bestimmung des Elementes x_{ij} der j-ten Spalte benötigen. Wegen der Symmetrie ist aber $x_{ij} = x_{ji}$, und dieses Element wurde bereits in der i-ten Spalte ermittelt. Man hat also in der j-ten Spalte nur noch die x_{ij} mit $i \leqq j$ zu berechnen, und hierfür genügt es, zu wissen, daß $d_{ij} = 0$ für $i < j$, $d_{jj} = 1$.

Für die Berechnung von Kehrmatrizen mit Hilfe elektronischer Rechenmaschinen sei besonders auf das zweckmäßige Verfahren von Rutishauser [1] verwiesen.

8. Bestimmung des Ranges einer Matrix

Die $(m \times n)$-Matrix

$$
\mathbf{A} = \left\|\begin{array}{cccc}
a_{11} & a_{12} & \cdots & a_{1n} \\
a_{21} & a_{22} & \cdots & a_{2n} \\
\cdot & & & \\
\cdot & & & \\
\cdot & & & \\
a_{m1} & a_{m2} & \cdots & a_{mn}
\end{array}\right\| \tag{1.1}
$$

läßt sich bekanntlich auffassen als ein System von n Spaltenvektoren $\boldsymbol{\alpha}_j$ gemäß (1.28) oder als ein System von m Zeilenvektoren $\mathbf{a}'_i$ gemäß (1.27). Jedem der beiden

Systeme ist eine Rangzahl r zugeordnet, und diese beiden Rangzahlen stimmen überein, wie schon früher erwähnt. Der gemeinsame Wert r wird dann als Rang der Matrix $\mathbf{A}$ bezeichnet. Um r zu finden, führt man die Matrix $\mathbf{A}$ nach dem Gaußschen Verfahren in eine Dreiecksmatrix $\mathbf{B}$ über. Eventuell sind hierbei nicht nur Zeilenvertauschungen wie bei quadratischem nichtsingulärem $\mathbf{A}$ nötig, sondern auch noch Spaltenvertauschungen. Auf Grund von (1.48) ändert sich bei den einzelnen Schritten der Rang der Matrix $\mathbf{A}$ nicht.

Durch die Umformung geht $\mathbf{A}$ über in

$$\mathbf{B} = \left\|\begin{array}{cccc|cccc}
b_{11} & b_{12} & \cdots & b_{1r} & b_{1,r+1} & \cdots & b_{1n} \\
0 & b_{22} & \cdots & b_{2r} & b_{2,r+1} & \cdots & b_{2n} \\
\cdot & & \cdot & & & & \\
\cdot & & & \cdot & & & \\
\cdot & & & \cdot & & & \\
0 & 0 & \cdots & b_{rr} & b_{r,r+1} & \cdots & b_{rn} \\
\hline
0 & 0 & \cdots & 0 & 0 & \cdots & 0 \\
\cdot & & & \cdot & \cdot & & \cdot \\
\cdot & & & \cdot & \cdot & & \cdot \\
0 & 0 & \cdots & 0 & 0 & \cdots & 0
\end{array}\right\|
\begin{array}{l} \left.\begin{array}{c} \\ \\ \\ \\ \\ \\ \end{array}\right\} r \\ \\ \left.\begin{array}{c} \\ \\ \\ \\ \end{array}\right\} m-r \end{array}, \qquad (1.97)$$

wobei $b_{11} \neq 0$, $b_{22} \neq 0, \ldots, b_{rr} \neq 0$.

Man erkennt nun unmittelbar, daß $\mathbf{B}$ sowohl den Zeilenrang wie den Spaltenrang r hat. Die ersten r Zeilen- bzw. Spaltenvektoren sind nämlich linear unabhängig. Mehr als r Zeilenvektoren sind linear abhängig, weil sie eine Nullzeile enthalten. Ebenso sind mehr als r Spaltenvektoren linear abhängig, denn das Gleichungssystem

$$\begin{aligned}
b_{11} x_1 + b_{12} x_2 + \ldots + b_{1r} x_r + b_{1s} x_s &= 0 \\
b_{22} x_2 + \ldots + b_{2r} x_r + b_{2s} x_s &= 0 \\
\cdot \quad \ldots \quad \cdot \qquad \cdot \qquad \\
b_{rr} x_r + b_{rs} x_s &= 0; \quad s = r+1, r+2, \ldots, n
\end{aligned}$$

hat für ein beliebiges $x_s \neq 0$ eine eindeutige Lösung, so daß sich die s-te Spalte als Linearkombination der r ersten Spalten darstellen läßt. Hieraus folgt sofort, daß eine beliebige Linearkombination von $r+1$ Spalten linear abhängig sein muß.

Beispiel: Der Rang r der Matrix

$$\mathbf{A} = \left\|\begin{array}{rrrrr}
2 & 2 & -3 & 2 & 0 \\
1 & -2 & 6 & 3 & -2 \\
1 & 4 & -6 & 5 & 1 \\
0 & 0 & 3 & 6 & 1
\end{array}\right\|$$

ist festzustellen. Da die Zeilenzahl $m = 4$ kleiner als die Spaltenzahl $n = 5$ ist, ist $r \leq 4$. Zur genauen Rangfeststellung wandelt man $\mathbf{A}$ in die Dreiecksform um gemäß dem Schema (1.98)

$$
\begin{array}{ccccc}
a_{11} & a_{12} & a_{13} & a_{14} & a_{15} \\
a_{21} & a_{22} & a_{23} & a_{24} & a_{25} \\
a_{31} & a_{32} & a_{33} & a_{34} & a_{35} \\
a_{41} & a_{42} & a_{43} & a_{44} & a_{45} \\
\hline
b_{11} & b_{12} & b_{13} & b_{14} & b_{15} \\
-c_{21} & b_{22} & b_{23} & b_{24} & b_{25} \\
-c_{31} & -c_{32} & b_{33} & b_{34} & b_{35} \\
-c_{41} & -c_{42} & -c_{43} & b_{44} & b_{45}
\end{array}
\tag{1.98}
$$

oder mit den obigen Zahlenwerten und Rechnungen gemäß (1.81) und (1.82)

$$
\begin{array}{ccccc}
2 & 2 & -3 & 2 & 0 \\
1 & -2 & 6 & 3 & -2 \\
1 & 4 & -6 & 5 & 1 \\
0 & 0 & 3 & 6 & -1 \\
\hline
2 & 2 & -3 & 2 & 0 \\
-1/2 & -3 & 15/2 & 2 & -2 \\
-1/2 & 1 & 3 & 6 & -1 \\
0 & 0 & -1 & 0 & 0
\end{array}
$$

Die umgewandelte Matrix lautet also

$$
\mathbf{B} = \left\|
\begin{array}{ccc:cc}
2 & 2 & -3 & 2 & 0 \\
0 & -3 & 15/2 & 2 & -2 \\
0 & 0 & 3 & 6 & -1 \\
\hdashline
0 & 0 & 0 & 0 & 0
\end{array}
\right\|
\begin{array}{l}
\left.\vphantom{\begin{array}{c}1\\2\\3\end{array}}\right\} r = 3 \\
\left.\vphantom{1}\right\} m - r = 1
\end{array}
$$

$$
\underbrace{\hphantom{2 \quad 2 \quad -3}}_{r = 3} \quad \underbrace{\hphantom{2 \quad 0}}_{n - r = 2}
$$

und der Rang der Matrix ist 3.

Wir geben zum Schluß noch zwei Sätze über den Rang von speziellen Matrizenprodukten:

1. Der Rang einer Matrix ändert sich nicht, wenn man sie von links oder rechts mit einer quadratischen nichtsingulären Matrix von entsprechender Reihenzahl multipliziert. Insbesondere ist das Produkt zweier nichtsingulärer Matrizen wieder nichtsingulär.   (1.99)

2. Die symmetrische $(n \times n)$-Matrix

$$
\mathbf{A}'\,\mathbf{A} = \left\|
\begin{array}{cccc}
\mathbf{a}_1'\,\mathbf{a}_1 & \mathbf{a}_1'\,\mathbf{a}_2 & \ldots & \mathbf{a}_1'\,\mathbf{a}_n \\
\mathbf{a}_2'\,\mathbf{a}_1 & \mathbf{a}_2'\,\mathbf{a}_2 & \ldots & \mathbf{a}_2'\,\mathbf{a}_n \\
\cdot & \cdot & \cdots & \cdot \\
\mathbf{a}_n'\,\mathbf{a}_1 & \mathbf{a}_n'\,\mathbf{a}_2 & \ldots & \mathbf{a}_n'\,\mathbf{a}_n
\end{array}
\right\|
$$

hat den gleichen Rang wie die $(m \times n)$-Matrix

$$
\mathbf{A} = \| \mathbf{a}_1, \mathbf{a}_2, \ldots, \mathbf{a}_n \| \,.
$$

Die Matrix $\mathbf{A}'\,\mathbf{A}$ ist insbesondere nichtsingulär, wenn $\mathbf{A}$ den vollen Spaltenrang $r = n$ hat, die Spalten $\mathbf{a}_i$ also linear unabhängig sind.   (1.100)

9. Die Projektionsmatrix

Es seien im n-dimensionalen Raum R^n n linear unabhängige n-Vektoren $\mathbf{a}_1, \mathbf{a}_2, \ldots,$ $\mathbf{a}_n$ gegeben. Diese n Vektoren spannen den gesamten R^n auf, d. h. jeder reelle n-Vektor $\mathbf{x}$ läßt sich eindeutig darstellen als Linearkombination

$$\mathbf{x} = \sum_{j=1}^{n} u_j \mathbf{a}_j. \tag{1.101}$$

Man sagt, die $\mathbf{a}_j$ bilden eine Basis im R^n, und man bezeichnet die u_j als Koordinaten von $\mathbf{x}$ in bezug auf diese Basis. Greifen wir nun aus diesen n Vektoren q heraus, etwa $\mathbf{a}_1$ bis $\mathbf{a}_q$. Diese q Vektoren spannen nur noch eine lineare Mannigfaltigkeit der Dimension q auf, nämlich die Teilmenge derjenigen $\mathbf{x}$ aus R^n, die sich als

$$\mathbf{x} = \sum_{j=1}^{q} u_j \mathbf{a}_j,$$

kurz

$$\mathbf{x} = \mathbf{A}'_q \mathbf{u} \tag{1.102}$$

darstellen lassen, wobei

$$\mathbf{A}'_q = \| \mathbf{a}_1, \mathbf{a}_2, \ldots, \mathbf{a}_q \|; \quad \mathbf{u}' = \| u_1, u_2, \ldots, u_q \|. \tag{1.103}$$

Wir bezeichnen diese lineare Mannigfaltigkeit der Dimension q mit $\tilde{D}$. Wenn $q = n$, so fällt $\tilde{D}$ mit R^n zusammen; für $q = 0$ besteht $\tilde{D}$ nur aus dem Nullpunkt.

Durch die Gleichung $\mathbf{a}'_j \mathbf{x} = 0$ ist im R^n eine Hyperebene H_j durch den Nullpunkt gegeben, also eine lineare Mannigfaltigkeit der Dimension $n - 1$. Der Durchschnitt der q Hyperebenen H_1 bis H_q stellt eine lineare Mannigfaltigkeit der Dimension $n - q$ dar; diese Mannigfaltigkeit heiße D. D ist die Menge derjenigen $\mathbf{x}$ mit

$$\mathbf{a}'_j \mathbf{x} = 0, \quad j = 1, 2, \ldots, q,$$

kurz

$$\mathbf{A}_q \mathbf{x} = \mathbf{0}. \tag{1.104}$$

Für $q = n$ besteht D nur aus dem Nullpunkt, für $q = 0$ fällt D mit R^n zusammen. Jeder der Vektoren $\mathbf{a}_1$ bis $\mathbf{a}_q$ steht senkrecht auf D. Somit sind D und $\tilde{D}$ orthogonal zueinander:

$$\mathbf{y}' \mathbf{z} = 0 \text{ für alle } \mathbf{y} \text{ aus } D \text{ und alle } \mathbf{z} \text{ aus } \tilde{D}. \tag{1.105}$$

Außer dem Nullpunkt haben D und $\tilde{D}$ keinen Punkt gemeinsam.

Legen wir das Koordinatensystem des R^n so fest, daß

$$D = \left\{ \mathbf{x} \in R^n \,|\, \mathbf{x}_i = 0 \quad \text{für} \quad 0 \le i \le q \right\}$$

und

$$\tilde{D} = \left\{ \mathbf{x} \in R^n \,|\, \mathbf{x}_i = 0 \quad \text{für} \quad q < i \le n \right\},$$

so folgt sofort, daß D und $\tilde{D}$ zusammen den gesamten R^n aufspannen, und daß jeder n-Vektor $\mathbf{x}$ aus R^n sich eindeutig zerlegen läßt in

$$\mathbf{x} = \mathbf{x}_{\tilde{D}} + \mathbf{x}_D, \tag{1.106}$$

wobei $\mathbf{x}_{\tilde{D}}$ in $\tilde{D}$ und $\mathbf{x}_D$ in D liegt. Wegen der Orthogonalität von D und $\tilde{D}$ gilt natürlich

$$\mathbf{x}_D' \mathbf{x}_{\tilde{D}} = 0. \tag{1.107}$$

Wenn $\mathbf{x}$ in $\tilde{D}$ liegt, so ist $\mathbf{x}_{\tilde{D}} = \mathbf{x}$, $\mathbf{x}_D = \mathbf{0}$. Wenn $\mathbf{x}$ in D liegt, so ist $\mathbf{x}_{\tilde{D}} = \mathbf{0}$, $\mathbf{x}_D = \mathbf{x}$.

Man bezeichnet nun $\mathbf{x}_D$ als die Projektion von $\mathbf{x}$ auf D und $\mathbf{x}_{\tilde{D}}$ als die Projektion von $\mathbf{x}$ auf $\tilde{D}$. Die Projektion $\mathbf{x}_D$ ist eindeutig bestimmt durch die Forderung:

$$\mathbf{x}_D \text{ in } D \quad \text{und} \quad \mathbf{y}'(\mathbf{x} - \mathbf{x}_D) = 0 \quad \text{für alle } \mathbf{y} \text{ aus } D. \tag{1.108}$$

Sie hat die charakteristische Minimaleigenschaft, daß

$$|\mathbf{x}_D - \mathbf{x}| < |\mathbf{y} - \mathbf{x}| \quad \text{für alle } \mathbf{y} \neq \mathbf{x}_D \text{ aus } D. \tag{1.109}$$

Das Analoge gilt für $\mathbf{x}_{\tilde{D}}$.

Man erhält die Projektion $\mathbf{x}_D$ durch Linksmultiplikation von $\mathbf{x}$ mit der sogenannten Projektionsmatrix $\mathbf{P}_q$:

$$\mathbf{x}_D = \mathbf{P}_q \mathbf{x}. \tag{1.110}$$

Die $(n \times n)$-Matrix $\mathbf{P}_q$ wird gebildet nach der Vorschrift

$$\mathbf{P}_q = \mathbf{E} - \mathbf{A}_q' (\mathbf{A}_q \mathbf{A}_q')^{-1} \mathbf{A}_q. \tag{1.111}$$

Die $(q \times q)$-Matrix $\mathbf{A}_q \mathbf{A}_q'$ ist nach (1.100) nichtsingulär, weil die Spalten von $\mathbf{A}_q'$ linear unabhängig sind; die Inverse existiert also. Offensichtlich gilt $\mathbf{P}_q' = \mathbf{P}_q$ und

$$\mathbf{P}_q \mathbf{P}_q = \mathbf{P}_q. \tag{1.112}$$

Um sich zu überzeugen, daß $\mathbf{P}_q$ die gewünschten Projektionseigenschaften aufweist, hat man nur (1.108) zu verifizieren:

$\mathbf{P}_q \mathbf{x}$ liegt in D, denn es ist

$$\mathbf{A}_q \mathbf{P}_q \mathbf{x} = \mathbf{A}_q \mathbf{E} \mathbf{x} - \mathbf{A}_q \mathbf{A}_q' (\mathbf{A}_q \mathbf{A}_q')^{-1} \mathbf{A}_q \mathbf{x} = \mathbf{A}_q \mathbf{E} \mathbf{x} - \mathbf{E} \mathbf{A}_q \mathbf{x} = \mathbf{0},$$

und es gilt für alle $\mathbf{y}$ aus D

$$\mathbf{y}'(\mathbf{x} - \mathbf{P}_q \mathbf{x}) = \mathbf{y}' \mathbf{x} - \mathbf{y}'(\mathbf{E} - \mathbf{A}_q'(\mathbf{A}_q \mathbf{A}_q')^{-1} \mathbf{A}_q)\mathbf{x}$$
$$= \mathbf{y}' \mathbf{x} - \mathbf{y}' \mathbf{x} + (\mathbf{A}_q \mathbf{y})'(\mathbf{A}_q \mathbf{A}_q')^{-1} \mathbf{A}_q \mathbf{x}$$
$$= 0 \quad \text{da } \mathbf{A}_q \mathbf{y} = 0 \text{ nach (1.104).}$$

Wegen $\mathbf{x}_{\tilde{D}} = \mathbf{x} - \mathbf{x}_D$ liefert die Matrix

$$\tilde{\mathbf{P}}_q = \mathbf{E} - \mathbf{P}_q = \mathbf{A}_q'(\mathbf{A}_q \mathbf{A}_q')^{-1} \mathbf{A}_q \tag{1.113}$$

die Projektion auf $\tilde{D}$:

$$\mathbf{x}_{\tilde{D}} = \tilde{\mathbf{P}}_q \mathbf{x}. \tag{1.114}$$

Für ein $\mathbf{y}$ aus D mit $\mathbf{A}_q \mathbf{y} = \mathbf{0}$ gilt

$$\mathbf{P}_q \mathbf{y} = \mathbf{E} \mathbf{y} - \mathbf{A}_q'(\mathbf{A}_q \mathbf{A}_q')^{-1} \mathbf{A}_q \mathbf{y} = \mathbf{y}$$
$$\tilde{\mathbf{P}}_q \mathbf{y} = \qquad \mathbf{A}_q'(\mathbf{A}_q \mathbf{A}_q')^{-1} \mathbf{A}_q \mathbf{y} = \mathbf{0}.$$

Für ein $\mathbf{z}$ aus $\tilde{D}$ mit $\mathbf{z} = \mathbf{A}_q' \mathbf{u}$ gilt

$$\mathbf{P}_q \mathbf{z} = \mathbf{A}_q' \mathbf{u} - \mathbf{A}_q' (\mathbf{A}_q \mathbf{A}_q')^{-1} \mathbf{A}_q \mathbf{A}_q' \mathbf{u} = \mathbf{A}_q' \mathbf{u} - \mathbf{A}_q' \mathbf{u} = \mathbf{0}$$

$$\check{\mathbf{P}}_q \mathbf{z} = \mathbf{A}_q' \mathbf{u} = \mathbf{z}.$$

Insbesondere ist $\mathbf{P}_q \mathbf{a}_j = \mathbf{0}$ für $j = 1, 2, \ldots, q$.

Notwendig und hinreichend dafür, daß ein beliebiger n-Vektor $\mathbf{x}$ von $\mathbf{a}_1$ bis $\mathbf{a}_q$ linear abhängig ist, ist die Bedingung

$$\mathbf{P}_q \mathbf{x} = \mathbf{0}.$$

Ein derartiger Vektor muß also in $\tilde{D}$ liegen und sich eindeutig gemäß (1.102) nach den $\mathbf{a}_j$ entwickeln lassen: $\mathbf{x} = \mathbf{A}_q' \mathbf{u}$. Man erhält den q-Vektor $\mathbf{u}$ der Entwicklungskoeffizienten durch Linksmultiplikation von (1.102) mit $(\mathbf{A}_q \mathbf{A}_q')^{-1} \mathbf{A}_q$:

$$(\mathbf{A}_q \mathbf{A}_q')^{-1} \mathbf{A}_q \mathbf{x} = \mathbf{u}. \tag{1.115}$$

Für $q = n$ besitzt die Matrix $\mathbf{A}_n$ eine Inverse und es ist $(\mathbf{A}_n \mathbf{A}_n')^{-1} = (\mathbf{A}_n')^{-1} \mathbf{A}_n^{-1}$ und damit

$$\mathbf{P}_n = \mathbf{E} - \mathbf{A}_n' (\mathbf{A}_n')^{-1} \mathbf{A}_n^{-1} \mathbf{A}_n = \mathbf{E} - \mathbf{E} = \mathbf{0}.$$

Das bedeutet einfach, daß die Projektion auf einen Punkt den Nullvektor ergibt. Um Sonderfälle zu vermeiden, setzt man $\mathbf{P}_0 = \mathbf{E}$: Die Projektion auf den gesamten R^n ändert einen Vektor nicht.

Wir erwähnen noch einige Eigenschaften der Projektionsmatrix:

$$\mathbf{P}_q \mathbf{P}_j = \mathbf{P}_j, \qquad \check{\mathbf{P}}_q \check{\mathbf{P}}_j = \check{\mathbf{P}}_q \quad \text{für} \quad j = q+1, \ldots, n; \tag{1.116}$$

$$\mathbf{P}_q \mathbf{P}_j = \mathbf{P}_q, \qquad \check{\mathbf{P}}_q \check{\mathbf{P}}_j = \check{\mathbf{P}}_j \quad \text{für} \quad j = 0, 1, \ldots, q. \tag{1.117}$$

Für ein $\mathbf{x}$ mit $\mathbf{P}_q \mathbf{x} \neq \mathbf{0}$ gilt

$$\mathbf{x}' \mathbf{P}_q \mathbf{x} > 0 \tag{1.118}$$

wegen $\mathbf{x}' \mathbf{P}_q \mathbf{x} = (\check{\mathbf{P}}_q \mathbf{x} + \mathbf{P}_q \mathbf{x})' \mathbf{P}_q \mathbf{x} = (\mathbf{P}_q \mathbf{x})' \mathbf{P}_q \mathbf{x} = |\mathbf{P}_q \mathbf{x}|^2 > 0$.

Da $\mathbf{a}_q$ von $\mathbf{a}_1$ bis $\mathbf{a}_{q-1}$ linear unabhängig ist, gilt immer

$$\mathbf{P}_{q-1} \mathbf{a}_q \neq \mathbf{0}. \tag{1.119}$$

Im folgenden sei u_q der zu $\mathbf{a}_q$ gehörige Koeffizient in der Entwicklung von $\check{\mathbf{P}}_q \mathbf{x}$ (bzw. von $\mathbf{x}$, wenn $\mathbf{x}$ selber schon in $\tilde{D}$ liegt) nach $\mathbf{a}_1$ bis $\mathbf{a}_q$ gemäß

$$\check{\mathbf{P}}_q \mathbf{x} = \sum_{j=1}^{q} u_j \mathbf{a}_j.$$

Dann ist

$$\mathbf{a}_q' \mathbf{P}_{q-1} \mathbf{x} = u_q |\mathbf{P}_{q-1} \mathbf{a}_q|^2 \tag{1.120}$$

auf Grund von

$$\mathbf{a}_q' \mathbf{P}_{q-1} \mathbf{x} = \mathbf{a}_q' \mathbf{P}_{q-1} (\mathbf{P}_q \mathbf{x} + \check{\mathbf{P}}_q \mathbf{x}) = \mathbf{a}_q' \mathbf{P}_{q-1} \left(\mathbf{P}_q \mathbf{x} + \sum_{j=1}^{q} u_j \mathbf{a}_j \right)$$

$$= \mathbf{a}_q' \mathbf{P}_q \mathbf{x} + \mathbf{a}_q' \mathbf{P}_{q-1} u_q \mathbf{a}_q = u_q \mathbf{a}_q' \mathbf{P}_{q-1} \mathbf{a}_q$$

$$= u_q |\mathbf{P}_{q-1} \mathbf{a}_q|^2.$$

Ferner gilt

$$|\mathbf{P}_{q-1}\mathbf{x}|^2 = |\mathbf{P}_q\mathbf{x}|^2 + u_q^2 |\mathbf{P}_{q-1}\mathbf{a}_q|^2 \qquad (1.121)$$

wegen

$$\mathbf{P}_{q-1}\mathbf{x} = \mathbf{P}_q\mathbf{x} + \mathbf{P}_{q-1} u_q \mathbf{a}_q,$$
$$|\mathbf{P}_{q-1}\mathbf{x}|^2 = |\mathbf{P}_q\mathbf{x}|^2 + u_q^2 |\mathbf{P}_{q-1}\mathbf{a}_q|^2 + 2\,(\mathbf{P}_q\mathbf{x})'\,(u_q \mathbf{P}_{q-1}\mathbf{a}_q)$$
$$= |\mathbf{P}_q\mathbf{x}|^2 + u_q^2 |\mathbf{P}_{q-1}\mathbf{a}_q|^2 + 2\,u_q\,\mathbf{x}'\,\mathbf{P}_q\,\mathbf{a}_q$$
$$= |\mathbf{P}_q\mathbf{x}|^2 + u_q^2 |\mathbf{P}_{q-1}\mathbf{a}_q|^2.$$

Insbesondere ist also

$$|\mathbf{P}_{q-1}\mathbf{x}| > |\mathbf{P}_q\mathbf{x}|, \quad \text{wenn} \quad u_q \neq 0, \qquad (1.122)$$

und allgemein hat man die Ungleichungskette

$$|\mathbf{P}_q\mathbf{x}| \leqq |\mathbf{P}_{q-1}\mathbf{x}| \leqq \ldots \leqq |\mathbf{P}_0\mathbf{x}| = |\mathbf{x}|. \qquad (1.123)$$

Durch Projektion kann sich mithin die Norm eines Vektors nicht vergrößern.

10. Quadratische Formen, Definitheit

Unter einer quadratischen Form in den n skalaren Variablen $x_1, x_2, \ldots, x_n$ versteht man einen Ausdruck der Form

$$
\begin{aligned}
Q(x_1, x_2, \ldots, x_n) = {}& c_{11} x_1^2 + 2\,c_{12} x_1 x_2 + 2\,c_{13} x_1 x_3 + \ldots + 2\,c_{1n} x_1 x_n \\
& + c_{22} x_2^2 \quad\;\; + 2\,c_{23} x_2 x_3 + \ldots + 2\,c_{2n} x_2 x_n \\
& \qquad\quad + c_{33} x_3^2 \quad\;\; + \ldots + 2\,c_{3n} x_3 x_n \\
& \qquad\qquad\qquad\qquad\; + \ldots \qquad\qquad (1.124)\\
& \qquad\qquad\qquad\qquad\qquad\quad + c_{nn} x_n^2
\end{aligned}
$$

mit reellen Koeffizienten. Symmetrisiert man $c_{ij} = c_{ji}$, so kann man dafür schreiben

$$
\begin{aligned}
Q = {}& (c_{11} x_1 + c_{12} x_2 + \ldots + c_{1n} x_n)\, x_1 \\
& + (c_{21} x_1 + c_{22} x_2 + \ldots + c_{2n} x_n)\, x_2 \\
& + \\
& \qquad\qquad\qquad\qquad\qquad\qquad (1.125)\\
& \\
& + (c_{n1} x_1 + c_{n2} x_2 + \ldots + c_{nn} x_n)\, x_n.
\end{aligned}
$$

Faßt man die Koeffizienten c_{ij} zur symmetrischen $(n \times n)$-Matrix $\mathbf{C}$ zusammen und die Variablen zu einem reellen n-Vektor $\mathbf{x}$, so ist die rechte Seite von (1.125) das Skalarprodukt des Zeilenvektors $\mathbf{x}'$ mit dem Spaltenvektor $\mathbf{C}\mathbf{x}$. In Matrizenschreibweise stellt sich also die quadratische Form (1.124) dar als

$$Q(\mathbf{x}) = \mathbf{x}'\,\mathbf{C}\,\mathbf{x}, \quad \mathbf{C}\ \text{symmetrisch.} \qquad (1.126)$$

Umgekehrt ist jeder symmetrischen Matrix C durch (1.126) eine quadratische Form zugeordnet. Es gelten die folgenden Definitionen:

Eine quadratische, symmetrische Matrix C heißt nichtnegativ definit oder positiv semidefinit, wenn

$$x' C x \geqq 0 \quad \text{für alle } x.$$

Sie heißt positiv definit oder genauer streng positiv definit, wenn

$$x' C x > 0 \quad \text{für alle } x \neq 0.$$

Sie heißt negativ (semi-)definit, wenn $- C$ positiv (semi-)definit ist.

Die symmetrische Matrix (1.111) beispielsweise ist positiv semidefinit auf Grund von (1.118).

Mit C nennt man auch die zugeordnete quadratische Form $x' C x$ definit. Eine semidefinite quadratische Form kann also niemals negative Werte annehmen. Wenn sie darüber hinaus noch streng definit ist, so nimmt sie den Wert 0 nur für $x = 0$ an.

Setzt man gewisse der Variablen gleich Null, so muß die quadratische Form auch noch in den restlichen Variablen allein definit sein. Damit ergibt sich, daß bei einer (semi-)definiten Matrix jede symmetrische Teilmatrix, die durch Streichen entsprechender Zeilen und Spalten entsteht, wieder (semi-)definit ist. Insbesondere müssen die Diagonalelemente einer positiv (semi-)definiten Matrix positiv (nichtnegativ) sein. Man kann sich weiter klarmachen, daß ein Diagonalelement einer semidefiniten Matrix nur Null sein kann, wenn alle Elemente der zugehörigen Zeile und Spalte verschwinden.

Es gelten folgende Aussagen:

1. Wenn C positiv semidefinit ist, so gilt $C x = 0$ für alle x mit $x' C x = 0$.

$$\text{(1.127)}$$

Beweis: Für jedes y und beliebiges λ hat man

$$0 \leqq (y + \lambda x)' C (y + \lambda x) = y' C y + 2 \lambda (y' C x) + \lambda^2 (x' C x) =$$
$$= y' C y + 2 \lambda (y' C x).$$

Das ist nur möglich, wenn der Koeffizient von λ verschwindet:

$$y' C x = 0.$$

Da diese Gleichung für jedes y gelten muß, folgt

$$C x = 0.$$

Hieraus ergibt sich unmittelbar:

2. Eine streng definite Matrix ist nichtsingulär, und eine semidefinite, nichtsinguläre Matrix ist streng definit.   (1.128)

Es sei nun C eine symmetrische $(n \times n)$-Matrix und A eine beliebige $(n \times m)$-Matrix.

3. Mit C ist auch die symmetrische $(m \times m)$-Matrix $A' C A$ positiv semidefinit. Wenn C streng definit ist und A den vollen Spaltenrang $r = m$ hat, so ist auch $A' C A$ streng definit.   (1.129)

Um die Behauptung zu verifizieren, substituiert man $A x = y$: $x' (A' C A) x = y' C y \geqq 0$ für alle y und damit für alle x. Wenn die Spalten von A linear unabhängig sind, so folgt $y \neq 0$ aus $x \neq 0$, und man hat bei streng definitem C: $x' A' C A x > 0$ für alle $y \neq 0$ und damit für alle $x \neq 0$.

4. Die Matrix $A' A$ ist für beliebiges A positiv semidefinit. Dies folgt aus 3. mit $C = E$. $\hfill (1.130)$

5. Mit C ist auch C^{-1} streng definit. Dies folgt aus 3. mit $A = A' = C^{-1}$. $\hfill (1.131)$

6. Wenn man eine positiv semidefinite n-reihige Matrix C gemäß

$$C = \left\| \begin{array}{c:c} P & Q \\ \hdashline Q' & S \end{array} \right\|$$

aufteilt, wobei P eine streng positiv definite n_1-reihige Matrix darstellt, S eine positiv semidefinite n_2-reihige Matrix

$$(n_1 + n_2 = n)$$

und Q eine $(n_1 \times n_2)$-Matrix, so ist auch die n_2-reihige Matrix $S - Q' P^{-1} Q$ positiv semidefinit (streng definit, wenn C streng definit ist). $\hfill (1.132)$

Beweis: Teilt man den Vektor x entsprechend auf in $x' = \| x^{1'}, x^{2'} \|$, dann ist

$$0 \leqq x' C x = \| x^{1'}, x^{2'} \| \; \left\| \begin{array}{c:c} P & Q \\ \hdashline Q' & S \end{array} \right\| \; \left\| \begin{array}{c} x^1 \\ \hdashline x^2 \end{array} \right\| =$$

$$x^{1'} P x^1 + 2 x^{1'} Q x^2 + x^{2'} S x^2 \quad \text{für alle } x^1, x^2,$$

und mit $x^1 = - P^{-1} Q x^2$ gilt

$$0 \leqq x^{2'} Q' P^{-1} Q x^2 - 2 x^{2'} Q' P^{-1} Q x^2 + x^{2'} S x^2$$
$$= x^{2'} (S - Q' P^{-1} Q) x^2 \quad \text{für alle } x^2.$$

Wenn C streng definit ist, so kann man für $x^2 \neq 0$ überall das Zeichen $\leqq$ durch $<$ ersetzen.

Wir wenden uns nun nochmals der Gaußschen Dreieckszerlegung (1.78) zu, wobei wir die Matrix (1.73) jetzt mit Γ bezeichnen, ihre Elemente mit γ_{ij}. Eine quadratische Matrix C läßt sich nach (1.78) zerlegen in zwei Dreiecksmatrizen (1.73) und (1.74):

$$C = \Gamma B. \hfill (1.133)$$

Wenn nun C symmetrisch ist, so gilt nach (1.86)

$$b_{ik} = b_{ii} \gamma_{ki}, \hfill (1.134)$$

vorausgesetzt, daß man die Symmetrie im ganzen Verlauf des Verfahrens wahren kann. Wenn C semidefinit ist, so ist dies der Fall. Der Leser möge etwa durch Anwendung von (1.132) mit $n_1 = 1$, $P^{-1} = 1/c_{11}$, $Q = \| c_{12}, \ldots, c_{1n} \|$ verifizieren, daß mit C auch die (1.70) entsprechende Matrix

$$C^{(1)} = \| c_{ij}^{(1)} \| = \left\| c_{ij} - \frac{c_{1j} c_{i1}}{c_{11}} \right\|, \quad i = 2, \ldots, n; \quad j = 2, \ldots, n$$

positiv semidefinit bzw. streng definit ist. Das gleiche gilt dann analog für die Matrix aus (1.71) und allgemein für die den $\mathbf{A}_k$ entsprechenden Matrizen

$$\mathbf{C}^{(k)} = \| c_{ij}^{(k)} \|, \qquad i = k+1, \ldots, n; \quad j = k+1, \ldots, n.$$

Wenn diese Matrizen nicht ausschließlich aus Nullen bestehen, die Zerlegung also noch fortgesetzt werden muß, so enthalten sie mindestens ein von Null verschiedenes, sogar positives Diagonalelement, das durch eine gleichlautende Zeilen- und Spaltenvertauschung, die die Symmetrie nicht zerstört, zum ersten Diagonalelement und damit zu $b_{k+1,\,k+1}$ gemacht werden kann. Wenn $\mathbf{C}$ streng definit ist, so ist auch $\mathbf{C}^{(k)}$ streng definit, alle Diagonalelemente sind positiv, und es ist überhaupt keine Umstellung erforderlich.

In Matrizenschreibweise lautet (1.134)

$$\mathbf{B} = \mathbf{N}\,\mathbf{\Gamma}', \tag{1.135}$$

wobei

$$\mathbf{N} = \begin{Vmatrix} b_{11} & 0 & \ldots & 0 \\ 0 & b_{22} & & 0 \\ \cdot & & \cdot & \cdot \\ \cdot & & \cdot & \cdot \\ \cdot & & & \cdot \\ 0 & 0 & \ldots & b_{nn} \end{Vmatrix} \tag{1.136}$$

(1.135) bleibt auch noch richtig, wenn die letzten der b_{ii} verschwinden. $\mathbf{B}$ hat dann in der i-ten Zeile lauter Nullen, $\mathbf{\Gamma}$ in der i-ten Spalte eine 1 an i-ter Stelle und sonst Nullen. In jedem Falle ist $\mathbf{\Gamma}$ nichtsingulär. (1.133) wird dann zu

$$\mathbf{C} = \mathbf{\Gamma}\,\mathbf{N}\,\mathbf{\Gamma}'. \tag{1.137}$$

Übt man nun auf $\mathbf{x}$ die nichtsinguläre Transformation

$$\mathbf{y} = \mathbf{\Gamma}'\,\mathbf{x} \tag{1.138}$$

aus, so transformiert sich die quadratische Form Q gemäß

$$Q = \mathbf{x}'\,\mathbf{C}\,\mathbf{x} = \mathbf{x}'\,\mathbf{\Gamma}\,\mathbf{N}\,\mathbf{\Gamma}'\,\mathbf{x} = \mathbf{y}'\,\mathbf{N}\,\mathbf{y} = b_{11}\,y_1^2 + b_{22}\,y_2^2 + \ldots + b_{nn}\,y_n^2. \tag{1.139}$$

Wenn in $\mathbf{C}$ bei der Dreieckszerlegung gleichlautende (symmetrische) Zeilen- und Spaltenumstellungen vorgenommen werden, so entspricht dies einer Vertauschung der entsprechenden Komponenten von $\mathbf{x}$. In diesem Falle hätte man korrekter zu schreiben

$$\mathbf{\Gamma}\,\mathbf{B} = \tilde{\mathbf{C}}, \text{ wo } \tilde{\mathbf{C}} \text{ die umgestellte Matrix } \mathbf{C} \text{ darstellt,}$$

$$\mathbf{x}'\,\mathbf{C}\,\mathbf{x} = \tilde{\mathbf{x}}'\,\tilde{\mathbf{C}}\,\tilde{\mathbf{x}}, \text{ wo } \tilde{\mathbf{x}} \text{ der umgestellte Vektor } \mathbf{x} \text{ ist,}$$

$$\mathbf{y} = \mathbf{\Gamma}'\,\tilde{\mathbf{x}}.$$

In der Darstellung (1.139) erkennt man sofort, daß Q dann und nur dann streng positiv definit ist, wenn alle $b_{ii} > 0$ sind, und semidefinit, wenn alle $b_{ii} \geqq 0$ sind. (Daß $b_{ii} \geqq 0$ eine notwendige Bedingung für Definitheit ist, folgt auch aus dem weiter oben über die Definitheit der $\mathbf{C}^{(k)}$ Gesagten). Damit hat man das folgende

Kriterium: Eine reelle, symmetrische $(n \times n)$-Matrix $\mathbf{C}$ ist streng positiv definit dann und nur dann, wenn die Dreieckszerlegung $\mathbf{C} = \mathbf{\Gamma}\,\mathbf{B}$ mit $\gamma_{ii} = 1$ ohne Umstellungen möglich ist und alle Diagonalelemente b_{ii} positiv werden. $\mathbf{C}$ ist positiv semidefinit vom Range r dann und nur dann, wenn die ersten r der b_{ii} positiv werden und die $n - r$ restlichen verschwinden; hierbei sind gleichlautende Zeilen- und Spaltenumstellungen erlaubt.

Aus diesem Kriterium folgt ein anderes: **C** ist genau dann streng positiv definit, wenn sämtliche Hauptabschnittsdeterminanten

$$|\mathbf{C}_1| = c_{11}, \qquad |\mathbf{C}_2| = \begin{vmatrix} c_{11} & c_{12} \\ c_{21} & c_{22} \end{vmatrix},$$

$$|\mathbf{C}_3| = \begin{vmatrix} c_{11} & c_{12} & c_{13} \\ c_{21} & c_{22} & c_{23} \\ c_{31} & c_{32} & c_{33} \end{vmatrix}, \ldots, |\mathbf{C}_n| = |\mathbf{C}|$$

positiv sind. **C** ist genau dann positiv semidefinit vom Range r, wenn — eventuell nach gleichlautenden Zeilen- und Spaltenvertauschungen — die ersten r Hauptabschnittsdeterminanten positiv, die $n - r$ restlichen gleich Null sind.

Das zweite Kriterium folgt aus dem ersten deswegen, weil sich die Hauptabschnittsdeterminanten von **C** durch die Umformungen des Gaußschen Algorithmus nicht ändern; $|\mathbf{C}_k|$ ist gleich der k-ten Hauptabschnittsdeterminante von **B**, und diese ist wegen der Dreiecksform von **B** gleich dem Produkt $b_{11} b_{22} \ldots b_{kk}$ der Diagonalelemente.

Schließlich gilt noch: **C** ist streng negativ definit, wenn alle b_{ii} negativ bzw. die Hauptabschnittsdeterminanten abwechselnd negativ und positiv ausfallen.

Faßt man die partiellen Ableitungen

$$\frac{\partial Q}{\partial x_i} = 2\,(c_{i1}\,x_1 + c_{i2}\,x_2 + \ldots + c_{in}\,x_n)$$

zum sogenannten Gradientenvektor

$$\operatorname{grad} Q\,(\mathbf{x}) = \frac{\partial Q}{\partial \mathbf{x}} = \begin{Vmatrix} \dfrac{\partial Q}{\partial x_1} \\[1ex] \dfrac{\partial Q}{\partial x_2} \\[1ex] \cdot \\ \cdot \\ \cdot \\[1ex] \dfrac{\partial Q}{\partial x_n} \end{Vmatrix} \qquad (1.140)$$

zusammen, so ist

$$\frac{\partial Q}{\partial \mathbf{x}} = 2\,\mathbf{C}\,\mathbf{x}. \qquad (1.141)$$

Um den Faktor in der Ableitung zu vermeiden, schreibt man manchmal die quadratische Form als $Q\,(\mathbf{x}) = \frac{1}{2}\,\mathbf{x}'\,\mathbf{C}\,\mathbf{x}$.

Geometrisch stellt $Q\,(\mathbf{x}) = \text{const.}$ die Mittelpunktsgleichung eines Ellipsoides im R^n dar, wenn Q streng definit ist. Der Gradient im Punkt $\mathbf{x}^0$ hat die geometrische

Bedeutung einer Normalen auf die Fläche konstanter Q-Werte, die durch $\mathbf{x}^0$ geht. Nach (1.127) kann bei semidefinitem $\mathbf{C}$ ein nicht verschwindender Gradient niemals senkrecht auf dem zugehörigen Ortsvektor $\mathbf{x}^0$ stehen.

11. Konvexe Bereiche und Funktionen

Eine Punktmenge K im R^n heißt konvex, wenn mit je zwei Punkten $\mathbf{x}^1$ und $\mathbf{x}^2$ aus K auch alle Punkte

$$\lambda\, \mathbf{x}^1 + (1-\lambda)\, \mathbf{x}^2, \qquad 0 \leqq \lambda \leqq 1 \tag{1.142}$$

zu K gehören. Anschaulich bedeutet das, daß eine Menge konvex ist, wenn sie mit je zwei beliebig herausgegriffenen Punkten auch das verbindende Geradensegment zwischen diesen Punkten enthält (Fig. 1).

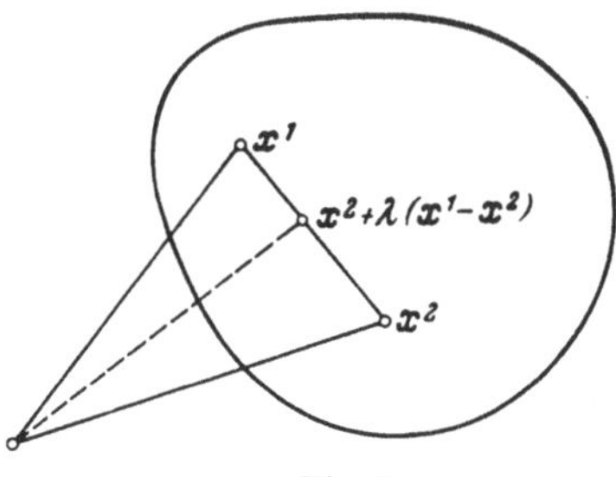

Fig. 1

Wenn die Menge abgeschlossen ist, so spricht man auch von einem konvexen Bereich. Dieser Bereich braucht nicht beschränkt zu sein und kann in einer linearen Mannigfaltigkeit geringerer Dimension als n liegen. Fig. 2 gibt Beispiele konvexer und nichtkonvexer Mengen. Der ganze R^n ist konvex, auch die leere Menge, die kein Element enthält, kann als konvex aufgefaßt werden. Der Durchschnitt beliebig vieler konvexer Mengen ist wieder konvex. Wenn eine konvexe Menge K nicht be-

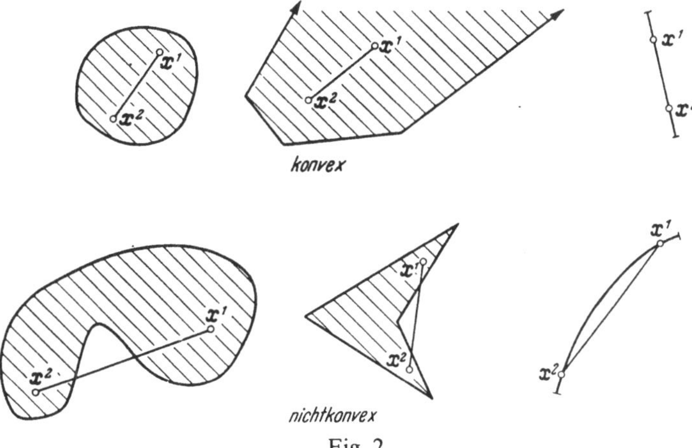

Fig. 2

schränkt ist, so kann man von jedem Punkt $\mathbf{x}^0 \in K$ aus einen Strahl $\mathbf{x}^0 + \lambda\, \mathbf{t}$, $\lambda > 0$ konstruieren, der ganz in K liegt. Eine konvexe Linearkombination beliebig vieler Punkte eines konvexen Bereiches ergibt wieder einen Punkt dieses Bereiches, d. h. mit $\mathbf{x}^k \in K$ gilt auch $\sum_k \lambda_k \mathbf{x}^k \in K$ für $\sum_k \lambda_k = 1$, $\lambda_k \geqq 0$. Wenn zwei konvexe Bereiche K^1 und K^2 höchstens Randpunkte gemeinsam haben, so existiert eine trennende Hyperebene $\mathbf{a}'\mathbf{x} = b$ derart, daß $\mathbf{a}'\mathbf{x}^1 \leqq b$ für alle $\mathbf{x}^1 \in K^1$ und $\mathbf{a}'\mathbf{x}^2 \geqq b$ für alle $\mathbf{x}^2 \in K^2$.

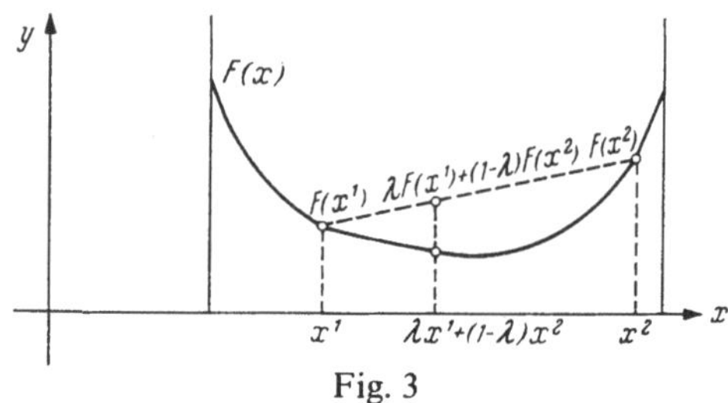

Fig. 3

Eine Funktion $F(\mathbf{x})$ in den n Variablen $\|x_1, \ldots, x_n\|' = \mathbf{x} \in R^n$ heißt konvex über einem konvexen Bereich K, wenn für je zwei Punkte $\mathbf{x}^1$ und $\mathbf{x}^2$ aus K gilt

$$F\{\lambda \mathbf{x}^1 + (1-\lambda)\,\mathbf{x}^2\} \leqq \lambda\, F(\mathbf{x}^1) + (1-\lambda)\, F(\mathbf{x}^2) \quad \text{für} \quad 0 < \lambda < 1. \quad (1.143)$$

Die Funktion heißt streng konvex, wenn man für $\mathbf{x}^1 \neq \mathbf{x}^2$ das Zeichen $\leqq$ durch $<$ ersetzen kann. Eine konvexe Funktion kann längs des Geradensegmentes zwischen $\mathbf{x}^1$ und $\mathbf{x}^2$ also keinen höheren Wert annehmen als die lineare Funktion, die bei linearer Interpolation entsteht. Fig. 3 gibt ein Beispiel für den eindimensionalen Fall. $F(\mathbf{x})$ heißt konkav (streng konkav), wenn $-F(\mathbf{x})$ konvex (streng konvex) ist. Eine lineare Funktion ist sowohl konvex als auch konkav, beides jedoch nicht streng.

Eine konvexe Funktion ist stetig im Innern von K. Wenn K im R^1 liegt, so ist $F(\mathbf{x})$ in jedem Punkt rechts- und linksseitig differenzierbar. Wenn über K nichts Näheres gesagt ist, so ist darunter der ganze R^n zu verstehen.

Satz: Wenn $\mathbf{C}$ eine positiv semidefinite Matrix ist, so ist die Funktion $Q(\mathbf{x}) = \mathbf{x}'\,\mathbf{C}\,\mathbf{x}$ konvex; wenn $\mathbf{C}$ streng positiv definit ist, so ist $Q(\mathbf{x})$ streng konvex. $\quad (1.144)$

Wir beweisen die erste Hälfte: Unter Berücksichtigung von

$$\lambda\, \mathbf{z}'\,\mathbf{C}\,\mathbf{z} \geqq \lambda^2\, \mathbf{z}'\,\mathbf{C}\,\mathbf{z} \quad \text{für alle } \mathbf{z} \text{ und für} \quad 0 < \lambda < 1$$

folgt

$$\begin{aligned}
\lambda\, Q(\mathbf{x}^1) + (1-\lambda)\, Q(\mathbf{x}^2) &= \lambda\, \mathbf{x}^{1\prime}\,\mathbf{C}\,\mathbf{x}^1 + (1-\lambda)\,\mathbf{x}^{2\prime}\,\mathbf{C}\,\mathbf{x}^2 \\
&= \lambda\,\mathbf{x}^{2\prime}\,\mathbf{C}\,(\mathbf{x}^1 - \mathbf{x}^2) + \lambda\,(\mathbf{x}^1 - \mathbf{x}^2)'\,\mathbf{C}\,\mathbf{x}^2 + \lambda\,(\mathbf{x}^1 - \mathbf{x}^2)'\,\mathbf{C}\,(\mathbf{x}^1 - \mathbf{x}^2) + \mathbf{x}^{2\prime}\,\mathbf{C}\,\mathbf{x}^2 \\
&\geqq \lambda\,\mathbf{x}^{2\prime}\,\mathbf{C}\,(\mathbf{x}^1 - \mathbf{x}^2) + \lambda\,(\mathbf{x}^1 - \mathbf{x}^2)'\,\mathbf{C}\,\mathbf{x}^2 + \lambda^2\,(\mathbf{x}^1 - \mathbf{x}^2)'\,\mathbf{C}\,(\mathbf{x}^1 - \mathbf{x}^2) + \mathbf{x}^{2\prime}\,\mathbf{C}\,\mathbf{x}^2 \\
&= \{\lambda\,(\mathbf{x}^1 - \mathbf{x}^2) + \mathbf{x}^2\}'\,\mathbf{C}\,\{\lambda\,(\mathbf{x}^1 - \mathbf{x}^2) + \mathbf{x}^2\} \\
&= \{\lambda\,\mathbf{x}^1 + (1-\lambda)\,\mathbf{x}^2\}'\,\mathbf{C}\,\{\lambda\,\mathbf{x}^1 + (1-\lambda)\,\mathbf{x}^2\} \\
&= Q\{\lambda\,\mathbf{x}^1 + (1-\lambda)\,\mathbf{x}^2\}
\end{aligned}$$

für alle $\mathbf{x}^1$, $\mathbf{x}^2$ und für $0 < \lambda < 1$.

Wenn $\mathbf{C}$ negativ definit ist, so ist $Q(\mathbf{x})$ konkav.

Wir geben noch einige Aussagen über konvexe Funktionen. Jede der folgenden 4 Bedingungen ist notwendig und hinreichend für die Konvexität von $F(\mathbf{x})$, vorausgesetzt, daß die auftretenden Ableitungen existieren:

$$\text{a)} \quad F(\mathbf{x}^2) - F(\mathbf{x}^1) \geqq (\mathbf{x}^2 - \mathbf{x}^1)' \left(\frac{\partial F}{\partial \mathbf{x}}\right)_{\mathbf{x}^1} \quad \text{für alle } \mathbf{x}^1, \mathbf{x}^2. \tag{1.145}$$

b) Die Hessesche Matrix $\left\|\dfrac{\partial^2 F}{\partial x_i \, \partial x_j}\right\|$ der zweiten Ableitungen ist positiv semidefinit für alle $\mathbf{x}$. $\hfill(1.146)$

$$\text{c)} \quad F(\mathbf{x}^0 + \lambda \, \mathbf{t}) \text{ ist konvex in } \lambda \text{ für alle } \mathbf{x}^0, \mathbf{t}. \tag{1.147}$$

d) $\mathbf{t}' \left(\dfrac{\partial F}{\partial \mathbf{x}}\right)_{\mathbf{x}^0 + \lambda \, \mathbf{t}}$ nimmt als Funktion von λ monoton nicht ab für alle $\mathbf{x}^0, \mathbf{t}$. $\hfill(1.148)$

Wenn $F(\mathbf{x})$ konvex ist, so ist auch $F(\mathbf{A}\,\mathbf{x} + \mathbf{b})$ konvex. Ferner ist

$$F\left(\sum_{k=1}^m \lambda_k \mathbf{x}^k\right) \leqq \sum_{k=1}^m \lambda_k F(\mathbf{x}^k) \quad \text{für} \quad \sum_{k=1}^m \lambda_k = 1, \quad \lambda_k \geqq 0; \tag{1.149}$$

und die Menge aller $\mathbf{x}$ mit $F(\mathbf{x}) \leqq \alpha$, kurz

$$\{\mathbf{x} \mid F(\mathbf{x}) \leqq \alpha\}$$

ist konvex (möglicherweise leer) für jede reelle Zahl α. Wenn $F(\mathbf{x}) = \mathbf{p}' \mathbf{x} + \mathbf{x}' \mathbf{C}\,\mathbf{x}$, $\mathbf{C}$ streng positiv definit, so ist diese Menge beschränkt. Wenn $f_j(\mathbf{x})$, $j = 1, \ldots, m$, konvexe Funktionen sind, so ist auch $\max_j f_j(\mathbf{x})$ und $\sum_{j=1}^m u_j f_j(\mathbf{x})$ für $u_j \geqq 0$ eine konvexe Funktion.

Bei einer konvexen Funktion ist jedes lokale Minimum in einem konvexen Bereich K zugleich ein globales Minimum über diesem Bereich. Die Menge dieser Minima ist konvex. Eine streng konvexe Funktion hat höchstens ein lokales Minimum.

Zweites Kapitel

Betrachtungen zur linearen Programmierung[1]

1. Duale Systeme homogener linearer Relationen

Da in den folgenden Kapiteln über quadratische Programmierung verschiedentlich auf lineare Programme zurückgegriffen werden muß, geben wir hier eine kurze Übersicht über die Theorie dualer linearer Programme. Wir folgen dabei im wesentlichen der Darstellung von Goldman und Tucker [1]. Für eine ausführliche Darstellung der Lösungsverfahren der linearen Programmierung sei auf unsere frühere Veröffentlichung[2] verwiesen.

Wir streifen zunächst kurz die dualen homogenen Systeme. Darunter versteht man Paare von endlichen Systemen homogener, linearer Ungleichungen und/oder Gleichungen, bei denen die Variablen nicht-negativ oder unbeschränkt sind. Jeder Ungleichung (Gleichung) in einem System entspricht im anderen System eine nicht-negative (unbeschränkte) Variable und umgekehrt. Die Koeffizientenmatrix des einen Systems ist die negative Transponierte der Koeffizientenmatrix des anderen Systems. Genauer haben duale Systeme die folgende Form:

$$
\begin{array}{l|ll}
u_h \text{ unbeschränkt} & -\sum_j a_{hj} x_j - \sum_k b_{hk} y_k = 0 & (h = 1, \ldots, p) \\[2mm]
v_i \geqq 0 & -\sum_j c_{ij} x_j - \sum_k d_{ik} y_k \geqq 0 & (i = 1, \ldots, m) \\[2mm]
\sum_h a_{hj} u_h + \sum_i c_{ij} v_i \geqq 0 & x_j \geqq 0 & (j = 1, \ldots, n) \\[2mm]
\sum_h b_{hk} u_h + \sum_i d_{ik} v_i = 0 & y_k \text{ unbeschränkt} & (k = 1, \ldots, q).
\end{array}
\tag{2.1}
$$

Man sieht, daß jeder Ungleichung des einen Systems (angegeben durch i und j) eine Ungleichung des anderen Systems zugeordnet ist. (2.1) lautet in Matrix-Vektor-Schreibweise:

$$
\begin{array}{r|l}
 & -\mathbf{A}\,\mathbf{x} - \mathbf{B}\,\mathbf{y} = 0 \\
\mathbf{v} \geqq 0 & -\mathbf{C}\,\mathbf{x} - \mathbf{D}\,\mathbf{y} \geqq 0 \\
\mathbf{A'}\,\mathbf{u} + \mathbf{C'}\,\mathbf{v} \geqq 0 & \mathbf{x} \geqq 0 \\
\mathbf{B'}\,\mathbf{u} + \mathbf{D'}\,\mathbf{v} = 0 &
\end{array}
\tag{2.2}
$$

---

1 Statt lineare Programmierung wird öfters in der deutschsprachigen Literatur auch lineare Optimierung geschrieben.

2 Krelle und Künzi [1].

Als Sonderfälle von (2.2) ergeben sich, wenn man einen Teil der Variablen streicht und die Gleichungen mit -1 multipliziert, die dualen Systeme

$$\mathbf{A'\,u} \geqq \mathbf{0} \quad \left| \begin{array}{l} \mathbf{A\,x} = \mathbf{0} \\ \quad \mathbf{x} \geqq \mathbf{0} \end{array} \right. \tag{2.3}$$

$$\begin{array}{l} \mathbf{A'\,u} \geqq \mathbf{0} \\ \mathbf{B'\,u} = \mathbf{0} \end{array} \quad \left| \begin{array}{l} \mathbf{A\,x} + \mathbf{B\,y} = \mathbf{0} \\ \quad \mathbf{x} \qquad \geqq \mathbf{0} \end{array} \right. \tag{2.4}$$

$$\begin{array}{l} \mathbf{v} \geqq \mathbf{0} \\ \mathbf{C'\,v} \geqq \mathbf{0} \end{array} \quad \left| \begin{array}{l} -\mathbf{C\,x} \geqq \mathbf{0} \\ \quad \mathbf{x} \geqq \mathbf{0}. \end{array} \right. \tag{2.5}$$

Wählt man schließlich in (2.5) $\mathbf{C}$ quadratisch schiefsymmetrisch, $\mathbf{C'} = -\mathbf{C} = \mathbf{K}$, so erhält man das selbstduale System

$$\mathbf{K\,z} \geqq \mathbf{0}, \quad \mathbf{z} \geqq \mathbf{0}, \quad (\mathbf{K'} = -\mathbf{K}). \tag{2.6}$$

Für selbstduale Systeme gilt das folgende zentrale

Lemma[1]: Das System (2.6) hat Lösungen $\mathbf{z}_0$ derart, daß $\mathbf{K\,z}_0 + \mathbf{z}_0 > \mathbf{0}$. (Die strenge Vektorungleichung ist komponentenweise zu verstehen.) $\qquad$ (2.7)

Für den Beweis sei auf die Originalarbeit verwiesen, wo sich auch noch weitere Aussagen über die Systeme (2.2) bis (2.5) finden, ferner auf die Arbeiten von Farkas [1], Gordan [1], Stiemke [1], Motzkin [1] und von Neumann und Morgenstern [1].

2. Theorie der linearen Programmierung

a) Duale lineare Programme

Unter einem dualen Paar linearer Programme versteht man die beiden folgenden Aufgaben:

I. Man maximiere die Linearform

$$c_1 x_1 + \ldots + c_n x_n \tag{2.8}$$

unter Berücksichtigung der $m + n$ linearen Restriktionen

$$a_{11} x_1 + \ldots + a_{1n} x_n \leqq b_1$$
$$\cdot$$
$$\cdot \tag{2.9}$$
$$\cdot$$
$$a_{m1} x_1 + \ldots + a_{mn} x_n \leqq b_m$$

$$x_1 \geqq 0, \quad x_2 \geqq 0, \ldots, x_n \geqq 0. \tag{2.10}$$

---

1 Vgl. Tucker [1].

II. Man minimiere die Linearform

$$b_1 u_1 + \ldots + b_m u_m \tag{2.11}$$

unter Berücksichtigung der $n + m$ Restriktionen

$$a_{11} u_1 + \ldots + a_{m1} u_m \geqq c_1$$
$$\vdots \tag{2.12}$$
$$a_{1n} u_1 + \ldots + a_{mn} u_m \geqq c_n$$

$$u_1 \geqq 0, \quad u_2 \geqq 0, \ldots, u_m \geqq 0. \tag{2.13}$$

Die a_{ij}, b_i und c_j sind hierbei gegebene reelle Zahlen. Die beiden Programme lassen sich unmittelbar verständlich in Tableauform zusammenfassen:

$(\geqq 0)$	x_1	x_2	$\ldots$	x_n	$(\leqq)$
u_1	a_{11}	a_{12}	$\ldots$	a_{1n}	b_1
u_2	a_{21}	a_{22}	$\ldots$	a_{2n}	b_2
$\vdots$					
u_m	a_{m1}	a_{m2}	$\ldots$	a_{mn}	b_m
$(\geqq)$	c_1	c_2	$\ldots$	c_n	

Die Restriktionen (2.9) und (2.10) werden auch Zeilenrestriktionen genannt, die Restriktionen (2.12) und (2.13) Spaltenrestriktionen. Jeder Zeilenrestriktion aus (2.9) bzw. (2.10) ist eine Spaltenrestriktion aus (2.13) bzw. (2.12) zugeordnet.

In Matrizenschreibweise lassen sich die linearen Programme darstellen als:

<table>
<tr><td>I. Man maximiere</td><td>II. Man minimiere</td></tr>
<tr><td>$\mathbf{c}' \mathbf{x}$</td><td>$\mathbf{u}' \mathbf{b}$</td></tr>
<tr><td>für</td><td>für</td></tr>
<tr><td>$A\,\mathbf{x} \leqq \mathbf{b}$</td><td>$A'\,\mathbf{u} \geqq \mathbf{c}$</td></tr>
<tr><td>$\mathbf{x} \geqq \mathbf{0},$</td><td>$\mathbf{u} \geqq \mathbf{0},$</td></tr>
</table>

oder wieder in Tableauform:

$(\geqq 0)$	$\mathbf{x}'$	$(\leqq)$
$\mathbf{u}$	A	$\mathbf{b}$
$(\geqq)$	$\mathbf{c}'$	

Die $m + n$ Restriktionen (2.9) und (2.10) heißen zulässig, sobald ein Vektor $\mathbf{x}$ existiert, der diese befriedigt. Das Maximumproblem heißt dann ebenfalls zulässig, und $\mathbf{x}$ wird als zulässiger Vektor für das System (2.9), (2.10) bezeichnet. Ein zulässiger Vektor $\mathbf{x}^0$, der zugleich das Maximum für $\mathbf{c}' \mathbf{x}$ liefert, heißt ein optimaler Vektor für das Maximumproblem. Entsprechende Bezeichnungen benützt man für das Minimumproblem. Es kann sein, daß weder das Maximum- noch das Minimumproblem zulässige Vektoren aufweisen. Ein Beispiel dafür ist

$(\geqq 0)$	x_1	x_2	$(\leqq)$
u_1	0	1	-1
u_2	0	4	3
$(\geqq)$	1	2	

Es gelten:

Satz 1: Sind $\mathbf{x}$ und $\mathbf{u}$ zulässig, so ist $\mathbf{c}'\,\mathbf{x} \leqq \mathbf{u}'\,\mathbf{b}$.

Der Beweis ergibt sich sofort aus den Nebenbedingungen:

$$\mathbf{c}'\,\mathbf{x} \leqq (\mathbf{u}'\,\mathbf{A})\,\mathbf{x} = \mathbf{u}'\,(\mathbf{A}\,\mathbf{x}) \leqq \mathbf{u}'\,\mathbf{b}.$$

Satz 2: Sind $\mathbf{x}^0$ und $\mathbf{u}^0$ zulässig und gilt: $\mathbf{c}'\,\mathbf{x}^0 = \mathbf{u}^{0'}\,\mathbf{b}$, dann sind $\mathbf{u}^0$ und $\mathbf{x}^0$ optimal.

Der Beweis ergibt sich aus Satz 1. Denn ist $\mathbf{c}'\,\mathbf{x}^0 = \mathbf{u}^{0'}\,\mathbf{b}$, so folgt nach dem obigen Satz, daß $\mathbf{u}^{0'}\,\mathbf{b} = \mathbf{c}'\,\mathbf{x}^0 \leqq \mathbf{u}'\,\mathbf{b}$ für alle zulässigen $\mathbf{u}$. Also ist $\mathbf{u}^0$ optimal, und eine entsprechende Überlegung zeigt, daß auch $\mathbf{x}^0$ optimal ist.

Im folgenden Abschnitt wollen wir das Existenztheorem der linearen Programmierung kurz streifen, das besagt, daß beide Probleme optimale Vektoren besitzen, falls sie zulässige Vektoren aufweisen.

b) Dualitäts- und Existenztheorem

Bei der Vorbereitung des Dualitätstheorems spielt das in Abschnitt 1 dieses Kapitels angegebene Lemma eine Rolle. Wenden wir das Lemma an auf die schiefsymmetrische Matrix

$$\mathbf{K} = \left\|\begin{array}{ccc} \mathbf{0} & -\mathbf{A} & \mathbf{b} \\ \mathbf{A}' & \mathbf{0} & -\mathbf{c} \\ -\mathbf{b}' & \mathbf{c}' & 0 \end{array}\right\|,$$

so ergibt sich die Existenz eines Vektors

$$\mathbf{z}_0 = \left\|\begin{array}{c} \mathbf{u}_0 \\ \mathbf{x}_0 \\ t_0 \end{array}\right\|$$

derart, daß

$$\mathbf{b}\,t_0 \geqq \mathbf{A}\,\mathbf{x}_0, \tag{2.14}$$

$$\mathbf{A}'\,\mathbf{u}_0 \geqq \mathbf{c}\,t_0, \tag{2.15}$$

$$\mathbf{c}'\,\mathbf{x}_0 \geqq \mathbf{b}'\,\mathbf{u}_0, \tag{2.16}$$

$$\mathbf{u}_0 + \mathbf{b}\,t_0 > \mathbf{A}\,\mathbf{x}_0, \tag{2.17}$$

$$\mathbf{x}_0 + \mathbf{A}'\,\mathbf{u}_0 > \mathbf{c}\,t_0, \tag{2.18}$$

$$t_0 + \mathbf{c}'\,\mathbf{x}_0 > \mathbf{b}'\,\mathbf{u}_0. \tag{2.19}$$

Im weiteren ist eine Fallunterscheidung nötig.

Satz 3: Es sei $t_0 > 0$. Dann existieren optimale Vektoren $\mathbf{x}^0$ und $\mathbf{u}^0$ für die dualen Programme derart, daß

$$\mathbf{c}' \, \mathbf{x}^0 = \mathbf{b}' \, \mathbf{u}^0,$$
$$\mathbf{u}^0 + \mathbf{b} \; > \mathbf{A} \, \mathbf{x}^0,$$
$$\mathbf{A}' \, \mathbf{u}^0 + \mathbf{x}^0 > \mathbf{c}.$$

Beweis: Wegen $t_0 > 0$ kann man den nicht-negativen Vektor $\| \mathbf{u}_0', \mathbf{x}_0', t_0 \|$ so normieren, daß $t_0 = 1$ wird, ohne daß dabei die Gültigkeit der homogenen Ungleichungen (2.14) bis (2.19) beeinträchtigt würde. Aus (2.14) und (2.15) folgt mit $t_0 = 1$, daß $\mathbf{x}_0$ und $\mathbf{u}_0$ zulässig sind. (2.16) zusammen mit Satz 1 liefert $\mathbf{c}' \, \mathbf{x}_0 = \mathbf{b}' \, \mathbf{u}_0$, und auf Grund von Satz 2 sind $\mathbf{x}_0$ und $\mathbf{u}_0$ optimal. Berücksichtigt man noch (2.17) und (2.18), so kann man die normierten $\mathbf{x}_0$ und $\mathbf{u}_0$ als die gesuchten Vektoren $\mathbf{x}^0$ und $\mathbf{u}^0$ ansprechen.

Satz 4: Es sei $t_0 = 0$. Dann gilt:

a) Mindestens eines der Dualprobleme hat keinen zulässigen Vektor.

b) Wenn das Maximumproblem einen zulässigen Vektor hat, dann ist die Menge seiner zulässigen Vektoren unbeschränkt, und $\mathbf{c}' \, \mathbf{x}$ ist nach oben unbeschränkt über dieser Menge. Das Entsprechende gilt für das Minimumproblem.

c) Kein Problem hat einen optimalen Vektor.

Beweis: Angenommen, $\mathbf{x}$ sei ein zulässiger Vektor für das Maximumproblem. Benützen wir (2.15) mit $t_0 = 0$ und die Nichtnegativität von $\mathbf{x}$, so erhalten wir

$$\mathbf{x}' \, \mathbf{A}' \, \mathbf{u}_0 \geqq 0.$$

Diese Ungleichung führt zusammen mit (2.19) und der Zulässigkeit von $\mathbf{x}$ auf

$$0 \leqq \mathbf{x}' \, \mathbf{A}' \, \mathbf{u}_0 \leqq \mathbf{b}' \, \mathbf{u}_0 < \mathbf{c}' \, \mathbf{x}_0. \tag{2.20}$$

Die Annahme, daß das Minimumproblem einen zulässigen Vektor $\mathbf{u}$ aufweist, würde jedoch, wegen (2.14), zur entgegengesetzten Ungleichung führen, nämlich

$$0 \geqq \mathbf{u}' \, \mathbf{A} \, \mathbf{x}_0 \geqq \mathbf{c}' \, \mathbf{x}_0.$$

Mit diesem Widerspruch ist a) bewiesen.

Um b) zu beweisen, betrachtet man den Strahl $\mathbf{x} + \lambda \, \mathbf{x}_0$ $(\lambda \geqq 0)$. Natürlich ist $\mathbf{x} + \lambda \, \mathbf{x}_0 \geqq \mathbf{0}$. Benützt man (2.14) mit $t_0 = 0$, so folgt $\mathbf{A} \, (\mathbf{x} + \lambda \, \mathbf{x}_0) \leqq \mathbf{A} \, \mathbf{x} \leqq \mathbf{b}$. Also besteht der ganze unendliche Strahl aus zulässigen Vektoren, womit der erste Teil von b) bewiesen ist. Weiter folgt, da $\mathbf{c}' \, \mathbf{x}_0 > 0$ wegen (2.20), daß $\mathbf{c}' \, (\mathbf{x} + \lambda \, \mathbf{x}_0) = \mathbf{c}' \, \mathbf{x} + \lambda \, \mathbf{c}' \, \mathbf{x}_0$ mit λ beliebig groß gemacht werden kann. Damit ist auch die zweite Aussage von b) bewiesen.

c) ist eine direkte Folge von b).

Korollar 1 A: Entweder beide, das Maximum- und das Minimumproblem, besitzen optimale Vektoren oder aber keines von beiden. Im ersten Fall sind das erreichte Maximum und das erreichte Minimum einander gleich und ihr gemeinsamer Wert heißt der optimale Wert des Dual-Problems.

Der Beweis dazu folgt aus den vorhergehenden 2 Sätzen, denn wenn eines der Probleme einen optimalen Vektor aufweist, dann folgt aus c) von Satz 4, daß $t_0 > 0$

und Satz 3 besagt, daß beide Probleme optimale Vektoren x^0 und u^0 haben, so daß das Maximum $c' x^0$ gleich dem Minimum $b' u^0$ ist.

Korollar 1 B: Eine notwendige und hinreichende Bedingung dafür, daß eines (und somit auch beide) der Dualprogramme einen optimalen Vektor hat, besteht darin, daß entweder $c' x$ oder $b' u$ beschränkt ist auf der zugeordneten nichtleeren Menge von zulässigen Vektoren.

Beweis: Die Notwendigkeit der Bedingung ist klar. Um nachzuweisen, daß sie hinreichend ist, nehmen wir an, daß das Maximumproblem eine nichtleere Menge von zulässigen Vektoren aufweise und daß $c' x$ darauf beschränkt sei. Nach b) von Satz 4 muß $t_0 > 0$ sein und nach Satz 3 haben beide Programme optimale Vektoren.

Wir sind nun in der Lage, die beiden Haupttheoreme der linearen Programmierung zu formulieren.

Dualitätstheorem: Der zulässige Vektor x^0 ist optimal dann und nur dann, wenn eine zulässige Lösung u^0 existiert mit

$$b' u^0 = c' x^0.$$

Eine zulässige Lösung u^0 ist dann und nur dann optimal, wenn eine zulässige Lösung x^0 existiert mit

$$c' x^0 = b' u^0.$$

Beweis: Es genügt natürlich, den ersten Teil zu beweisen. Satz 2 zeigt, daß die Bedingung hinreichend ist. Um die Notwendigkeit nachzuweisen, nehmen wir an, daß x^0 optimal sei. Nach c) von Satz 4 muß $t_0 > 0$ sein, nach Satz 3 hat auch das Minimumproblem einen optimalen Vektor u^0, und nach Korollar 1 A sind das erreichte Maximum $c' x^0$ und das erreichte Minimum $b' u^0$ einander gleich.

Existenztheorem: Eine notwendige und hinreichende Bedingung dafür, daß eines (und somit beide) der Dualprobleme optimale Vektoren haben, besteht darin, daß beide Probleme zulässige Vektoren haben.

Beweis: Die Notwendigkeit der Bedingung ist klar. Um zu beweisen, daß die Bedingung auch hinreichend ist, nehmen wir an, daß beide Probleme zulässige Vektoren haben. Nach a) von Satz 4 ist $t_0 > 0$ und nach Satz 3 haben beide Probleme optimale Vektoren. Damit ist der Beweis erbracht.

Diese beiden Haupttheoreme wurden von Gale, Kuhn und Tucker in [1] bewiesen.

Die Art und Weise, wie eine optimale Lösung die vorgeschriebenen Restriktionen erfüllt, folgt aus den zwei nächsten Korollaren. Wir nehmen dabei an, daß beide Probleme zulässige und damit, nach dem Existenztheorem, auch optimale Vektoren aufweisen.

Korollar 2 A: Beide Probleme haben optimale Vektoren x^0, u^0, für die gilt:
a) wenn x^0 eine Zeilenrestriktion als Gleichung erfüllt, dann erfüllt u^0 die zugeordnete duale Spaltenrestriktion als strenge Ungleichung (mit $>$ statt $\geqq$).
b) wenn u^0 eine Spaltenrestriktion als Gleichung erfüllt, dann erfüllt x^0 die zugeordnete duale Zeilenrestriktion als strenge Ungleichung.

Beweis: Aus c) von Satz 4 folgt, daß $t_0 > 0$. Nach Satz 3 gibt es optimale Vektoren $\mathbf{x}^0$ und $\mathbf{u}^0$ so, daß

$$\mathbf{u}^0 + \mathbf{b} > \mathbf{A}\,\mathbf{x}^0 \quad \text{und} \quad \mathbf{A}'\,\mathbf{u}^0 + \mathbf{x}^0 > \mathbf{c}.$$

Damit haben die $\mathbf{x}^0$ und $\mathbf{u}^0$ die gewünschten Eigenschaften.

Im nächsten Korollar verwenden wir die Bezeichnung $(\mathbf{A}\,\mathbf{x})_i$ für die i-te Komponente des Vektors $\mathbf{A}\,\mathbf{x}$.

Korollar 2 B: Für jeden Index i gilt

entweder $(\mathbf{A}\,\mathbf{x}^0)_i < b_i$ für ein gewisses optimales $\mathbf{x}^0$

und $u_i = 0$ für jedes optimale $\mathbf{u}$,

oder $(\mathbf{A}\,\mathbf{x})_i = b_i$ für jedes optimale $\mathbf{x}$

und $u_i^0 > 0$ für ein gewisses optimales $\mathbf{u}^0$.

Beweis: Die zweite Hälfte der Alternative ist eine direkte Folge von Korollar 2 A. Zum Beweis der ersten Hälfte berücksichtigt man, daß aus $(\mathbf{A}\,\mathbf{x}^0)_i < b_i$ und $u_i^0 > 0$ (für ein gewisses optimales $\mathbf{u}^0$) folgen würde

$$u_i^0\,(\mathbf{A}\,\mathbf{x}^0)_i < u_i^0\,b_i.$$

Zusammen mit

$$u_j^0\,(\mathbf{A}\,\mathbf{x}^0)_j \leqq u_j^0\,b_j, \quad j \neq i$$

ergäbe sich durch Summation

$$\mathbf{u}^{0\prime}\,\mathbf{A}\,\mathbf{x}^0 < \mathbf{b}'\,\mathbf{u}^0$$

und unter Verwendung der Zulässigkeit von $\mathbf{u}^0$

$$\mathbf{c}'\,\mathbf{x}^0 \leqq \mathbf{u}^{0\prime}\,\mathbf{A}\,\mathbf{x}^0 < \mathbf{b}'\,\mathbf{u}^0.$$

Nach Korollar 1 A muß aber für zwei optimale Vektoren gelten

$$\mathbf{c}'\,\mathbf{x}^0 = \mathbf{b}'\,\mathbf{u}^0.$$

Der Widerspruch zeigt, daß $u_i = 0$ für alle optimalen $\mathbf{u}$, wenn

$$(\mathbf{A}\,\mathbf{x}^0)_i < b_i.$$

Bezeichnet man eine Restriktion als „prall", wenn jeder optimale Vektor sie als Gleichung erfüllt, andernfalls als „schlaff", so lautet Korollar 2 B folgendermaßen: Das Duale einer prallen Restriktion ist schlaff und umgekehrt.

3. Dualprobleme mit gemischten Restriktionen

Es sei N die Indexmenge $(1, 2, \ldots, n)$, während M die entsprechende Menge $(1, 2, \ldots, m)$ sei. Angenommen N_1 und N_2 seien komplementäre Teilmengen von N mit n_1 bzw. n_2 Elementen. Dasselbe gelte von M_1 und M_2 bezüglich M (mit m_1 und m_2 Elementen). Unter einem Paar dualer linearer Programme mit gemischten Restriktionen versteht man die folgenden Probleme:

I. Man maximiere

$$c_1 x_1 + \ldots + c_n x_n$$

unter den Nebenbedingungen

$$a_{i1} x_1 + \ldots + a_{in} x_n \begin{cases} \leq b_i & \text{für jedes } i \text{ in } M_1 \\ = b_i & \text{für jedes } i \text{ in } M_2 \end{cases}$$

$$x_j \begin{cases} \text{nicht-negativ für jedes } j \text{ in } N_1 \\ \text{unbeschränkt für jedes } j \text{ in } N_2. \end{cases}$$

II. Man minimiere

$$b_1 u_1 + \ldots + b_m u_m$$

unter den Nebenbedingungen

$$a_{1j} u_1 + \ldots + a_{mj} u_m \begin{cases} \geq c_j & \text{für jedes } j \text{ in } N_1 \\ = c_j & \text{für jedes } j \text{ in } N_2 \end{cases}$$

$$u_i \begin{cases} \text{nicht-negativ für jedes } i \text{ in } M_1 \\ \text{unbeschränkt für jedes } i \text{ in } M_2. \end{cases}$$

Man beachte, daß die Restriktionen, welche Gleichungen sind, den nicht vorzeichenbeschränkten Variablen entsprechen. Wenn wir die Matrix $\mathbf{A}$ und die Vektoren $\mathbf{b}$, $\mathbf{c}$, $\mathbf{x}$ und $\mathbf{u}$ aufteilen, entsprechend der Aufspaltung von M bzw. N in M_1 und M_2 bzw. N_1 und N_2, dann nehmen die Probleme folgende Form an:

I. Man maximiere

$$\mathbf{c}_1' \mathbf{x}_1 + \mathbf{c}_2' \mathbf{x}_2$$

unter den Nebenbedingungen

$$\left. \begin{array}{l} \mathbf{A}_{11} \mathbf{x}_1 + \mathbf{A}_{12} \mathbf{x}_2 \leq \mathbf{b}_1 \\ \mathbf{A}_{21} \mathbf{x}_1 + \mathbf{A}_{22} \mathbf{x}_2 = \mathbf{b}_2 \\ \mathbf{x}_1 \quad\quad\quad\quad \geq \mathbf{0} \\ (\mathbf{x}_2 \text{ unbeschränkt}). \end{array} \right\} \tag{2.21}$$

II. Man minimiere

$$\mathbf{b}_1' \mathbf{u}_1 + \mathbf{b}_2' \mathbf{u}_2$$

unter den Nebenbedingungen

$$\left. \begin{array}{l} \mathbf{A}_{11}' \mathbf{u}_1 + \mathbf{A}_{21}' \mathbf{u}_2 \geq \mathbf{c}_1 \\ \mathbf{A}_{12}' \mathbf{u}_1 + \mathbf{A}_{22}' \mathbf{u}_2 = \mathbf{c}_2 \\ \mathbf{u}_1 \quad\quad\quad\quad \geq \mathbf{0} \\ (\mathbf{u}_2 \text{ unbeschränkt}). \end{array} \right\} \tag{2.22}$$

Das entsprechende Tableau hat die Form

$$
\begin{array}{c|cc|l}
 & \mathbf{x}_1' \geq \mathbf{0} & \mathbf{x}_2' & \\
\hline
\mathbf{u}_1 \geq \mathbf{0} & \mathbf{A}_{11} & \mathbf{A}_{12} & \leq \mathbf{b}_1 \ (M_1) \\
\mathbf{u}_2 & \mathbf{A}_{21} & \mathbf{A}_{22} & = \mathbf{b}_2 \ (M_2) \\
\hline
 & \geq \mathbf{c}_1' & = \mathbf{c}_2' & \\
 & (N_1) & (N_2) &
\end{array}
\tag{2.23}
$$

Es ist zu betonen, daß solche Programm-Paare im Grunde genommen nicht allgemeiner sind als die Programme in Normalform, wie wir sie im zweiten Abschnitt formulierten mit $m_2 = n_2 = 0$. Der Grund dafür ist leicht einzusehen. Es gilt nämlich für jede Restriktionsgleichung $f = 0$, daß diese durch ein Ungleichungspaar der Form $f \geqq 0$ und $-f \geqq 0$ ersetzbar ist.

Ferner läßt sich jede nicht vorzeichenbeschränkte Variable als Differenz zweier vorzeichenbeschränkter Variablen ausdrücken, etwa

$$\mathbf{x}_2 = \mathbf{x}_2^+ - \mathbf{x}_2^-, \quad \mathbf{x}_2^+ \geqq \mathbf{0}, \quad \mathbf{x}_2^- \geqq \mathbf{0};$$

wobei

$$\left.\begin{array}{l} x_i^+ = \max\ \{0, x_i\} \\ x_i^- = \max\ \{0, -x_i\} \end{array}\right\}, \quad i \text{ in } N_2.$$

Analog für $\mathbf{u}_2$.

Damit geht (2.21) und (2.22), kurz (2.23) über in

$$
\begin{array}{c|ccc|c}
 & \mathbf{x}_1' \geqq \mathbf{0} & \mathbf{x}_2^{+\prime} \geqq \mathbf{0} & \mathbf{x}_2^{-\prime} \geqq \mathbf{0} & \\
\hline
\mathbf{u}_1 \geqq \mathbf{0} & \mathbf{A}_{11} & \mathbf{A}_{12} & -\mathbf{A}_{12} & \leqq \mathbf{b}_1 \\
\mathbf{u}_2^+ \geqq \mathbf{0} & \mathbf{A}_{21} & \mathbf{A}_{22} & -\mathbf{A}_{22} & \leqq \mathbf{b}_2 \\
\mathbf{u}_2^- \geqq \mathbf{0} & -\mathbf{A}_{21} & -\mathbf{A}_{22} & \mathbf{A}_{22} & \leqq -\mathbf{b}_2 \\
\hline
 & \geqq \mathbf{c}_1' & \geqq \mathbf{c}_2' & \geqq -\mathbf{c}_2' &
\end{array}
\qquad (2.24)
$$

Das neue Problempaar (2.24), das die Normalform hat, ist äquivalent zum Problempaar (2.23) in dem Sinne, daß $\mathbf{x}_1$, $\mathbf{x}_2$ dann und nur dann zulässig (optimal) sind für (2.23), wenn $\mathbf{x}_1$, $\mathbf{x}_2^+$, $\mathbf{x}_2^-$ zulässig (optimal) sind für (2.24) und genauso für $\mathbf{u}_1$, $\mathbf{u}_2$ und $\mathbf{u}_1$, $\mathbf{u}_2^+$, $\mathbf{u}_2^-$.

Auf Grund dieser Äquivalenz gilt das Dualitäts- und Existenztheorem auch für das Dualproblem (2.23), d. h. für (2.21) und (2.22).

Das soeben beschriebene Verfahren, ein Dualproblem mit gemischten Restriktionen auf Normalform zu bringen, hat den Nachteil, daß die Matrix (2.24) des neuen Problems umfangreicher ist als die des ursprünglichen Problems (2.23). Für die Praxis vorzuziehen ist daher ein anderes Verfahren, bei dem man davon ausgeht, daß man eine Restriktionsgleichung verwenden kann, um eine Variable zu eliminieren.

Angenommen wir hätten z. B. als Zeilenrestriktion die Gleichung

$$a_{m1}\, x_1 + \ldots + a_{mn}\, x_n = b_m$$

mit $a_{mn} \neq 0$. Dann kann man x_n eliminieren durch

$$x_n = \frac{1}{a_{mn}}\, (b_m - a_{m1}\, x_1 - \ldots - a_{m,n-1}\, x_{n-1}). \qquad (2.25)$$

Substituiert man in den übrigen Zeilenrestriktionen und in der Linearform, so erhält man einen neuen Ansatz für $n - 1$ Variable mit

$$\bar{a}_{ij} = a_{ij} - \frac{a_{mj}\, a_{in}}{a_{mn}},$$

$$\bar{b}_i = b_i - \frac{b_m\, a_{in}}{a_{mn}},$$

$$\bar{c}_j = c_j - \frac{a_{mj}\,c_n}{a_{mn}},$$

für $i = 1, \ldots, m - 1$ und für $j = 1, \ldots, n - 1$.

Nun hat man zwei Fälle zu unterscheiden. Ist n in N_2 enthalten, dann wird die unbeschränkte Variable u_m mittels der n-ten Spaltengleichung eliminiert:

$$u_m = \frac{1}{a_{mn}}\,(c_n - u_1\,a_{1n} - \ldots - u_{m-1}\,a_{m-1,n}). \qquad (2.26)$$

Damit haben wir gleichzeitig x_n und u_m sowie die m-te Zeilenrestriktion und die n-te Spaltenrestriktion eliminiert. Die Dual-Probleme, welche durch die Matrizen $\|\bar{a}_{ij}\|$ und die Vektoren $\bar{b}_i$ und $\bar{c}_j$ gegeben sind, sind dann äquivalent zu den früheren; d. h. $x_1, x_2, \ldots, x_n$ oder $u_1, u_2, \ldots, u_m$ in den alten Problemen sind zulässig (optimal) dann und nur dann, wenn $x_1, x_2, \ldots, x_{n-1}$ oder $u_1, u_2, \ldots, u_{m-1}$ zulässig (optimal) für die neuen sind. Um das alte Problem wieder zurückzuerhalten und x_n und u_m auszurechnen, werden (2.25) und (2.26) benützt.

Wenn andererseits n zu N_1 gehört, so setzen wir noch wegen (2.25)

$$\bar{a}_{mj} = \frac{a_{mj}}{a_{mn}}, \qquad \bar{b}_m = \frac{b_m}{a_{mn}} \quad \text{für } j = 1, \ldots, n - 1,$$

ersetzen die unbeschränkte Variable u_m durch die nicht-negative Variable

$$\bar{u}_m = u_1\,a_{1n} + \ldots + u_m\,a_{mn} - c_n$$

und bilden eine neue m-te Zeilenrestriktion

$$\bar{a}_{m1}\,x_1 + \ldots + \bar{a}_{m,n-1}\,x_{n-1} \leqq \bar{b}_m,$$

die der früheren Restriktion $x_n \geqq 0$ entspricht.

Damit haben wir die Variable x_n eliminiert und auch die n-te Spaltenrestriktion. Weiter haben wir die m-te Zeilenrestriktion, die eine Gleichung war, in eine Ungleichung verwandelt.

Wiederum erhalten wir ein äquivalentes Problempaar, indem $x_1, \ldots, x_n$ und $u_1, \ldots, u_m$ den Werten $x_1, \ldots, x_{n-1}$ und $u_1, \ldots, u_{m-1}, \bar{u}_m$ entsprechen. (2.25) und (2.26) werden dazu benützt, um x_n und u_m zu bestimmen. In beiden Fällen (n in N_1 oder in N_2) wird durch die vorgeschlagene Methode die Größe $c'\,x$ bzw. $b'\,u$ nur um die Konstante $\dfrac{b_m\,c_n}{a_{mn}}$ geändert.

Im obigen Verfahren sind wir ausgegangen von einer Zeilenrestriktion als Gleichung. Selbstverständlich kann eine entsprechende Operation durchgeführt werden für eine Spaltenrestriktion als Gleichung. Nach einer endlichen Anzahl von Schritten, die aus solchen Operationen bestehen, erhalten wir sicher eine Situation, in der alle Gleichungsrestriktionen nur noch Koeffizienten der Größe 0 haben. Wenn alle konstanten Glieder (die b_i und die c_j) in diesen Gleichungen 0 sind, so streichen wir die zugehörigen Nullzeilen und -spalten und erhalten ein Problempaar mit $m_2 = n_2 = 0$. Ist eine der Konstanten nicht 0, so ist das zugehörige Glied des Problempaares (und somit das zugehörige Glied des ursprünglichen Problempaares) nicht zulässig.

Aus dem Existenztheorem für duale Programme mit gemischten Restriktionen folgt unmittelbar der

Satz von Farkas[1]: Wenn $\mathbf{c}'\,\mathbf{x} \leqq 0$ für alle $\mathbf{x}$ mit $\mathbf{A}\,\mathbf{x} \leqq 0$, so ist

$$\mathbf{c} = \mathbf{A}'\,\mathbf{u}, \text{ wobei } \mathbf{u} \geqq \mathbf{0}.$$

Beweis: Wir verwenden die dualen Programme

I. Max. $\mathbf{c}'\,\mathbf{x}$	II. Min. $\mathbf{0}'\,\mathbf{u}$
für	für
$\mathbf{A}\,\mathbf{x} \leqq \mathbf{0}$	$\mathbf{A}'\,\mathbf{u} = \mathbf{c}$
($\mathbf{x}$ unbeschränkt)	$\mathbf{u} \geqq \mathbf{0}.$

I hat zulässige Punkte und auch, weil $\mathbf{c}'\,\mathbf{x}$ nach Voraussetzung über dem zulässigen Bereich beschränkt ist, optimale Punkte (etwa $\mathbf{x} = \mathbf{0}$). Daraus folgt nach dem Existenztheorem, daß auch II zulässige Punkte hat. Es existiert also mindestens ein $\mathbf{u}$ mit $\mathbf{A}'\,\mathbf{u} = \mathbf{c}$, $\mathbf{u} \geqq \mathbf{0}$.

4. Das Simplex-Verfahren [2]

Das wichtigste Verfahren zur Lösung linearer Programme ist das sogenannte Simplex-Verfahren von Dantzig, das wir hier kurz skizzieren wollen. Wir schreiben das lineare Programm in der folgenden Form:

Man minimiere $\qquad\qquad L\,(\mathbf{x}) = \mathbf{p}'\,\mathbf{x}$ $\qquad\qquad\qquad\qquad$ (2.27)

für $\qquad\qquad\qquad\qquad \mathbf{A}\,\mathbf{x} = \mathbf{b}$ $\qquad\qquad\qquad\qquad\qquad$ (2.28)

$\qquad\qquad\qquad\qquad\qquad \mathbf{x} \geqq \mathbf{0}.$ $\qquad\qquad\qquad\qquad\qquad\quad$ (2.29)

$\mathbf{A}$ sei hierbei eine $(m \times n)$-Matrix, $m < n$.

Man kann annehmen, daß $\mathbf{A}$ den vollen Zeilenrang $r = m$ hat (andernfalls sind die Gleichungen in (2.28) entweder nicht miteinander verträglich oder mindestens eine der Gleichungen ist eine Linearkombination der übrigen und damit überflüssig). Infolgedessen kann man (2.28) nach m der n Variablen x_i (deren zugehörige Spalten in $\mathbf{A}$ linear unabhängig sind) auflösen, es seien etwa nach geeigneter Umnumerierung die Variablen x_1 bis x_m, und diese m Variablen als lineare Funktion der $n - m$ restlichen darstellen. Man erhält

$$x_h = d_{h_0} + \sum_{k=1}^{n-m} d_{hk}\, x_{m+k}, \qquad h = 1, 2, \ldots, m. \qquad (2.30)$$

Substituieren wir für die abhängigen Variablen in der Linearform L, so ergibt sich

$$L = \alpha_0 + \sum_{k=1}^{n-m} \alpha_k\, x_{m+k}, \qquad\qquad (2.31)$$

wobei $\qquad\qquad\qquad\quad \alpha_0 = \sum_{h=1}^{m} p_h\, d_{h0}$ $\qquad\qquad\qquad\qquad$ (2.32)

$$\alpha_k = p_{m+k} + \sum_{h=1}^{m} p_h\, d_{hk} \qquad\qquad (2.33)$$

(Rechenprobe!) sein muß.

---

1 Vgl. Farkas [1].

2 Vgl. Krelle und Künzi [1] (S. 44 ff.), hier findet der Leser auch ein ausführliches Literaturverzeichnis zum Simplex-Verfahren.

Der Wert der abhängigen Variablen x_h und der Zielfunktion L ist durch die Werte der unabhängigen Variablen x_{m+k} vollständig festgelegt. Man nennt nun eine Lösung von (2.28), bei der die unabhängigen Variablen den Wert 0 haben, eine Basislösung. Die abhängigen Variablen und L haben für die Basislösung die Werte d_{h0} bzw. α_0. Falls nun $d_{h0} \geqq 0$, so sind die abhängigen Variablen nicht-negativ, die Basislösung ist somit auch für (2.29) zulässig. Man kann zeigen, daß das System (2.28), (2.29) stets auch zulässige Basislösungen aufweist, falls es überhaupt zulässige Lösungen aufweist. Man nennt die abhängigen Variablen mit Bezug auf eine Basislösung auch Basisvariable. Von den unabhängigen, verschwindenden Variablen sagt man, sie seien nicht in der Basis. Man nennt eine zulässige Basislösung nichtdegeneriert, wenn sogar gilt $d_{h0} > 0$, d. h. wenn alle Basisvariablen streng positiv sind. Angenommen, wir hätten die Kombination der unabhängigen Variablen so gewählt, daß die zugeordnete Basislösung zulässig und nichtdegeneriert ist. Dann können wir mit dem Simplex-Algorithmus starten. Man schreibt dazu (2.30) und (2.31) zweckmäßig in Tableauform:

$$
\begin{array}{c||c|ccccc}
 & 1 & x_{m+1} & \cdots & x_{m+k_0} & \cdots & x_n \\
\hline
x_1 & d_{10} & d_{11} & \cdots & d_{1k_0} & \cdots & d_{1,n-m} \\
\cdot & \cdot & \cdot & & \cdot & & \\
\cdot & \cdot & \cdot & & \cdot & & \\
x_{h_0} & d_{h_00} & d_{h_01} & \cdots & d_{h_0k_0} & \cdots & d_{h_0,n-m} \\
\cdot & \cdot & \cdot & & \cdot & & \\
\cdot & \cdot & \cdot & & \cdot & & \\
x_m & d_{m0} & d_{m1} & \cdots & d_{mk_0} & \cdots & d_{m,n-m} \\
\hline
L & \alpha_0 & \alpha_1 & \cdots & \alpha_{k_0} & \cdots & \alpha_{n-m}
\end{array}
\tag{2.34}
$$

Der Doppelstrich kann als Gleichheitszeichen gelesen werden. Die erste Koeffizientenspalte gibt die Werte der Basisvariablen und der Zielfunktion für $x_{m+k} = 0$. Es bestehen nun drei Möglichkeiten, die sich gegenseitig ausschließen und insgesamt erschöpfend sind.

Fall I: $\alpha_k \geqq 0$ für alle k.

In diesem Fall ist die in Frage stehende Basislösung optimal, denn jede Erhöhung einer unabhängigen, verschwindenden Variablen x_{m+k} (erniedrigt kann sie ja wegen (2.29) nicht werden) würde den Wert von L wegen des nicht-negativen Koeffizienten α_k höchstens erhöhen, aber nicht erniedrigen. Man hat somit das Minimum für L unter den Bedingungen (2.28), (2.29) erreicht.

Fall II: $\alpha_k < 0$ für mindestens ein $k = k_0$, und $d_{hk_0} \geqq 0$ für alle h.

In diesem Falle kann man den Wert von L beliebig weit erniedrigen, ohne die Nebenbedingungen (2.29) zu verletzen. Läßt man nämlich die unabhängige, vorher verschwindende Variable x_{m+k_0} anwachsen, während die übrigen unabhängigen Variablen wie vorher auf dem Wert 0 gehalten werden, so nimmt wegen $\alpha_{k_0} < 0$ die Funktion L monoton ab, und wegen $d_{hk_0} \geqq 0$ nehmen die abhängigen Variablen nicht ab, so daß die Bedingung (2.29) immer erfüllt bleibt. Man erhält einen „optimalen Strahl"

$$
\begin{aligned}
x_{m+k} &= 0, \qquad k \neq k_0 \\
x_{m+k_0} &= \lambda, \qquad (\lambda > 0) \\
x_h &= d_{h0} + \lambda\, d_{hk_0}
\end{aligned}
\tag{2.35}
$$

auf dem L nach unten nichtbeschränkt ist:

$$L = \alpha_0 + \lambda\,\alpha_{k_0} \to -\infty. \tag{2.36}$$

Fall III: Es ist $\alpha_k < 0$ für mindestens ein k, und für jedes derartige k gibt es mindestens ein h mit $d_{hk} < 0$.

In diesem Falle kann man einen Austauschschritt (pivotal step) durchführen, der zu einer neuen Basislösung mit kleinerem L-Wert führt. Sei etwa $\alpha_{k_0} < 0$. Läßt man die unabhängige Variable x_{m+k_0}, wie bei II, anwachsen, wobei die übrigen nichtbasischen Variablen auf dem Wert 0 gehalten werden, so nimmt L wieder ab. Im Gegensatz zu II erniedrigen sich dabei aber jetzt gewisse der abhängigen Variablen, nämlich diejenigen mit $d_{hk_0} < 0$. Man kann die Erhöhung von x_{m+k_0} nur soweit treiben, bis zum erstenmal eine der vorher positiven Basisvariablen Null wird. Angenommen, dies trete für genau eine Variable x_{h_0} ein (das ist der Fall, wenn

$$\min_h \left\{ \frac{d_{h0}}{|d_{hk_0}|} \,\middle|\, d_{hk_0} < 0 \right\}$$

genau für h_0 angenommen wird, und sonst für keinen anderen Index). Dann haben wir eine neue Basislösung, bei der jetzt x_{h_0} verschwindet und x_{m+k_0} positiv ist; mit anderen Worten: x_{m+k_0} nimmt den Platz von x_{h_0} in der Basis ein. Alle übrigen bisherigen nichtbasischen Variablen sind immer noch Null, alle übrigen bisherigen Basisvariablen immer noch positiv. Man muß lediglich noch das geänderte System der Basisvariablen durch das geänderte System der unabhängigen Variablen ausdrücken, analog zu (2.30).

Löst man hierzu die Gleichung für x_{h_0} in (2.30) nach x_{m+k_0} auf, so ergibt sich

$$x_{m+k_0} = -\frac{d_{h_0 0}}{d_{h_0 k_0}} - \sum_{\substack{k=1 \\ k \ne k_0}}^{n-m} \frac{d_{h_0 k}}{d_{h_0 k_0}} x_{m+k} + \frac{1}{d_{h_0 k_0}} x_{h_0} \tag{2.37}$$

und, wenn man in den übrigen Gleichungen von (2.30) und in (2.31) substituiert,

$$x_h = \left(d_{h0} - d_{h_0 0}\frac{d_{hk_0}}{d_{h_0 k_0}} \right) + \sum_{\substack{k=1 \\ k \ne k_0}}^{n-m} \left(d_{hk} - d_{h_0 k}\frac{d_{hk_0}}{d_{h_0 k_0}} \right) x_{m+k} + \frac{d_{hk_0}}{d_{h_0 k_0}} x_{h_0}, \tag{2.38}$$

$$L = \left(\alpha_0 - d_{h_0 0}\frac{\alpha_{k_0}}{d_{h_0 k_0}} \right) + \sum_{\substack{k=1 \\ k \ne k_0}}^{n-m} \left(\alpha_k - d_{h_0 k}\frac{\alpha_{k_0}}{d_{h_0 k_0}} \right) x_{m+k} + \frac{\alpha_{k_0}}{d_{h_0 k_0}} x_{h_0}. \tag{2.39}$$

Damit hat man die gewünschte Darstellung. Somit (falls nicht I oder II vorliegt) gelten folgende Regeln für den Übergang zu einem neuen Simplex-Tableau mit geringerem L-Wert (wir bezeichnen die Größen des neuen Tableaus mit $'$):

Man wählt k_0 so, daß $\alpha_{k_0} < 0$ (meist nimmt man das am meisten negative α_k). Damit hat man die Austauschspalte. Hierauf wählt man h_0 so, daß

$$\frac{d_{h_0 0}}{|d_{h_0 k_0}|} = \min_h \frac{d_{h0}}{|d_{hk_0}|} \quad \text{unter denjenigen } h \text{ mit } d_{hk_0} < 0. \tag{2.40}$$

Das ergibt die Austauschzeile. Das Element $d_{h_0 k_0}$ im Schnitt von Austauschzeile und -spalte heißt Pfeilerelement (pivot element).

Die Eintragungen des neuen Tableaus lauten:

$$x'_h = x_h, \quad h \neq h_0; \qquad x'_{h_0} = x_{m+k_0}$$
$$\left. x'_{m+k} = x_{m+k}, \quad k \neq k_0; \qquad x'_{m+k_0} = x_{h_0} \right\} \quad (2.41)$$

$$\left. \begin{aligned} d'_{h_0 k_0} &= \frac{1}{d_{h_0 k_0}} \\[2mm] d'_{h_0 k} &= -\frac{d_{h_0 k}}{d_{h_0 k_0}}, \quad k = 0, 1, 2, \ldots, n-m; \quad k \neq k_0 \\[2mm] d'_{h k_0} &= \frac{d_{h k_0}}{d_{h_0 k_0}}, \quad h = 1, 2, \ldots, m; \quad h \neq h_0 \\[2mm] d'_{hk} &= d_{hk} - d_{h k_0}\frac{d_{h_0 k}}{d_{h_0 k_0}} = d_{hk} + d_{h k_0} d'_{h_0 k}; \quad h \neq h_0, k \neq k_0 \end{aligned} \right\} \quad (2.42)$$

$$\alpha'_{k_0} = \frac{\alpha_{k_0}}{d_{h_0 k_0}}$$

$$\alpha'_k = \alpha_k - \alpha_{k_0}\frac{d_{h_0 k}}{d_{h_0 k_0}} = \alpha_k + \alpha_{k_0} d'_{h_0 k}, \quad k = 0, 1, 2, \ldots, n-m; \quad k \neq k_0. \qquad (2.43)$$

Als Rechenprobe hat man wieder

$$\alpha'_0 = \sum_{h=1}^{m} p'_h d'_{h0}, \quad \alpha'_k = p'_{m+k} + \sum_{h=1}^{m} p'_h d'_{hk}. \qquad (2.44)$$

p'_h bzw. p'_{m+k} sind die Koeffizienten von x'_h bzw. x'_{m+k} in (2.27).

Da der Wert von L durch die Werte der unabhängigen Variablen eindeutig festgelegt ist und bei jeder Simplex-Transformation abnimmt, kann niemals die gleiche Kombination unabhängiger Variablen wiederkehren. Da nur endlich viele Kombinationen möglich sind, muß das Verfahren nach endlich vielen Schritten abbrechen, und zwar dadurch, daß man zu einem Tableau kommt, für das entweder Fall I oder II erfüllt ist.

Wenn eine Variable x_{m+k} „frei", d. h. nicht vorzeichenbeschränkt ist, so lautet das Optimalitätskriterium für diese Variable $\alpha_k = 0$ statt $\geqq 0$. Wenn nämlich $\alpha_k > 0$, so kann man den Wert von L dadurch erniedrigen, daß man x_{m+k} negativ werden läßt, was für eine vorzeichenbeschränkte Variable nicht möglich ist. Die Erniedrigung von x_{m+k} wird dann wieder soweit getrieben, bis erstmals eine der abhängigen Variablen Null wird. Die Basisvariable, die aus der Basis verschwindet, wird jetzt unter denjenigen x_h mit $d_{hk} > 0$ ausgewählt. Die übrigen Rechenregeln bleiben gleich. In der neuen Lösung ist dann x_{m+k} mit negativem Wert in der Basis.

Wenn eine der Basisvariablen x_h frei ist, so wird diese Variable bei der Bestimmung der aus der Basis zu eliminierenden Austauschvariablen nicht berücksichtigt, da ja ein freies x_h bei der Variation einer unabhängigen Variablen auch negative Werte annehmen darf. Eine freie Variable, die in der Basis ist, bleibt also immer in der Basis. Es empfiehlt sich, wenn freie Variable vorhanden sind, diese immer zuerst in die Basis zu nehmen.

Eine Komplikation tritt ein, wenn die zu eliminierende Basisvariable x_h nicht eindeutig bestimmt ist, d. h. wenn $\min_h \dfrac{d_{h0}}{|d_{hk_0}|}$ für mehrere Indizes, etwa h_1 und h_2

angenommen wird. x_{h_1} und x_{h_2} werden dann gleichzeitig Null. Wenn man nun x_{h_1} unabhängig werden läßt, so hat die Variable x_{h_2} in der neuen Basislösung ebenfalls den Wert 0, obwohl sie sich noch in der Basis befindet. Die neue Basislösung ist somit degeneriert. Im Falle von Degeneration versagt aber der Beweis für die Endlichkeit des Verfahrens. Wenn nämlich $d_{h_00} = 0$ und wenn die in die Basis zu nehmende Variable x_{m+k_0} so beschaffen ist, daß $d_{h_0k_0} < 0$, so kann man x_{m+k_0} nicht wirklich erhöhen, weil sonst x_{h_0} negativ würde. x_{m+k_0} kommt zwar in die Basis, hat aber immer noch den Wert 0; auch die übrigen Variablen haben ihre Werte nicht geändert. Man hat also eine „leere" Simplex-Transformation durchgeführt, bei der L nicht wirklich erniedrigt wurde. Damit besteht aber theoretisch die Möglichkeit, daß die gleiche Kombination von Basisvariablen sich regelmäßig wiederholt, wobei L konstant bleibt. Beispiele mit solchen Zyklen lassen sich konstruieren. Dennoch hat diese Möglichkeit für die Praxis nur geringe Bedeutung. Immerhin hat Charnes [1] für den Fall, daß (2.40) zur eindeutigen Bestimmung von h_0 nicht ausreicht, eine Zusatzregel angegeben, die die Möglichkeit von Zyklen ausschließt. Das Simplex-Verfahren arbeitet dann so, als ob alle auftretenden Basislösungen nichtdegeneriert seien.

Es bleibt noch die Bestimmung einer zulässigen Ausgangslösung mit zugehörigem Tableau, mit der das Verfahren starten kann. Man geht dazu so vor, daß man für jede Restriktion eine künstliche Schlupfvariable z_j $(j = 1, \ldots, m)$ einführt und das System (2.28) und (2.29) ersetzt durch das erweiterte System

$$\mathbf{A}\,\mathbf{x} + \mathbf{z} = \mathbf{b} \tag{2.45}$$

$$\mathbf{x} \geqq \mathbf{0}, \quad \mathbf{z} \geqq \mathbf{0}. \tag{2.46}$$

Da $\mathbf{b}$ ohne Einschränkung der Allgemeinheit nicht-negativ angenommen werden kann, hat man hierfür sofort eine zulässige Basislösung, nämlich $\mathbf{x} = \mathbf{0}$, $\mathbf{z} = \mathbf{b}$ mit zugehörigem Tableau $\mathbf{z} = \mathbf{b} - \mathbf{A}\,\mathbf{x}$.

In einer ersten Phase minimiert man nun mittels des Simplex-Verfahrens die künstliche Zielfunktion $\sum_j z_j$ unter den Restriktionen (2.45) und (2.46). Falls das Minimum von $\sum_j z_j$ noch positiv ist, so hat das ursprüngliche System (2.28), (2.29) keine zulässigen Lösungen. Andernfalls erhält man als Minimum eine Basislösung von (2.45) und (2.46) mit $\sum_j z_j = 0$ und damit $z_j = 0$ für alle j. Wenn diese Lösung nichtdegeneriert ist, so sind alle z_j aus der Basis verschwunden. Indem man die zu z_j gehörenden Spalten im Tableau streicht (entsprechend $z_j = 0$ für den weiteren Verlauf des Verfahrens), erhält man ein zulässiges Tableau für (2.28) und (2.29). Falls noch einige z_j mit dem Wert 0 in der Basis sind, so kann man versuchen, diese durch eine leere Transformation aus der Basis zu eliminieren. Wenn das nicht möglich ist, so sind die Zeilen von (2.28) nicht linear unabhängig. Wenn das lineare Programm statt der Gleichungsrestriktionen $\mathbf{A}\,\mathbf{x} = \mathbf{b}$ Ungleichungsrestriktionen $\mathbf{A}\,\mathbf{x} \leqq \mathbf{b}$ enthält, so kann man diese durch die Einführung sogenannter echter Schlupfvariablen $\|y_1, \ldots, y_m\| = \mathbf{y}' \geqq \mathbf{0}$ mit $\mathbf{A}\,\mathbf{x} + \mathbf{y} = \mathbf{b}$ auf die Form (2.28) bringen. Die y_j werden beim Simplex-Verfahren wie echte Variable behandelt, deren Koeffizient in (2.27) eben Null ist.

---

1 Vgl. Charnes, Cooper und Henderson [1] (S. 63 – 67) sowie Krelle und Künzi [1] (S. 75 – 76).

Durch die Nebenbedingungen $\mathbf{A}\,\mathbf{x} \leqq \mathbf{b}$, $\mathbf{x} \geqq \mathbf{0}$ ist geometrisch ein konvexes Polyeder im R^n definiert. Die Ecken des Polyeders sind dadurch charakterisiert, daß in ihnen mindestens n der Ungleichungsrestriktionen in Gleichungsform erfüllt sind. Die Ecken entsprechen also den zulässigen Basislösungen des Systems $\mathbf{A}\,\mathbf{x} + \mathbf{y} = \mathbf{b}$, $\mathbf{x} \geqq \mathbf{0}$, $\mathbf{y} \geqq \mathbf{0}$, bei denen von den $m + n$ Variablen x_i, y_i mindestens n verschwinden, nämlich die nichtbasischen und eventuell noch einige der Basisvariablen ($y_i = 0$ bzw. $x_i = 0$ bedeutet, daß eine Ungleichungsrestriktion in Gleichungsform erfüllt ist). Wenn Degeneration vorliegt, so schneiden sich in einem Eckpunkt mehr als n Hyperebenen der Form $x_i = 0$ bzw. $y_i = 0$; die Normalen dieser Hyperebenen sind dann linear abhängig. Der Simplex-Schritt entspricht nun dem Übergang von einer Ecke des zulässigen Bereiches zu einer anliegenden Ecke; man läßt eine der in Gleichungsform erfüllten Ungleichungen fallen, entsprechend der Variablen, die positiv wird, und nimmt statt dessen eine neue Gleichungsrestriktion dazu, entsprechend der früheren Basisvariablen, die jetzt Null wird.

Es existiert bei einem lösbaren linearen Programm mindestens ein Lösungspunkt, der eine Ecke des zulässigen Bereiches darstellt. Diese speziellen Lösungspunkte findet man durch das Simplex-Verfahren. Wenn die Nebenbedingungen die Form $\mathbf{A}\,\mathbf{x} = \mathbf{b}$ haben, so ist eine analoge geometrische Interpretation möglich.

Es sei zum Schluß noch erwähnt, daß man das Simplex-Tableau meist in erweiterter Form dargestellt findet, wobei in (2.34) rechts noch für die Variablen x_h je eine entsprechende Einheitsspalte angefügt und jedes Element d_{hk}, $k \neq 0$, mit -1 durchmultipliziert wird. Während also die kurze Form der Gleichung

$$\mathbf{x}_B = \mathbf{d}_0 + \mathbf{D}\,\mathbf{x}_{NB} \quad \text{mit} \quad \mathbf{x}'_B = \|\, x_1, \ldots, x_m \,\|, \quad \mathbf{x}'_{NB} = \|\, x_{m+1}, \ldots, x_n \,\|,$$

entspricht, entspricht das erweiterte Tableau eher der Gleichung $\mathbf{d}_0 = -\,\mathbf{D}\,\mathbf{x}_{NB} + \mathbf{E}\,\mathbf{x}_B$. Für weitere Einzelheiten des Simplex-Verfahrens, insbesondere für den Fall der Degeneration und für die Rolle der Dualität (ein optimales Simplex-Tableau liefert implizit auch gleich die Lösung des dualen Programmes), verweisen wir den Leser auf eine der speziellen Darstellungen, etwa Krelle und Künzi [1].

Es muß betont werden, daß die oben gegebene Beschreibung des Simplex-Verfahrens nicht die zweckmäßigste unter rechentechnischem Gesichtspunkt ist. Es existieren in der Literatur mehrere Varianten des Verfahrens, die diesen Gesichtspunkt besonders berücksichtigen. Wir können darauf nicht eingehen.

Drittes Kapitel

Konvexe Programme

1. Allgemeines

Es seien $F(\mathbf{x})$ und $f_j(\mathbf{x})$ $(j = 1, 2, \ldots, m)$ konvexe Funktionen der n Veränderlichen $\| x_1, x_2, \ldots, x_n \| = \mathbf{x}'$. Unter einem konvexen Programm versteht man eine Aufgabe der folgenden Form:

$F(\mathbf{x})$ ist zum Minimum zu machen unter den Nebenbedingungen

$$f_j(\mathbf{x}) \leqq 0, \quad j = 1, 2, \ldots, m;$$
$$\mathbf{x} \geqq \mathbf{0}.$$

Man schreibt dafür auch kurz

$$\min \{ F(\mathbf{x}) \mid x_i \geqq 0 \text{ für } i = 1, \ldots, n; \ f_j(\mathbf{x}) \leqq 0 \text{ für } j = 1, \ldots, m \} \tag{3.1}$$

oder

$$\min \{ F(\mathbf{x}) \mid \mathbf{x} \in R \},$$

wobei R der durch die Nebenbedingungen vorgeschriebene Variationsbereich der $\mathbf{x}$ ist:

$$R = \{ \mathbf{x} \mid \mathbf{x} \geqq \mathbf{0}; \ f_j(\mathbf{x}) \leqq 0 \text{ für alle } j \}. \tag{3.2}$$

Die Vorzeichenbeschränkungen $\mathbf{x} \geqq \mathbf{0}$ können auch fehlen oder bereits unter den übrigen Nebenbedingungen enthalten sein, wobei dann $\mathbf{x}$ formal unbeschränkt ist. Falls $F(\mathbf{x})$ und $f_j(\mathbf{x})$ konkav sind, so hat man die entsprechende Aufgabe, $F(\mathbf{x})$ zu maximieren für $f_j(\mathbf{x}) \geqq 0$. Wir werden die Programme meist als Minimumaufgabe formulieren.

Die zu minimierende Funktion $F(\mathbf{x})$ heißt Zielfunktion. Ein Punkt $\mathbf{x}$, der den Nebenbedingungen von (3.1) genügt, heißt zulässiger Punkt. Die Menge R aller zulässigen Punkte heißt zulässiger Bereich. Wegen der Konvexität der f_j ist R konvex. Das Programm heißt zulässig, wenn R nicht leer ist. Die durch $f_j(\mathbf{x}) = 0$ bzw. $x_i = 0$ gegebenen Hyperflächen heißen Randflächen des zulässigen Bereichs. Ein zulässiger Punkt heißt Randpunkt, wenn er auf mindestens einer Randfläche liegt, andernfalls, wenn $f_j(\mathbf{x}) < 0$ und $x_i > 0$ für alle i, j, innerer Punkt des zulässigen Bereichs.

Ein zulässiges Programm heißt lösbar, wenn die Zielfunktion über R beschränkt ist und ihr Minimum über R wirklich annimmt. Ein zulässiger Punkt $\hat{\mathbf{x}}$, der für $F(\mathbf{x})$ das Minimum über R liefert, heißt Lösungspunkt oder Optimalpunkt: $F(\hat{\mathbf{x}}) \leqq F(\mathbf{x})$ für alle $\mathbf{x} \in R$. Das Minimum $F(\hat{\mathbf{x}})$ heißt Lösungswert oder optimaler Wert des Programms. Wenn R nicht leer und beschränkt ist, so existiert mindestens eine

Lösung. Wenn R nicht beschränkt ist, so braucht selbst aus der Beschränktheit von $F(\mathbf{x})$ über R noch nicht die Lösbarkeit zu folgen (die streng konvexe Funktion $F(x) = e^{-x}$ beispielsweise ist im Bereich $x \geqq 0$ beschränkt, aber sie nimmt ihr Minimum Null nicht an). In dem später besonders zu berücksichtigenden Fall, daß $F(\mathbf{x})$ quadratisch ist, folgt allerdings aus der Beschränktheit von $F(\mathbf{x})$ stets die Existenz mindestens einer Lösung. Wenn $F(\mathbf{x})$ streng konvex ist, so weist das Programm höchstens einen Lösungspunkt auf. Im allgemeinen Fall ist die Menge aller Lösungspunkte konvex. Es sei $\hat{\mathbf{x}}$ eine Lösung von (3.1). Wir bezeichnen für dieses spezielle $\hat{\mathbf{x}}$ mit $\hat{N}$ eine Teilmenge der Indizes $\{1, \ldots, n\}$ derart, daß

$$\hat{x}_i = 0 \quad \text{für} \quad i \in \hat{N},$$
$$\hat{x}_i > 0 \quad \text{für} \quad i \notin \hat{N},$$

und mit $\hat{M}$ eine Teilmenge der Indizes $\{1, \ldots, m\}$ derart, daß

$$f_j(\hat{\mathbf{x}}) = 0 \quad \text{für} \quad j \in \hat{M},$$
$$f_j(\hat{\mathbf{x}}) < 0 \quad \text{für} \quad j \notin \hat{M}.$$

Man verifiziert sofort, daß dann $\hat{\mathbf{x}}$ auch eine Lösung des vereinfachten Programmes

$$\min \{F(\mathbf{x}) \,|\, x_i \geqq 0 \quad \text{für} \quad i \in \hat{N}; \quad f_j(\mathbf{x}) \leqq 0 \quad \text{für} \quad j \in \hat{M}\} \tag{3.3}$$

darstellt. Die Optimalität von $\hat{\mathbf{x}}$ bleibt also erhalten, wenn man diejenigen Restriktionen, die $\hat{\mathbf{x}}$ streng erfüllt, fallen läßt.

Beweis: Angenommen, $\hat{\mathbf{x}}$ wäre keine Lösung von (3.3), es gäbe also einen Punkt $\mathbf{x}$ mit

$$x_i \geqq 0 \quad \text{für} \quad i \in \hat{N}, \quad f_j(\mathbf{x}) \leqq 0 \quad \text{für} \quad j \in \hat{M}$$

und

$$F(\mathbf{x}) < F(\hat{\mathbf{x}}).$$

Für genügend kleine $\lambda > 0$ wäre dann

$$f_j\{\hat{\mathbf{x}} + \lambda(\mathbf{x} - \hat{\mathbf{x}})\} \leqq 0 \quad \text{für alle } j,$$
$$\hat{x}_i + \lambda(x_i - \hat{x}_i) \geqq 0 \quad \text{für alle } i,$$

und wegen der Konvexität von $F(\mathbf{x})$ wäre

$$F\{\mathbf{x} + \lambda(\mathbf{x} - \hat{\mathbf{x}})\} < F(\hat{\mathbf{x}}).$$

$\hat{\mathbf{x}}$ wäre somit auch keine Lösung von (3.1). Durch diesen Widerspruch ist die Behauptung bewiesen. Die Umkehrung gilt natürlich nicht. Eine Lösung von (3.3) kann gewisse der fallengelassenen Nebenbedingungen von (3.1) verletzen.

Meist werden $F(\mathbf{x})$ und $f_j(\mathbf{x})$ als stetig differenzierbar angenommen. Man bezeichnet den Spaltenvektor der partiellen Ableitungen einer Funktion $F(\mathbf{x})$ an der Stelle $\mathbf{x}^0$, den sogenannten Gradienten, gewöhnlich mit

$$\left(\frac{\partial F(\mathbf{x})}{\partial \mathbf{x}}\right)_{\mathbf{x}^0}, \;\; \frac{\partial F(\mathbf{x}^0)}{\partial \mathbf{x}}, \;\text{grad } F(\mathbf{x}^0), \; \nabla F(\mathbf{x}^0) \;\text{oder}\; F_{\mathbf{x}}(\mathbf{x}^0).$$

Der Gradient von $F(\mathbf{x})$ in $\mathbf{x}^0$ steht senkrecht auf der Fläche $F(\mathbf{x}) = F(\mathbf{x}^0)$ und weist in die Richtung des steilsten Anstieges von F in der Umgebung von $\mathbf{x}^0$. Wenn $f_j(\mathbf{x}^0) = 0$, so hat grad $f_j(\mathbf{x}^0)$ (falls $\neq \mathbf{0}$) die gleiche Richtung wie die vom zulässigen Bereich aus nach außen weisende Normale der berandenden Hyperfläche $f_j(\mathbf{x}) = 0$ im Punkte $\mathbf{x}^0$. Die äußere Normale auf die Randfläche $x_i = 0$ ist offenbar durch $-\mathbf{e}_i$ gegeben ($\mathbf{e}_i$ der i-te Einheitsvektor). Man vergleiche Figur 4, wo ein einfacher Fall eines konvexen Programmes mit $n = 2$, $m = 3$ dargestellt ist. Die Kurven gleicher F-Werte sind gestrichelt. $\hat{\mathbf{x}}$ ist einziger Lösungspunkt. $\hat{N}$ ist leer, $\hat{M} = \{1, 2\}$. $\hat{\mathbf{x}}$ wäre sogar noch optimal, wenn man alle Nebenbedingungen außer f_1 fallen ließe.

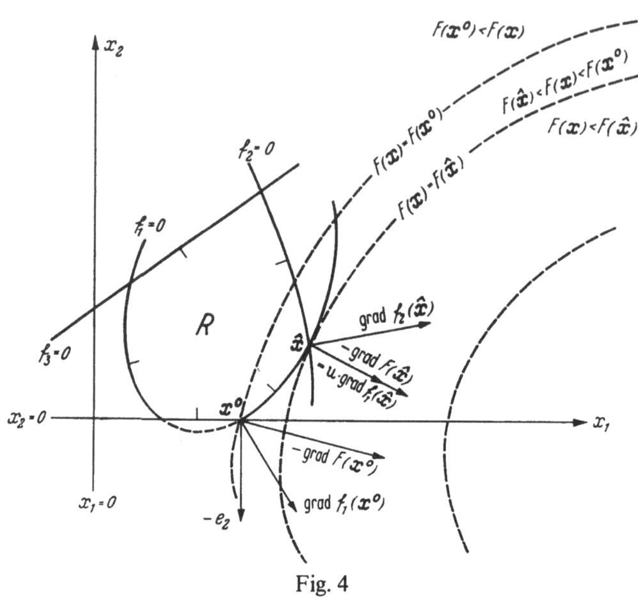

Fig. 4

Wir notieren hier nochmals zwei häufig gebrauchte Aussagen für eine konvexe, stetig differenzierbare Funktion $F(\mathbf{x})$, die sich unmittelbar aus (1.145), (1.148) ergeben:

Wenn

$$\sum_{i=1}^{n} t_i \left(\frac{\partial F(\mathbf{x})}{\partial x_i} \right)_{\mathbf{x}=\mathbf{x}^0} \equiv \mathbf{t}' F_{\mathbf{x}}(\mathbf{x}^0) > 0,$$

so ist

$$F(\mathbf{x}^0 + \lambda\, \mathbf{t}) > F(\mathbf{x}^0) \quad \text{für alle} \quad \lambda > 0.$$

$$(3.4)$$

(Genauer: $F(\mathbf{x}^0 + \lambda\, \mathbf{t})$ nimmt für alle $\lambda > 0$ monoton zu).

Wenn

$$\mathbf{t}' F_{\mathbf{x}}(\mathbf{x}^0) < 0,$$

so existiert ein $\lambda_0 > 0$ derart, daß

$$F(\mathbf{x}^0 + \lambda\, \mathbf{t}) < F(\mathbf{x}^0) \quad \text{für} \quad 0 < \lambda < \lambda_0.$$

$$(3.5)$$

(Genauer: $F(\mathbf{x}^0 + \lambda\, \mathbf{t})$ nimmt monoton ab für $\lambda > 0$, solange

$$\mathbf{t}' F_{\mathbf{x}}(\mathbf{x}^0 + \lambda\, \mathbf{t}) < 0.)$$

Wenn die Zielfunktion $F(\mathbf{x})$ differenzierbar ist, so kann man die Menge aller Lösungspunkte eines Programmes noch näher charakterisieren: Es sei $\hat{\mathbf{x}}$ eine spezielle Lösung. Dann besteht die gesamte Lösungsmenge genau aus denjenigen zulässigen Punkten $\mathbf{x}$, für die

$$F_{\mathbf{x}}(\mathbf{x}) = F_{\mathbf{x}}(\hat{\mathbf{x}}), \tag{3.6}$$

$$(\mathbf{x} - \hat{\mathbf{x}})'\, F_{\mathbf{x}}(\hat{\mathbf{x}}) = 0. \tag{3.7}$$

Beweis: Es seien für einen zulässigen Punkt $\mathbf{x}$ (3.6) und (3.7) erfüllt. Man hat dann

$$(\mathbf{x} - \hat{\mathbf{x}})'\, F_{\mathbf{x}}(\hat{\mathbf{x}}) = 0,$$

woraus $F(\mathbf{x}) \geqq F(\hat{\mathbf{x}})$ folgt, und

$$(\hat{\mathbf{x}} - \mathbf{x})'\, F_{\mathbf{x}}(\mathbf{x}) = 0,$$

woraus $F(\hat{\mathbf{x}}) \geqq F(\mathbf{x})$ folgt. Es bleibt

$$F(\mathbf{x}) = F(\hat{\mathbf{x}}),$$

und $\mathbf{x}$ ist optimal.

Sei nun andererseits $F(\mathbf{x}) = F(\hat{\mathbf{x}})$. Wegen der Konvexität von $F(\mathbf{x})$ und der Optimalität von $\mathbf{x}$ und $\hat{\mathbf{x}}$ gilt

$$F\{\hat{\mathbf{x}} + \lambda\,(\mathbf{x} - \hat{\mathbf{x}})\} = F(\hat{\mathbf{x}}) = F(\mathbf{x}).$$

Nach (3.4) und (3.5) folgt hieraus (3.7)

$$(\mathbf{x} - \hat{\mathbf{x}})'\, F_{\mathbf{x}}(\hat{\mathbf{x}}) = 0.$$

Die Funktion

$$d(\mathbf{x}) = F(\mathbf{x}) - (\mathbf{x} - \hat{\mathbf{x}})'\, F_{\mathbf{x}}(\hat{\mathbf{x}})$$

ist ebenfalls konvex, $d(\mathbf{x}) = d(\hat{\mathbf{x}})$, $d_{\mathbf{x}}(\hat{\mathbf{x}}) = \mathbf{0}$, $d_{\mathbf{x}}(\mathbf{x}) = F_{\mathbf{x}}(\mathbf{x}) - F_{\mathbf{x}}(\hat{\mathbf{x}})$. Wäre nun $F_{\mathbf{x}}(\mathbf{x}) \neq F_{\mathbf{x}}(\hat{\mathbf{x}})$, so wäre $d_{\mathbf{x}}(\mathbf{x}) \neq \mathbf{0}$; es gäbe einen Vektor $\mathbf{t}$ mit $\mathbf{t}'\, d_{\mathbf{x}}(\mathbf{x}) < 0$, und für genügend kleines λ wäre $d(\mathbf{x} + \lambda\,\mathbf{t}) < d(\mathbf{x}) = d(\hat{\mathbf{x}})$. Gleichzeitig müßte aber $d(\mathbf{x} + \lambda\,\mathbf{t}) \geqq d(\hat{\mathbf{x}})$ sein. Aus diesem Widerspruch folgt (3.6).

2. Das Kuhn-Tucker-Theorem

Wir wenden uns nun dem Theorem von Kuhn und Tucker[1] zu, das eine zentrale Bedeutung für die konvexe Programmierung erlangt hat. Dieses Theorem ermöglicht eine Verallgemeinerung der klassischen Multiplikatorenmethode von Lagrange zur Bestimmung von Extrema unter Nebenbedingungen für den Fall, daß die Nebenbedingungen nicht nur Gleichungen, sondern auch Ungleichungen enthalten.

Es gibt *notwendige und hinreichende* Bedingungen dafür, daß ein bestimmtes $\hat{\mathbf{x}}$ eine Lösung des Problems (3.1) darstellt. Die Kriterien des Theorems beziehen sich auf eine sogenannte verallgemeinerte Lagrange-Funktion Φ. Um diese Funktion zu bilden, führt man m neue Variable $u_1, \ldots, u_m$ ein, die sogenannten Lagrange-Multiplikatoren, die man auch zu einem Vektor $\mathbf{u}$ zusammenfaßt. Φ ist dann eine

---

1 Vgl. Kuhn und Tucker [1].

Funktion der $m + n$ Variablen $(\mathbf{x}, \mathbf{u})$ nach der Vorschrift:

$$\Phi(\mathbf{x}, \mathbf{u}) = F(\mathbf{x}) + \sum_{j=1}^{m} u_j f_j(\mathbf{x}). \tag{3.8}$$

Unter einer schwachen Regularitätsvoraussetzung, auf die wir beim Beweis eingehen werden, besagt nun das

Theorem von Kuhn und Tucker: Ein Vektor $\hat{\mathbf{x}}$ stellt dann und nur dann eine Lösung des Problems (3.1) dar, wenn ein Vektor $\hat{\mathbf{u}}$ existiert, derart, daß

$$\hat{\mathbf{x}} \geqq \mathbf{0}, \quad \hat{\mathbf{u}} \geqq \mathbf{0}, \tag{3.9}$$

$$\Phi(\hat{\mathbf{x}}, \mathbf{u}) \leqq \Phi(\hat{\mathbf{x}}, \hat{\mathbf{u}}) \leqq \Phi(\mathbf{x}, \hat{\mathbf{u}}) \quad \text{für alle} \quad \mathbf{x} \geqq \mathbf{0}, \quad \mathbf{u} \geqq \mathbf{0}. \tag{3.10}$$

Φ muß also in $(\hat{\mathbf{x}}, \hat{\mathbf{u}})$ hinsichtlich $\mathbf{x}$ ein globales Minimum über dem Bereich $\mathbf{x} \geqq \mathbf{0}$ und hinsichtlich $\mathbf{u}$ ein globales Maximum über dem Bereich $\mathbf{u} \geqq \mathbf{0}$ annehmen, kurz einen nicht-negativen Sattelpunkt. Man spricht deswegen auch vom Sattelpunkttheorem: Dem Minimumproblem für $F(\mathbf{x})$ ist ein Sattelpunktproblem (Minimaxproblem) für Φ zugeordnet, bei dem die Restriktionen nur noch aus Vorzeichenbeschränkungen bestehen. Der $\mathbf{x}$-Teil einer Lösung des Minimaxproblems stellt eine Lösung des Minimumproblems dar und umgekehrt.

Wir beweisen zunächst, daß die Bedingungen (3.9) und (3.10) hinreichend sind. Es stelle also $\hat{\mathbf{x}} \geqq \mathbf{0}$ zusammen mit $\hat{\mathbf{u}} \geqq \mathbf{0}$ einen Sattelpunkt von Φ dar gemäß (3.10). Setzen wir in (3.10) den Ausdruck (3.8) für Φ ein, so erhalten wir

$$F(\hat{\mathbf{x}}) + \sum_{j=1}^{m} u_j f_j(\hat{\mathbf{x}}) \leqq F(\hat{\mathbf{x}}) + \sum_{j=1}^{m} \hat{u}_j f_j(\hat{\mathbf{x}})$$

$$\leqq F(\mathbf{x}) + \sum_{j=1}^{m} \hat{u}_j f_j(\mathbf{x}) \quad \text{für alle} \quad \mathbf{x} \geqq \mathbf{0}, \quad \mathbf{u} \geqq \mathbf{0}.$$

Da die linke Ungleichung für alle $\mathbf{u} \geqq \mathbf{0}$ gelten soll, folgt

$$f_j(\hat{\mathbf{x}}) \leqq 0$$

für alle j (d. h. $\hat{\mathbf{x}}$ liegt im zulässigen Bereich) und

$$\sum_{j=1}^{m} \hat{u}_j f_j(\hat{\mathbf{x}}) = 0.$$

Die rechte Ungleichung wird damit zu

$$F(\hat{\mathbf{x}}) \leqq F(\mathbf{x}) + \sum_{j=1}^{m} \hat{u}_j f_j(\mathbf{x}) \quad \text{für alle} \quad \mathbf{x} \geqq \mathbf{0},$$

und hieraus folgt wegen $\hat{\mathbf{u}} \geqq \mathbf{0}$:

$$F(\hat{\mathbf{x}}) \leqq F(\mathbf{x}) \quad \text{für alle} \quad \mathbf{x} \geqq \mathbf{0} \quad \text{mit} \quad f_j(\mathbf{x}) \leqq 0, \quad j = 1, \ldots, m.$$

$\hat{\mathbf{x}}$ stellt also eine Lösung von (3.1) dar.

Für den Beweis der Notwendigkeit von (3.9), (3.10) brauchen wir noch eine Regularitätsvoraussetzung: Es existiere mindestens ein zulässiges $\bar{\mathbf{x}}$ mit

$$f_j(\bar{\mathbf{x}}) < 0 \quad \text{für alle } j. \tag{3.11}$$

Es muß jedoch betont werden, daß diese Regularitätsvoraussetzung überflüssig ist für diejenigen $f_j(\mathbf{x})$, die lineare Funktionen sind. Den allgemeinen Beweis hierfür müssen wir übergehen. Jedenfalls gilt im Falle linearer Nebenbedingungen das Kuhn-Tucker-Theorem ohne Einschränkungen.

Es sei nun $\hat{\mathbf{x}} \geqq \mathbf{0}$ eine Lösung von (3.1). Wir zeigen, daß dann ein $\hat{\mathbf{u}} \geqq \mathbf{0}$ existiert, so daß $(\hat{\mathbf{x}}, \hat{\mathbf{u}})$ der Bedingung (3.10) genügt. Zu diesem Zwecke konstruieren wir im R^{m+1} mit den Koordinaten

$$\| y_0, y_1, \ldots, y_m \| = \mathbf{y}'$$

zwei Punktmengen. K^1 sei die Menge aller Punkte $\mathbf{y}$, zu denen mindestens ein $\mathbf{x} \geqq \mathbf{0}$ existiert mit $F(\mathbf{x}) \leqq y_0, f_j(\mathbf{x}) \leqq y_j$ für $j = 1, \ldots, m$, kurz

$$K^1 = \left\{ \mathbf{y} \left| \begin{array}{l} y_0 \geqq F(\mathbf{x}) \\ y_1 \geqq f_1(\mathbf{x}) \\ \cdot \\ \cdot \\ y_m \geqq f_m(\mathbf{x}) \end{array} \right. \text{ für mindestens ein } \mathbf{x} \geqq \mathbf{0} \right\}.$$

K^2 sei definiert als

$$K^2 = \left\{ \mathbf{y} \left| \begin{array}{l} y_0 < F(\hat{\mathbf{x}}) \\ y_1 < 0 \\ \cdot \\ \cdot \\ y_m < 0 \end{array} \right. \right\}.$$

Die Menge K^1 ist konvex, da F und f_j konvex sind. Auch K^2 stellt eine konvexe Menge dar, und wegen der Optimalität von $\hat{\mathbf{x}}$ haben die Mengen K^1 und K^2 keinen Punkt gemeinsam. Infolgedessen gibt es eine trennende Hyperebene $\mathbf{v}' \mathbf{y} = \alpha$, $\mathbf{v} \neq \mathbf{0}$, derart, daß

$$\mathbf{v}' \mathbf{y}^1 \geqq \mathbf{v}' \mathbf{y}^2 \tag{3.12}$$

für alle $\mathbf{y}^1 \in K^1$ und $\mathbf{y}^2 \in K^2$.

Da auf Grund der Definition von K^2 die Komponenten von $\mathbf{y}^2$ beliebig hohe negative Werte annehmen dürfen, kann man aus dieser Ungleichung schließen, daß $\mathbf{v} \geqq \mathbf{0}$. Wir wählen

$$\mathbf{y}^1 = \| F(\mathbf{x}), f_1(\mathbf{x}), \ldots, f_m(\mathbf{x}) \|' \quad \text{und} \quad \mathbf{y}^2 = \| F(\hat{\mathbf{x}}), 0, \ldots, 0 \|'.$$

(Die Ungleichung (3.12) bleibt auch noch richtig, wenn $\mathbf{y}^2$ auf dem Rand von K^2 liegt.)

Jetzt erhält man:

$$v_0 F(\mathbf{x}) + \sum_{j=1}^{m} v_j f_j(\mathbf{x}) \geqq v_0 F(\hat{\mathbf{x}}) \quad \text{für alle} \quad \mathbf{x} \geqq \mathbf{0}. \tag{3.13}$$

Es muß nun $v_0 > 0$ sein, denn andernfalls hätte man für alle $\mathbf{x} \geqq \mathbf{0}$

$$\sum_{j=1}^{m} v_j f_j(\mathbf{x}) \geqq 0,$$

wobei $v_j \geqq 0$ für alle j und > 0 für mindestens ein j. Diese Ungleichung ist aber zumindest für das $\bar{\mathbf{x}}$ aus (3.11) falsch. Somit ist $v_0 > 0$, und man kann die Ungleichung (3.13) durch v_0 dividieren. Setzt man noch

$$\hat{u}_j = v_j / v_0, \quad j = 1, \ldots, m,$$

so ergibt sich (mit $\hat{u}_j \geqq 0$)

$$F(\mathbf{x}) + \sum_{j=1}^{m} \hat{u}_j f_j(\mathbf{x}) \geqq F(\hat{\mathbf{x}}),$$

oder

$$\Phi(\mathbf{x}, \hat{\mathbf{u}}) \geqq F(\hat{\mathbf{x}}) \quad \text{für alle} \quad \mathbf{x} \geqq \mathbf{0}. \tag{3.14}$$

Setzt man hier $\mathbf{x} = \hat{\mathbf{x}}$, so erhält man

$$\sum_{j=1}^{m} \hat{u}_j f_j(\hat{\mathbf{x}}) \geqq 0.$$

Nun ist aber $f_j(\hat{\mathbf{x}}) \leqq 0$, weil $\hat{\mathbf{x}}$ im zulässigen Bereich liegt, mithin bleibt nur übrig, daß

$$\sum_{j=1}^{m} \hat{u}_j f_j(\hat{\mathbf{x}}) = 0$$

und somit

$$\Phi(\hat{\mathbf{x}}, \hat{\mathbf{u}}) = F(\hat{\mathbf{x}}). \tag{3.15}$$

Berücksichtigt man noch, daß

$$F(\hat{\mathbf{x}}) \geqq F(\hat{\mathbf{x}}) + \sum_{j=1}^{m} u_j f_j(\hat{\mathbf{x}}) = \Phi(\hat{\mathbf{x}}, \mathbf{u}) \quad \text{für} \quad \mathbf{u} \geqq \mathbf{0}, \tag{3.16}$$

so ist damit gezeigt, daß (3.10)

$$\Phi(\hat{\mathbf{x}}, \mathbf{u}) \leqq \Phi(\hat{\mathbf{x}}, \hat{\mathbf{u}}) \leqq \Phi(\mathbf{x}, \hat{\mathbf{u}}) \quad \text{für} \quad \mathbf{x} \geqq \mathbf{0}, \quad \mathbf{u} \geqq \mathbf{0}.$$

Kuhn und Tucker bewiesen ihr Theorem ursprünglich nur für den Fall differenzierbarer $F(\mathbf{x})$ und $f_j(\mathbf{x})$ und unter einer etwas anderen Regularitätsvoraussetzung. Die Verallgemeinerung auf beliebige konvexe Funktionen und die Bedingung (3.11) stammen von Slater [1].

Wenn $F(\mathbf{x})$ und $f_j(\mathbf{x})$ differenzierbare Funktionen sind, so sind (3.9), (3.10) äquivalent den folgenden „lokalen" Kuhn-Tucker-Bedingungen:

$$\left(\frac{\partial \Phi}{\partial x_i}\right)_{\hat{\mathbf{x}}, \hat{\mathbf{u}}} \geqq 0 \tag{3.17}$$

$$\hat{x}_i \left(\frac{\partial \Phi}{\partial x_i}\right)_{\hat{\mathbf{x}}, \hat{\mathbf{u}}} = 0 \quad \right\} \quad \text{für} \quad i = 1, 2, \ldots, n \tag{3.18}$$

$$\hat{x}_i \geqq 0 \tag{3.19}$$

$$\left(\frac{\partial \Phi}{\partial u_j}\right)_{\hat{\mathbf{x}}, \hat{\mathbf{u}}} \leqq 0 \tag{3.20}$$

$$\hat{u}_j \left(\frac{\partial \Phi}{\partial u_j}\right)_{\hat{\mathbf{x}}, \hat{\mathbf{u}}} = 0 \quad \right\} \quad \text{für} \quad j = 1, 2, \ldots, m \tag{3.21}$$

$$\hat{u}_j \geqq 0 \tag{3.22}$$

oder in abgekürzter Schreibweise

$$\frac{\partial \Phi (\hat{\mathbf{x}}, \hat{\mathbf{u}})}{\partial \mathbf{x}} \geqq 0 \tag{3.17'}$$

$$\hat{\mathbf{x}}' \, \frac{\partial \Phi (\hat{\mathbf{x}}, \hat{\mathbf{u}})}{\partial \mathbf{x}} = 0 \tag{3.18'}$$

$$\hat{\mathbf{x}} \geqq 0 \tag{3.19'}$$

$$\frac{\partial \Phi (\hat{\mathbf{x}}, \hat{\mathbf{u}})}{\partial \mathbf{u}} \leqq 0 \tag{3.20'}$$

$$\hat{\mathbf{u}}' \, \frac{\partial \Phi (\hat{\mathbf{x}}, \hat{\mathbf{u}})}{\partial \mathbf{u}} = 0 \tag{3.21'}$$

$$\hat{\mathbf{u}} \geqq 0 \, . \tag{3.22'}$$

Bedingung (3.18') besagt nichts anderes als Bedingung (3.18), denn weil auf Grund der übrigen Bedingungen alle Summanden gleiches Vorzeichen haben, kann das Skalarprodukt (3.18') nur verschwinden, wenn die einzelnen Summanden (3.18) verschwinden. Das gleiche gilt für (3.19) und (3.19'). Man kann sich leicht klarmachen, daß (3.9) und (3.10) auf (3.17) bis (3.22) führen: Bei festem nicht-negativem $\hat{\mathbf{u}}$ ist $\Phi (\mathbf{x}, \hat{\mathbf{u}})$ eine konvexe Funktion von x_i. Wäre nun für $\hat{x}_i \geqq 0$ Bedingung (3.17) oder (3.18) verletzt, d. h. wäre $\hat{x}_i > 0$ und $\dfrac{\partial \Phi (\hat{\mathbf{x}}, \hat{\mathbf{u}})}{\partial x_i} \neq 0$ oder $\hat{x}_i = 0$ und $\dfrac{\partial \Phi (\hat{\mathbf{x}}, \hat{\mathbf{u}})}{\partial x_i} < 0$, so gäbe es Punkte $x_i \geqq 0$, die für Φ einen geringeren Wert ergeben als $\hat{x}_i$. Das aber widerspricht der Forderung (3.10), daß Φ in $\hat{\mathbf{x}}$ ein Minimum für $\mathbf{x}$ annehmen soll. Analog ergeben sich (3.20) und (3.21) aus der Forderung, Φ hinsichtlich $u_j \geqq 0$ zu maximieren, wenn man berücksichtigt, daß $\Phi (\hat{\mathbf{x}}, \mathbf{u})$ bei festem $\hat{\mathbf{x}}$ eine lineare Funktion von u_j ist.

Sind umgekehrt (3.17) bis (3.22) erfüllt, so hat man, weil $\Phi (\mathbf{x}, \hat{\mathbf{u}})$ konvex in $\mathbf{x}$ ist,

$$\Phi (\mathbf{x}, \hat{\mathbf{u}}) \geqq \Phi (\hat{\mathbf{x}}, \hat{\mathbf{u}}) + (\mathbf{x} - \hat{\mathbf{x}})' \, \frac{\partial \Phi (\hat{\mathbf{x}}, \hat{\mathbf{u}})}{\partial \mathbf{x}}$$

$$= \Phi (\hat{\mathbf{x}}, \hat{\mathbf{u}}) + \mathbf{x}' \, \frac{\partial \Phi (\hat{\mathbf{x}}, \hat{\mathbf{u}})}{\partial \mathbf{x}} \geqq \Phi (\hat{\mathbf{x}}, \hat{\mathbf{u}}) \quad \text{für} \quad \mathbf{x} \geqq 0$$

und, weil $\Phi (\hat{\mathbf{x}}, \mathbf{u})$ linear in $\mathbf{u}$ ist,

$$\Phi (\hat{\mathbf{x}}, \mathbf{u}) = \Phi (\hat{\mathbf{x}}, \hat{\mathbf{u}}) + (\mathbf{u} - \hat{\mathbf{u}})' \, \frac{\partial \Phi (\hat{\mathbf{x}}, \hat{\mathbf{u}})}{\partial \mathbf{u}}$$

$$= \Phi (\hat{\mathbf{x}}, \hat{\mathbf{u}}) + \mathbf{u}' \, \frac{\partial \Phi (\hat{\mathbf{x}}, \hat{\mathbf{u}})}{\partial \mathbf{u}} \leqq \Phi (\hat{\mathbf{x}}, \hat{\mathbf{u}}) \quad \text{für} \quad \mathbf{u} \geqq 0 \, .$$

(3.17) bis (3.22) sind also notwendig und hinreichend für (3.9), (3.10) und damit für die Optimalität von $\hat{\mathbf{x}}$.

Um eine anschauliche Interpretation der Bedingungen (3.17) bis (3.22) und eine
für manche Zwecke besser geeignete Form zu erhalten, substituieren wir für Φ gemäß (3.8):

Die Bedingung (3.20) bringt wegen $\dfrac{\partial \Phi (\hat{\mathbf{x}}, \hat{\mathbf{u}})}{\partial u_j} = f_j (\hat{\mathbf{x}})$ nichts Neues. Sie stellt zu-

sammen mit (3.19) sicher, daß $\hat{\mathbf{x}}$ zulässig ist. Die restlichen Bedingungen charakterisieren den Optimalpunkt wesentlich. Setzen wir

$$\frac{\partial \Phi (\hat{\mathbf{x}}, \hat{\mathbf{u}})}{\partial \mathbf{x}} = \hat{\mathbf{v}} = \sum_{i=1}^{n} \hat{v}_i \, \mathbf{e}_i,$$

so wird (3.17) zu

$$\operatorname{grad} F (\hat{\mathbf{x}}) + \sum_{j=1}^{m} \hat{u}_j \operatorname{grad} f_j (\hat{\mathbf{x}}) = \sum_{i=1}^{n} \hat{v}_i \, \mathbf{e}_i, \qquad \hat{v}_i \geqq 0 \quad \text{für} \quad i = 1, 2, \ldots, n.$$

Bezeichnen wir wie im ersten Abschnitt mit $\hat{M}$ die Menge aller j mit $f_j (\hat{\mathbf{x}}) = 0$ und
mit $\hat{N}$ die Menge aller i mit $\hat{x}_i = 0$, so besagen (3.18) und (3.21):

$$\hat{u}_j = 0 \quad \text{für} \quad j \notin \hat{M}; \qquad \hat{v}_i = 0 \quad \text{für} \quad i \notin \hat{N}.$$

Damit ergibt sich schließlich aus (3.17) bis (3.22), daß $\hat{\mathbf{x}}$ zulässig und

$$- \operatorname{grad} F (\hat{\mathbf{x}}) = \sum_{j \in \hat{M}} \hat{u}_j \operatorname{grad} f_j (\hat{\mathbf{x}}) + \sum_{i \in \hat{N}} \hat{v}_i \, (- \mathbf{e}_i), \tag{3.23}$$

$$\hat{u}_j \geqq 0, \quad j \in \hat{M}; \qquad \hat{v}_i \geqq 0, \quad i \in \hat{N}. \tag{3.24}$$

Wenn umgekehrt für ein zulässiges $\hat{\mathbf{x}}$ die Bedingungen (3.23) und (3.24) erfüllt
sind, so sind (mit $\hat{u}_j = 0$ für $j \notin \hat{M}$ und $\hat{v}_i = 0$ für $i \notin \hat{N}$) auch die Bedingungen (3.17)
bis (3.22) erfüllt. Somit sind (3.23) und (3.24) notwendig und hinreichend dafür,
daß ein *zulässiges* $\hat{\mathbf{x}}$ eine Lösung von (3.1) darstellt. (3.23) und (3.24) besagen, daß
sich am Optimalpunkt $\hat{\mathbf{x}}$ der negative Gradient der zu minimierenden Zielfunktion
darstellen lassen muß als nicht-negative Linearkombination der nach außen weisen-
den Normalen derjenigen berandenden Hyperflächen, auf denen $\hat{\mathbf{x}}$ liegt. Falls $\hat{\mathbf{x}}$ im
Inneren des zulässigen Bereiches liegt, so muß der Gradient verschwinden. Das
durch die Nebenbedingungen beschränkte Minimum ist dann zugleich ein freies
Minimum über dem ganzen R^n, das durch Nullsetzen der Ableitung gefunden wird.
Der Leser kann sich die Kriterien (3.23) und (3.24) an Fig. 4 aus Abschnitt 1 plau-
sibel machen. $\mathbf{x}^0$ ist beispielsweise nicht optimal, weil $- \operatorname{grad} F (\mathbf{x}^0)$ nicht in dem
von $- \mathbf{e}_2$ und $\operatorname{grad} f_1 (\mathbf{x}^0)$ aufgespannten Kegel liegt. Für $\hat{\mathbf{x}}$ ist dagegen (3.23) erfüllt.

Man sieht in der Formulierung (3.23) sehr schön, daß die Nebenbedingungen
$x_i \geqq 0$ im Optimalitätskriterium keine andere Rolle spielen als die übrigen Nebenbedingungen.

Weiterhin entnimmt man aus (3.23), daß ein $\hat{\mathbf{x}}$, das eine Lösung von (3.1) darstellt, auch eine Lösung des vereinfachten Programmes

$$\begin{aligned}
\min \{ \mathbf{x}' \operatorname{grad} F (\hat{\mathbf{x}}) \mid x_i \geqq 0, \quad & i \in \hat{N}; \\
\mathbf{x}' \operatorname{grad} f_j (\hat{\mathbf{x}}) - \hat{\mathbf{x}}' \operatorname{grad} f_j (\hat{\mathbf{x}}) \leqq 0, \quad & j \in \hat{M} \}
\end{aligned} \tag{3.25}$$

darstellt, das entsteht, wenn man Zielfunktion und Nebenbedingungen in $\hat{\mathfrak{x}}$ linearisiert (man beachte, daß auf Grund von (3.11)

$$\operatorname{grad} f_j(\hat{\mathfrak{x}}) \neq \mathbf{0} \quad \text{für} \quad j \in \hat{M}).$$

Schließlich kann man an der Darstellung (3.23), (3.24) leicht verifizieren, daß im Falle linearer Restriktionen die Kuhn-Tucker-Bedingungen auch ohne die Regularitätsvoraussetzung (3.11) notwendig sind. Wenn nämlich $f_j(\mathbf{x}) = \mathbf{a}_j' \mathbf{x} - b_j$, $\operatorname{grad} f_j(\mathbf{x}) = \mathbf{a}_j$, und wenn $\hat{\mathfrak{x}}$ eine Lösung von (3.1) darstellt, so muß gelten:

$$\mathbf{t}' \operatorname{grad} F(\hat{\mathfrak{x}}) \geqq 0 \quad \text{für alle } \mathbf{t} \text{ mit} \quad \mathbf{a}_j' \mathbf{t} \leqq 0 \ (j \in \hat{M})$$

und

$$t_i \equiv \mathbf{e}_i' \mathbf{t} \geqq 0 \ (i \in \hat{N}). \tag{3.26}$$

Gäbe es nämlich ein derartiges $\mathbf{t}$ mit $\mathbf{t}' \operatorname{grad} F(\hat{\mathfrak{x}}) < 0$, so würde für genügend kleines $\lambda > 0$ der Punkt $\hat{\mathfrak{x}} + \lambda \mathbf{t}$ noch im zulässigen Bereich liegen und einen geringeren F-Wert ergeben als $\hat{\mathfrak{x}}$, das somit nicht optimal wäre. Aus (3.26) folgen nach dem Satz von Farkas aber (3.23) und (3.24).

Unter der Voraussetzung (3.11) ist die Menge aller $\hat{\mathbf{u}}$, die mit mindestens einem optimalen $\hat{\mathfrak{x}}$ von (3.1) zusammen den Kuhn-Tucker-Bedingungen genügen, beschränkt. Es gilt nämlich gemäß (3.14)

$$F(\hat{\mathfrak{x}}) \leqq F(\mathbf{x}) + \sum_{j=1}^{m} \hat{u}_j f_j(\mathbf{x}) \quad \text{für alle} \quad \mathbf{x} \geqq \mathbf{0}$$

und damit

$$F(\hat{\mathfrak{x}}) \leqq F(\mathbf{x}) + \hat{u}_j f_j(\mathbf{x}) \quad \text{für alle} \quad \mathbf{x} \geqq \mathbf{0} \quad \text{mit} \quad f_j(\mathbf{x}) \leqq 0. \tag{3.27}$$

Für den Vektor $\mathbf{x} = \bar{\mathbf{x}}$ aus (3.11) kann man (3.27) durch $f_j(\bar{\mathbf{x}}) < 0$ dividieren und erhält

$$0 \leqq \hat{u}_j \leqq \frac{F(\hat{\mathfrak{x}}) - F(\bar{\mathbf{x}})}{f_j(\bar{\mathbf{x}})}. \tag{3.28}$$

Da die rechte Seite unabhängig von der Wahl eines speziellen $\hat{\mathfrak{x}}$ ist, folgt die Behauptung.

Die Kuhn-Tucker-Bedingungen lassen noch einige Variationen in der Problemstellung (3.1) zu. Es kann sein, daß die Nebenbedingung $x_i \geqq 0$ fehlt. In diesem Falle werden die drei Bedingungen (3.17) bis (3.19) ersetzt durch die eine Bedingung

$$\left(\frac{\partial \Phi}{\partial x_i}\right)_{\hat{\mathfrak{x}}, \hat{\mathbf{u}}} = 0, \tag{3.29}$$

wie man leicht verifiziert, wenn man x_i als Differenz zweier vorzeichenbeschränkter Variablen darstellt.

Wenn $f_j(\mathbf{x})$ linear ist, so ist auch eine Nebenbedingung der Form $f_j(\mathbf{x}) = 0$ zulässig; sie läßt sich durch $f_j(\mathbf{x}) \leqq 0$ und $-f_j(\mathbf{x}) \leqq 0$ wieder auf die Form (3.1) bringen. Man sieht sofort, daß sich dann die Bedingungen (3.20) bis (3.22) vereinfachen zu

$$\left(\frac{\partial \Phi}{\partial u_j}\right)_{\hat{\mathfrak{x}}, \hat{\mathbf{u}}} = 0, \tag{3.30}$$

was nur eine andere Formulierung für $f_j(\mathbf{x}) = 0$ ist. Der Multiplikator u_j ist hierbei also nicht mehr vorzeichenbeschränkt.

Lautet schließlich die Aufgabe min $\{F(\mathbf{x}) \mid f_j(\mathbf{x}) = 0\}$, wobei $f_j(\mathbf{x})$ linear, so hat man statt der Bedingungen (3.17) bis (3.22) nur noch die Bedingungen (3.29) und (3.30); das ist der aus der Analysis bekannte klassische Fall der Lagrangeschen Multiplikatoren-Methode.

3. Duale konvexe Programme

Entsprechend der Dualitätstheorie in der linearen Programmierung kann man das zu dem konvexen Programm (3.1) duale Programm einführen und versuchen, analoge Sätze abzuleiten. Dabei stellt sich jedoch heraus, daß sich nicht alle der früheren Resultate verallgemeinern lassen. Diese Untersuchung geht auf Wolfe [2] zurück. Hier wollen wir einige der Resultate zusammenstellen. Dazu nehmen wir die folgende am Anfang des Kapitels erwähnte Darstellung von (3.1) als unser primales konvexes Programm:

Man minimiere $F(\mathbf{x})$ unter den Nebenbedingungen

$$f_j(\mathbf{x}) \leqq 0, \quad j = 1, 2, \ldots, m, \tag{3.31}$$

wobei $F, f_1, f_2, \ldots, f_m$ hier differenzierbare konvexe Funktionen von x seien.

Ist Φ wie früher die Lagrangefunktion

$$\Phi(\mathbf{x}, \mathbf{u}) = F(\mathbf{x}) + \sum_{j=1}^{m} u_j f_j(\mathbf{x}), \tag{3.8}$$

so lautet das duale konvexe Programm folgendermaßen:

Man maximiere $\Phi(\mathbf{x}, \mathbf{u})$ unter den Nebenbedingungen

$$\nabla_{\mathbf{x}} \Phi(\mathbf{x}, \mathbf{u}) = \mathbf{0}, \quad \mathbf{u} \geqq \mathbf{0}, \tag{3.32}$$

d. h.

$$\nabla F(\mathbf{x}) + \sum_{j=1}^{m} u_j \nabla f_j(\mathbf{x}) = \mathbf{0}, \quad u_j \geqq 0, \quad j = 1, 2, \ldots, m.$$

Analog Satz 1 in Abschnitt 2 des 2. Kapitels gilt nun:

Satz 1: Erfüllt $\tilde{\mathbf{x}}$ die Restriktionen (3.31) und $(\mathbf{x}, \mathbf{u})$ die Restriktionen (3.32), so gilt:

$$\Phi(\mathbf{x}, \mathbf{u}) \leqq F(\tilde{\mathbf{x}}).$$

Beweis: Nach (1.145) folgt

$$F(\tilde{\mathbf{x}}) - F(\mathbf{x}) \geqq (\tilde{\mathbf{x}} - \mathbf{x})' \, \nabla F(\mathbf{x})$$

$$= -\sum_{j=1}^{m} u_j (\tilde{\mathbf{x}} - \mathbf{x})' \, \nabla f_j(\mathbf{x}) \quad \text{nach (3.32)},$$

$$\geqq \sum_{j=1}^{m} u_j (f_j(\mathbf{x}) - f_j(\tilde{\mathbf{x}})) \quad \text{nach (1.145)},$$

$$\geqq \sum_{j=1}^{m} u_j f_j(\mathbf{x}) \quad \text{nach (3.31) und da} \quad \mathbf{u} \geq \mathbf{0}.$$

Damit folgt, daß $F(\tilde{\mathbf{x}}) \geqq F(\mathbf{x}) + \sum_{j=1}^{m} u_j f_j(\mathbf{x}) = \Phi(\mathbf{x}, \mathbf{u})$.

Wie früher folgt daraus ein zu Satz 2 analoges Ergebnis:

Satz 2: Erfüllt $\tilde{\mathbf{x}}$ die Restriktionen (3.31) und $(\mathbf{x}, \mathbf{u})$ die Restriktionen (3.32), und gilt $\Phi(\mathbf{x}, \mathbf{u}) = F(\tilde{\mathbf{x}})$, so sind $\tilde{\mathbf{x}}$ und $(\mathbf{x}, \mathbf{u})$ optimal.

Als nächstes beweisen wir das folgende

Lemma: Erfüllen $(\mathbf{x}^1, \mathbf{u})$, $(\mathbf{x}^2, \mathbf{u})$ die Restriktionen (3.32), so gilt

$$\Phi(\mathbf{x}^1, \mathbf{u}) = \Phi(\mathbf{x}^2, \mathbf{u}),$$

d. h. $\Phi(\mathbf{x}, \mathbf{u})$ hängt für dual zulässige $(\mathbf{x}, \mathbf{u})$ nicht von $\mathbf{x}$ ab.

Beweis: Offensichtlich ist $\Phi(\mathbf{x}, \mathbf{u})$ für festes $\mathbf{u} \geq \mathbf{0}$ eine konvexe Funktion in $\mathbf{x}$. Nach (1.145) folgt somit

$$\Phi(\mathbf{x}^2, \mathbf{u}) - \Phi(\mathbf{x}^1, \mathbf{u}) \geq (\mathbf{x}^2 - \mathbf{x}^1)' \, \nabla_{\mathbf{x}} \Phi(\mathbf{x}^1, \mathbf{u}) = 0 \text{ nach (3.32)}.$$

Ebenso folgt durch Austausch von $\mathbf{x}^1$, $\mathbf{x}^2$, daß

$$\Phi(\mathbf{x}^1, \mathbf{u}) - \Phi(\mathbf{x}^2, \mathbf{u}) \geq 0, \quad \text{d. h.} \quad \Phi(\mathbf{x}^1, \mathbf{u}) = \Phi(\mathbf{x}^2, \mathbf{u}).$$

Wir können nun das folgende Dualitätstheorem angeben:

Dualitätstheorem: Es gelte die Regularitätsvoraussetzung (3.11) bezogen auf (3.31) anstatt auf (3.1), d. h. es existiere mindestens ein $\bar{\mathbf{x}}$ mit $f_j(\bar{\mathbf{x}}) < 0$ für alle j, und ferner sei $\mathbf{x}^*$ eine optimale Lösung des primalen konvexen Programms (3.31). Dann existiert ein Vektor $\mathbf{u}^*$, so daß $(\mathbf{x}^*, \mathbf{u}^*)$ eine optimale Lösung des dualen konvexen Programms ist, und es gilt

$$\Phi(\mathbf{x}^*, \mathbf{u}^*) = F(\mathbf{x}^*).$$

Beweis: Man prüft leicht nach, daß das Theorem von Kuhn und Tucker (s. 2. Abschnitt) für das hier betrachtete primale konvexe Programm (3.31) folgendermaßen lautet: Unter der obigen Regularitätsvoraussetzung stellt ein Vektor $\hat{\mathbf{x}}$ dann und nur dann eine optimale Lösung von (3.31) dar, wenn ein Vektor $\hat{\mathbf{u}}$ existiert, derart, daß

$$\hat{\mathbf{u}} \geq \mathbf{0}, \quad \text{und} \quad \Phi(\hat{\mathbf{x}}, \mathbf{u}) \leq \Phi(\hat{\mathbf{x}}, \hat{\mathbf{u}}) \leq \Phi(\mathbf{x}, \hat{\mathbf{u}}) \quad \text{für alle } \mathbf{x} \text{ und alle } \mathbf{u} \geq \mathbf{0}.$$

Gegeben sei eine optimale Lösung $\mathbf{x}^*$ von (3.31). Dann existiert nach dem Theorem von Kuhn und Tucker ein Vektor $\mathbf{u}^* \geq \mathbf{0}$ mit $\Phi(\mathbf{x}^*, \mathbf{u}) \leq \Phi(\mathbf{x}^*, \mathbf{u}^*) \leq \Phi(\mathbf{x}, \mathbf{u}^*)$ für alle $\mathbf{x}$ und $\mathbf{u} \geq \mathbf{0}$. Insbesondere gilt also erstens $\Phi(\mathbf{x}^*, \mathbf{u}^*) = \min_{\mathbf{x}} \Phi(\mathbf{x}, \mathbf{u}^*)$, woraus $\nabla_{\mathbf{x}} \Phi(\mathbf{x}^*, \mathbf{u}^*) = \mathbf{0}$ folgt, d. h. $(\mathbf{x}^*, \mathbf{u}^*)$ ist dual zulässig, und zweitens:

$$\Phi(\mathbf{x}^*, \mathbf{u}^*) = \max \{\Phi(\mathbf{x}^*, \mathbf{u}) \,|\, \mathbf{u} \geq \mathbf{0}\}$$

$$\geq \max \{\Phi(\mathbf{x}^*, \mathbf{u}) \,|\, (\mathbf{x}^*, \mathbf{u}) \text{ erfüllt } (3.32)\}$$

$$= \max \{\Phi(\mathbf{x}, \mathbf{u}) \,|\, (\mathbf{x}, \mathbf{u}) \text{ erfüllt } (3.32)\} \text{ nach dem Lemma,}$$

$$\geq \Phi(\mathbf{x}^*, \mathbf{u}^*),$$

d. h. $\Phi(\mathbf{x}^*, \mathbf{u}^*) = \max \{\Phi(\mathbf{x}, \mathbf{u}) \,|\, (\mathbf{x}, \mathbf{u}) \text{ erfüllt } (3.32)\}$.

Um $\Phi(\mathbf{x}^*, \mathbf{u}^*) = F(\mathbf{x}^*)$ zu beweisen, genügt es zu zeigen, daß $u_j^* f_j(\mathbf{x}^*) = 0$ für alle j. Angenommen es ist $u_i^* f_i(\mathbf{x}^*) < 0$. Dann folgt aber $\Phi(\mathbf{x}^*, \mathbf{u}^*) < \Phi(\mathbf{x}^*, \mathbf{u}^* - u_i^* \mathbf{e}_i)$, wobei $\mathbf{e}_i$ der i-te Einheitsvektor ist, im Widerspruch zur Eigenschaft

$$\Phi(\mathbf{x}^*, \mathbf{u}) \leq \Phi(\mathbf{x}^*, \mathbf{u}^*) \quad \text{für alle} \quad \mathbf{u} \geq \mathbf{0}.$$

II. Teil
Quadratische Programmierung

Viertes Kapitel

Einführung in die quadratische Programmierung

1. Problemstellung

Wir spezialisieren nun die Ergebnisse des vorangehenden Kapitels auf den Fall einer quadratischen Zielfunktion und linearer Nebenbedingungen. Es sei also $F(\mathbf{x})$ aus Kapitel III eine konvexe quadratische Funktion, die wir in Zukunft stets mit $Q(\mathbf{x})$ bezeichnen:

$$Q(\mathbf{x}) = \mathbf{p}'\,\mathbf{x} + \mathbf{x}'\,\mathbf{C}\,\mathbf{x}. \tag{4.1}$$

Hierbei ist $\mathbf{C}$ symmetrisch und positiv semidefinit. Ferner sei

$$f_j(\mathbf{x}) = \mathbf{a}'_j\,\mathbf{x} - b_j. \tag{4.2}$$

Die Grundaufgabe der quadratischen Programmierung mit linearen Restriktionen lautet dann, als Minimumaufgabe formuliert:

$$Q(\mathbf{x}) \text{ ist zu minimieren}$$

unter den Nebenbedingungen

$$\mathbf{a}'_j\,\mathbf{x} - b_j \leqq 0, \quad j = 1, 2, \ldots, m, \tag{4.3}$$

$$\mathbf{x} \geqq \mathbf{0}. \tag{4.4}$$

Falls bei einem in der Praxis auftretenden quadratischen Programm die Zielfunktion nicht minimiert, sondern maximiert werden soll, oder falls in einigen der Nebenbedingungen statt des Zeichens $\leqq$ das Zeichen $\geqq$ steht, so kann man ein solches Programm immer auf die obige Grundform bringen, indem man die Zielfunktion bzw. die aus der Reihe fallenden Ungleichungen mit -1 durchmultipliziert. Befinden sich unter den Nebenbedingungen auch Gleichungen und (oder) sind nicht alle Variablen auf nicht-negative Werte beschränkt, so kann man diese gemischten Restriktionen mit den früher (Kapitel II, 3) beschriebenen Methoden auf die obige Form bringen. Dies ist aber für die Auflösung eines Programmes gar nicht immer erforderlich. Wir kommen noch darauf zurück.

Faßt man die m Zeilenvektoren $\mathbf{a}'_j$ zu einer $(m \times n)$-Matrix $\mathbf{A}$ zusammen und die Größen b_j zu einem Vektor $\mathbf{b}$, so lauten die Nebenbedingungen (4.3) jetzt $\mathbf{A}\,\mathbf{x} - \mathbf{b} \leqq \mathbf{0}$, und das quadratische Programm läßt sich in komprimierter Schreibweise analog zu (3.1) darstellen als

$$\text{I:} \qquad \min\{Q(\mathbf{x}) \mid \mathbf{A}\,\mathbf{x} \leqq \mathbf{b}, \mathbf{x} \geqq \mathbf{0}\}. \tag{4.5}$$

Wir nennen diese Normalform Problem I.

Die Elemente von **A**, **b** und **p** sind frei wählbar, nicht jedoch diejenigen von **C**. Für den Fall eines allgemeinen quadratischen Programms mit beliebigem symmetrischem **C** existieren im Augenblick noch keine befriedigenden Lösungsverfahren. Wir müssen uns daher auf konvexe Zielfunktionen Q beschränken, bei denen dann **C** positiv semidefinit ist. Die Forderung der Definitheit von **C** gelte in Zukunft stets, auch wenn dies nicht ausdrücklich erwähnt wird. Für manche Lösungsverfahren ist sogar strenge Definitheit Voraussetzung. Wenn das quadratische Programm als Maximumproblem formuliert wird, so muß die Zielfunktion konkav sein. Man schreibt sie dann meist als $\mathbf{p}' \mathbf{x} - \mathbf{x}' \mathbf{C} \mathbf{x}$, wo **C** wieder positiv semidefinit ist. Wenn die quadratische Zielfunktion nicht konvex bzw. konkav ist, dann braucht das Resultat der in den folgenden Kapiteln beschriebenen Lösungsverfahren, wenn diese überhaupt konvergieren, nicht mehr die Lösung des Programms darzustellen. Es kann sich vielmehr bei dem Resultat um irgendeinen anderen stationären Punkt handeln, etwa um ein bloß lokales Extremum oder einen Sattelpunkt. Immerhin ist bei einem sinnvoll gestellten Optimierungsproblem, etwa aus der Produktionsplanung, die Zielfunktion aus der Natur der Sache heraus vielfach konvex, wenigstens über dem zulässigen Bereich.

Der Klarheit wegen wollen wir kurz eine geometrische Darstellung eines quadratischen Programmes mit nur zwei Variablen geben (das Beispiel läßt sich gut auf höhere Dimensionen übertragen, verliert aber dann seine geometrische Anschaulichkeit). Wir beschränken uns auf den Spezialfall, wo **C** nicht nur positiv semidefinit, sondern sogar positiv definit ist. In diesem Falle ist Q streng konvex; die Niveaulinien gleicher Q-Werte bilden eine Ellipsenschar. Der gemeinsame Mittelpunkt der Ellipsenschar entspricht dem freien Minimum von Q (wenn also keinerlei Nebenbedingungen vorliegen). Der durch die Nebenbedingungen gegebene zulässige Bereich bildet, wie bei der linearen Programmierung, ein konvexes Polyeder. Die Aufgabe besteht nun darin, denjenigen Punkt des Polyeders zu finden, der auf der Niveaulinie mit dem niedrigsten Q-Wert liegt (bei streng definitem **C** ist dieser Punkt eindeutig bestimmt). Hierbei bestehen im zweidimensionalen Fall drei Möglichkeiten, die durch die Fig. 5a, 5b und 5c für $m = 2$ wiedergegeben werden. Der gesuchte Optimalpunkt ist jeweils mit $\hat{\mathbf{x}}$ bezeichnet.

Man erkennt sofort den Unterschied zur linearen Programmierung [1]: Bei linearer Zielfunktion existiert stets ein Lösungspunkt, der auf einer Ecke des zulässigen Polyeders liegt. Eine quadratische Zielfunktion dagegen kann ihr restringiertes Minimum, selbst wenn es eindeutig ist, auch auf einer Kante oder im Innern des zulässigen Polyeders annehmen. Während also im linearen Fall bei eindeutiger Lösung und Fehlen von Degeneration am Optimalpunkt *genau n* der $m + n$ Ungleichungen, die die Nebenbedingungen bilden, in Gleichungsform erfüllt sind, trifft dies im quadratischen Fall nur für *höchstens n* Ungleichungen zu.

Problem I ist die häufigste Form, in der ein quadratisches Programm in der Praxis auftritt. Es hätte keinen Zweck, eine Normalform mit vollständig gemischten Restriktionen wie in (2.21) einzuführen, da sich derartige Restriktionen, wie schon früher gezeigt, immer auf die Form I bringen lassen. Statt dessen bringen wir noch zwei andere Formulierungen, die wir in Zukunft Problem II und III nennen werden und die der am Ende des vorigen Kapitels erwähnten Variation der Nebenbedin-

---

1 Vgl. Krelle und Künzi [1], S. 26.

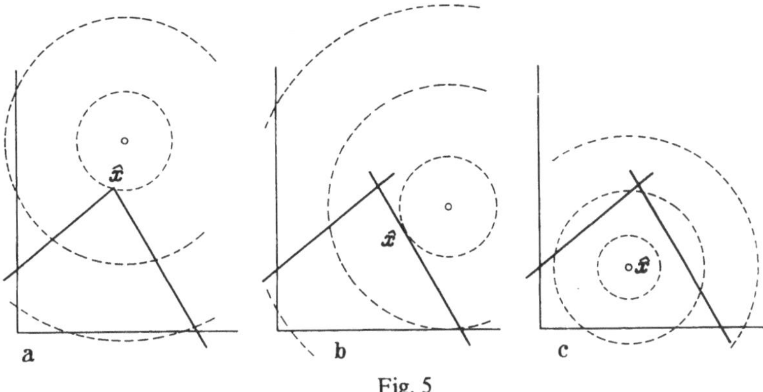

Fig. 5

gungen von (3.1) entsprechen, nämlich:

II:
$$\min \{\mathbf{p}'\,\mathbf{x} + \mathbf{x}'\,\mathbf{C}\,\mathbf{x} \mid \mathbf{A}\,\mathbf{x} = \mathbf{b},\ \mathbf{x} \geqq \mathbf{0}\} \tag{4.6}$$

und

III:
$$\min \{\mathbf{p}'\,\mathbf{x} + \mathbf{x}'\,\mathbf{C}\,\mathbf{x} \mid \mathbf{A}\,\mathbf{x} \leqq \mathbf{b}\}. \tag{4.7}$$

Diese beiden Formulierungen dienen nur der mathematischen Vereinfachung. Sachlich bringen auch sie nichts Neues gegenüber I, da man die abgeänderten Nebenbedingungen von II und III mittels der in Kapitel II (Abschnitt 3) beschriebenen Verfahren auf die Form I bringen kann, indem man etwa eine Gleichungsrestriktion durch zwei Ungleichungsrestriktionen ersetzt oder eine unbeschränkte Variable als Differenz zweier nicht-negativer Variablen ansetzt. Will man umgekehrt Problem I auf die Form II bringen, so führt man für jede Ungleichungsrestriktion aus (4.3) eine Schlupfvariable y_j ein und ersetzt $\mathbf{a}'_j\,\mathbf{x} \leqq b_j$ durch $\mathbf{a}'_j\,\mathbf{x} + y_j = b_j,\ y_j \geqq 0$, kurz

$$\mathbf{A}\,\mathbf{x} + \mathbf{y} = \mathbf{b}, \qquad \mathbf{y} \geqq \mathbf{0}. \tag{4.8}$$

Mit
$$\mathbf{x} = \left\Vert \begin{array}{c} \mathbf{x} \\ \hline \mathbf{y} \end{array} \right\Vert,\quad \mathbf{A}^* = \Vert\,\mathbf{A}\,|\,\mathbf{E}\,\Vert,\quad \mathbf{C}^* = \left\Vert \begin{array}{c|c} \mathbf{C} & \mathbf{0} \\ \hline \mathbf{0} & \mathbf{0} \end{array} \right\Vert,\quad \mathbf{p}^* = \left\Vert \begin{array}{c} \mathbf{p} \\ \hline \mathbf{0} \end{array} \right\Vert \tag{4.9}$$

ist Problem I äquivalent dem Problem

$$\min \{\mathbf{p}^{*\prime}\,\mathbf{x}^* + \mathbf{x}^{*\prime}\,\mathbf{C}^*\,\mathbf{x}^* \mid \mathbf{A}^*\,\mathbf{x}^* = \mathbf{b},\ \mathbf{x}^* \geqq \mathbf{0}\}, \tag{4.10}$$

das die gewünschte Form II hat. Wenn das ursprüngliche System auch Gleichungsrestriktionen aufweist, so erübrigt sich für diese natürlich das Einsetzen der Schlupfvariablen. Der Vektor $\mathbf{y}$ hat dann entsprechend weniger Elemente, die Matrix $\mathbf{A}^*$ entsprechend weniger angehängte Einheitsspalten.

Will man schließlich dem Problem I die Form III geben, so setzt man

$$\mathbf{A}^{**} = \left\Vert \begin{array}{c} \mathbf{A} \\ \hline -\mathbf{E} \end{array} \right\Vert,\quad \mathbf{b}^{**} = \left\Vert \begin{array}{c} \mathbf{b} \\ \hline \mathbf{0} \end{array} \right\Vert. \tag{4.11}$$

Problem I ist dann äquivalent zu

$$\min \{\mathbf{p}'\,\mathbf{x} + \mathbf{x}'\,\mathbf{C}\,\mathbf{x} \mid \mathbf{A}^{**}\,\mathbf{x} \leqq \mathbf{b}^{**}\}. \tag{4.12}$$

Wir werden im folgenden bei der Beschreibung der Lösungsverfahren, je nach Zweckmäßigkeit, bald von der einen, bald von der anderen Grundform ausgehen. Der Leser kann jedes Resultat, das für II oder III hergeleitet wird, mittels (4.9) oder (4.11) auf I übertragen.

2. Charakterisierung der Lösungen

Die *Lagrangefunktion* für unsere Probleme I, II und III lautet

$$\Phi(\mathbf{x}, \mathbf{u}) = Q(\mathbf{x}) + \sum_{j=1}^{m} u_j(\mathbf{a}'_j \mathbf{x} - b_j) = \mathbf{p}'\mathbf{x} + \mathbf{x}'\mathbf{C}\mathbf{x} + \mathbf{u}'(\mathbf{A}\mathbf{x} - \mathbf{b}). \tag{4.13}$$

Setzen wir zur Abkürzung $\dfrac{\partial \Phi}{\partial \mathbf{x}} = \mathbf{v},\ -\dfrac{\partial \Phi}{\partial \mathbf{u}} = \mathbf{y}$, so ist

$$\mathbf{v} = \mathbf{p} + 2\,\mathbf{C}\mathbf{x} + \mathbf{A}'\mathbf{u} = \frac{\partial \Phi}{\partial \mathbf{x}} \tag{4.14}$$

$$\mathbf{y} = -\mathbf{A}\mathbf{x} + \mathbf{b} = -\frac{\partial \Phi}{\partial \mathbf{u}}. \tag{4.15}$$

Damit schreiben sich die Kuhn-Tucker-Bedingungen für die drei Normalformen wie folgt:

Für min $\{\mathbf{p}'\mathbf{x} + \mathbf{x}'\mathbf{C}\mathbf{x} \mid \mathbf{A}\mathbf{x} \leqq \mathbf{b},\ \mathbf{x} \geqq \mathbf{0}\}$ (Problem I):

$$
\begin{array}{lll}
\text{a) } \mathbf{A}\mathbf{x} + \mathbf{y} = \mathbf{b} & \text{entsprechend (4.15)} \\
\text{b) } 2\,\mathbf{C}\mathbf{x} - \mathbf{v} + \mathbf{A}'\mathbf{u} = -\mathbf{p} & \text{entsprechend (4.14)} \\
\text{c) } \mathbf{x} \geqq \mathbf{0},\, \mathbf{v} \geqq \mathbf{0},\, \mathbf{y} \geqq \mathbf{0}, & \text{entsprechend (3.19'), (3.17'),} \\
\qquad \mathbf{u} \geqq \mathbf{0} & \qquad\qquad\quad (3.20'),\, (3.22') \\
\text{d) } \mathbf{x}'\mathbf{v} + \mathbf{y}'\mathbf{u} = 0 & \text{entsprechend (3.18'), (3.21').}
\end{array}
\tag{4.16}
$$

Für min $\{\mathbf{p}'\mathbf{x} + \mathbf{x}'\mathbf{C}\mathbf{x} \mid \mathbf{A}\mathbf{x} = \mathbf{b},\ \mathbf{x} \geqq \mathbf{0}\}$ (Problem II):

$$
\begin{array}{lll}
\text{a) } \mathbf{A}\mathbf{x} = \mathbf{b} & \text{entsprechend (3.30)} \\
\text{b) } 2\,\mathbf{C}\mathbf{x} - \mathbf{v} + \mathbf{A}'\mathbf{u} = -\mathbf{p} & \text{entsprechend (4.14)} \\
\text{c) } \mathbf{x} \geqq \mathbf{0},\, \mathbf{v} \geqq \mathbf{0} & \text{entsprechend (3.19'), (3.17')} \\
\text{d) } \mathbf{x}'\mathbf{v} = 0 & \text{entsprechend (3.18')}
\end{array}
\tag{4.17}
$$

Für min $\{\mathbf{p}'\mathbf{x} + \mathbf{x}'\mathbf{C}\mathbf{x} \mid \mathbf{A}\mathbf{x} \leqq \mathbf{b}\}$ (Problem III):

$$
\begin{array}{lll}
\text{a) } \mathbf{A}\mathbf{x} + \mathbf{y} = \mathbf{b} & \text{entsprechend (4.15)} \\
\text{b) } 2\,\mathbf{C}\mathbf{x} + \mathbf{A}'\mathbf{u} = -\mathbf{p} & \text{entsprechend (3.29)} \\
\text{c) } \mathbf{y} \geqq \mathbf{0},\, \mathbf{u} \geqq \mathbf{0} & \text{entsprechend (3.20'), (3.22')} \\
\text{d) } \mathbf{y}'\mathbf{u} = 0 & \text{entsprechend (3.21').}
\end{array}
\tag{4.18}
$$

Ein n-Vektor $\hat{\mathbf{x}}$ stellt also dann und nur dann eine Lösung von I dar, wenn er zusammen mit einem n-Vektor $\hat{\mathbf{v}}$ und zwei m-Vektoren $\hat{\mathbf{u}}, \hat{\mathbf{y}}$ den Bedingungen (4.16) genügt. Analog für II und III.

Die obige Schreibweise der Kuhn-Tucker-Bedingungen für den quadratischen Fall geht auf Barankin und Dorfman [1] zurück. Die Bedingungen a) bis c) bilden ein

---

1 Vgl. Barankin und Dorfman [1].

lineares System. Bedingung d) läßt sich kombinatorisch so aussprechen, daß von je zwei vorzeichenbeschränkten Variablen x_i und v_i bzw. u_j und y_j mindestens eine Null sein muß. Es kommen also als Anwärter darauf, auch der Bedingung d) zu genügen, nur solche Lösungen des Systems a) bis c) in Frage, bei denen höchstens soviele Variable von Null verschieden sind, wie in a) und b) Gleichungsrestriktionen existieren, nämlich $n+m$; das sind aber gerade die Basislösungen des Systems. Nur unter diesen Basislösungen hat man eine Auswahl zu treffen unter dem Gesichtspunkt, daß auch d) erfüllt sei. Hierzu kann man in leicht abgewandelter Form das Simplex-Verfahren benutzen (Kapitel VIII, IX, X), da dieses sich mit den Basislösungen eines linearen Systems beschäftigt.

Die Bedingungen a) bis c) allein geben ein notwendiges und hinreichendes Kriterium dafür, ob das quadratische Programm eine Lösung aufweist. Die Notwendigkeit ist klar, da beispielsweise die Lösung diesen Bedingungen genügt. Daß sie hinreichend sind, folgt, für I etwa, so: Wenn $\bar{x}$, $\bar{v}$, $\bar{u}$, $\bar{y}$ existieren, die (4.16) a) bis c) genügen, so ist insbesondere $\bar{x}$ zulässig (Bedingung a)), und für jedes andere zulässige x gilt

$$Q(x) - Q(\bar{x}) \geqq (x - \bar{x})' \left(\frac{\partial Q}{\partial x}\right)_{\bar{x}} \qquad \text{(wegen der Konvexität von } Q(x)\text{)}$$

$$
\begin{aligned}
&= (x - \bar{x})'(p + 2\,C\,\bar{x}) \\
&= (x - \bar{x})'(\bar{v} - A'\,\bar{u}) && \text{(wegen b)} \\
&= x'\bar{v} - \bar{x}'\bar{v} + y'\bar{u} - \bar{y}'\bar{u} && \text{(wegen a)} \\
&\geqq \quad -\bar{x}'\bar{v} \qquad\quad - \bar{y}'\bar{u} && \text{(wegen c)}.
\end{aligned}
$$

Die Zielfunktion $Q(x)$ ist also auf dem nicht leeren zulässigen Bereich beschränkt, und es existiert infolgedessen eine Lösung. Für den Optimalwert $Q(\hat{x})$ gilt speziell

$$Q(\bar{x}) - \bar{x}'\bar{v} - \bar{y}'\bar{u} \leqq Q(\hat{x}) \leqq Q(\bar{x}). \tag{4.19}$$

Wenn $\bar{x}$ gegen $\hat{x}$ strebt, so streben die beiden Schranken gegen $Q(\hat{x})$. Damit kann man im Verlauf eines Iterationsverfahrens abschätzen, wie weit man noch vom Optimum entfernt ist.

Wenn $\hat{x}$ eine spezielle Lösung eines quadratischen Programmes ist, so besteht die gesamte Lösungsmenge aus dem Durchschnitt einer linearen Mannigfaltigkeit mit dem zulässigen Bereich, nämlich aus genau denjenigen zulässigen Punkten $x = \hat{x} + t$, für die gilt:

$$C\,t = 0, \qquad p'\,t = 0. \tag{4.20}$$

Dies folgt sofort aus (3.6) und (3.7) mit $F_x = \dfrac{\partial Q}{\partial x} = p + 2\,C\,x$. Wenn C streng definit und damit nichtsingulär ist, so ist die Lösung des quadratischen Programmes eindeutig, denn (4.20) liefert dann nur $t = 0$. Diese Lösung wird durch $\nabla Q(\hat{x}) = 0$ gegeben,

$$\nabla Q(\hat{x}) = p + 2\,C\,\hat{x} = 0,$$

d. h.

$$\hat{x} = -\frac{1}{2}\,C^{-1}\,p.$$

3. Duale quadratische Programme

Entsprechend zu den in Kapitel II, 2 aufgestellten dualen linearen Programmen kann man auch ein quadratisches Programm dualisieren. Wegen der mangelnden Symmetrie mißt man jedoch in der quadratischen Programmierung den Dualprogrammen keine so große Bedeutung bei. Die ersten Untersuchungen in dieser Richtung gehen auf Dorn [1, 2, 3, 4, 5] sowie auf Dennis [1] zurück. Eine etwas allgemeinere Fassung findet man bei Wolfe [2].

Wir gehen für die Darstellung aus von Problem III. Die beiden entsprechenden Aufgaben lauten dann:

Primärproblem *(Minimumaufgabe):*

$$\min \{ Q(\mathbf{x}) = \mathbf{p}' \mathbf{x} + \mathbf{x}' \mathbf{C} \mathbf{x} \mid \mathbf{A} \mathbf{x} \leqq \mathbf{b} \}. \tag{4.7}$$

Dualproblem *(Maximumaufgabe):*

$$\max \left\{ \Phi(\mathbf{x}, \mathbf{u}) = \mathbf{p}' \mathbf{x} + \mathbf{x}' \mathbf{C} \mathbf{x} + \mathbf{u}' (\mathbf{A} \mathbf{x} - \mathbf{b}) \mid \frac{\partial \Phi}{\partial \mathbf{x}} = \mathbf{0}, \mathbf{u} \geqq \mathbf{0} \right\}. \tag{4.21}$$

Substituiert man aus den Nebenbedingungen

$$\frac{\partial \Phi}{\partial \mathbf{x}} \equiv \mathbf{p} + 2 \mathbf{C} \mathbf{x} + \mathbf{A}' \mathbf{u} = \mathbf{0}$$

geeignet in der Zielfunktion, so läßt sich das duale Programm schreiben als

$$\max \{ - \mathbf{x}' \mathbf{C} \mathbf{x} - \mathbf{b}' \mathbf{u} \mid 2 \mathbf{C} \mathbf{x} + \mathbf{A}' \mathbf{u} = - \mathbf{p}, \mathbf{u} \geqq \mathbf{0} \}. \tag{4.21'}$$

Im linearen Fall ($\mathbf{C} = \mathbf{0}$) stimmt die obige Definition des dualen Programms mit der im Kapitel II für lineare Programme gegebenen überein. Wir geben ohne Beweis einige Aussagen über das Primär- und Dualproblem, die der Leser mit den entsprechenden Aussagen aus Kapitel II (Abschnitt 2) vergleichen möge:

Wenn beim einen Problem der zulässige Bereich leer ist, so ist beim anderen Problem entweder der zulässige Bereich leer, oder die Zielfunktion ist über dem zulässigen Bereich nicht beschränkt. Wenn beim einen Problem die Zielfunktion über dem zulässigen Bereich nicht beschränkt ist, so ist beim anderen Problem der zulässige Bereich leer. Wenn das eine Problem eine Lösung hat, so hat auch das andere eine Lösung, und die beiden Extremwerte sind gleich.

Wenn $\hat{\mathbf{x}}$ das primäre Problem löst, so ist $\hat{\mathbf{x}}$ auch $\mathbf{x}$-Teil einer Lösung des dualen Problems. Die Umkehrung hiervon gilt nicht allgemein, sondern nur, wenn $\mathbf{C}$ streng definit ist. In diesem Falle stellt der $\mathbf{x}$-Teil einer Lösung des dualen Programmes zugleich die Lösung des primären Programmes dar.

Bei streng definitem $\mathbf{C}$ kann man $\mathbf{x}$ mittels der Gleichungsrestriktionen aus dem dualen Programm eliminieren. Wir kommen im nächsten Kapitel nochmals hierauf zurück.

Fünftes Kapitel

Das Verfahren von Hildreth und d'Esopo

1. Dualisierung des Problems

Hildreth hat ein asymptotisches Lösungsverfahren für quadratische Programme angegeben, das unmittelbar die im vorangehenden Abschnitt eingeführte Dualisie-
rung verwendet. Das Verfahren ist besonders für Rechenautomaten geeignet; die
einzelnen Iterationsschritte sind von größter Einfachheit, wodurch eventuell
schlechtes Konvergenzverhalten wieder wettgemacht wird. Die Zielfunktion muß
allerdings streng konvex sein, was die Verwendbarkeit etwas einschränkt.

Wir gehen aus von Problem III:

$$\min \{\mathbf{p}'\,\mathbf{x} + \mathbf{x}'\,\mathbf{C}\,\mathbf{x} \mid \mathbf{A}\,\mathbf{x} \leqq \mathbf{b}\}. \qquad (5.1) = (4.7)$$

Hierbei ist $\mathbf{A}$ eine $(m \times n)$-Matrix, so daß das Problem insgesamt m Restriktionen

$$\mathbf{a}_j'\,\mathbf{x} \leqq b_j \qquad (5.2)$$

aufweist ($\mathbf{a}_j'$ ist die j-te Zeile von $\mathbf{A}$), unter denen etwaige Vorzeichenbeschränkungen der x_i bereits enthalten sein mögen. Die symmetrische $(n \times n)$-Matrix $\mathbf{C}$ wird als
streng positiv definit vorausgesetzt. Für den Konvergenzbeweis brauchen wir noch
eine weitere Voraussetzung, und zwar über die Restriktionen: Es müssen auch noch
zulässige Punkte existieren, wenn man die Nebenbedingungen (5.2) durch die
schärferen Bedingungen

$$\mathbf{a}_j'\,\mathbf{x} \leqq b_j - \varepsilon, \quad j = 1, \dots, m \qquad (5.3)$$

ersetzt, wobei ε eine beliebig kleine, aber positive Größe ist. Auf Grund der Voraussetzungen über Zielfunktion und Nebenbedingungen hat das Problem (5.1) eine
eindeutige Lösung $\hat{\mathbf{x}}$. Die Kuhn-Tucker-Bedingungen lauten:

$$
\begin{aligned}
&\text{a)}\ \ \mathbf{A}\,\mathbf{x} + \mathbf{y} && = \mathbf{b} \\
&\text{b)}\ \ 2\,\mathbf{C}\,\mathbf{x} + \mathbf{A}'\,\mathbf{u} && = -\,\mathbf{p} \\
&\text{c)}\ \ \mathbf{u} \geqq \mathbf{0}, \quad \mathbf{y} \geqq \mathbf{0} \\
&\text{d)}\ \ \mathbf{u}'\,\mathbf{y} && = 0.
\end{aligned}
\qquad (5.4) = (4.18)
$$

Da $\mathbf{C}$ streng definit ist, existiert $\mathbf{C}^{-1}$, und man kann b) nach $\mathbf{x}$ auflösen:

$$\mathbf{x}\,(\mathbf{u}) = -\,\tfrac{1}{2}\,\mathbf{C}^{-1}\,(\mathbf{A}'\,\mathbf{u} + \mathbf{p}). \qquad (5.5)$$

Führt man diese Substitution durch, so lauten die übrigen Bedingungen von (5.4):

$$2\,\mathbf{G}\,\mathbf{u} - \mathbf{y} = -\,\mathbf{h}$$
$$\mathbf{u} \geqq \mathbf{0}, \quad \mathbf{y} \geqq \mathbf{0} \tag{5.6}$$
$$\mathbf{u}'\,\mathbf{y} \qquad = 0,$$

wobei zur besseren Übersichtlichkeit

$$\mathbf{h} = \tfrac{1}{2}\,\mathbf{A}\,\mathbf{C}^{-1}\,\mathbf{p} + \mathbf{b}, \tag{5.7}$$

$$\mathbf{G} = \tfrac{1}{4}\,\mathbf{A}\,\mathbf{C}^{-1}\,\mathbf{A}' \tag{5.8}$$

gesetzt und die erste Gleichung mit -1 multipliziert wurde. Der Vektor $\mathbf{h}$ hat m Elemente. Die $(m \times m)$-Matrix $\mathbf{G}$ ist positiv definit, wenn $\mathbf{A}$ den vollen Zeilenrang m hat (was im allgemeinen nicht der Fall sein wird, weil $\mathbf{A}$ gewöhnlich mehr Zeilen als Spalten aufweist, zumindest wenn der zulässige Bereich beschränkt ist), andernfalls positiv semidefinit. Sie hat aber positive Diagonalelemente: $g_{jj} = \tfrac{1}{4}\,\mathbf{a}_j'\,\mathbf{C}^{-1}\,\mathbf{a}_j > 0$.

Die Bedingungen (5.6) sind, wie man sofort feststellt, die Kuhn-Tucker-Bedingungen des Problems

$$\min \{\varphi\,(\mathbf{u}) = \mathbf{h}'\,\mathbf{u} + \mathbf{u}'\,\mathbf{G}\,\mathbf{u} \mid \mathbf{u} \geqq \mathbf{0}\}. \tag{5.9}$$

Da die Kuhn-Tucker-Bedingungen für (5.1) wie für (5.9) notwendig und hinreichend sind, hat man damit den folgenden

Satz: $\hat{\mathbf{x}}$ löst (5.1) dann und nur dann, wenn $\hat{\mathbf{x}} = \mathbf{x}\,(\hat{\mathbf{u}})$ gemäß (5.5), wobei $\hat{\mathbf{u}}$ eine Lösung von (5.9) darstellt.

(5.9) ist im wesentlichen das zu (5.1) duale Programm, jetzt als Minimumaufgabe formuliert. Die Funktion $-\varphi$ entspricht bis auf eine additive Konstante der Zielfunktion aus (4.21′), wenn man dort mittels der Gleichungsrestriktionen $\mathbf{x}$ eliminiert.

2. Lösung des dualen Problems

Auf Grund unseres Satzes wissen wir, daß das duale Problem (5.9) lösbar ist, wenn das primäre (5.1) lösbar ist, und daß es genügt, eine Lösung $\hat{\mathbf{u}}$ des dualen Programms zu finden, um dann mittels (5.5) auch die Lösung $\hat{\mathbf{x}}$ des primären Programms zu erhalten. Wenn die Lösung von (5.9) nicht eindeutig ist, so ergeben natürlich alle $\hat{\mathbf{u}}$ das gleiche $\hat{\mathbf{x}}$.

Hildreth [1, 2] und d'Esopo [1] haben nun für die Minimierung der dualen Zielfunktion mit ihren sehr einfachen Nebenbedingungen eine Methode vorgeschlagen, die eine Abwandlung des Gauß-Seidelschen Iterationsverfahrens [1] zur Lösung linearer Gleichungssysteme darstellt. Das Verfahren startet mit einem beliebigen zulässigen Punkt $\mathbf{u}^0 \geqq \mathbf{0}$. Es ist sinnvoll, $\mathbf{u}^0 = \mathbf{0}$ zu wählen, da in der Schlußlösung doch ge-

____

1 Vgl. Zurmühl [1].

wisse der $\hat{u}_j$ den Wert Null haben. Die Komponenten des nächsten Iterationspunktes $\mathbf{u}^1$ werden der Reihe nach berechnet, und zwar erhält man sie, indem man $\varphi(\mathbf{u})$ der Reihe nach hinsichtlich jeder einzelnen Komponente u_i von $\mathbf{u}$ minimiert unter der Nebenbedingung $u_i \geqq 0$, wobei alle übrigen Komponenten den zuletzt festgesetzten Wert beibehalten. Genau so erhält man $\mathbf{u}^2$ aus $\mathbf{u}^1$ usw. Allgemein findet man $\mathbf{u}^{p+1}$ für $p = 0, 1, 2, \ldots$ durch die Relation

$$u_i^{p+1} = \max\{0, w_i^{p+1}\} \tag{5.10}$$

mit

$$w_i^{p+1} = -\frac{1}{g_{ii}}\left(\sum_{j=1}^{i-1} g_{ij} u_j^{p+1} + \frac{h_i}{2} + \sum_{j=i+1}^{m} g_{ij} u_j^p\right), \quad i = 1, 2, \ldots, m. \tag{5.11}$$

w_i^{p+1} ist derjenige Wert von u_i, den man erhält, wenn man die Ableitung

$$\frac{\partial \varphi}{\partial u_i} = 2\sum_{j=1}^{m} g_{ij} u_j + h_i$$

gleich Null setzt und für $j < i$ die bereits berechneten Werte u_j^{p+1} einsetzt, während man für $j > i$ noch die Werte u_j^p nimmt. Für diese festen Werte von $u_j, j \neq i$, nimmt $\varphi(\mathbf{u})$ in Abhängigkeit von u_i das Minimum unter der Nebenbedingung $u_i \geqq 0$ bei w_i^{p+1} an, falls dieser Wert positiv ist, andernfalls bei 0. Dieser Sachverhalt wird durch die Formel (5.10) wiedergegeben. w_i^{p+1} ist wegen $g_{ii} \neq 0$ immer eindeutig bestimmt. Offensichtlich ist

$$\varphi(\mathbf{u}^{p+1}) \leqq \varphi(\mathbf{u}^p). \tag{5.12}$$

Es gilt nun der Satz, daß die Folge $\varphi(\mathbf{u}^p)$ gegen den Minimalwert $\varphi^{min} = \varphi(\hat{\mathbf{u}})$ und die Folge $\mathbf{x}(\mathbf{u}^p)$ gegen $\hat{\mathbf{x}} = \mathbf{x}(\hat{\mathbf{u}})$ konvergiert. Der Beweis hierfür folgt im nächsten Abschnitt. Im allgemeinen kann man sogar erwarten, daß die Folge der $\mathbf{u}^p$ selber konvergiert, und zwar gegen irgendeine Lösung $\hat{\mathbf{u}}$ von (5.9). Das ist insbesondere der Fall, wenn $\mathbf{G}$ streng definit und damit $\hat{\mathbf{u}}$ eindeutig ist. Man wird also die Iterationen solange fortführen, bis sich entweder $\mathbf{u}^p$ oder $\varphi(\mathbf{u}^p)$ oder $\mathbf{x}(\mathbf{u}^p)$ im Rahmen der Rechengenauigkeit nicht mehr ändert.

Für diejenigen Variablen u_j, die in der Schlußlösung positiv sind — wir fassen sie zum Vektor $\mathbf{u}^+$ zusammen — vereinfachen sich die Bedingungen (5.6) wegen $y_j = 0$ zu

$$2\,\mathbf{G}^+ \mathbf{u}^+ + \mathbf{h}^+ = \mathbf{0}, \tag{5.13}$$

wobei $\mathbf{G}^+$ aus $\mathbf{G}$ dadurch hervorgeht, daß man die zu den in der Schlußlösung verschwindenden Variablen gehörenden Zeilen und Spalten streicht; analog $\mathbf{h}^+$ aus $\mathbf{h}$. Wenn sich nun nach einigen Iterationen vermuten läßt, welche Variablen positiv bleiben werden, so kann man untersuchen, ob das System (5.13) eine positive Lösung $\mathbf{u}^+$ aufweist. Ist das der Fall, so stellt die Lösung, zusammen mit $u_j = 0$ für diejenigen u_j, die nicht in $\mathbf{u}^+$ enthalten sind, bereits eine Lösung von (5.9) dar, und man ist am Ziel. Diese Abkürzung des Verfahrens ist besonders bei Berechnungen von Hand zu empfehlen.

3. Beweis der Konvergenz

Es bleibt noch zu zeigen, daß

$$\lim_{p \to \infty} \varphi\,(\mathbf{u}^p) = \varphi^{min}.$$

Wir schreiben symbolisch $\mathbf{u}^{p+1} = P\,(\mathbf{u}^p)$, wobei P dadurch definiert ist, daß man (5.10) und (5.11) der Reihe nach für $i = 1, 2, \ldots, m$ anwendet. Man überzeugt sich leicht, daß die Abbildung $P\,(\mathbf{u})$ stetig ist und daß analog zu (5.12) gilt:

$$\varphi\,[P\,(\mathbf{u})] \leqq \varphi\,(\mathbf{u})\,,$$

wobei sogar $\varphi\,[P\,(\mathbf{u})] = \varphi\,(\mathbf{u})$ (statt $< \varphi\,(\mathbf{u})$) dann und nur dann, wenn $\mathbf{u} = \hat{\mathbf{u}}$ ($\hat{\mathbf{u}}$ eine Lösung von (5.9)).

Der Bereich

$$\{\mathbf{u} \mid \mathbf{u} \geqq \mathbf{0}, \quad \varphi\,(\mathbf{u}) \leqq \varphi\,(\mathbf{u}^0)\}, \tag{5.14}$$

in dem alle $\mathbf{u}^p$ liegen, ist, wie wir am Schluß zeigen werden, beschränkt. Infolgedessen hat die Menge der $\mathbf{u}^p$ mindestens einen Häufungspunkt $\bar{\mathbf{u}}$. Da $\varphi\,(\mathbf{u})$ eine stetige Funktion ist, ist $\varphi\,(\bar{\mathbf{u}})$ Häufungspunkt der Folge $\varphi\,(\mathbf{u}^p)$. Da $P\,(\mathbf{u})$ eine stetige Funktion ist, ist $P\,(\bar{\mathbf{u}})$ Häufungspunkt von $P\,(\mathbf{u}^p)$, und damit ist auch $\varphi[P\,(\bar{\mathbf{u}})]$ Häufungspunkt der Folge $\varphi\,[P\,(\mathbf{u}^p)] = \varphi\,(\mathbf{u}^{p+1})$, das heißt aber wiederum der Folge $\varphi\,(\mathbf{u}^p)$. Da die Folge $\varphi\,(\mathbf{u}^p)$ monoton abnimmt, müssen die beiden Häufungspunkte gleich sein:

$$\varphi\,(\bar{\mathbf{u}}) = \varphi\,[P\,(\bar{\mathbf{u}})].$$

Hieraus folgt $\bar{\mathbf{u}} = \hat{\mathbf{u}}$, und da eine abnehmende Folge gegen ihren Häufungspunkt konvergiert, haben wir schließlich das behauptete Resultat, daß $\varphi\,(\mathbf{u}^p)$ gegen $\varphi\,(\hat{\mathbf{u}}) = \varphi^{min}$ konvergiert.

Wir müssen noch zeigen, daß der Bereich (5.14) beschränkt ist. Wäre dies nicht der Fall, so könnte man die Funktion $\varphi_\varepsilon\,(\mathbf{u}) = \varphi\,(\mathbf{u}) - \varepsilon \sum_{j=1}^{m} u_j$ (ε beliebig klein, aber positiv) unter den Nebenbedingungen $\mathbf{u} \geqq \mathbf{0}$ beliebig weit erniedrigen. $\varphi_\varepsilon\,(\mathbf{u})$ ist aber, wie man leicht nachprüft, die duale Zielfunktion zu dem modifizierten Primärprogramm, das entsteht, wenn man in (5.1) die Nebenbedingungen (5.2) durch (5.3) ersetzt. Auf Grund unserer Voraussetzung über den zulässigen Bereich von (5.1) hat auch das modifizierte Programm eine Lösung, und die duale Zielfunktion $\varphi_\varepsilon\,(\mathbf{u})$ muß daher über dem Bereich $\mathbf{u} \geqq \mathbf{0}$ beschränkt sein. Dieser Widerspruch macht die Argumentation vollständig.

Ganz entsprechend zeigt man, daß die Folge der $\mathbf{x}\,(\mathbf{u}^p)$, die in einem beschränkten Bereich liegt, nämlich dem Bild von (5.14) unter der linearen Transformation (5.5), gegen ihren einzigen Häufungspunkt $\hat{\mathbf{x}} = \mathbf{x}\,(\hat{\mathbf{u}})$ konvergiert.

4. Rechenschema und Beispiel

Das Schema für die Berechnung der u_i^p bzw. w_i^p mittels (5.11) ist denkbar einfach [1]. Es hat etwa für $m = 4$ die folgende Form:

$$
\begin{array}{cccc|c}
g_{11} & g_{12} & g_{13} & g_{14} & h_1/2 \\
g_{21} & g_{22} & g_{23} & g_{24} & h_2/2 \\
\boxed{g_{31} \quad g_{32} \quad g_{33} \quad g_{34} \quad h_3/2} \\
g_{41} & g_{42} & g_{43} & g_{44} & h_4/2
\end{array}
\Bigg\} \text{Koeffizienten-schema}
$$

$$
\begin{array}{l|cccc|c}
\text{Startpunkt} & u_1^0 = 0 & u_2^0 = 0 & u_3^0 = 0 & u_4^0 = 0 & 1 \\
1: & u_1^1 & u_2^1 & u_3^1 & u_4^1 & 1 \\
2: & u_1^2 & u_2^2 & u_3^2 & u_4^2 & 1 \\
 & \cdot & \cdot & \cdot & \cdot & \cdot \\
 & \cdot & \cdot & \cdot & \cdot & \cdot \\
 & \cdot & \cdot & \cdot & \cdot & \cdot \\
p-1: & u_1^{p-1} & u_2^{p-1} & u_3^{p-1} & \boxed{u_4^{p-1} \quad 1} \\
p: & \boxed{u_1^p \quad u_2^p} & & u_3^p & \cdot & \cdot \\
 & \cdot & \cdot & \cdot & \cdot & \cdot \\
 & \cdot & \cdot & \cdot & \cdot & \cdot
\end{array}
\Bigg\} \text{Iterations-tafel}
$$

Die Iterationstafel wird Schritt für Schritt zeilenweise ausgefüllt. Als Beispiel sind die für die Berechnung von u_3^p benötigten Größen eingerahmt: Man bildet für $j \neq 3$ die Produkte $u_j g_{3j}$, und zwar verwendet man für $j < 3$ die Größen u_j^p, für $j > 3$ dagegen die Größen u_j^{p-1}. Man addiert die Produkte, zusammen mit $h_3/2$, und dividiert durch das negative Diagonalelement über u_3^p, nämlich $-g_{33}$. Wenn das Resultat, w_3^p, positiv ist, so wird es als u_3^p eingetragen; andernfalls setzt man $u_3^p = 0$.

Das folgende einfache Beispiel rechnen wir zum Vergleich auch noch mit anderen Verfahren durch; für die vorliegende Methode ist es allerdings nicht sehr charakteristisch, da man die exakte Lösung bereits nach wenigen Iterationen erhält.

Vorgelegt sei die Aufgabe,

$$Q(\mathbf{x}) = \tfrac{1}{2} x_1^2 + \tfrac{1}{2} x_2^2 - x_1 - 2 x_2 \text{ zu minimieren}$$

unter den Nebenbedingungen

$$
\begin{aligned}
2 x_1 + 3 x_2 &\leqq 6 \\
x_1 + 4 x_2 &\leqq 5 \\
x_1 &\geqq 0 \\
x_2 &\geqq 0 .
\end{aligned}
$$

In der Schreibweise von (5.1) ist

$$
\mathbf{x} = \left\| \begin{array}{c} x_1 \\ x_2 \end{array} \right\|, \quad
\mathbf{p} = \left\| \begin{array}{c} -1 \\ -2 \end{array} \right\|, \quad
\mathbf{C} = \left\| \begin{array}{cc} 1/2 & 0 \\ 0 & 1/2 \end{array} \right\|,
$$

$$
\mathbf{A} = \left\| \begin{array}{cc} 2 & 3 \\ 1 & 4 \\ -1 & 0 \\ 0 & -1 \end{array} \right\|, \quad
\mathbf{b} = \left\| \begin{array}{c} 6 \\ 5 \\ 0 \\ 0 \end{array} \right\| .
$$

---

1 Vgl. Zurmühl l. c.

Man berechnet zuerst $\mathbf{C}^{-1} = \left\|\begin{matrix} 2 & 0 \\ 0 & 2 \end{matrix}\right\|$

und hierauf

$$\mathbf{h} = \tfrac{1}{2}\,\mathbf{A}\,\mathbf{C}^{-1}\,\mathbf{p} + \mathbf{b}$$

$$\mathbf{G} = \tfrac{1}{4}\,\mathbf{A}\,\mathbf{C}^{-1}\mathbf{A}'.$$

Es ergibt sich

$$\mathbf{h} = \left\|\begin{matrix} -2 \\ -4 \\ 1 \\ 2 \end{matrix}\right\|, \qquad \mathbf{G} = \left\|\begin{matrix} 13/2 & 7 & -1 & -3/2 \\ 7 & 17/2 & -1/2 & -2 \\ -1 & -1/2 & 1/2 & 0 \\ -3/2 & -2 & 0 & 1/2 \end{matrix}\right\|.$$

Mit $\mathbf{G}$ und $\mathbf{h}$ haben wir im wesentlichen das Koeffizientenschema für die routinemäßige Berechnung der Iterationspunkte $u^p = \| u_1^p, u_2^p, u_3^p, u_4^p \|'$. Zum besseren Verständnis geben wir jedoch auch noch die explizite Bildungsvorschrift gemäß (5.10) und (5.11):

$$u_1^p = \max \{0, -\tfrac{2}{13}(\qquad\qquad\qquad -1 + 7\,u_2^{p-1} - 1\,u_3^{p-1} - \tfrac{3}{2}\,u_4^{p-1})\}$$
$$u_2^p = \max \{0, -\tfrac{2}{17}(\quad 7\,u_1^p \qquad\qquad -2 \qquad -\tfrac{1}{2}\,u_3^{p-1} - 2\,u_4^{p-1})\}$$
$$u_3^p = \max \{0, -2\ (-1\,u_1^p - \tfrac{1}{2}\,u_2^p \quad\cdot\quad + \tfrac{1}{2} \qquad\qquad + 0\,u_4^{p-1})\}$$
$$u_4^p = \max \{0, -2\ (-\tfrac{3}{2}\,u_1^p - 2\,u_2^p + 0\,u_3^p + 1 \qquad\qquad\qquad)\}.$$

Startet man mit

$$u_1^0 = 0, \quad u_2^0 = 0, \quad u_3^0 = 0, \quad u_4^0 = 0,$$

so lautet die Folge der Iterationspunkte:

    1. Iteration: $u_1^1 = 0.15$, $u_2^1 = 0.11$, $u_3^1 = 0$, $u_4^1 = 0$.
    2. Iteration: $u_1^2 = 0.04$, $u_2^2 = 0.20$, $u_3^2 = 0$, $u_4^2 = 0$.

Falls u_1 und u_2 positiv bleiben würden, so könnte man das Iterationsverfahren hier abbrechen und $\hat{u}_1, \hat{u}_2$ direkt berechnen aus

$$2\,\mathbf{G}^+\,\mathbf{u}^+ + \mathbf{h}^+ = 0,$$

wobei $\qquad \mathbf{u}^+ = \left\|\begin{matrix} u_1 \\ u_2 \end{matrix}\right\|, \quad \mathbf{G}^+ = \left\|\begin{matrix} 13/2 & 7 \\ 7 & 13/2 \end{matrix}\right\|, \quad \mathbf{h}^+ = \left\|\begin{matrix} -2 \\ -4 \end{matrix}\right\|.$

Man erhält $u_1 = -22/25$, $u_2 = 24/25$.
Wegen des negativen Wertes muß die Iteration fortgesetzt werden.

    3. Iteration: $u_1^3 = 0$, $u_2^3 = 4/17$, $u_3^3 = 0$, $u_4^3 = 0$.

Diese Werte ändern sich nicht mehr; man ist bei der exakten Lösung angelangt:
$\hat{\mathbf{u}} = \| 0, 4/17, 0, 0 \|'$.

Die Lösung des primären Programms erhält man mittels

$$\hat{x} = -\tfrac{1}{2}\, C^{-1}(A'\,\hat{u} + p)$$

zu

$$\hat{x}_1 = 13/17, \quad \hat{x}_2 = 18/17; \quad Q(\hat{x}) = -69/34.$$

Der Leser möge sich klarmachen, wie sich der Verlauf des Verfahrens ändert, wenn man statt $u^0 = 0$ einen anderen Startpunkt wählt oder wenn man die Reihenfolge bei der Berechnung der Komponenten von u^p abändert.

Gelegentliche Rechenfehler während des Iterationsverfahrens sind nicht sehr kritisch; sie erhöhen schlimmstenfalls die Anzahl der benötigten Iterationen.

Sechstes Kapitel

Das Verfahren von Beale

1. Einleitung

Ein sehr anschauliches Verfahren, das sich besonders gut für Berechnungen von Hand eignet, aber auch leicht für Rechenautomaten zu programmieren ist, stammt von Beale [2, 3]. Das Verfahren stellt eine Erweiterung des Simplex-Verfahrens der linearen Programmierung dar. (Vgl. Kapitel II, Abschnitt 4.)

Die Aufgabe bestehe wiederum darin, eine konvexe quadratische Funktion

$$Q(x_1, x_2, \ldots, x_n) = Q(\mathbf{x}) \text{ zu minimieren}$$

unter den Nebenbedingungen (Problem II)

$$\mathbf{A}\,\mathbf{x} = \mathbf{b} \tag{6.1}$$

$$\mathbf{x} \geqq \mathbf{0}. \tag{6.2}$$

$\mathbf{A}$ ist hierbei eine $(m \times n)$-Matrix, $m < n$. Falls es überhaupt zulässige Punkte gibt, die (6.1) und (6.2) genügen, so gibt es, wie aus der Theorie des Simplex-Verfahrens bekannt ist, auch solche zulässige Punkte, die Basislösungen, bei denen mindestens $n - m$ Variable verschwinden. Die übrigen m Variablen, die Basisvariablen, sind dann positiv, falls keine Degeneration vorliegt. Wir wollen zunächst diese Annahme machen.

2. Theorie des Verfahrens

Das Verfahren von Beale startet mit irgendeiner zulässigen Basislösung des Systems (6.1), (6.2) als erstem Versuchspunkt. Lösen wir (6.1) nach den Basisvariablen dieses Punktes auf, es seien der Bequemlichkeit halber die ersten der x_i, so erhält man

$$x_g = d_{g0}^1 + \sum_{h=1}^{n-m} d_{gh}^1 z_h, \qquad g = 1, 2, \ldots, m, \tag{6.3}$$

mit $z_h = x_{m+h}$. Gleichung (6.3) ist identisch mit (2.30).

Die Basisvariablen haben am ersten Versuchspunkt den Wert $d_{g0}^1 > 0$. Wir nennen die Variablen auf der rechten Seite von (6.3) *unabhängige* oder, mit Bezug auf den Versuchspunkt, *verschwindende Variable*. Die Variablen der linken Seite nennen wir *abhängige Variable* oder *Basisvariable*.

Mittels (6.3) kann man aus der Definition von Q die abhängigen Variablen eliminieren und Q als Funktion der unabhängigen Variablen allein ausdrücken. Aus praktischen Gründen schreiben wir dies in der Form:

$$Q(x_1, x_2, \ldots, x_n) = Q^1(z_1, \ldots, z_{n-m})$$

$$= c_{00}^1 + 2 \sum_{i=1}^{n-m} c_{0i}^1 z_i + \sum_{h=1}^{n-m} \sum_{i=1}^{n-m} c_{hi}^1 z_i z_h$$

$$= \left(c_{00}^1 + \sum_{i=1}^{n-m} c_{0i}^1 z_i \right) \cdot 1$$

$$+ \sum_{h=1}^{n-m} \left(c_{h0}^1 + \sum_{i=1}^{n-m} c_{hi}^1 z_i \right) z_h$$

$$\begin{aligned}
= \;\; & (c_{00}^1 + c_{01}^1 z_1 + \ldots + c_{0,n-m}^1 z_{n-m}) \cdot 1 \\
& + (c_{10}^1 + c_{11}^1 z_1 + \ldots + c_{1,n-m}^1 z_{n-m}) \, z_1 \\
& \;\;\vdots \\
& + (c_{h0}^1 + c_{h1}^1 z_1 + \ldots + c_{h,n-m}^1 z_{n-m}) \, z_h \\
& \;\;\vdots \\
& + (c_{n-m,0}^1 + c_{n-m,1}^1 z_1 + \ldots + c_{n-m,n-m}^1 z_{n-m}) \, z_{n-m},
\end{aligned}$$

$\hfill (6.4)$

wobei

$$c_{ih}^1 = c_{hi}^1 \quad \text{für} \quad h, i = 0, 1, \ldots, n - m.$$

In dieser Schreibweise ist $\frac{1}{2} \dfrac{\partial Q^1}{\partial z_h}$ gleich dem Ausdruck in der Klammer bei z_h. Speziell am Versuchspunkt ist

$$\frac{1}{2} \frac{\partial Q^1}{\partial z_h} = c_{h0}^1.$$

Der Wert von Q am Versuchspunkt ist gleich dem absoluten Glied c_{00}^1.

In der obigen Darstellung haben nun die Kuhn-Tucker-Bedingungen eine sehr einfache Form: Falls alle $\dfrac{\partial Q^1}{\partial z_h} \geqq 0$ sind, so stellt der Versuchspunkt bereits die Lösung dar; jede Erhöhung einer einzelnen unabhängigen Variablen (erniedrigt kann sie ja wegen der Vorzeichenbeschränkung nicht werden) würde den Wert von Q höchstens erhöhen, und weil Q konvex ist, kann dann auch eine Erhöhung mehrerer unabhängiger Variablen zugleich den Funktionswert nicht weiter erniedrigen. Falls aber für gewisse Variable z_h gilt

$$\frac{\partial Q^1}{\partial z_h} < 0 \quad \text{d. h.} \quad c_{h0}^1 < 0,$$

so kann man den Q-Wert noch erniedrigen, indem man eines dieser z_h positiv werden läßt. Der Einfachheit halber sei es z_1; die übrigen unabhängigen Variablen werden wie bisher gleich Null gesetzt.

Mit z_1 variieren auch die Werte der abhängigen Variablen. Das Vorgehen ist zunächst das gleiche wie beim Simplex-Verfahren. Man nimmt eine Variable, die vorher den Wert 0 hatte, in die Basis und erniedrigt damit die Zielfunktion. Beim Simplex-Verfahren ist jedoch die Ableitung α_h der Zielfunktion konstant. Die größte Erniedrigung der Zielfunktion, die durch Variation dieser einen Variablen möglich ist (hier also durch z_1), erreicht man, wenn man die Variable so lange anwachsen läßt, bis eine der abhängigen, vorher positiven Basisvariablen den Wert 0 erreicht und eine weitere Erhöhung nicht mehr möglich ist, weil sonst eine Nebenbedingung verletzt würde.

Bei einer quadratischen Zielfunktion kann die Ableitung $\dfrac{\partial Q^1}{\partial z_1}$ verschwinden, bevor eine der abhängigen Variablen den Rand des zulässigen Bereiches erreicht hat. Es wäre sinnlos, z_1 dann noch weiter zu erhöhen, weil ja der Q-Wert wieder anwachsen würde.

Nehmen wir zunächst an, daß dieser Fall nicht eintritt, daß also eine abhängige Variable, etwa x_1, verschwindet, bevor $\dfrac{\partial Q^1}{\partial z_1}$ gleich 0 wird. Man wählt dann als zweiten Versuchspunkt denjenigen Punkt des Strahles

$$z_1 = \lambda > 0, \quad z_2 = 0, \ldots, z_{n-m} = 0,$$

bei dem x_1 verschwindet. Am zweiten Versuchspunkt verschwinden also die Variablen x_1 und $z_2, z_3, \ldots, z_{n-m}$. Dies sind die unabhängigen Variablen. Die Werte der übrigen Variablen z_1 und $x_2, x_3, \ldots, x_m$, der abhängigen Variablen des zweiten Versuchspunktes, sind dadurch festgelegt. Man verwendet die Gleichung für x_1 in (6.3), um die nunmehr abhängige Variable z_1 als Funktion der am zweiten Versuchspunkt verschwindenden Variablen darzustellen:

$$z_1 = -\frac{d_{10}^1}{d_{11}^1} + \frac{1}{d_{11}^1} x_1 - \sum_{h=2}^{n-m} \frac{d_{1h}^1}{d_{11}^1} z_h = d_{10}^2 + d_{11}^2 x_1 + \sum_{h=2}^{n-m} d_{1h}^2 z_h. \tag{6.5}$$

Mit dieser Gleichung eliminiert man aus den übrigen Gleichungen von (6.3) die Variable z_1, und erhält so, zusammen mit (6.5) ein neues System

$$x_g = d_{g0}^2 + d_{g1}^2 x_1 + \sum_{h=2}^{n-m} d_{gh}^2 z_h, \quad g = 2, 3, \ldots, m, m+1, \tag{6.3'}$$

das die Basisvariablen des zweiten Versuchspunktes in Abhängigkeit von den verschwindenden Variablen gibt. (Hierbei ist wieder $z_1 = x_{m+1}$ gesetzt.)

Die Transformation des Systems (6.3) und (6.3') ist dieselbe wie beim Simplex-Verfahren. Schließlich drückt man noch Q mittels (6.5) durch die neuen unabhängigen Variablen aus (eine zweckmäßige Transformationsregel wird später gegeben):

$$
\begin{aligned}
Q^2 = \quad & \left(c_{00}^2 + c_{01}^2 x_1 + \sum_{i=2}^{n-m} c_{0i} z_i \right) \cdot 1 \\[2mm]
+ \quad & \left(c_{10}^2 + c_{11}^2 x_1 + \sum_{i=2}^{n-m} c_{1i} z_i \right) x_1 \\[2mm]
+ \sum_{h=2}^{n-m} & \left(c_{h0}^2 + c_{h1}^2 x_1 + \sum_{i=2}^{n-m} c_{hi} z_i \right) z_h.
\end{aligned}
\tag{6.6}
$$

Damit hat man am zweiten Versuchspunkt wieder den gleichen Sachverhalt wie am ersten. Lediglich die Variablen z_1 und x_1 haben ihre Plätze getauscht.

Wenden wir uns nun der zweiten Möglichkeit zu, daß $\dfrac{\partial Q^1}{\partial z_1}$ noch innerhalb des zulässigen Bereiches verschwindet. In diesem Falle führen wir eine neue, *nicht vorzeichenbeschränkte* Variable ein, nämlich

$$u_1 = \frac{1}{2}\frac{\partial Q^1}{\partial z_1},$$

die zum Unterschied von den eigentlichen, nicht-negativen Variablen x_i auch uneigentliche oder *freie Variable* genannt wird. Auf Grund ihrer Definition ist diese Variable mit den bisherigen unabhängigen Variablen durch die lineare Gleichung

$$u_1 = c^1_{10} + \sum_{h=1}^{n-m} c^1_{1h}\, z_h = \frac{1}{2}\frac{\partial Q^1}{\partial z_1} \tag{6.7}$$

verknüpft. Der Index 1 bei u_1 zeigt an, daß dies die erste freie Variable ist, die wir einführen; er hat somit nichts mit dem Index von z_1 zu tun.

Als zweiten Versuchspunkt wählen wir nun den Punkt, an dem u_1 verschwindet, zusammen mit den bisherigen unabhängigen Variablen, außer derjenigen, die wir in die Basis genommen haben, also z_1. Die unabhängigen Variablen des zweiten Versuchspunktes sind also $u_1, z_2, \ldots, z_{n-m}$.

Auf Grund von (6.7) können wir die nunmehr positive, abhängige Variable z_1 mit Hilfe dieser unabhängigen Variablen darstellen. Man erhält analog zu (6.5):

$$z_1 = -\frac{c^1_{10}}{c^1_{11}} + \frac{1}{c^1_{11}}\,u_1 - \sum_{h=2}^{n-m}\frac{c^1_{1h}}{c^1_{11}}\,z_h = d^2_{10} + d^2_{11}\,u_1 + \sum_{h=2}^{n-m} d^2_{1h}\,z_h. \tag{6.8}$$

Verwendet man diese Gleichung, um in (6.3) z_1 zu eliminieren, so erhält man, zusammen mit (6.8), ein neues System:

$$x_g = d^2_{g0} + d^2_{g1}\,u_1 + \sum_{h=2}^{n-m} d^2_{gh}\,z_h, \qquad g = 1, 2, \ldots, m, m+1. \tag{6.3''}$$

Schließlich können wir über (6.8) auch noch Q als Funktion der neuen unabhängigen Variablen darstellen. Das ergibt den gleichen Ausdruck wie in (6.6), nur mit u_1 statt x_1.

Wie man sieht, haben wir in (6.3'') gegenüber dem ersten Fall (6.3') jetzt noch eine Gleichung mehr, die von der Einführung der freien Variablen herrührt, und wir haben damit eine Basisvariable mehr, da wir ja eine eigentliche Variable $z_1 = x_{m+1}$, die vorher 0 war, in die Basis genommen haben, ohne daß dafür eine der früheren Basisvariablen verschwunden wäre.

Den so erhaltenen zweiten Versuchspunkt können wir nun mit $z_1^2 = x_1$ im Fall 1, $z_1^2 = u_1$ im Fall 2 wieder gleich behandeln wie vorher den ersten Versuchspunkt, jedoch mit einer wesentlichen Änderung für den eben besprochenen zweiten Fall, wo man eine freie Variable einführt: Für die freie Variable lautet die Kuhn-Tucker-Bedingung $\dfrac{\partial Q^2}{\partial u_1} = 0$. Weil u_1 nicht vorzeichenbeschränkt ist, kann man den Q-Wert durch eine zulässige Variation von u_1 erniedrigen, wenn bloß die Ableitung der

Zielfunktion nach der freien Variablen nicht verschwindet (die Ableitung nach einer eigentlichen Variablen müßte negativ sein, wenn man Q durch eine zulässige Variation dieser eigentlichen, unabhängigen Variablen erniedrigen wollte). Wenn die Ableitung der Zielfunktion nach der freien Variablen positiv ist, so läßt man beim Übergang zum nächsten Versuchspunkt die freie Variable eben negativ werden. Das aber gibt Anlaß zu einer weiteren Bemerkung: Falls eine freie Variable einmal positiv oder negativ und damit abhängig geworden ist, so braucht man sie nicht mehr zu berücksichtigen, sobald man sie aus den Gleichungen für die Basisvariablen und für Q eliminiert hat. Die Gleichungen für die abhängigen Variablen dienen ja dem Zweck, diese Variablen bei einer Variation der unabhängigen Variablen zu kontrollieren und zu verhindern, daß sie negativ werden. Bei einer freien Variablen, die nicht vorzeichenbeschränkt ist und deren Wert in der Endlösung nicht interessiert, erübrigt sich eine derartige Kontrolle. Jedenfalls befinden sich, wenn man alle Substitutionen durchgeführt hat, immer nur eigentliche Variable in der Basis. Schließlich benötigen wir noch eine Zusatzregel, die später beim Beweis für die Endlichkeit des Verfahrens Verwendung findet.

Zusatzregel: Wenn immer möglich, sollen zuerst die freien Variablen beim Übergang zum nächsten Versuchspunkt variiert werden. Nur wenn die Ableitung von Q nach allen freien Variablen verschwindet, eine Verminderung von Q auf diese Art also nicht möglich ist, dann darf eine eigentliche unabhängige Variable in die Basis genommen werden.

Nach diesen einleitenden Bemerkungen können wir nun einen allgemeinen Schritt des Verfahrens beschreiben:

Man habe am k-ten Versuchspunkt Q dargestellt als Funktion von $(n-m)$ am Versuchspunkt verschwindenden, unabhängigen Variablen, wir nennen sie z_1^k, z_2^k, $\ldots, z_{n-m}^k$:

$$
\begin{aligned}
Q\,(\mathbf{x}) = \quad & Q^k\,(z_1^k, \ldots, z_{n-m}^k) \\[2mm]
= \quad & \left(c_{00}^k + \sum_{i=1}^{n-m} c_{0i} z_i^k \right) \cdot 1 \\[2mm]
& + \sum_{h=1}^{n-m} \left(c_{h0}^k + \sum_{i=1}^{n-m} c_{hi}^k z_i^k \right) z_h^k
\end{aligned}
\tag{6.9}
$$

($c_{hi}^k = c_{ih}^k$ für $i,\ h = 0, 1, \ldots, n-m$; $\quad c_{hh} \geqq 0$ für $h = 1, \ldots, n-m$ wegen der Konvexität von Q).

Von den z_h^k mögen deren s gewissen freien, im vorangehenden Verlauf des Verfahrens eingeführten, nicht vorzeichenbeschränkten Variablen u_j entsprechen, $(n-m-s)$ mögen gewissen eigentlichen Variablen entsprechen und damit vorzeichenbeschränkt sein. Die noch verbleibenden $(m+s)$ eigentlichen Variablen x_{v_g}, die am Versuchspunkt mit positiven Werten in der Basis sind, hängen linear von den unabhängigen Variablen ab gemäß:

$$
x_{v_g} = d_{g0}^k + \sum_{h=1}^{n-m} d_{gh}^k z_h^k, \qquad g = 1, 2, \ldots, m+s
\tag{6.10}
$$

Die Kuhn-Tucker-Kriterien dafür, daß der k-te Versuchspunkt das Minimum von Q liefert, lauten

$$\frac{\partial Q^k}{\partial z_h^k} \geqq 0 \text{ für alle vorzeichenbeschränkten } z_h^k,$$

$$\frac{\partial Q^k}{\partial z_h^k} = 0 \text{ für alle freien } z_h^k.$$
(6.11)

Falls (6.11) nicht erfüllt ist, so können wir einen neuen Versuchspunkt mit niedrigerem Q-Wert konstruieren, bei dem wieder alle z-Variable bis auf eine, etwa z_p^k, verschwinden. z_p^k wird dabei durch eine andere verschwindende Variable ersetzt, nämlich durch eine der bisherigen Basisvariablen oder durch eine neu einzuführende freie Variable, die der Ableitung $\frac{1}{2}\frac{\partial Q^k}{\partial z_p^k}$ entspricht. Im einzelnen wickelt sich der Übergang zum nächsten Versuchspunkt folgendermaßen ab:

Es sei z_p^k eine Variable, die Bedingung (6.11) verletzt, also

$$\frac{1}{2}\frac{\partial Q^k}{\partial z_p^k} = c_{p0}^k < 0 \text{ [oder } c_{p0}^k > 0 \text{ und } z_p^k \text{ ist freie Variable].}$$

Falls sich unter den Variablen, die (6.11) verletzten, auch eine freie Variable befindet, so müssen wir auf Grund der Zusatzregel eine freie Variable als Austauschvariable z_p^k herausgreifen.

Wir lassen nun z_p^k positiv [negativ] werden. Damit variieren auch die abhängigen Variablen und $\frac{\partial Q^k}{\partial z_p^k}$. Wenn man z_p^k beliebig erhöhen [erniedrigen] kann, ohne daß eine der abhängigen Variablen 0 wird oder $\frac{\partial Q^k}{\partial z_p^k}$ verschwindet (Bedingung hierfür ist $d_{gp}^k \geqq 0$ [bzw. $d_{gp}^k \leqq 0$] für alle g und $c_{pp}^k = 0$), so haben wir einen Strahl gefunden, längs dessen Q beliebig tiefe Werte annehmen kann, und das Programm hat keine Lösung. Andernfalls ergeben sich zwei Möglichkeiten.

Fall 1: Es ist $c_{pp}^k = 0$ oder

$$\frac{|c_{p0}^k|}{c_{pp}^k} \geqq \min\left\{\frac{d_{g0}^k}{|d_{gp}^k|}\ \middle|\ d_{gp}^k < 0\right\}.$$

[Wenn $c_{p0}^k > 0$ ist, z_p^k also erniedrigt wird, so ist das Minimum über diejenigen g mit $d_{gp}^k > 0$ zu nehmen.]

In diesem Falle verschwindet $\frac{\partial Q^k}{\partial z_p^k}$ nicht im Inneren des zulässigen Bereiches. Das Minimum auf der rechten Seite für $d_{gp}^k < 0$ [bzw. $d_{gp}^k > 0$] werde angenommen für $g = q$. Dann verschwindet am nächsten Versuchspunkt die bisherige Basisvariable x_{v_q}, zusammen mit allen z_h^k ($h \neq p$). Löst man die Gleichung für x_{v_q} in (6.10) nach z_p^k auf, so ergibt sich

$$z_p^k = -\frac{d_{g0}^k}{d_{qp}^k} + \frac{1}{d_{qp}^k} x_{v_q} - \sum_{h \neq p}\frac{d_{qh}^k}{d_{qp}^k} z_h^k.$$

Fall 2: $\dfrac{\partial Q^k}{\partial z_p^k}$ verschwindet, bevor eine der abhängigen Variablen den Rand des zulässigen Intervalles erreicht hat. Bedingung hierfür ist $c_{pp}^k > 0$ und

$$\frac{|c_{p0}^k|}{c_{pp}^k} < \min\left\{ \frac{d_{g0}^k}{|d_{gp}^k|} \;\middle|\; d_{gp}^k < 0 \,[d_{gp}^k > 0] \right\}.$$

Wir führen in diesem Falle eine neue freie Variable u_r ein (r zeigt an, die wievielte freie Variable im Verlaufe des Verfahrens dies ist) gemäß:

$$u_r = \frac{1}{2}\frac{\partial Q^k}{\partial z_p^k} = c_{p0}^k + \sum_{h=1}^{n-m} c_{ph}^k z_h^k.$$

Löst man hier nach z_p^k auf, so ergibt sich

$$z_p^k = -\frac{c_{p0}^k}{c_{pp}^k} + \frac{1}{c_{pp}^k} u_r - \sum_{h \neq p} \frac{c_{ph}^k}{c_{pp}^k} z_h^k.$$

Die Variable u_r verschwindet am $(k+1)$-ten Versuchspunkt zusammen mit allen $z_h^k\,(h \neq p)$ und ersetzt z_p^k als unabhängige Variable.

Setzt man im Fall 1

$$z_p^{k+1} = x_{v_q}$$

und im Fall 2

$$z_p^{k+1} = u_r$$

und weiter

$$z_h^{k+1} = z_h^k \quad \text{für} \quad h \neq p,$$

so erhält man als Gleichung für die Variable z_p^k, die am neuen Versuchspunkt nicht mehr verschwindet, in Abhängigkeit von den verschwindenden, unabhängigen Variablen $z_1^{k+1}, \ldots, z_{n-m}^{k+1}$:

$$z_p^k = e_0 + \sum_{h=1}^{n-m} e_h z_h^{k+1} \text{ mit} \tag{6.12}$$

$$\left.\begin{aligned}
e_h &= -\frac{d_{qh}^k}{d_{qp}^k} \quad \text{für} \quad h \neq p \\[2mm]
e_p &= \frac{1}{d_{qp}^k}
\end{aligned}\right\} \quad \begin{aligned}&\text{falls } z_p^{k+1}\\ &\text{eine eigentliche Variable}\\ &x_{v_q}\text{ ist (Fall 1)}\end{aligned} \tag{6.12a}$$

$$\left.\begin{aligned}
e_h &= -\frac{c_{ph}^k}{c_{pp}^k} \quad \text{für} \quad h \neq p \\[2mm]
e_p &= \frac{1}{c_{pp}^k}
\end{aligned}\right\} \quad \begin{aligned}&\text{falls } z_p^{k+1}\\ &\text{eine freie Variable}\\ &u_r\text{ ist (Fall 2).}\end{aligned} \tag{6.12b}$$

Man geht nun mit der Gleichung für z_p^k in den Ausdruck für Q^k, um auch Q als Funktion der neuen unabhängigen Variablen darzustellen. Dabei führt man die Substitution am besten in zwei Schritten durch, zuerst innerhalb der Klammern (mit $z_h^{k+1} = z_h^k$ für $h \neq p$). Das gibt:

$$Q^k = \left(\bar{c}_{00} + \sum_{i=1}^{n-m} \bar{c}_{0i} z_i^{k+1} \right) \cdot 1 + \sum_{h=1}^{n-m} \left(\bar{c}_{h0} + \sum_{i=1}^{n-m} \bar{c}_{hi} z_i^{k+1} \right) z_h^k,$$

wobei

$$\bar{c}_{hi} = c_{hi}^k + c_{hp}^k e_i; \qquad h, i = 0, 1, \ldots, n-m; \qquad i \neq p,$$
$$\bar{c}_{hp} = c_{hp}^k e_p. \tag{6.13}$$

Wendet man (6.12) nochmals an, so ergibt sich schließlich

$$Q^k = \left(\bar{c}_{00} + \sum_{i=1}^{n-m} \bar{c}_{0i} z_i^{k+1}\right) \cdot 1 + \sum_{\substack{h=1 \\ h \neq p}}^{n-m} \left(\bar{c}_{h0} + \sum_{i=1}^{n-m} \bar{c}_{hi} z_i^{k+1}\right) z_h^{k+1}$$

$$+ \left(\bar{c}_{p0} + \sum_{i=1}^{n-m} \bar{c}_{pi} z_i^{k+1}\right) \left(e_0 + \sum_{h=1}^{n-m} e_h z_i^{k+1}\right)$$

$$= \left(c_{00}^{k+1} + \sum_{i=1}^{n-m} c_{0i}^{k+1} z_i^{k+1}\right) \cdot 1 + \sum_{h=1}^{n-m} \left(c_{h0}^{k+1} + \sum_{i=1}^{n-m} c_{hi}^{k+1} z_i^{k+1}\right) z_h^{k+1}$$

$$= Q^{k+1} (z_1^{k+1}, \ldots, z_{n-m}^{k+1}),$$

wobei

$$c_{hi}^{k+1} = \bar{c}_{hi} + \bar{c}_{pi} e_h; \qquad h, i = 0, 1, \ldots, n-m; \qquad h \neq p,$$
$$c_{pi}^{k+1} = \bar{c}_{pi} e_p, \tag{6.14}$$

oder, wenn man (6.13) benützt:

$$\begin{aligned}
c_{hi}^{k+1} &= c_{hi}^k + c_{hp}^k e_i + c_{pi}^k e_h + c_{pp}^k e_i e_h; \quad i \neq p, \ h \neq p \\
c_{hp}^{k+1} &= c_{hp}^k e_p + c_{pp}^k e_h e_p && h \neq p \\
c_{pi}^{k+1} &= c_{pi}^k e_p + c_{pp}^k e_p e_i && i \neq p \\
c_{pp}^{k+1} &= c_{pp}^k e_p e_p.
\end{aligned} \tag{6.15}$$

Die Matrix der c_{hi}^{k+1} ist wieder symmetrisch.

Nun muß man noch die Nebenbedingungen transformieren. Man setzt dazu (6.12) in (6.10) ein und erhält

$$\begin{aligned}
x_{v_g} &= d_{g0}^{k+1} + \sum_{h=1}^{n-m} d_{gh}^{k+1} z_h^{k+1}, \\
d_{gh}^{k+1} &= d_{gh}^k + d_{gp}^k e_h \quad \text{für} \quad h \neq p, \\
d_{gp}^{k+1} &= d_{gp}^k e_p,
\end{aligned} \tag{6.16}$$

und zwar für $g = 1, \ldots, m+s$, falls z_p^{k+1} eine freie Variable ist, weil dann beim Übergang keine der eigentlichen Variablen aus der Basis verschwand, für $g = 1, \ldots, m+s, \ g \neq q$, falls z_p^{k+1} eine der bisherigen Basisvariablen darstellt, und zwar x_{v_q}. Falls z_p^k eine freie Variable war, so benötigen wir nach diesen Substitutionen die Gleichung (6.12) nicht mehr. Falls z_p^k eine eigentliche Variable war, etwa $x_{v_{m+s+1}}$, so fügen wir (6.12) zum System (6.16) hinzu. Damit haben wir dann wieder den gleichen Sachverhalt wie am k-ten Versuchspunkt, und wir können eine neue Runde des Verfahrens beginnen.

Der Optimalpunkt wird nach endlich vielen Schritten erreicht. Für den Beweis der Endlichkeit benötigen wir zwei Hilfssätze, die sich unmittelbar aus (6.15) und (6.12 b) ablesen lassen.

Hilfssatz 1: Wenn die neue unabhängige Variable z_p^{k+1} eine freie Variable ist, dann ist

$$c_{hp}^{k+1} = c_{pi}^{k+1} = 0 \quad \text{für} \quad h \neq p, i \neq p.$$

Hilfssatz 2: Wenn für ein bestimmtes i gilt:

$$c_{hi}^k = c_{ih}^k = 0 \quad \text{für alle} \quad h \neq i,$$

und wenn

z_p^{k+1} eine freie Variable ist, dann ist
$$c_{hi}^{k+1} = c_{ih}^{k+1} = 0 \quad \text{für alle} \quad h \neq i.$$

Wir sagen nun, die Matrix c_{hi}^k befinde sich in der Normalform, wenn

$$c_{0h}^k = c_{h0}^k = 0$$

für alle freien Variablen z_h^k.

Wenn die Matrix c_{hi}^k sich in der Normalform befindet, so enthält Q keinen linearen Term in einer freien Variablen, und man kann den Wert von Q nicht weiter verringern, ohne eines der beschränkten z_h^k, also eine der eigentlichen unabhängigen Variablen, positiv werden zu lassen. Da nun der Wert von Q (falls Degeneration ausgeschlossen wird) bei jedem Iterationsschritt abnimmt, kann nicht zweimal im Verlaufe des Verfahrens eine Normalform mit derselben Kombination von eigentlichen unabhängigen Variablen auftreten, auch nicht in einer veränderten Kombination von freien unabhängigen Variablen. Da es nur endlich viele Kombinationen von eigentlichen Variablen gibt, bricht das Verfahren jedenfalls dann nach endlich vielen Schritten ab, wenn sichergestellt ist, daß man nach endlich vielen Schritten stets wieder zu einer Matrix c_{hi}^k kommt, die Normalform aufweist. Wir zeigen nun, daß letzteres tatsächlich der Fall ist.

Unsere Zusatzregel bewirkt, daß eine freie Variable abhängig wird, wenn c_{hi}^k sich nicht in der Normalform befindet. Die Anzahl s der freien Variablen unter den unabhängigen z_h kann also nicht zunehmen. Wenn die neue unabhängige Variable z_p^{k+1} eine freie Variable ist, so ist auf Grund von Hilfssatz 1 von den zu z_p^{k+1} gehörigen Elementen der Matrix c_{hi}^{k+1} nur das Diagonalelement von 0 verschieden (man verifiziert dies leicht an den Beispielen des nächsten Abschnitts), und Hilfssatz 2 zeigt, daß dies mindestens solange der Fall bleibt, bis eine eigentliche Variable unabhängig wird, wobei die Anzahl s der freien Variablen unter den z_h abnimmt. Letzteres muß dann aber nach spätestens s Iterationsschritten eintreten, falls man nicht vorher bereits auf eine Normalform gekommen ist. Somit hat man nach einer gewissen Anzahl von Schritten, wenn man nicht schon vorher die Normalform erreicht hat, nur noch eigentliche Variable als unabhängige Variable. In diesem Falle befindet sich die Matrix c_{hi} aber trivialerweise in Normalform.

Degeneration tritt ein, wenn bei Fall 1 die Basisvariable, die unabhängig werden soll, nicht eindeutig bestimmt ist. Der Sachverhalt ist der gleiche wie beim Simplex-Verfahren für die lineare Programmierung, und alles, was dort über Degeneration gesagt wurde, gilt auch hier.

Für ein abgekürztes Verfahren bezüglich der Methode von Beale vgl. man Künzi [2].

3. Beispiele und Rechenschema

1. Zur Veranschaulichung sei hier zuerst ein von Beale selbst angegebenes einfaches Beispiel, das alle wesentlichen Züge des Verfahrens aufzeichnet, ausführlich durchgerechnet. Die Aufgabe lautet:

Man minimiere

$$Q = -6x_1 + 2x_1^2 - 2x_1x_2 + 2x_2^2$$

unter den Nebenbedingungen

$$x_1 + x_2 \leqq 2$$
$$x_1 \geqq 0$$
$$x_2 \geqq 0.$$

(Vgl. Fig. 6, wo die Grenzen des zulässigen Bereiches wieder schraffiert sind.)

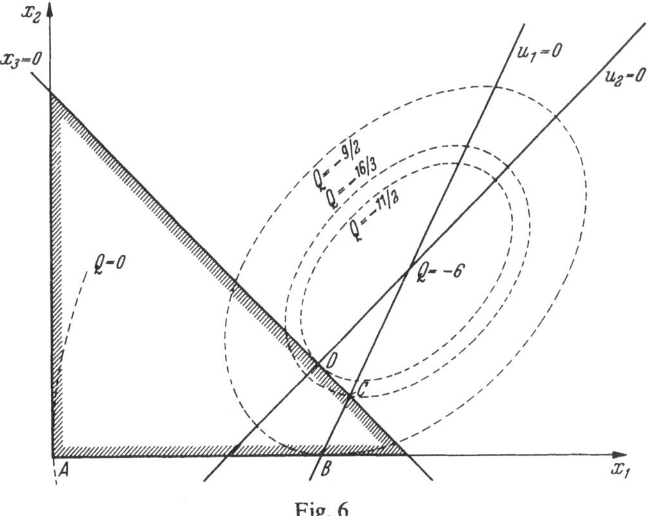

Fig. 6

Nach Einführung einer Schlupfvariablen x_3 hat man die Nebenbedingungen in der Form:

$$x_1 + x_2 + x_3 = 2$$
$$x_1 \geqq 0, \quad x_2 \geqq 0, \quad x_3 \geqq 0.$$

Als ersten Versuchspunkt kann man den Punkt mit

$$x_1 = 0, \quad x_2 = 0$$

wählen, also Punkt A in der Fig. 6. Für diesen Punkt schreiben sich die Basisvariable x_3 und die Zielfunktion folgendermaßen:

$$x_3 = 2 - x_1 - x_2$$
$$Q = (\quad -3x_1 \quad) \cdot 1$$
$$+ (-3 + 2x_1 - x_2)x_1$$
$$+ (\quad -x_1 + 2x_2)x_2.$$

1. Versuchspunkt (A):

$$x_1 = 0, \quad x_2 = 0, \quad x_3 = 2, \quad Q = 0.$$

Wegen
$$\frac{1}{2}\frac{\partial Q}{\partial x_1} = -3,$$

kann man Q erniedrigen, indem man x_1 positiv werden läßt (x_2 behält den Wert 0).

$$\frac{1}{2}\frac{\partial Q}{\partial x_1} = -3 + 2x_1 - x_2 \text{ verschwindet bei } x_1 = 3/2.$$

Dieser Punkt liegt noch im zulässigen Bereich, da x_3 erst bei $x_1 = 2$ verschwindet. Man führt deswegen eine neue, unbeschränkte Variable ein, nämlich

$$u_1 = \frac{1}{2}\frac{\partial Q}{\partial x_1} = -3 + 2x_1 - x_2.$$

Diese ersetzt x_1 als unabhängige, verschwindende Variable. u_1 verschwindet in allen Punkten, in denen eine Ellipse konstanter Q-Werte eine waagrechte Tangente hat.

Nun erhält man für den zweiten Versuchspunkt die Gleichung:

$$
\begin{aligned}
x_1 &= \tfrac{3}{2} + \tfrac{1}{2}u_1 + \tfrac{1}{2}x_2 \\
x_3 &= \tfrac{1}{2} - \tfrac{1}{2}u_1 - \tfrac{1}{2}x_2, \\
Q &= \quad (-\tfrac{9}{2} - \tfrac{3}{2}u_1 - \tfrac{3}{2}x_2) \cdot 1 \\
  &\quad + (\qquad u_1 \qquad)\quad (\tfrac{3}{2} + \tfrac{1}{2}u_1 + \tfrac{1}{2}x_2) \\
  &\quad + (-\tfrac{3}{2} - \tfrac{1}{2}u_1 + \tfrac{3}{2}x_2)\,x_2 \\
  &= \quad (-\tfrac{9}{2} \qquad\quad - \tfrac{3}{2}x_2) \cdot 1 \\
  &\quad + (\qquad \tfrac{1}{2}u_1 \qquad)\,u_1 \\
  &\quad + (-\tfrac{3}{2} \qquad\quad + \tfrac{3}{2}x_2)\,x_2.
\end{aligned}
$$

2. Versuchspunkt (B):

$$u_1 = 0, \quad x_2 = 0, \quad x_1 = 3/2, \quad x_3 = 1/2, \quad Q = -9/2.$$

Wegen $\frac{1}{2}\frac{\partial Q}{\partial x_2} = -3/2$ muß man nun x_2 in die Basis nehmen; u_1 bleibt weiterhin gleich null. $\frac{1}{2}\frac{\partial Q}{\partial x_2}$ verschwindet bei $x_2 = 1$ (das entspräche dem freien Minimum von Q). Wir können aber x_2 nicht soweit erhöhen, weil vorher x_3 verschwindet, nämlich bei $x_2 = 1/3$.

Wir werfen also x_3 aus der Basis und stellen die neue Basisvariable x_2 und die bisherige Basisvariable x_1 mittels x_3 und u_1 dar. Das ergibt für den dritten Versuchspunkt (C):

$$
\begin{aligned}
x_2 &= \tfrac{1}{3} - \tfrac{1}{3}u_1 - \tfrac{1}{3}x_3 \\
x_1 &= \tfrac{5}{3} + \tfrac{1}{3}u_1 - \tfrac{1}{3}x_3.
\end{aligned}
$$

$$
\begin{aligned}
Q = \ & (-5 + \tfrac{1}{2}u_1 + x_3) \cdot 1 \\
& + (\qquad + \tfrac{1}{2}u_1 \qquad)\, u_1 \\
& + (-1 - \tfrac{1}{2}u_1 - x_3)\ (\tfrac{1}{3} - \tfrac{1}{3}u_1 - \tfrac{2}{3}x_3) \\
= \ & (-\tfrac{16}{3} + \tfrac{1}{3}u_1 + \tfrac{2}{3}x_3) \cdot 1 \\
& + (\tfrac{1}{3} \quad + \tfrac{2}{3}u_1 + \tfrac{1}{3}x_3)\, u_1 \\
& + (\tfrac{2}{3} \quad + \tfrac{1}{3}u_1 + \tfrac{2}{3}x_3)\, x_3 .
\end{aligned}
$$

3. Versuchspunkt (C):

$$u_1 = 0, \quad x_3 = 0, \quad x_2 = 1/3, \quad x_1 = 5/3, \quad Q = -16/3.$$

Die einzige Möglichkeit, Q zu erniedrigen, besteht jetzt darin, u_1 negativ werden zu lassen, und zwar so lange, bis entweder

$$u_2 = \frac{1}{2}\frac{\partial Q}{\partial u_1} = \tfrac{1}{3} + \tfrac{2}{3}u_1 + \tfrac{1}{3}x_3 = 0$$

oder $$x_2 = \tfrac{1}{3} - \tfrac{1}{3}u_1 - \tfrac{2}{3}x_3 = 0$$

oder $$x_1 = \tfrac{5}{3} + \tfrac{1}{3}u_1 - \tfrac{1}{3}x_3 = 0.$$

$u_2 = 0$ tritt zuerst ein, und zwar bei $u_1 = -1/2$. Somit wird u_2 Nachfolger von u_1 als unabhängige Variable. Die Gleichungen lauten dann am

4. Versuchspunkt (D):

$$
\begin{aligned}
u_1 &= -\tfrac{1}{2} + \tfrac{3}{2}u_2 - \tfrac{1}{2}x_3 \\
x_2 &= \quad \tfrac{1}{2} - \tfrac{1}{2}u_2 - \tfrac{1}{2}x_3 \\
x_1 &= \quad \tfrac{3}{2} + \tfrac{1}{2}u_2 - \tfrac{1}{2}x_3 \\
Q &= \ (-\tfrac{11}{2} + \tfrac{1}{2}u_2 + \tfrac{1}{2}x_3) \cdot 1 \\
& + (\qquad + u_2 \qquad)\ (-\tfrac{1}{2} + \tfrac{3}{2}u_2 - \tfrac{1}{2}x_3) \\
& + (\quad \tfrac{1}{2} + \tfrac{1}{2}u_2 + \tfrac{1}{2}x_3)\, x_3 \\
&= \ (-\tfrac{11}{2} \qquad + \tfrac{1}{2}x_3) \cdot 1 \\
& + (\qquad \tfrac{3}{2}u_2 \qquad)\, u_2 \\
& + (\quad \tfrac{1}{2} \qquad + \tfrac{1}{2}x_3)\, x_3 .
\end{aligned}
$$

Da die Ableitung von Q nach der freien Variablen u_2 verschwindet und die Ableitung nach der beschränkten Variablen x_3 positiv ist, so haben wir das Minimum erreicht:

$$x_1 = 3/2, \quad x_2 = 1/2, \quad x_3 = 0, \quad Q = -11/2.$$

Das ist die optimale Lösung des Problems.

Die Gleichung für u_1 im Punkte D benötigten wir bloß, um aus den folgenden Gleichungen u_1 zu eliminieren. Damit hat sie ihre Bestimmung erfüllt. Wenn noch ein weiterer Iterationsschritt nötig wäre, so brauchte man u_1 und die zugehörige Gleichung nicht mehr zu berücksichtigen.

Wenn man die einzelnen Rechenschritte schematisch durchführt — die Regeln hierfür werden anschließend gegeben — so ist es zweckmäßig, die auftretenden Größen d_{gh} und c_{hi} für jeden Versuchspunkt in einem Tableau zusammenzufassen. Die obere Hälfte des Tableaus, die die Koeffizienten d_{gh} enthält, gibt die abhängigen Basisvariablen als Funktion der unabhängigen Variablen und entspricht dem üblichen Simplex-Tableau. Da jedoch die Anzahl der Basisvariablen sich im Laufe des Verfahrens ändert, ist es sinnvoll, dem Simplex-Tableau von vornherein soviele Zeilen zu geben, wie das Problem eigentliche Variable aufweist. Für jede der eigentlichen Variablen, die sich nicht in der Basis befinden, also einem der z_h entsprechen, fügt man dem System (6.10) noch eine triviale Gleichung $x_{v_g} = z_h$ bei, die im Simplex-Tableau eine Einheitszeile erzeugt. Wenn eine eigentliche Variable abhängig wird und in die Basis kommt, so kommen die Koeffizienten e_h der entsprechenden Gleichung in die für diese Variable bereitgestellte Zeile, die vorher eine Einheitszeile war. Umgekehrt hinterläßt eine Basisvariable, die unabhängig wird, eine Einheitszeile. An dieses *Simplex-Tableau* hängt man nun noch ein *Zieltableau* an, das die Koeffizienten c_{hi} gibt. Das gesamte Tableau hat dann am k-ten Versuchspunkt die folgende Form:

		1	z_1^k	$\ldots$	z_{n-m}^k
Simplex-tableau	x_1	d_{10}^k	d_{11}^k	$\ldots$	$d_{1,n-m}^k$
	$\cdot$	$\cdot$	$\cdot$		
	$\cdot$	$\cdot$	$\cdot$		
	$\cdot$	$\cdot$	$\cdot$		
	x_n	d_{n0}^k	d_{n1}^k	$\ldots$	$d_{n,n-m}^k$
Ziel-tableau	1	c_{00}^k	c_{01}^k	$\ldots$	$c_{0,n-m}^k$
	z_1^k	c_{10}^k	c_{11}^k	$\ldots$	$c_{1,n-m}^k$
	$\cdot$	$\cdot$	$\cdot$		
	$\cdot$	$\cdot$	$\cdot$		
	$\cdot$	$\cdot$	$\cdot$		
	z_{n-m}^k	$c_{n-m,0}^k$	$c_{n-m,1}^k$	$\cdot$	$c_{n-m,n-m}^k$

Dabei gilt für diejenigen x_g, die auch unter den z_h^k vorkommen:
Wenn $x_g = z_l$, so ist $d_{gh} = 0$ für $h \neq l$, $d_{gl} = 1$.

Eine Spalte des Tableaus heißt x-Spalte, wenn die zugeordnete Variable z_h über der Spalte eine eigentliche Variable x_g ist, u-Spalte, wenn z_h eine freie Variable u_j ist.

Für das vorausgehende Beispiel lautet das Tableau am ersten Versuchspunkt:

Tableau 1

		1	(z_1^1) x_1	(z_2^1) x_2
Simplex-tableau	x_1	0	1	0
	x_2	0	0	1
	x_3	2	-1	-1
Ziel-tableau	1	0	-3	0
	$(z_1^1)\, x_1$	-3	$\boxed{2}$	-1
	$(z_2^1)\, x_2$	0	-1	2

Dieses Tableau weist nur x-Spalten auf.

Das Simplextableau entspricht den beiden trivialen Gleichungen

$$x_1 = x_1, \quad x_2 = x_2$$

für die unabhängigen Variablen und der Gleichung

$$x_3 = 2 - x_1 - x_2$$

für die abhängige Variable.

Das Zieltableau ist zu lesen als

$$\begin{aligned}
Q = \quad & (\quad\quad -3\,x_1 \quad\quad) \cdot 1 \\
+ & (-3 + 2\,x_1 - \quad x_2)\,x_1 \\
+ & (\quad\quad - \quad x_1 + 2\,x_2)\,x_2.
\end{aligned}$$

Die ersten drei Elemente 0, 0, 2 der 1-Spalte geben die Werte der eigentlichen Variablen am Versuchspunkt. Das Element 0 im Schnitt von 1-Spalte und 1-Zeile gibt den Wert von Q am Versuchspunkt. Die restlichen Elemente der 1-Spalte, die auch in der 1-Zeile auftreten, geben die Ableitungen von Q nach den unabhängigen Variablen am Versuchspunkt. Das umrandete Element ist das sogenannte *Pfeilerelement*.

Der Übergang zum Tableau des nächsten Versuchspunktes erfolgt zweckmäßigerweise über ein *Zwischentableau*, das im Simplexteil bereits die Koeffizienten d_{gh}^{k+1} des nächsten Versuchspunktes, im Zielteil jedoch noch die Zwischengrößen $\bar{c}_{hi}$ enthält, die entstehen, wenn man in der Darstellung für Q zunächst nur innerhalb der Klammern für die abhängig werdende Variable z_p^k substituiert. Das Zwischentableau hat die allgemeine Form

		1	z_1^{k+1}	$\cdots$	z_{n-m}^{k+1}
Simplex-	x_1	d_{10}^{k+1}	$\cdot$	$\cdots$	$d_{1,n-m}^{k+1}$
tableau	$\cdot$	$\cdot$			
	$\cdot$	$\cdot$			
	x_n	d_{n0}^{k+1}	$\cdot$	$\cdots$	$d_{n,n-m}^{k+1}$
	$\begin{matrix}1\\z_1^k\end{matrix}$	$\begin{matrix}\bar{c}_{00}\\\cdot\end{matrix}$	$\cdot$	$\cdots$	$\bar{c}_{0,n-m}$
Ziel-	$\cdot$	$\cdot$			
tableau	$\cdot\cdot$	$\cdot$			
	$\cdot$	$\cdot$			
	z_{n-m}^k	$\bar{c}_{n-m,0}$	$\cdot$	$\cdots$	$\bar{c}_{n-m,n-m}$

Die Formeln (6.13) für den Übergang von den c_{hi}^k zu den $\bar{c}_{hi}$ sind die gleichen wie die Formeln (6.16) für den Übergang von den d_{gh}^k zu den d_{gh}^{k+1}. Infolgedessen transformieren sich beim Übergang zum Zwischentableau alle Zeilen des Ausgangstableaus gleich, unabhängig davon, ob sie in der Simplexhälfte oder in der Zielhälfte liegen. In beiden Fällen gelten die Formeln der Simplex-Transformation. Beim Übergang vom Zwischentableau zum Tableau des nächsten Versuchspunktes wird das Simplextableau ungeändert übernommen; das Zieltableau wird nochmals einer Simplex-Transformation unterworfen, wobei jedoch Zeilen und Spalten nach (6.14) ihre Rollen vertauschen.

Das erste Zwischentableau im anfangs berechneten Beispiel lautet:

Zwischentableau 1 a

		1	(z_1^2) u_1	(z_2^2) x_2
Simplex-	x_1	3/2	1/2	1/2
tableau	x_2	0	0	1
	x_3	1/2	$-1/2$	$-3/2$
Ziel-	1	$-9/2$	$-3/2$	$-3/2$
tableau	$(z_1^1)\,x_1$	0	1	0
	$(z_2^1)\,x_2$	$-3/2$	$-1/2$	3/2

Das Zieltableau ist zu lesen als

$$Q = \quad (-\tfrac{9}{2} - \tfrac{3}{2}u_1 - \tfrac{3}{2}x_2)\cdot 1$$
$$+ (\qquad\quad u_1 \qquad)\,x_1$$
$$+ (-\tfrac{3}{2} - \tfrac{1}{2}u_1 + \tfrac{3}{2}x_2)\,x_2.$$

Für die weiteren Tableaus und Zwischentableaus entnimmt man aus den früheren Rechnungen (die Nullstellen sind ausgelassen):

2. Versuchspunkt:

Tableau 2

	1	(z_1^2) u_1	(z_2^2) x_2
x_1	$\cdot$3/2	1/2	1/2
x_2			1
x_3	1/2	$-1/2$	$\boxed{-3/2}$
1	$-9/2$		$-3/2$
u_1		1/2	
x_2	$-3/2$		3/2

Zwischentableau 2 a

	1	u_1	x_3
x_1	5/3	1/3	$-1/3$
x_2	1/3	$-1/3$	$-2/3$
x_3			1
1	-5	1/2	1
u_1		1/2	
x_2	-1	$-1/2$	-1

3. Versuchspunkt:

Tableau 3

	1	u_1	x_3
x_1	5/3	1/3	$-1/3$
x_2	1/3	$-1/3$	$-2/3$
x_3			1
1	$-16/3$	1/3	2/3
u_1	1/3	$\boxed{2/3}$	1/3
x_3	2/3	1/3	2/3

Tableau 3 a

	1	u_2	x_3
x_1	3/2	1/2	$-1/2$
x_2	1/2	$-1/2$	$-1/2$
x_3			1
1	$-11/2$	1/2	1/2
u_1		1	
x_3	1/2	1/2	1/2

4. Versuchspunkt (optimal):

Tableau 4

	1	u_2	x_3
x_1	$3/2$	$1/2$	$-1/2$
x_2	$1/2$	$-1/2$	$-1/2$
x_3			1
1	$-11/2$		$1/2$
u_2		$3/2$	
x_3	$1/2$		$1/2$

$$x_1 = 3/2, \quad x_2 = 1/2, \quad x_3 = 0, \quad Q = -11/2.$$

Die schematischen Regeln für den Übergang von einem Tableau zum Zwischentableau und zum nächsten Tableau lassen sich folgendermaßen zusammenfassen:

1. Man inspiziert die 1-Zeile (die c_{0h}^k) ohne das erste Element. Wenn die 1-Zeile in allen u-Spalten nur verschwindende und in allen x-Spalten nur nicht-negative Elemente aufweist, so ist das vorliegende Tableau optimal. Wenn die 1-Zeile in gewissen u-Spalten von Null verschiedene Elemente aufweist, so wählt man eine dieser Spalten als Austauschspalte. Wenn die Elemente in den u-Spalten verschwinden oder wenn es keine u-Spalten gibt, dagegen die 1-Zeile in gewissen x-Spalten negative Werte aufweist, so wählt man eine dieser Spalten als Austauschspalte. Das Element im Schnitt der Austauschspalte mit der 1-Zeile sei c_{0p}^k.

Durch die Austauschspalte ist die Variable z_p^k, die abhängig wird, festgelegt. Im Tableau 1 ergibt sich die x_1-Spalte als Austauschspalte, im Tableau 2 die x_2-Spalte, im Tableau 3 die x_3-Spalte.

2. Man dividiere den Betrag des nach 1. ausgewählten Elementes c_{0p}^k durch das entsprechende Diagonalelement c_{pp}^k des Zieltableaus, wenn c_{pp}^k positiv ist, und man dividiere die Elemente im Simplex-Teil der 1-Spalte, d_{g0}^k, durch den Betrag der entsprechenden Elemente d_{gp}^k der Austauschspalte, jedoch nur für diejenigen Elemente der Austauschspalte, die gleiches Vorzeichen wie c_{0p}^k habe. Diejenige Zeile, die das Minimum für diese Quotienten ergibt, wird zur Austauschzeile. Das Element im Schnitt von Austauschzeile und Austauschspalte, d_{qp}^k oder c_{pp}^k, heißt Pfeilerelement. Wenn die Austauschzeile im Simplex-Tableau liegt, so ersetzt man im Zwischentableau die Variable z_p^k am Kopf der Austauschspalte durch die Variable am Kopf der Austauschzeile. Wenn die Austauschzeile im Zieltableau liegt, so wird z_p^k durch eine neue Variable u_r ersetzt.

Die letztere Möglichkeit (Tableau 1 und 3) entspricht dem Fall 2 von früher. Die beiden Fälle 1 und 2 brauchen formal nicht weiter unterschieden zu werden.

3. Um die Elemente in der der Austauschspalte entsprechenden Spalte des Zwischentableaus zu erhalten, dividiere man die Elemente der Austauschspalte durch das Pfeilerelement.

Das entspricht (6.12) bzw. (6.16) für $h = p$ und (6.13) für $i = p$. In Tableau 1 hat man beispielsweise die x_1-Spalte durch 2 zu dividieren und erhält so die u_1-Spalte des Tableaus 1 a.

4. Um eine der restlichen Spalten des Zwischentableaus zu erhalten, subtrahiere man von der entsprechenden Spalte des Ausgangstableaus elementweise die bereits gebildete Austauschspalte des Zwischentableaus, multipliziert mit dem Element im Schnitt der betreffenden Spalte und der Austauschzeile. Damit sind das Zwischentableau und auch der Simplex-Teil des endgültigen Tableaus vollständig.

Das ist wieder eine Zusammenfassung von (6.12) bzw. (6.16) für $h \neq p$ und (6.13) für $i \neq p$. Subtrahiert man beispielsweise von der 1-Spalte $\| 0, 0, 2, 0, -3, 0 \|'$ von Tableau 1 die u_1-Spalte von Tableau 1a, nämlich $\| 1/2, 0, -1/2, -3/2, 1, -1/2 \|'$, zuvor multipliziert mit -3, so erhält man die 1-Spalte von Tableau 1a, nämlich

$$\| 3/2, 0, 1/2, -9/2, 0, -3/2 \|'.$$

5. Die zweite Austauschzeile ist diejenige Zeile, die sich mit der Austauschspalte in der Hauptdiagonalen des Zieltableaus schneidet. Man dividiere jedes Element der zweiten Austauschzeile im Zwischentableau durch das ursprüngliche Pfeilerelement. Das ergibt die entsprechende Zeile des endgültigen Tableaus. Die Variable, die am Kopf der zweiten Austauschzeile stand, wird durch diejenige Variable ersetzt, die im Zwischentableau über der Austauschspalte stand.

Diese Regel folgt aus (6.14) für $h = p$. Wenn die ursprüngliche Austauschzeile in der Zielhälfte liegt, so fällt die zweite Austauschzeile mit der ersten zusammen, wie in Tableau 1a und 3a. Dividiert man beispielsweise die zweite Austauschzeile von Tableau 2a, nämlich $\| -1, -1/2, -1 \|$, durch das ursprüngliche Pfeilerelement $-3/2$, so erhält man $\| 2/3, 1/3, 2/3 \|$, die entsprechende Zeile von Tableau 3.

6. Um eine der übrigen Zeilen, etwa die h-te, im endgültigen Zieltableau zu erhalten, subtrahiere man von der entsprechenden h-ten Zeile im Zielteil des Zwischentableaus die bereits berechnete zweite Austauschzeile des endgültigen Tableaus, multipliziert mit demjenigen Element des Ausgangstableaus, das im Schnitt der ursprünglichen Austauschzeile und der h-ten *Spalte* steht.

Das entspricht (6.14) für $h \neq p$. Um beispielsweise die 2. Zeile (u_1-Zeile) der Zielhälfte von Tableau 3 zu erhalten, muß man von der 2. Zeile $\| 0, 1/2, 0 \|$ von Tableau 2a die 3. Zeile (zweite Austauschzeile) $\| 2/3, 1/3, 2/3 \|$ von Tableau 3 subtrahieren, letztere multipliziert mit dem Element $-1/2$ im Schnitt der zweiten Spalte und der Austauschzeile von Tableau 2. Das ergibt $\| 1/3, 2/3, 1/3 \|$.

Zum Vergleich sei hier noch kurz ein zweites Beispiel gegeben (das auch bei den anderen Verfahren durchgerechnet wird):

Man minimiere $Q = -x_1 - 2x_2 + \frac{1}{2}x_1^2 + \frac{1}{2}x_2^2$
unter den Restriktionen

$$
\begin{aligned}
2x_1 + 3x_2 + x_3 &= 6 \\
x_1 + 4x_2 + x_4 &= 5 \\
x_i \geq 0, \quad i &= 1, \dots, 4.
\end{aligned}
$$

Wir starten mit dem Punkt $x_1 = 0$, $x_2 = 0$, $x_3 = 6$, $x_4 = 5$. Die Folge der Tableaus lautet dann:

1. Punkt

1)

	1	x_1	x_2
x_1		1	
x_2			1
x_3	6	-2	-3
x_4	5	-1	$\boxed{-4}$
1		$-1/2$	-1
x_1	$-1/2$	1/2	
x_2	-1		1/2

1 a)

	1	x_1	x_4
x_1		1	
x_2	5/4	$-1/4$	$-1/4$
x_3	9/4	$-5/4$	3/4
x_4			1
1	$-5/4$	$-1/4$	1/4
x_1	$-1/2$	1/2	
x_2	$-3/8$	$-1/8$	$-1/8$

2. Punkt

2)

	1	x_1	x_4
x_1		1	
x_2	5/4	$-1/4$	$-1/4$
x_3	9/4	$-5/4$	3/4
x_4			1
1	$-55/32$	$-13/32$	3/32
x_1	$-13/32$	$\boxed{17/32}$	1/32
x_4	3/32	1/32	1/32

2 a)

	1	u_1	x_4
x_1	13/17	32/17	$-1/17$
x_2	18/17	$-8/17$	$-4/17$
x_3	22/17	$-40/17$	16/17
x_4			1
1	$-69/34$	$-13/17$	2/17
x_1		1	
x_4	2/17	1/17	1/34

3. Punkt

3) (optimal)

	1	u_1	x_4
x_1	13/17	32/17	$-1/17$
x_2	18/17	$-8/17$	$-4/17$
x_3	22/17	$-40/17$	16/17
x_4			1
1	$-69/34$		2/17
u_1		32/17	
x_4	2/17		1/34

$$x_1 = 13/17, \quad x_2 = 18/17, \quad x_3 = 22/17, \quad x_4 = 0, \quad Q = -69/34.$$

Siebentes Kapitel

Das Verfahren von Wolfe

1. Einleitung

Wolfe [1] hat, einem Vorschlag von Markowitz [1, 2] folgend, ein Lösungsverfahren für die quadratische Programmierung entwickelt, das mit einer nur geringfügigen Abänderung den Simplex-Algorithmus der linearen Programmierung benutzt.

Angenommen, wir hätten unser quadratisches Problem, notfalls durch Einführung von Schlupfvariablen, auf die Form II gebracht:

$$\min \{Q(\mathbf{x}) = \mathbf{p}' \mathbf{x} + \mathbf{x}' \mathbf{C} \mathbf{x} \mid \mathbf{A} \mathbf{x} = \mathbf{b}, \mathbf{x} \geq \mathbf{0}\}. \tag{7.1}$$

Hierbei ist $\mathbf{C}$ eine positiv semidefinite $(n \times n)$-Matrix, $\mathbf{A}$ eine $(m \times n)$-Matrix. Die Elemente des m-Vektors $\mathbf{b}$ können ohne Einschränkung der Allgemeinheit als nichtnegativ angenommen werden. Die Lösungsbedingungen für das obige Problem lauten, entsprechend zu (4.17):

$$\begin{aligned}
\mathbf{A}\mathbf{x} \quad\qquad &= \mathbf{b} \\
2\,\mathbf{C}\mathbf{x} - \mathbf{v} + \mathbf{A}'\mathbf{u} &= -\mathbf{p} \\
\mathbf{x} \geq \mathbf{0}, \quad \mathbf{v} &\geq \mathbf{0}
\end{aligned} \tag{7.2}$$

und
$$x_i v_i = 0 \quad \text{für alle } i, \quad i = 1, 2, \ldots, n. \tag{7.3}$$

Wie schon im Kapitel IV im Anschluß an (4.16) bis (4.18) ausgeführt wurde, kann Bedingung (7.3), daß für jeden Index i mindestens eine der Variablen x_i bzw. v_i verschwinden muß, nur erfüllt sein für Basislösungen des Systems (7.2), bei denen (vgl. Kapitel II, Abschnitt 4) von den $2n+m$ Variablen x_i, v_i, u_j höchstens soviele von Null verschieden sind, wie (7.2) Gleichungen aufweist, nämlich $m+n$. Die Aufgabe besteht also darin, unter den zulässigen Basislösungen des Systems (7.2) eine ausfindig zu machen, die auch (7.3) genügt. Dabei liegt es nahe, hierzu in abgewandelter Form auf das Simplex-Verfahren der linearen Programmierung zurückzugreifen, da sich dieses Verfahren mit den Basisauswechslungen eines linearen Gleichungssystems beschäftigt.

Eine Möglichkeit, wie dies geschehen kann, zeigt das im folgenden beschriebene Verfahren von Wolfe. Es besteht grob gesprochen darin, daß man durch Einführung zusätzlicher Schlupfvariablen aus dem System (7.2) ein erweitertes Gleichungssystem schafft, bei dem man sofort eine Basislösung nebst zugehörigem Sim-

plex-Tableau angeben kann, die der Bedingung (7.3) genügt, und daß man dann
mittels der Simplex-Methode die zusätzlichen Variablen zum Verschwinden bringt.
Dabei stellt man durch eine zusätzliche Regel für den Übergang von einer Basislösung zur nächsten sicher, daß im ganzen Verlauf des Verfahrens die Bedingung
(7.3) erfüllt bleibt. Diese Zusatzregel stellt die einzige Änderung gegenüber dem
bei der linearen Programmierung üblichen Simplex-Verfahren dar.

Der Algorithmus von Wolfe wurde in zwei verschiedenen Formen entwickelt,
einer kürzeren und einer längeren, wobei die lange Form sich im wesentlichen aus
zwei Wiederholungen nach dem Schema der kurzen Form zusammensetzt. Während die lange Form ohne Einschränkungen anwendbar ist, führt die kurze Form
nur dann mit Sicherheit zum Ziel, wenn entweder $\mathbf{p} = \mathbf{0}$ oder $\mathbf{C}$ positiv definit (statt
bloß semidefinit) ist.

Für ein abgekürztes Verfahren der Methode von Wolfe vgl. man Künzi [2].

2. Die kurze Form

Um eine Lösung von (7.2) zu finden, die (7.3) genügt, geht man folgendermaßen
vor:

Man führt $m + 2n$ zusätzliche, nicht-negative Schlupfvariable ein, nämlich

$$\mathbf{w} = \| w_1, w_2, \ldots, w_m \|'$$
$$\mathbf{z}^1 = \| z_1^1, \ldots, z_n^1 \|'$$
$$\mathbf{z}^2 = \| z_1^2, \ldots, z_n^2 \|'$$

und bildet aus (7.2) das erweiterte System

$$
\begin{aligned}
\mathbf{A}\,\mathbf{x} \quad\quad\quad\quad\quad\quad\quad + \mathbf{w} &= \mathbf{b} \\
2\,\mathbf{C}\,\mathbf{x} - \mathbf{v} + \mathbf{A}'\,\mathbf{u} + \mathbf{z}^1 - \mathbf{z}^2 \quad &= -\mathbf{p} \\
\mathbf{x} \geqq \mathbf{0}, \quad \mathbf{v} \geqq \mathbf{0}, \quad \mathbf{z}^1 \geqq \mathbf{0}, \quad \mathbf{z}^2 \geqq \mathbf{0}, \quad \mathbf{w} \geqq \mathbf{0}.
\end{aligned}
\tag{7.4}
$$

Für (7.4) kann man nun sofort eine zulässige Basislösung mit höchstens $m + n$
nichtverschwindenden Variablen angeben, die der Bedingung (7.3) genügt, nämlich
diejenige, bei der $\mathbf{x} = \mathbf{0}$, $\mathbf{v} = \mathbf{0}$, $\mathbf{u} = \mathbf{0}$ ist und für jeden Index i mindestens eine der
beiden Variablen z_i^1 und z_i^2 verschwindet. In der Basis befinden sich dann (evtl. mit
dem Wert 0, falls Degeneration vorliegt) die Variablen $w_j = b_j (\geqq 0$ nach Annahme)
für $j = 1, \ldots, m$, und für jedes i eine der Variablen z_i^1 oder z_i^2, und zwar

$$
\begin{aligned}
z_i^1 &= -p_i \quad \text{falls } p_i \text{ negativ,} \\
z_i^2 &= p_i \quad \text{falls } p_i \text{ positiv.}
\end{aligned}
$$

Wenn p_i verschwindet, so ist es gleichgültig, ob man z_i^1 oder z_i^2 (mit dem Wert 0) in
die Basis nimmt.

Die Reduktion der zusätzlichen Variablen auf den Wert 0, die das System (7.4)
wieder in das System (7.2) überführt, erfolgt in zwei Phasen. In der *ersten Phase*
verwendet man die gewöhnliche Simplex-Methode der linearen Programmierung,
um ausgehend von der obigen Basislösung die Linearform

$$\sum_{i=1}^{m} w_i \tag{7.5}$$

zu minimieren unter den Nebenbedingungen (7.4) sowie den weiteren Bedingungen

$$\mathbf{u} = \mathbf{0}, \quad \mathbf{v} = \mathbf{0}.$$

Die u_j und die v_i bleiben also in der ersten Phase außerhalb der Basis. Falls die Nebenbedingungen des Problems II nicht unverträglich sind, so ist das Minimum für (7.5), das man auf diese Weise erhält, gleich Null.

Falls Degeneration vorliegt, hat man darauf zu achten, daß man das Verfahren so lange weiterführt, bis sich kein w_i mehr in der Basis befindet, auch nicht mit dem Wert 0. Auf diese Weise erhält man schließlich eine Basislösung, bei der sich m der Variablen x_i und n der $2n$ Variablen z_i^1, z_i^2 in der Basis befinden, und zwar jeweils entweder z_i^1 oder z_i^2. Damit ist das Ende der ersten Phase erreicht.

Für alle w_i und diejenigen z_i^1, z_i^2, die sich nicht in der Basis befinden, streicht man aus System (7.4) bzw. aus dem Schlußtableau der ersten Phase die entsprechenden Spalten und berücksichtigt diese Variablen im folgenden nicht mehr.

Die verbleibenden z_i^1, z_i^2 faßt man zu einem n-Vektor $\mathbf{z} = \| z_1, \ldots, z_n \|'$ zusammen, wobei also z_i gleich z_i^1 oder z_i^2 ist, je nachdem, welche der beiden Variablen sich am Ende der ersten Phase in der Basis befindet. Bei Degeneration können am Ende der ersten Phase mehr als m der x_i und weniger als n der z_i in der Basis sein (man vergleiche das später folgende Zahlenbeispiel, Tableau 1.5). In diesem Falle hat der Vektor $\mathbf{z}$ entsprechend weniger Elemente.

Bezeichnet man die Koeffizientenmatrix des Vektors $\mathbf{z}$ im System (7.4) (wenn man die verbleibenden Elemente von $\mathbf{z}^1$ und $\mathbf{z}^2$ durch $\mathbf{z}$ ausdrückt) mit $\mathbf{D}$ ($\mathbf{D}$ ist eine Diagonalmatrix mit den Elementen $+1$ oder -1, je nachdem, ob $z_i = z_i^1$ oder $= z_i^2$), so hat man am Ende der ersten Phase eine zulässige Basislösung nebst zugehörigem Tableau für das System

$$\begin{aligned}
\mathbf{A}\,\mathbf{x} &&&= \mathbf{b} \\
2\,\mathbf{C}\,\mathbf{x} - \mathbf{v} + \mathbf{A}'\,\mathbf{u} + \mathbf{D}\,\mathbf{z} &= -\mathbf{p} \\
\mathbf{x} \geqq \mathbf{0}, \quad \mathbf{v} \geqq \mathbf{0}, \quad \mathbf{z} \geqq \mathbf{0} &&
\end{aligned} \tag{7.6}$$

mit $\mathbf{u} = \mathbf{0}$, $\mathbf{v} = \mathbf{0}$. Bedingung (7.3) ist wegen $\mathbf{v} = \mathbf{0}$ erfüllt.

Mit dieser Basislösung beginnt man jetzt die *zweite Phase*, bei der man die Simplexmethode verwendet, um die Linearform

$$\sum_{i=1}^{n} z_i \tag{7.7}$$

zu minimieren unter den Nebenbedingungen von (7.6), jedoch mit einer Zusatzregel, die für alle Indizes i und für alle Übergänge von einem Simplex-Tableau zum folgenden, also von einer Basislösung zur anderen gelten soll.

Zusatzregel: Falls x_i sich in der Basis befindet, so darf beim Übergang zur nächsten Basislösung v_i nicht in die Basis genommen werden; falls v_i sich in der Basis befindet, so darf x_i nicht in die Basis genommen werden. (7.8)

Die Regel (7.8) stellt sicher, daß auf jeder Stufe der Simplex-Iteration x_i und v_i sich nicht gleichzeitig in der Basis befinden. Damit gilt $v_i x_i = 0$ für alle Basislösungen, mit denen man in der zweiten Phase arbeitet, und die Bedingung (7.3) ist infolgedessen während des ganzen Verfahrens erfüllt.

Wenn das Minimum für $\sum z_i$, das sich auf diese Weise erreichen läßt, den Wert 0 hat, so bedeutet dies, daß man am Schluß der zweiten Phase eine Lösung von (7.6) mit $\mathbf{z} = \mathbf{0}$ und damit eine Lösung von (7.2) gefunden hat, die überdies der Bedingung (7.3) genügt, und man ist damit am Ziel angelangt.

Nun kann aber durchaus der Fall eintreten, wenn man $\mathbf{C}$ und $\mathbf{p}$ keinen Einschränkungen unterwirft, daß wegen der Regel (7.8) kein weiterer Schritt bei der Simplex-Iteration mehr durchgeführt werden kann, obwohl immer noch $\sum z_i > 0$ ist. Um hierüber Genaueres aussagen zu können, müssen wir den Lösungspunkt der zweiten Phase näher untersuchen, also diejenige Basislösung, bei der sich der Simplex-Schritt unter der Zusatzregel (7.8) nicht mehr durchführen läßt.

Wir fassen diejenigen Komponenten x_i des Vektors $\mathbf{x}$, die in dieser Endlösung positiv sind, zu einem Vektor $\mathbf{x}_x$ zusammen. Die entsprechenden Komponenten von $\mathbf{v}$ (die also in der Lösung verschwinden) bezeichnen wir mit $\mathbf{v}_x$. Ferner fassen wir die positiven Komponenten von $\mathbf{v}$ zu einem Vektor $\mathbf{v}_v$ zusammen und bezeichnen die entsprechenden Komponenten von $\mathbf{x}$ mit $\mathbf{x}_v$.

Wir benützen jetzt einen Hilfssatz, dessen Beweis wir im Abschnitt 4 dieses Kapitels nachholen werden. In diesem Hilfssatz sei $\mathbf{w}$ ein Vektor von h Variablen, $\mathbf{q}$ ein Vektor mit h konstanten Elementen, $\mathbf{R}$ eine $(n \times n)$-Matrix und $\mathbf{f}$ ein konstanter n-Vektor. Alle übrigen Größen haben die gleiche Bedeutung wie bisher.

Hilfssatz: Falls $\hat{\mathbf{w}}$ den $\mathbf{w}$-Teil einer Lösung des linearen Programmes darstellt, das durch die zu minimierende Zielfunktion

$$\mathbf{q}' \, \mathbf{w}$$

und die Nebenbedingungen

$$\mathbf{A}\,\mathbf{x} = \mathbf{b}$$
$$2\,\mathbf{C}\,\mathbf{x} - \mathbf{v} + \mathbf{A}'\,\mathbf{u} + \mathbf{R}\,\mathbf{w} = \mathbf{f}$$
$$\mathbf{x} \geqq \mathbf{0}, \quad \mathbf{v} \geqq \mathbf{0}, \quad \mathbf{w} \geqq \mathbf{0}, \quad \mathbf{v}_x = \mathbf{0}, \quad \mathbf{x}_v = \mathbf{0}$$

gegeben ist, so existiert ein n-Vektor $\mathbf{r}$ mit den Eigenschaften

$$\mathbf{C}\,\mathbf{r} = \mathbf{0}, \quad \mathbf{A}\,\mathbf{r} = \mathbf{0} \quad \text{und} \quad \mathbf{q}'\,\hat{\mathbf{w}} = \mathbf{f}'\,\mathbf{r}.$$

Um diesen Hilfssatz auf die Endlösung der 2. Phase anzuwenden, setzt man

$$\mathbf{w} = \mathbf{z} \quad (\text{mit } h = n)$$
$$\mathbf{q}' = \| 1, 1, \ldots, 1 \|$$
$$\mathbf{q}'\,\mathbf{w} = \sum z_i, \quad \mathbf{R} = \mathbf{D}, \quad \mathbf{f} = -\mathbf{p}.$$

Die Endlösung der 2. Phase erfüllt dann die Voraussetzungen des Hilfssatzes, da die Regel (7.8) für diese spezielle Basis ja besagt, daß beim nächsten Simplex-Schritt $\mathbf{v}_x$ und $\mathbf{x}_v$ nicht in die Basis dürfen, also den Wert $\mathbf{0}$ behalten müssen. Hierbei wird zwar vorausgesetzt, daß das zugrunde liegende Gleichungssystem nicht entartet ist, so daß alle Basisvariablen von Null verschieden sind, aber diese Einschränkung ist nicht wesentlich, da sich beim Simplexverfahren jedes Gleichungssystem so behandeln läßt, als ob es nicht entartet wäre. Da jedoch unter dieser (nunmehr schlicht linearen) Zusatzbedingung eine weitere Erniedrigung von $\sum z_i$ nicht mehr möglich ist, stellt die Endlösung von Phase 2 zugleich eine Lösung des im Hilfssatz formulierten linearen Programms dar. Es folgt also die Existenz eines n-Vektors $\mathbf{r}$ mit

$$\mathbf{C}\,\mathbf{r} = \mathbf{0}$$

und

$$\min \sum z_i = -\,\mathbf{p}'\,\mathbf{r}.$$

Falls nun $\mathbf{p} = \mathbf{0}$, oder falls $\mathbf{C}$ positiv definit und damit wegen $\mathbf{C}\,\mathbf{r} = \mathbf{0}$ auch $\mathbf{r} = \mathbf{0}$ gilt, ist sichergestellt, daß

$$\min \sum z_i = 0.$$

In diesen Spezialfällen führt also die kurze Form mit Sicherheit zum Ziel, wie schon bei Beginn der Beschreibung erwähnt wurde. Natürlich ist es möglich, daß $\sum z_i$ in der zweiten Phase zu Null reduziert wird, ohne daß $\mathbf{p} = \mathbf{0}$ oder $\mathbf{C}$ definit ist, die Gleichung $\mathbf{A}\,\mathbf{r} = \mathbf{0}$ beispielsweise schränkt $\mathbf{r}$ noch weiter ein. In diesen Fällen empfiehlt es sich jedoch, gar nicht erst die kurze Form zu versuchen, sondern von vorneherein mit der langen Form zu arbeiten, die das quadratische Problem ohne Einschränkungen (von der Semidefinitheit von $\mathbf{C}$ abgesehen) löst.

3. Die lange Form

Die lange Form besteht aus drei Phasen, von denen die ersten beiden im wesentlichen mit den beiden Phasen der kurzen Form übereinstimmen. Man geht im Prinzip so vor, daß man zunächst die kurze Form anwendet, jedoch derart, daß man den Vektor $\mathbf{p}$ durch den Nullvektor ersetzt, in (7.4) also die Gleichung

durch

$$2\,\mathbf{C}\,\mathbf{x} - \mathbf{v} + \mathbf{A}'\,\mathbf{u} + \mathbf{z}^1 - \mathbf{z}^2 = -\,\mathbf{p}$$

$$2\,\mathbf{C}\,\mathbf{x} - \mathbf{v} + \mathbf{A}'\,\mathbf{u} + \mathbf{z}^1 - \mathbf{z}^2 = \mathbf{0}.$$

Wie oben gezeigt, führt die kurze Form dann am Ende der zweiten Phase zu einer Basislösung von (7.6), bei der alle z_i den Wert 0 haben. Falls sich bei Degeneration noch einige z_i mit verschwindendem Wert in der Basis befinden, setzt man das Verfahren solange fort, bis auch diese Variablen aus der Basis entfernt sind. Hierauf streicht man die Spalten, die zu den z_i gehören und berücksichtigt diese Variablen im folgenden nicht mehr. Damit hat man eine Basislösung des Systems

$$\begin{aligned}
\mathbf{A}\,\mathbf{x} \quad\quad\quad\;\; &= \mathbf{b}\\
2\,\mathbf{C}\,\mathbf{x} - \mathbf{v} + \mathbf{A}'\,\mathbf{u} &= \mathbf{0}\\
\mathbf{x} \geqq \mathbf{0},\quad \mathbf{v} \geqq \mathbf{0},&
\end{aligned} \qquad (7.9)$$

die der Bedingung (7.3) genügt, oder, wenn man noch eine neue Variable einführt, eine Basislösung des Systems

$$\begin{aligned}
\mathbf{A}\,\mathbf{x} \quad\quad\quad\quad\quad\;\; &= \mathbf{b}\\
2\,\mathbf{C}\,\mathbf{x} - \mathbf{v} + \mathbf{A}'\,\mathbf{u} + \mu\,\mathbf{p} &= \mathbf{0}\\
\mathbf{x} \geqq \mathbf{0},\quad \mathbf{v} \geqq \mathbf{0},\quad \mu \geqq 0&
\end{aligned} \qquad (7.10)$$

mit $\mu = 0$.

Für das praktische Rechnen empfiehlt es sich, die Variable μ von Anfang an mit dem Wert 0 mitzuschleppen, damit man am Ende der zweiten Phase alle für die Simplex-Transformation der dritten Phase benötigten Größen im Tableau beisammen hat. Man ersetzt zu diesem Zweck im System (7.4) die Gleichung

$$2\,\mathbf{C}\,\mathbf{x} - \mathbf{v} + \mathbf{A}'\,\mathbf{u} + \qquad \mathbf{z}^1 - \mathbf{z}^2 = -\,\mathbf{p}$$

durch

$$2\,\mathbf{C}\,\mathbf{x} - \mathbf{v} + \mathbf{A}'\,\mathbf{u} + \mu\,\mathbf{p} + \mathbf{z}^1 - \mathbf{z}^2 = \mathbf{0}, \quad \mu \geqq 0.$$

Die Rechenregeln der kurzen Form werden vervollständigt durch die Vorschrift, daß während beider Phasen μ niemals in die Basis darf, sondern immer den Wert 0 behalten soll. Das läuft natürlich wieder darauf hinaus, daß man $\mathbf{p}$ durch $\mathbf{0}$ ersetzt. Jedenfalls hat man am Ende der zweiten Phase eine Lösung von (7.10) mit $\mu = 0$ und $\mathbf{v}'\,\mathbf{x} = 0$.

Was man aber braucht, ist eine Lösung dieses Systems mit $\mu = 1$ und $\mathbf{v}'\,\mathbf{x} = 0$, denn dann hat man ja zugleich eine Lösung von (7.2), die (7.3) genügt, und man ist am Ziel.

Um das zu erreichen, verwendet man in der *dritten Phase* das Simplex-Verfahren, um, ausgehend von der in Phase 2 erhaltenen Basislösung von (7.10), die triviale, aus nur einem Summanden bestehende Linearform

$$-\mu \tag{7.11}$$

zu minimieren unter den Nebenbedingungen (7.10) und wieder mit der Zusatzregel (7.8).

Hierbei ergeben sich zwei Möglichkeiten. Entweder sind die Werte, die man auf diese Weise für $-\mu$ erzielen kann, nach unten unbeschränkt, oder der Prozeß endet mit einem endlichen Wert für μ. Im zweiten Fall kann man wieder den oben formulierten Hilfssatz anwenden, diesmal mit

$$\mathbf{w} = \mu\ (h = 1), \qquad \mathbf{q} = -\,1$$
$$\mathbf{q}'\,\mathbf{w} = -\,\mu, \qquad\qquad \mathbf{R} = \mathbf{p}, \quad \mathbf{f} = \mathbf{0}.$$

Der Satz besagt dann, daß unter Berücksichtigung von (7.10) und (7.8)

$$\min(-\,\mu) = \mathbf{f}'\,\mathbf{r} = 0;$$

$-\mu$ ist also in diesem Falle überhaupt nicht erniedrigt worden. Mit anderen Worten: Wenn man in der dritten Phase $-\mu$ nicht auf $-\infty$ reduzieren kann, so kann man überhaupt keinen Schritt des Simplex-Verfahrens unter Einhaltung von (7.8) ausführen. In diesem zweiten Fall ist dann der Wert der Zielfunktion $Q\,(\mathbf{x})$ auf dem zulässigen Bereich nach unten nicht begrenzt, das Programm II hat also keine Lösung. Den Beweis dafür verschieben wir auf Abschnitt 4 dieses Kapitels.

Nun zu der anderen Möglichkeit, daß $-\mu$ beliebig weit erniedrigt werden kann. In diesem Fall erhält man, wie aus der Theorie des Simplex-Verfahrens bekannt ist (vgl. Kapitel II, Abschnitt 4), zunächst eine endliche Folge von Basislösungen

$$(\mathbf{x}^j, \mathbf{v}^j, \mathbf{u}^j, \mu^j), \quad j = 1, 2, \ldots, g \tag{7.12}$$

für das System (7.10) (die erste Lösung ist natürlich die Ausgangslösung der dritten Phase mit $\mu^1 = 0$) und schließlich, ausgehend von der g-ten Basislösung, einen Strahl

$$(\mathbf{x}^g + \lambda\,\mathbf{x}^{g+1},\quad \mathbf{v}^g + \lambda\,\mathbf{v}^{g+1},\quad \mathbf{u}^g + \lambda\,\mathbf{u}^{g+1},\quad \mu^g + \lambda\,\mu^{g+1}) \tag{7.13}$$

mit $\lambda \geqq 0$.

Dieser Strahl, auf dem μ beliebig hohe Werte annimmt, entsteht dadurch, daß man eine von den in der g-ten Lösung verschwindenden Variablen positive Werte durchlaufen lassen kann, während man die restlichen mit dem Wert 0 beibehält, ohne daß eine der Basisvariablen abnimmt. Die Regel (7.8) stellt nun sicher, daß für alle Indizes $j = 1, 2, \ldots, g + 1$ gilt:

$$\mathbf{v}^{j'} \mathbf{x}^j = 0, \tag{7.14}$$

womit bei keiner Lösung x_i und v_i gleichzeitig in der Basis sind. Ebenso garantiert sie, daß

$$\mathbf{v}^{j'} \mathbf{x}^{j+1} = 0, \quad \mathbf{v}^{j+1'} \mathbf{x}^j = 0, \quad j = 1, \ldots, g, \tag{7.15}$$

da auf Grund von (7.8) bei der $(j + 1)$-ten Lösung $x_i\,(v_i)$ sich nicht in der Basis befindet, wenn $v_i\,(x_i)$ in der vorangehenden Basis war. Infolgedessen ist die Bedingung $\mathbf{v}' \mathbf{x} = 0$ nicht nur für alle Basislösungen erfüllt, sondern auch für alle konvexen Linearkombinationen zweier aufeinanderfolgenden Basislösungen. Für

$$(\bar{\mathbf{x}}, \bar{\mathbf{v}}, \bar{\mathbf{u}}, \bar{\mu}) = \alpha\,(\mathbf{x}^j, \mathbf{v}^j, \mathbf{u}^j, \mu^j) + \beta\,(\mathbf{x}^{j+1}, \mathbf{v}^{j+1}, \mathbf{u}^{j+1}, \mu^{j+1})$$

$$\alpha \geqq 0, \quad \beta \geqq 0, \quad \alpha + \beta = 1, \quad j = 1, \ldots, g - 1,$$

gilt: $\quad \bar{\mathbf{v}}' \bar{\mathbf{x}} = (\alpha\,\mathbf{v}^j + \beta\,\mathbf{v}^{j+1})' \, (\alpha\,\mathbf{x}^j + \beta\,\mathbf{x}^{j+1})$

$$= \alpha^2\,\mathbf{v}^{j'} \mathbf{x}^j + \beta^2\,\mathbf{v}^{j+1'} \mathbf{x}^{j+1} + \alpha\,\beta\,\mathbf{v}^{j'} \mathbf{x}^{j+1} + \alpha\,\beta\,\mathbf{v}^{j+1'} \mathbf{x}^j = 0,$$

und auch für alle Punkte des Strahles

$$(\bar{\mathbf{x}}, \bar{\mathbf{v}}, \bar{\mathbf{u}}, \bar{\mu}) = (\mathbf{x}^g, \mathbf{v}^g, \mathbf{u}^g, \mu^g) + \lambda\,(\mathbf{x}^{g+1}, \mathbf{v}^{g+1}, \mathbf{u}^{g+1}, \mu^{g+1}),$$

gilt: $\quad \bar{\mathbf{v}}' \bar{\mathbf{x}} = (\mathbf{v}^g + \lambda\,\mathbf{v}^{g+1})' \, (\mathbf{x}^g + \lambda\,\mathbf{x}^{g+1})$

$$= \mathbf{v}^{g'} \mathbf{x}^g + \lambda^2\,\mathbf{v}^{g+1'} \mathbf{x}^{g+1} + \lambda\,\mathbf{v}^{g'} \mathbf{x}^{g+1} + \lambda\,\mathbf{v}^{g+1'} \mathbf{x}^g = 0.$$

Unter der Annahme, daß das System (7.10) nicht entartet ist, gilt:

$$0 = \mu^1 < \mu^2 < \ldots < \mu^g.$$

Es sind nun zwei Fälle zu unterscheiden:

1. Bei $\mu^g \geqq 1$ wählt man einen Index j, $1 \leqq j \leqq g - 1$, so daß

$$\mu^j < 1 \leqq \mu^{j+1}.$$

Die konvexe Linearkombination

$$(\hat{\mathbf{x}}, \hat{\mathbf{v}}, \hat{\mathbf{u}}, \hat{\mu}) = \frac{\mu^{j+1} - 1}{\mu^{j+1} - \mu^j}\,(\mathbf{x}^j, \mathbf{v}^j, \mathbf{u}^j, \mu^j) + \frac{1 - \mu^j}{\mu^{j+1} - \mu^j}\,(\mathbf{x}^{j+1}, \mathbf{v}^{j+1}, \mathbf{u}^{j+1}, \mu^{j+1}) \tag{7.16}$$

ist wegen $\hat{\mu} = 1$ nicht nur eine Lösung von (7.10), sondern auch eine Lösung von (7.2). Da überdies die Bedingung (7.3) $\hat{\mathbf{v}}' \hat{\mathbf{x}} = 0$ erfüllt ist, ist man am Ziel angelangt: Der x-Teil $\hat{\mathbf{x}}$ löst das quadratische Programm II.

2. Bei $\mu^g < 1$ bildet man

$$(\hat{\mathbf{x}}, \hat{\mathbf{v}}, \hat{\mathbf{u}}, \hat{\mu}) = (\mathbf{x}^g, \mathbf{v}^g, \mathbf{u}^g, \mu^g) + \frac{1 - \mu^g}{\mu^{g+1}}\,(\mathbf{x}^{g+1}, \mathbf{v}^{g+1}, \mathbf{u}^{g+1}, \mu^{g+1}). \tag{7.17}$$

Wegen $\hat{\mu} = 1$, löst $\hat{\mathbf{x}}$ das quadratische Programm II.

Man erkennt, daß die lange Form noch etwas mehr leistet als die kurze. Wenn nämlich die Zielfunktion des quadratischen Programms noch von einem skalaren

Parameter $v \geq 0$ abhängt,

$$Q(\mathbf{x}, v) = v\,\mathbf{p}'\,\mathbf{x} + \mathbf{x}'\,\mathbf{C}\,\mathbf{x}, \qquad\qquad (7.18)$$

so kann man aus der Folge der Basislösungen der dritten Phase die Lösung des quadratischen Programmes für beliebiges $v \geq 0$ ablesen. Man braucht bloß in den Vorschriften für die Bestimmung von $\hat{\mathbf{x}}$ die Zahl 1 durch irgendein $v \geq 0$ zu ersetzen. Die sich hierbei ergebenden Werte der Variablen stellen eine Lösung von (7.10) mit $\mu = v$ und damit eine Lösung von (7.2) dar, wenn man $\mathbf{p}$ durch $v\,\mathbf{p}$ ersetzt. Damit minimiert aber der $\mathbf{x}$-Teil die Funktion (7.18) für dieses feste, aber beliebig wählbare $v \geq 0$.

Wenn man auf diese *parametrische Programmierung* keinen Wert legt, so kann mas das Rechenverfahren auch so einrichten, daß man in der 3. Phase von vornherein die Nebenbedingung $\mu \leq 1$, d. h.

$$\mu + \zeta^{\mu} = 1, \qquad \zeta^{\mu} \geq 0 \qquad\qquad (7.19)$$

einfügt. Die dritte Phase endet dann mit einer Basislösung, für die $\mu = 1$, und das zugehörige $\mathbf{x}$ ist eine Lösung von II. Die Unterscheidung zwischen $\mu^{g} < 1$ und $\mu^{g} \geq 1$ entfällt.

4. Beweise

Beweis des Hilfssatzes: Man hat aus den Vektoren $\mathbf{x}$ und $\mathbf{v}$ bereits die Teile $\mathbf{x}_x$ und $\mathbf{x}_v$, sowie $\mathbf{v}_x$ und $\mathbf{v}_v$ abgespalten. Wir fassen die noch übriggebliebenen Elemente von $\mathbf{x}$ und $\mathbf{v}$ zu einem Vektor $\mathbf{x}_\delta$ und $\mathbf{v}_\delta$ zusammen. $\mathbf{x}_\delta$ und $\mathbf{v}_\delta$ enthalten die Variablen mit denjenigen Indizes i, für die in der Schlußlösung von Phase 2 bzw. in der endlichen Schlußlösung von Phase 3 und damit auch in der Lösung des im Hilfssatz formulierten Programmes sowohl x_i als auch v_i verschwindet. $\mathbf{x}_x$ und $\mathbf{v}_v$ wurden ja so gewählt, daß sie bereits alle positiven Elemente enthalten.

Wir zerlegen, eventuell nach Umordnung, die Vektoren $\mathbf{x}$ und $\mathbf{v}$ gemäß

$$\mathbf{x}' = \|\, \mathbf{x}'_x, \mathbf{x}'_\delta, \mathbf{x}'_v \,\|, \qquad \mathbf{v}' = \|\, \mathbf{v}'_x, \mathbf{v}'_\delta, \mathbf{v}'_v \,\|$$

und analog

$$\mathbf{A} = \|\, \mathbf{A}_x \;\vdots\; \mathbf{A}_\delta \;\vdots\; \mathbf{A}_v \,\|,$$

$$\mathbf{C} = \left\|\begin{array}{c:c:c} \mathbf{C}_{xx} & \mathbf{C}_{x\delta} & \mathbf{C}_{xv} \\ \hdashline \mathbf{C}'_{x\delta} & \mathbf{C}_{\delta\delta} & \mathbf{C}_{\delta v} \\ \hdashline \mathbf{C}'_{xv} & \mathbf{C}'_{\delta v} & \mathbf{C}_{vv} \end{array}\right\|,$$

$$\mathbf{f}' = \|\, \mathbf{f}'_x, \mathbf{f}'_\delta, \mathbf{f}'_v \,\|,$$

$$\mathbf{R} = \left\|\begin{array}{c} \mathbf{R}_x \\ \hdashline \mathbf{R}_\delta \\ \hdashline \mathbf{R}_v \end{array}\right\|.$$

Mit diesen Abkürzungen ist der Hilfssatz äquivalent der folgenden Behauptung:
   Es sei $\hat{\mathbf{w}}$ der $\mathbf{w}$-Teil einer Lösung des folgenden linearen Programmes:
Man minimiere

$$\mathbf{q'\,w}$$

unter den Nebenbedingungen

$$
\begin{aligned}
\mathbf{A}_x\,\mathbf{x}_x + \;\; \mathbf{A}_\delta\,\mathbf{x}_\delta &&&&&= \mathbf{b} \\
2\,\mathbf{C}_{xx}\mathbf{x}_x + 2\,\mathbf{C}_{x\delta}\mathbf{x}_\delta && &+\, \mathbf{A}'_x\mathbf{u} &+\, \mathbf{R}_x\mathbf{w} &= \mathbf{f}_x \\
2\,\mathbf{C}'_{x\delta}\mathbf{x}_x + 2\,\mathbf{C}_{\delta\delta}\mathbf{x}_\delta -\, \mathbf{v}_\delta && &+\, \mathbf{A}'_\delta\mathbf{u} &+\, \mathbf{R}_\delta\mathbf{w} &= \mathbf{f}_\delta \\
2\,\mathbf{C}_{xv}\mathbf{x}_x + 2\,\mathbf{C}'_{\delta v}\mathbf{x}_\delta && -\, \mathbf{v}_v &+\, \mathbf{A}'_v\mathbf{u} &+\, \mathbf{R}_v\mathbf{w} &= \mathbf{f}_v
\end{aligned}
$$

$$\mathbf{x}_x \geqq \mathbf{0}, \quad \mathbf{x}_\delta \geqq \mathbf{0}, \quad \mathbf{v}_\delta \geqq \mathbf{0}, \quad \mathbf{v}_v \geqq \mathbf{0}, \quad \mathbf{w} \geqq \mathbf{0},$$

($\mathbf{u}$ unbeschränkt).
Dann existiert ein Vektor $\mathbf{r}$ mit

$$\mathbf{C\,r} = \mathbf{0}, \quad \mathbf{A\,r} = \mathbf{0}, \quad \mathbf{q'}\,\hat{\mathbf{w}} = \mathbf{f'\,r}.$$

($\mathbf{x}_v$ und $\mathbf{v}_x$ sind in dieser Formulierung nicht mehr berücksichtigt, da sie ja verschwinden).
   Zum Beweis verwendet man den Dualitätssatz aus der linearen Programmierung. Dieser besagt hier:
   Wenn das obige Programm eine Lösung hat mit $(\hat{\mathbf{x}}_x, \hat{\mathbf{x}}_\delta, \hat{\mathbf{v}}_x, \hat{\mathbf{v}}_\delta, \hat{\mathbf{u}}, \hat{\mathbf{w}})$, so hat auch das duale Programm eine Lösung.
   Dieses duale Programm lautet:
Man maximiere

$$\mathbf{b'\,y} + \mathbf{f'_x\,r}_x + \mathbf{f'_\delta\,r}_\delta + \mathbf{f'_v\,r}_v$$

unter den Nebenbedingungen

$$
\begin{aligned}
\mathbf{A}'_x\,\mathbf{y} + 2\,\mathbf{C}_{xx}\mathbf{r}_x + 2\,\mathbf{C}_{x\delta}\mathbf{r}_\delta + 2\,\mathbf{C}_{xv}\mathbf{r}_v &\leqq \mathbf{0} \\
\mathbf{A}'_\delta\,\mathbf{y} + 2\,\mathbf{C}'_{x\delta}\mathbf{r}_x + 2\,\mathbf{C}_{\delta\delta}\mathbf{r}_\delta + 2\,\mathbf{C}_{\delta v}\mathbf{r}_v &\leqq \mathbf{0} \\
-\, \mathbf{r}_\delta &\leqq \mathbf{0} \\
-\, \mathbf{r}_v &\leqq \mathbf{0} \\
\mathbf{A}_x\,\mathbf{r}_x + \mathbf{A}_\delta\,\mathbf{r}_\delta + \mathbf{A}_v\,\mathbf{r}_v &= \mathbf{0} \\
\mathbf{R}'_x\,\mathbf{r}_x + \mathbf{R}'_\delta\,\mathbf{r}_\delta + \mathbf{R}'_v\,\mathbf{r}_v &\leqq \mathbf{q}\,.
\end{aligned}
$$

Hier treten keine weiteren Vorzeichenbeschränkungen in den Variablen auf. Die Lösung laute:

$$(\hat{\mathbf{y}}, \hat{\mathbf{r}}_x, \hat{\mathbf{r}}_\delta, \hat{\mathbf{r}}_v).$$

Der Dualitätssatz besagt dann weiter: Für diejenigen vorzeichenbeschränkten Variablen des ersten Programmes, die in der Lösung positiv sind (also jedenfalls für $\mathbf{x}_x$ und $\mathbf{v}_v$, denn so wurden diese ja definiert), werden die entsprechenden Ungleichungen des dualen Programms (also jedenfalls die erste und vierte Ungleichung) von dessen Lösung als Gleichungen erfüllt, und die Werte der beiden Zielfunktionen in den Lösungspunkten sind gleich. Man hat also zusammengefaßt:

$$\mathbf{A}'_x\,\hat{\mathbf{y}} + 2\,\mathbf{C}_{xx}\hat{\mathbf{r}}_x + 2\,\mathbf{C}_{x\delta}\hat{\mathbf{r}}_\delta + 2\,\mathbf{C}_{xv}\hat{\mathbf{r}}_v = \mathbf{0} \tag{7.20}$$

$$\mathbf{A}'_\delta\,\hat{\mathbf{y}} + 2\,\mathbf{C}'_{x\delta}\hat{\mathbf{r}}_x + 2\,\mathbf{C}_{\delta\delta}\hat{\mathbf{r}}_\delta + 2\,\mathbf{C}_{\delta v}\hat{\mathbf{r}}_v \leqq \mathbf{0} \tag{7.21}$$

$$- \hat{\mathbf{r}}_\delta \quad\quad \leqq 0 \tag{7.22}$$

$$- \hat{\mathbf{r}}_v = 0 \tag{7.23}$$

$$\mathbf{A}_x\,\hat{\mathbf{r}}_x + \mathbf{A}_\delta\,\hat{\mathbf{r}}_\delta + \mathbf{A}_v\,\hat{\mathbf{r}}_v = 0 \tag{7.24}$$

$$\mathbf{R}'_x\,\hat{\mathbf{r}}_x + \mathbf{R}'_\delta\,\hat{\mathbf{r}}_\delta + \mathbf{R}'_v\,\hat{\mathbf{r}}_v \leqq \mathbf{q} \tag{7.25}$$

und
$$\mathbf{q}'\,\hat{\mathbf{w}} = \mathbf{b}'\,\hat{\mathbf{y}} + \mathbf{f}'_x\,\hat{\mathbf{r}}_x + \mathbf{f}'_\delta\,\hat{\mathbf{r}}_\delta + \mathbf{f}'_v\,\hat{\mathbf{r}}_v. \tag{7.26}$$

Multipliziert man unter Berücksichtigung von (7.22) und (7.23) die Gleichung (7.20) von links mit $\hat{\mathbf{r}}'_x$ und (7.21) von links mit $\hat{\mathbf{r}}'_\delta$, so erhält man

$$\hat{\mathbf{r}}'_x\,\mathbf{A}'_x\,\hat{\mathbf{y}} + 2\,\hat{\mathbf{r}}'_x\,\mathbf{C}_{xx}\,\hat{\mathbf{r}}_x + 2\,\hat{\mathbf{r}}'_x\,\mathbf{C}_{x\delta}\,\hat{\mathbf{r}}_\delta = 0$$
$$\hat{\mathbf{r}}'_\delta\,\mathbf{A}'_\delta\,\hat{\mathbf{y}} + 2\,\hat{\mathbf{r}}'_\delta\,\mathbf{C}'_{x\delta}\,\hat{\mathbf{r}}_x + 2\,\hat{\mathbf{r}}'_\delta\,\mathbf{C}_{\delta\delta}\,\hat{\mathbf{r}}_\delta \leqq 0,$$

und wenn man die beiden Gleichungen addiert und transponiert

$$\hat{\mathbf{y}}'\,(\mathbf{A}_x\,\hat{\mathbf{r}}_x + \mathbf{A}_\delta\,\hat{\mathbf{r}}_\delta) + 2 \left\| \hat{\mathbf{r}}'_x, \hat{\mathbf{r}}'_\delta \right\| \left\| \begin{array}{c|c} \mathbf{C}_{xx} & \mathbf{C}_{x\delta} \\ \hline \mathbf{C}'_{x\delta} & \mathbf{C}_{\delta\delta} \end{array} \right\| \left\| \begin{array}{c} \hat{\mathbf{r}}_x \\ \hat{\mathbf{r}}_\delta \end{array} \right\| \leqq 0.$$

Auf Grund von (7.24) verschwindet der erste Summand; der zweite Summand kann niemals negativ werden, denn mit $\mathbf{C}$ ist auch die Teilmatrix

$$\left\| \begin{array}{c|c} \mathbf{C}_{xx} & \mathbf{C}_{x\delta} \\ \hline \mathbf{C}'_{x\delta} & \mathbf{C}_{\delta\delta} \end{array} \right\|$$

positiv semidefinit.

Es bleibt als einzige Möglichkeit

$$\left\| \hat{\mathbf{r}}'_x, \hat{\mathbf{r}}'_\delta \right\| \left\| \begin{array}{c|c} \mathbf{C}_{xx} & \mathbf{C}_{x\delta} \\ \hline \mathbf{C}'_{x\delta} & \mathbf{C}_{\delta\delta} \end{array} \right\| \left\| \begin{array}{c} \hat{\mathbf{r}}_x \\ \hat{\mathbf{r}}_\delta \end{array} \right\| = 0,$$

und weil die Matrix dieser Form semidefinit ist, folgt hieraus sogar

$$\left\| \begin{array}{c|c} \mathbf{C}_{xx} & \mathbf{C}_{x\delta} \\ \hline \mathbf{C}'_{x\delta} & \mathbf{C}_{\delta\delta} \end{array} \right\| \left\| \begin{array}{c} \hat{\mathbf{r}}_x \\ \hat{\mathbf{r}}_\delta \end{array} \right\| = 0 \tag{7.27}$$

oder ausgeschrieben

$$\mathbf{C}_{xx}\,\hat{\mathbf{r}}_x + \mathbf{C}_{x\delta}\,\hat{\mathbf{r}}_\delta = 0$$
$$\mathbf{C}'_{x\delta}\,\hat{\mathbf{r}}_x + \mathbf{C}_{\delta\delta}\,\hat{\mathbf{r}}_\delta = 0.$$

Setzt man die erste dieser Gleichungen in (7.20) ein, so erhält man

$$\mathbf{A}'_x\,\hat{\mathbf{y}} = 0$$

und damit

$$\mathbf{b}'\,\hat{\mathbf{y}} = (\hat{\mathbf{x}}'_x\,\mathbf{A}'_x + \hat{\mathbf{x}}'_\delta\,\mathbf{A}'_\delta)\,\hat{\mathbf{y}} = \hat{\mathbf{x}}'_x\,\mathbf{A}'_x\,\hat{\mathbf{y}} = 0$$
$$(\hat{\mathbf{x}}_\delta = 0 \text{ nach Definition}).$$

Aus (7.26) wird dann

$$\mathbf{q}'\,\hat{\mathbf{w}} = \mathbf{f}'_x\,\hat{\mathbf{r}}_x + \mathbf{f}'_\delta\,\hat{\mathbf{r}}_\delta + \mathbf{f}'_v\,\hat{\mathbf{r}}_v. \tag{7.28}$$

Wegen $\hat{\mathbf{r}}_v = 0$ läßt sich (7.27) verallgemeinern zu

$$\left\| \begin{array}{c|c|c} \mathbf{C}_{xx} & \mathbf{C}_{x\delta} & \mathbf{C}_{xv} \\ \hline \mathbf{C}'_{x\delta} & \mathbf{C}_{\delta\delta} & \mathbf{C}_{\delta v} \\ \hline \mathbf{C}'_{xv} & \mathbf{C}'_{\delta v} & \mathbf{C}_{vv} \end{array} \right\| \left\| \begin{array}{c} \hat{\mathbf{r}}_x \\ \hat{\mathbf{r}}_\delta \\ \hat{\mathbf{r}}_v \end{array} \right\| = 0. \tag{7.29}$$

Setzt man $\mathbf{r}' = \| \hat{\mathbf{r}}'_x, \hat{\mathbf{r}}'_\delta, \hat{\mathbf{r}}'_v \|$, so lauten (7.29), (7.24) und (7.28):

$$\mathbf{C}\,\mathbf{r} = \mathbf{0}$$
$$\mathbf{A}\,\mathbf{r} = \mathbf{0}$$
$$\mathbf{q}'\,\hat{\mathbf{w}} = \mathbf{f}'\,\mathbf{r}.$$

Damit ist der Hilfssatz bewiesen.

Der zweite noch fehlende Beweis bezieht sich auf den Fall, daß die dritte Phase des langen Verfahrens mit einem endlichen Minimum für $-\mu$, nämlich mit $\mu = 0$ endet. Wir bezeichnen die entsprechende Basislösung des Systems (7.10) mit

$$(\mathbf{x}^1, \mathbf{v}^1, \mathbf{u}^1, \mu^1).$$

Im folgenden müssen wir voraussetzen, daß das System (7.10) nicht entartet ist, daß also jede Lösung mindestens $m+n$ und jede Basislösung genau $m+n$ nichtverschwindende Variable aufweist. Weil $\mu^1 = 0$ und die m unbeschränkten Variablen u_j sich immer in der Basis befinden, müssen dann von den $2\,n$ Variablen x_i^1, v_i^1 genau n positiv sein, und zwar ist für jeden Index i entweder $x_i^1 > 0$ und $v_i^1 = 0$ oder $v_i^1 > 0$ und $x_i^1 = 0$. $\mathbf{x}_\delta$ und $\mathbf{v}_\delta$ sind dann leer.

Die Anwendung des Hilfssatzes (mit $\mathbf{q} = -1$, $\mathbf{R} = \mathbf{p}$) hatte die Existenz eines Vektors $\mathbf{r}$ ergeben mit

$$\mathbf{C}\,\mathbf{r} = \mathbf{0}, \qquad \mathbf{A}\,\mathbf{r} = \mathbf{0}.$$

Auf Grund des Beweises zum Hilfssatz wissen wir über diesen Vektor

$$\mathbf{r}' = \| \hat{\mathbf{r}}'_x, \hat{\mathbf{r}}'_v \|$$

($\hat{\mathbf{r}}'_\delta$ ist mit $\mathbf{x}_\delta$ leer) noch etwas genauer Bescheid.

Diejenigen Elemente von $\mathbf{r}$, die den verschwindenden x_i^1 entsprechen, also die Elemente von $\hat{\mathbf{r}}_v$, verschwinden wegen (7.23). Es zeigt sich nun, daß die Elemente von $\hat{\mathbf{r}}_x$ nicht negativ sein können. Es ist nämlich

$$(\mathbf{x}^1 + \lambda\,\mathbf{r}, \mathbf{v}^1, \mathbf{u}^1, \mu^1) = (\mathbf{x}_x^1 + \lambda\,\hat{\mathbf{r}}_x, \mathbf{x}_v^1 + \lambda\,\hat{\mathbf{r}}_v, \mathbf{v}^1, \mathbf{u}^1, \mu^1)$$
$$= (\mathbf{x}_x^1 + \lambda\,\hat{\mathbf{r}}_x, \mathbf{0}, \mathbf{v}^1, \mathbf{u}^1, 0)$$

ebenfalls eine Lösung von (7.10), wenigstens für genügend kleine λ mit $\mathbf{x}_x^1 + \lambda\,\hat{\mathbf{r}}_x \geqq \mathbf{0}$.

Wäre nun wenigstens ein Element von $\hat{\mathbf{r}}_x$ negativ, so gäbe es einen Wert $\lambda' > 0$ derart, daß für mindestens einen Index i $x_i^1 > 0$ und $x_i^1 + \lambda'\,r_i = 0$. Man hätte mit

$$(\mathbf{x}^1 + \lambda'\,\mathbf{r}, \mathbf{v}^1, \mathbf{u}^1, \mu^1)$$

eine Lösung von (7.10) mit weniger als $m+n$ positiven Elementen, was nach Voraussetzung unmöglich sein sollte; somit haben wir als Resultat, daß

$$\mathbf{r} \geqq \mathbf{0}.$$

Aus $\mathbf{A}\,\mathbf{r} = \mathbf{0}$, $\mathbf{r} \geqq \mathbf{0}$ folgt, daß der gesamte durch

$$\mathbf{x} = \mathbf{x}^1 + \lambda\,\mathbf{r}, \qquad \lambda \geqq 0$$

gegebene Strahl in dem durch

$$\mathbf{A}\,\mathbf{x} = \mathbf{b}, \qquad \mathbf{x} \geqq \mathbf{0}$$

bestimmten zulässigen Bereich des quadratischen Programms II liegt. Längs dieses Strahls hat die Zielfunktion $Q(\mathbf{x})$ wegen $\mathbf{C\,r} = \mathbf{0}$ den Wert

$$Q(\mathbf{x}^1 + \lambda\,\mathbf{r}) = \mathbf{p}'\,\mathbf{x}^1 + \mathbf{x}^{1\prime}\,\mathbf{C}\,\mathbf{x}^1 + \lambda\,\mathbf{p}'\,\mathbf{r}.$$

Aus (7.25) folgt (mit $\mathbf{R} = \mathbf{p}$, $\mathbf{q} = -1$)

$$\mathbf{p}'\,\mathbf{r} \leqq -1.$$

Daraus entnehmen wir, daß $Q(\mathbf{x}^1 + \lambda\,\mathbf{r}) \to -\infty$ mit $\lambda \to \infty$. Der Wert der Zielfunktion ist also auf dem zulässigen Bereich nach unten nicht beschränkt.

5. Beispiel

Unser Vergleichsbeispiel lautet:

$$\text{Man minimiere } Q = \tfrac{1}{2}x_1^2 + \tfrac{1}{2}x_2^2 - x_1 - 2\,x_2$$

unter den Nebenbedingungen

$$\begin{aligned}
2\,x_1 + 3\,x_2 &\leqq 6 \\
x_1 + 4\,x_2 &\leqq 5 \\
x_1 &\geqq 0 \\
x_2 &\geqq 0.
\end{aligned}$$

Wir bringen zunächst durch Einführung von Schlupfvariablen x_3 und x_4 die Nebenbedingungen auf die Form II:

$$\begin{aligned}
2\,x_1 + 3\,x_2 + x_3 &= 6 \\
x_1 + 4\,x_2 + x_4 &= 5 \\
x_1 \geqq 0, \quad x_2 \geqq 0, \quad x_3 &\geqq 0, \quad x_4 \geqq 0.
\end{aligned}$$

Damit ist

$$\mathbf{x} = \begin{Vmatrix} x_1 \\ x_2 \\ x_3 \\ x_4 \end{Vmatrix}, \quad
\mathbf{p} = \begin{Vmatrix} -1 \\ -2 \\ 0 \\ 0 \end{Vmatrix}, \quad
\mathbf{C} = \tfrac{1}{2}\begin{Vmatrix} 1 & 0 & 0 & 0 \\ 0 & 1 & 0 & 0 \\ 0 & 0 & 0 & 0 \\ 0 & 0 & 0 & 0 \end{Vmatrix},$$

$$\mathbf{A} = \begin{Vmatrix} 2 & 3 & 1 & 0 \\ 1 & 4 & 0 & 1 \end{Vmatrix}, \quad
\mathbf{b} = \begin{Vmatrix} 6 \\ 5 \end{Vmatrix}.$$

Man kann sich leicht überzeugen, daß die kurze Form auch dann zum Ziele führt, wenn das Problem II mittels (4.9) aus einem Problem der Form I mit streng definiter Matrix hergeleitet wurde, wie im vorliegenden Beispiel. Aus $\mathbf{C\,r} = \mathbf{0}$, $\mathbf{A\,r} = \mathbf{0}$ folgt nämlich $\mathbf{r} = \mathbf{0}$ wegen der speziellen Bauart von $\mathbf{C}$ und $\mathbf{A}$, und damit ist für die Schlußlösung der zweiten Phase min $\sum z_i = \mathbf{p}'\,\mathbf{r} = 0$. Wir rechnen jedoch übungshalber das Beispiel mit der langen Form.

Hierzu führen wir 14 zusätzliche nicht-negative Variable

$$\mathbf{v}' = \| v_1, v_2, v_3, v_4 \|, \quad \mathbf{w}' = \| w_1, w_2 \|,$$
$$\mathbf{z}^{1\prime} = \| z_1^1, z_2^1, z_3^1, z_4^1 \|, \quad \mathbf{z}^{2\prime} = \| z_1^2, z_2^2, z_3^2, z_4^2 \|$$

und μ sowie 2 unbeschränkte Variable $\mathbf{u}' = \| u_1, u_2 \|$ ein. Dann ist die Lösung des vorgelegten Problems gleich dem $\mathbf{x}$-Teil der Lösung des erweiterten Problems

$$\begin{aligned}
\mathbf{A\,x} &\qquad\qquad\qquad\qquad + \mathbf{w} = \mathbf{b} \\
2\,\mathbf{C\,x} - \mathbf{v} + \mathbf{A'\,u} + \mathbf{z}^1 - \mathbf{z}^2 + \mu\,\mathbf{p} &\qquad = \mathbf{0}
\end{aligned}$$

$$\mathbf{x} \geqq \mathbf{0}, \quad \mathbf{v} \geqq \mathbf{0}, \quad \mathbf{w} \geqq \mathbf{0}, \quad \mathbf{z}^1 \geqq \mathbf{0}, \quad \mathbf{z}^2 \geqq \mathbf{0}, \quad \mu \geqq 0, \quad \mathbf{v'\,x} = 0,$$

sobald $\mathbf{w} = \mathbf{z}^1 = \mathbf{z}^2 = \mathbf{0}$ und $\mu = 1$ wird.

In der *1. Phase* der Berechnungen wird $\sum w_i$ minimiert, wobei μ, $\mathbf{u}$ und $\mathbf{v}$ nicht in die Basis kommen, also null bleiben. In der ersten Basislösung sind $\mathbf{w}$ und $\mathbf{z}^1$ in der Basis.

Entsprechend

$$\begin{aligned}
\mathbf{w} &= \mathbf{b} - \mathbf{A\,x} \\
\mathbf{z}^1 &= \mathbf{0} - 2\,\mathbf{C\,x} + \mathbf{v} - \mathbf{A'\,u} + \mathbf{z}^2 - \mathbf{p}\,\mu
\end{aligned}$$

lautet dann das erste Tableau:

Tableau 1.1

	1	x_1	x_2	x_3	x_4	v_1	v_2	v_3	v_4	u_1	u_2	z_1^2	z_2^2	z_3^2	z_4^2	μ
w_1	6	-2	-3	-1												
w_2	5	-1	-4		-1											
z_1^1	0	-1				1				-2	-1	1				1
z_2^1	0		$\boxed{-1}$				1			-3	-4		1			2
z_3^1	0			0				1		-1				1		
z_4^1	0				0				1	-1					1	
$\sum w_i$	11	-3	-7	-1	-1											
						$*$	$*$	$*$	$*$	$*$	$*$					$*$

Das Pfeilerelement im Schnitt von Austauschspalte und Austauschzeile ist umrandet. Diejenigen Elemente, die nicht in die Basis dürfen, sind durch einen Stern gekennzeichnet. Die Folge der neuen Tableaus ist dann:

Tableau 1.2

	1	x_1	z_2^1	x_3	x_4	v_1	v_2	v_3	v_4	u_1	u_2	z_1^2	z_2^2	z_3^2	z_4^2	μ
w_1	6	-2	3	-1			-3			9	12		-3			-6
w_2	5	-1	4		-1		-4			12	16		$\boxed{-4}$			-8
z_1^1	0	-1				1				-2	-1	1				1
x_2	0		-1				1			-3	-4		1			2
z_3^1	0							1		-1				1		
z_4^1	0								1	-1					1	
$\sum w_i$	11	-3	7	-1	-1		-7			21	28		-7			-14
						$*$	$*$	$*$	$*$	$*$	$*$					$*$

Tableau 1.3

	1	x_1	z_2^1	x_3	x_4	v_1	v_2	v_3	v_4	u_1	u_2	z_1^2	w_2	z_3^2	z_4^2	μ
w_1	9/4	-5/4		-1	3/4								3/4			
z_2^2	5/4	-1/4	1		-1/4		-1			3	4		-1/4			-2
z_1^1	0	$\boxed{-1}$				1				-2	-1	1				1
x_2	5/4	-1/4			-1/4								-1/4			
z_3^1	0							1		-1				1		
z_4^1	0								1		-1				1	
$\sum w_i$	9/4	-5/4		-1	3/4								7/4			
						*	*	*	*	*	*					*

Tableau 1.4

	1	z_1^1	z_2^1	x_3	x_4	v_1	v_2	v_3	v_4	u_1	u_2	z_1^2	w_2	z_3^2	z_4^2	μ
w_1	9/4	5/4	$\boxed{-1}$	3/4	-5/4					5/2	5/4	-5/4	3/4			-5/4
z_2^2	5/4	1/4	1		-1/4	-1/4	-1			7/2	17/4	-1/4	-1/4			-9/4
x_1	0	-1				1				-2	-1	1				1
x_2	5/4	1/4			-1/4	-1/4				1/2	1/4	-1/4	-1/4			-1/4
z_3^1	0							1		-1				1		
z_4^1	0								1		-1				1	
$\sum w_i$	9/4	5/4	-1	3/4	-5/4					5/2	5/4	-5/4	7/4			-5/4
						*	*	*	*	*	*					*

Tableau 1.5

	1	z_1^1	z_2^1	w_1	x_4	v_1	v_2	v_3	v_4	u_1	u_2	z_1^2	w_2	z_3^2	z_4^2	μ
x_3	9/4	5/4	-1	3/4	-5/4					5/2	5/4	-5/4	3/4			-5/4
z_2^2	5/4	1/4	1		-1/4	-1/4	-1			7/2	17/4	-1/4	-1/4			-9/4
x_1	0	-1				1				-2	-1	1				1
x_2	5/4	1/4			-1/4	-1/4				1/2	1/4	-1/4	-1/4			-1/4
z_3^1	0							1		-1				1		
z_4^1	0								1		-1				1	
$\sum w_i$	0			1								1				

Wegen $\sum w_i = 0$ ist die erste Phase beendet. Das letzte Tableau ist entartet in dem Sinne, daß mehr als m der x_i in der Basis sind. Um das Starttableau der zweiten Phase zu erhalten, streicht man die Spalten, die zu den w_i und zu den nicht in der Basis befindlichen z_i^1, z_i^2 gehören. Wegen der Entartung bleiben nur noch drei

z-Variable übrig. In der zweiten Phase wird $\sum z_i$ minimiert unter der Zusatzregel, daß x_i nicht in die Basis darf, wenn v_i in der Basis ist und umgekehrt. Auch μ darf nicht in die Basis.

Tableau 2.1

	1	x_4	v_1	v_2	v_3	v_4	u_1	u_2	μ
x_3	9/4	3/4	$-5/4$				5/2	5/4	$-5/4$
z_2	5/4	$\boxed{-1/4}$	$-1/4$	-1			7/2	17/4	$-9/4$
x_1	0		1				-2	-1	1
x_2	5/4	$-1/4$	$-1/4$				1/2	1/4	$-1/4$
z_3	0				1		-1		
z_4	0					1		-1	
$\sum z_i$	5/4	$-1/4$	$-1/4$	-1	1	1	5/2	13/4	$-9/4$
			*		*	*			*

Tableau 2.2

	1	z_2	v_1	v_2	v_3	v_4	u_1	u_2	μ
x_3	6	-3	-2	-3			13	14	-8
x_4	5	-4	-1	-4			14	17	-9
x_1	0		1				-2	-1	1
x_2	0	1		1			-3	-4	2
z_3	0				1		$\boxed{-1}$		
z_4	0					1		-1	
$\sum z_i$	0	1			1	1	-1	-1	
			*		*	*	*		*

Tableau 2.3

	1	z_2	v_1	v_2	v_3	v_4	z_3	u_2	μ
x_3	6	-3	-2	-3	13		-13	14	-8
x_4	5	-4	-1	-4	14		-14	17	-9
x_1	0		1		-2		2	-1	1
x_2	0	1		1	-3		3	-4	2
u_1	0				1		-1		
z_4	0					1		$\boxed{-1}$	
$\sum z_i$	0	1			1	1		-1	
			*		*	*	*		*

Tableau 2.4

	1	z_2	v_1	v_2	v_3	v_4	z_3	z_4	μ
x_3	6	-3	-2	-3	13	14	-13	-14	-8
x_4	5	-4	-1	-4	14	17	-14	-17	-9
x_1	0		1		-2	-1	2	1	1
x_2	0	1		1	-3	-4	3	4	2
u_1	0				1		-1		
u_2	0					1		-1	
$\sum z_i$	0	1					1	1	
			*	*	*	*			*

Da alle z_i aus der Basis verschwunden sind, ist die zweite Phase beendet. Man streicht die z-Spalten und minimiert in der dritten Phase $-\mu$. Die Zusatzregel muß weiter beachtet werden.

Tableau 3.1

	1	v_1	v_2	v_3	v_4	μ
x_3	6	-2	-3	13	14	-8
x_4	5	-1	-4	14	17	$\boxed{-9}$
x_1	0	1		-2	-1	1
x_2	0			-3	-4	2
u_1	0		1	1		
u_2	0				1	
$-\mu$	0					-1
		*	*	*	*	

Tableau 3.2

	1	v_1	v_2	v_3	v_4	x_4
x_3	14/9	$-10/9$	5/9	5/9	$\boxed{-10/9}$	8/9
μ	5/9	$-1/9$	$-4/9$	14/9	17/9	$-1/9$
x_1	5/9	8/9	$-4/9$	$-4/9$	8/9	$-1/9$
x_2	10/9	$-2/9$	1/9	1/9	$-2/9$	$-2/9$
u_1	0			1		
u_2	0				1	
$-\mu$	$-5/9$	1/9	4/9	$-14/9$	$-17/9$	1/9
		*	*	*		

$$\mu^2 = 5/9 < 1,$$
$$\mathbf{x}^2 = \| \, 5/9, \, 10/9, \, 14/9, \, 0 \, \|'.$$

Tableau 3.3

	1	v_1	v_2	v_3	x_3	x_4
v_4	7/5	-1	1/2	1/2	$-9/10$	4/5
μ	16/5	-2	1/2	5/2	$-17/10$	7/5
x_1	9/5				$-4/5$	3/5
x_2	4/5				1/5	$-2/5$
u_1	0			1		
u_2	7/5	-1	1/2	1/2	$-9/10$	4/5
$-\mu$	$-16/5$	2	$-1/2$	$-5/2$	17/10	$-7/5$
		*	*			

$$\mu^3 = 16/5 > 1,$$
$$\mathbf{x}^3 = \|\, 9/5, 4/5, 0, 0\, \|\,'.$$

Wegen $1 = \dfrac{99}{119}\mu^2 + \dfrac{20}{119}\mu^3$ löst dieselbe Linearkombination von $\mathbf{x}^2$ und $\mathbf{x}^3$ das Problem II:

$$\hat{\mathbf{x}} = \frac{\mu^3 - 1}{\mu^3 - \mu^2}\mathbf{x}^2 + \frac{1 - \mu^2}{\mu^3 - \mu^2}\mathbf{x}^3 = \frac{99}{119}\mathbf{x}^2 + \frac{20}{119}\mathbf{x}^3$$

$$= \|\, 13/17, 18/17, 22/17, 0\, \|\,'.$$

Für die ursprüngliche Aufgabe sind natürlich nur die ersten beiden Komponenten von $\hat{\mathbf{x}}$ wesentlich.

Aus der Folge der Tableaus entnimmt man, daß stets $v_3 = u_1$, $v_4 = u_2$. Das rührt daher, daß das Beispiel ursprünglich die Form I hatte. Wir empfehlen dem Leser als Übung, sich zu überlegen, wie sich die Rechenregeln für eine Aufgabe der Form I ändern, wenn man sie nicht zuerst explizit auf die Form II bringen will. Man hat dann von (4.16) statt von (4.17) auszugehen.

Achtes Kapitel

Das Verfahren von Barankin und Dorfman

1. Einleitung

Für das Problem I

$$\min \{\mathbf{p}'\,\mathbf{x} + \mathbf{x}'\,\mathbf{C}\,\mathbf{x} \mid \mathbf{A}\,\mathbf{x} \leqq \mathbf{b},\ \mathbf{x} \geqq \mathbf{0}\} \qquad (8.1)$$

lauten die Kuhn-Tucker-Bedingungen in der Schreibweise (4.16) von Barankin-Dorfman [1]:

$$\begin{aligned}
\mathbf{A}\,\mathbf{x} \quad\quad\quad + \mathbf{y} &= \mathbf{b} \\
2\,\mathbf{C}\,\mathbf{x} - \mathbf{v} + \mathbf{A}'\,\mathbf{u} \quad &= -\,\mathbf{p} \\
\mathbf{x} \geqq \mathbf{0}, \quad \mathbf{y} \geqq \mathbf{0}, \quad \mathbf{v} \geqq \mathbf{0}, \quad \mathbf{u} \geqq \mathbf{0},
\end{aligned} \qquad (8.2)$$

und

$$\mathbf{x}'\,\mathbf{v} + \mathbf{y}'\,\mathbf{u} = \mathbf{0}. \qquad (8.3)$$

Hierbei ist $\mathbf{C}$ eine positiv semidefinite $(n \times n)$-Matrix, $\mathbf{A}$ eine $(m \times n)$-Matrix. Wie schon im Kapitel IV im Anschluß an (4.16) ausgeführt wurde, ist Bedingung (8.3) nur erfüllbar für eine zulässige Basislösung von (8.2), bei der also von den $2\,(n+m) = 2\,N$ vorzeichenbeschränkten Variablen $\mathbf{x}$, $\mathbf{v}$, $\mathbf{y}$, $\mathbf{u}$ höchstens N ($N = n+m$ ist die Zahl der Gleichungen in (8.2)) positiv sind. Das Problem kann damit so gefaßt werden: Man hat unter den zulässigen Basislösungen von (8.2) eine zu finden, die $\mathbf{x}'\,\mathbf{v} + \mathbf{y}'\,\mathbf{u}$ zu Null macht. Soweit ist der Ansatz der gleiche wie bei Wolfe. Während jedoch Wolfe so vorgeht, daß er in dem (8.2) entsprechenden System (7.2) zunächst Abweichungen in Form von Schlupfvariablen zuläßt und dann mittels des Simplex-Verfahrens über eine Folge von Basislösungen die Summe der Schlupfvariablen zu Null reduziert, derart, daß die (8.3) entsprechende Bedingung (7.3) bei jedem Schritt erfüllt ist, beschreitet das Verfahren von Barankin und Dorfman [1, 2] den umgekehrten Weg: Man beginnt mit einer Basislösung von (8.2), die nicht notwendig (8.3) erfüllt, und reduziert mittels des Simplex-Verfahrens die Größe $\mathbf{x}'\,\mathbf{v} + \mathbf{y}'\,\mathbf{u}$ zu Null. Die Funktion $\mathbf{x}'\,\mathbf{v} + \mathbf{y}'\,\mathbf{u}$ ist über der durch (8.2) gegebenen linearen Mannigfaltigkeit konvex, wie man sofort sieht, wenn man für $\mathbf{v}$ und $\mathbf{y}$ substituiert.

---

1 Vgl. Barankin und Dorfman [1, 2].

2. Der Algorithmus von Barankin und Dorfman

Um die Bedingungen (8.2) und (8.3) etwas handlicher darzustellen, fassen wir die Variablen zu einem $(2\,N)$-Vektor

$$\mathbf{z}' = \|\,\mathbf{x}', \mathbf{y}', \mathbf{v}', \mathbf{u}'\,\| = \|\,x_1, \ldots, x_n, y_1, \ldots, y_m, v_1, \ldots, v_n, u_1, \ldots, u_m\,\| \qquad (8.4)$$

zusammen. Jedem derartigen Vektor wird ein adjungierter Vektor

$$\tilde{\mathbf{z}}' = \|\,\mathbf{v}', \mathbf{u}', \mathbf{x}', \mathbf{y}'\,\| \qquad (8.5)$$

zugeordnet, so daß in Komponentenschreibweise

$$\left. \begin{array}{l} \tilde{z}_i = z_{i+N} \\ \tilde{z}_{i+N} = z_i \end{array} \right\} \ \text{für} \quad i = 1, 2, \ldots, N.$$

Offensichtlich ist dann $\mathbf{x}'\,\mathbf{v} + \mathbf{y}'\,\mathbf{u} = \frac{1}{2}\,\mathbf{z}'\,\tilde{\mathbf{z}}$, so daß sich die Bedingungen (8.2) und (8.3) schreiben lassen als

$$\left\|\begin{array}{c:c:c:c} \mathbf{A} & \mathbf{E} & \mathbf{0} & \mathbf{0} \\ \hdashline 2\,\mathbf{C} & \mathbf{0} & -\mathbf{E} & \mathbf{A}' \end{array}\right\| \mathbf{z} = \left\|\begin{array}{c} \mathbf{b} \\ \hdashline -\mathbf{p} \end{array}\right\|$$
$$\mathbf{z} \geqq \mathbf{0} \qquad (8.6)$$

und
$$\mathbf{z}'\,\tilde{\mathbf{z}} = 0. \qquad (8.7)$$

Das Verfahren von Barankin und Dorfman besteht darin, daß man mit einer zulässigen Basislösung von (8.6) startet und eine Folge von Simplex-Transformationen durchführt, derart, daß die konvexe Funktion

$$T(\mathbf{z}) = \mathbf{z}'\,\tilde{\mathbf{z}} \qquad (8.8)$$

bei jedem Schritt abnimmt, bis man schließlich eine Basislösung mit $T = 0$ erreicht hat. Die Regeln für die Simplex-Transformation sind die gleichen wie im Falle eines linearen Programms, lediglich die Auswahlregeln für die in die Basis zu nehmende Variable sind wegen der Nichtlinearität von T komplizierter. Sie sollen nun hergeleitet werden.

Angenommen, wir hätten eine zulässige Basislösung von (8.6). Das zugehörige Simplextableau gibt die in der Basis befindlichen Variablen z_g als Funktion der N in der Basislösung verschwindenden, unabhängigen Variablen $z_{v_h} = t_h$ gemäß

$$z_g = d_{g0} + \sum_{h=1}^{N} d_{gh}\,t_h. \qquad (8.9)$$

Die Gleichung (8.9) kann auch noch für unabhängige Variable z_g, die sich also unter den t_h befinden, als richtig angesehen werden. Das bedeutet einfach, daß man dem Simplextableau noch Einheitszeilen beifügt, wie beim Verfahren von Beale. In der Kopfspalte des Simplextableaus treten dann alle Variablen z_g, $g = 1, \ldots, 2\,N$ in ihrer natürlichen Reihenfolge auf, und für $z_g = t_j$, d. h. für die nichtbasischen unter den z_g, ist $d_{gh} = 0$ für $h \neq j$, $d_{gj} = 1$.

Die Gleichungen (8.9) für $g = 1, \ldots, 2\,N$ lassen sich in Vektorschreibweise zusammenfassen als

$$z = \mathbf{d}_0 + \sum_{h=1}^{N} t_h\, \mathbf{d}_h. \tag{8.10}$$

Dabei ist $\mathbf{d}_h$ die h-te Spalte des Simplextableaus. Für die vorliegende Basislösung, wo die unabhängigen Variablen verschwinden, hat z den Wert $\mathbf{d}_0 \geqq \mathbf{0}$, und es ist $T = \mathbf{d}_0'\, \tilde{\mathbf{d}}_0$. Wenn wir nun etwa die Variable t_j in die Basis nehmen, d. h. positiv werden lassen, $t_j = \vartheta$, $\vartheta > 0$, wobei alle übrigen unabhängigen Variablen t_h, $h \neq j$, auf dem Wert Null belassen werden, so ändert sich der gesamte Vektor z gemäß

$$z = \mathbf{d}_0 + \vartheta\, \mathbf{d}_j. \tag{8.11}$$

Man kann die Erhöhung von t_j nur soweit treiben, bis erstmals eine der vorher positiven Variablen verschwindet; das ist der Fall bei

$$\vartheta_j = \min \left\{ \frac{d_{g0}}{|d_{gj}|} \;\middle|\; d_{gj} < 0 \right\}. \tag{8.12}$$

Für $t_j = \vartheta_j$ hat man die neue Basislösung erreicht. In der neuen Basislösung hat z den Wert

$$\bar{z} = \mathbf{d}_0 + \vartheta_j\, \mathbf{d}_j, \tag{8.13}$$

und T hat den neuen Wert

$$T_j = T(\bar{z}) = (\mathbf{d}_0 + \vartheta_j\, \mathbf{d}_j)'\, (\tilde{\mathbf{d}}_0 + \vartheta_j\, \tilde{\mathbf{d}}_j). \tag{8.14}$$

Wegen

$$\mathbf{d}_j'\, \tilde{\mathbf{d}}_0 = \sum_{i=1}^{N} d_{ij}\, d_{i+N,\,0} + \sum_{i=1}^{N} d_{i+N,\,j}\, d_{i,\,0} = \mathbf{d}_0'\, \tilde{\mathbf{d}}_j$$

kann man dafür auch schreiben

$$T_j = \mathbf{d}_0'\, \tilde{\mathbf{d}}_0 + 2\, \vartheta_j\, \mathbf{d}_j'\, \tilde{\mathbf{d}}_0 + \vartheta_j^2\, \mathbf{d}_j'\, \tilde{\mathbf{d}}_j = T + \vartheta_j\, K_j \tag{8.15}$$

mit

$$K_j = 2\, \alpha_j + \vartheta_j\, \beta_j, \tag{8.16}$$

$$\alpha_j = \mathbf{d}_j'\, \tilde{\mathbf{d}}_0, \tag{8.17}$$

$$\beta_j = \mathbf{d}_j'\, \tilde{\mathbf{d}}_j. \tag{8.18}$$

Da der Wert von T durch die Simplex-Transformation abnehmen soll, darf man nur eine solche Variable t_j in die Basis nehmen, für die $K_j < 0$. Dies ist die neue Auswahlregel. Wegen $\vartheta_j > 0$ gilt dann $T_j < T$. Wenn mehrere K_j negativ sind, so wählt man etwa dasjenige, für das $\vartheta_j K_j$ am meisten negativ wird. Die Größen β_j, im wesentlichen die zweiten Ableitungen von T nach t_j, sind wegen der Konvexität von T nie negativ. Somit kann K_j nur dann negativ werden, wenn α_j negativ ist. Für diejenigen j mit $\alpha_j \geqq 0$ kann man sich die Berechnung von β_j, ϑ_j, K_j sparen.

Die Auswahlregel läuft darauf hinaus, daß man für jede unabhängige Variable probeweise die Simplex-Transformation durchführt, um zu sehen, ob die resultierende neue Basislösung einen geringeren T-Wert liefert. Wegen der Konvexität von

T genügt es nicht, nur die ersten Ableitungen α_j zu untersuchen wie im linearen Fall, wo die Zielfunktion bei negativem α_j monoton abnimmt; es könnte nämlich sein, daß T auf dem Geradensegment zwischen der alten und der neuen Basislösung ein Minimum annimmt und dann wieder ansteigt, so daß die neue Basislösung bereits wieder einen höheren T-Wert liefert.

Es kann sein, daß $K_j > 0$ für alle j, obwohl noch $T > 0$ ist. Dann versagt das Verfahren. Fig. 7 zeigt einen solchen Fall. P_1 bis P_7 sei der durch (8.6) gegebene Bereich. Die gestrichelten Kurven geben die T-Werte. Die Ecken entsprechen den Basislösungen, die Simplextransformation entspricht dem Übergang zu einer anliegenden Ecke. Wenn man sich nun in P_1 befindet, so haben die beiden anliegenden Ecken P_2 und P_7 höhere T-Werte, obwohl P_1 noch nicht die Lösung darstellt. Das im nächsten Kapitel beschriebene Verfahren von Frank und Wolfe zeigt einen Ausweg aus dieser Situation. Beim Verfahren von Barankin und Dorfman bleibt in diesem Fall nichts übrig, als eine vorübergehende Erhöhung der T-Werte in Kauf zu nehmen, indem man eine Variable mit positivem K_j in die Basis nimmt und nach Gefühl durch diesen „toten Bereich" rechnet.

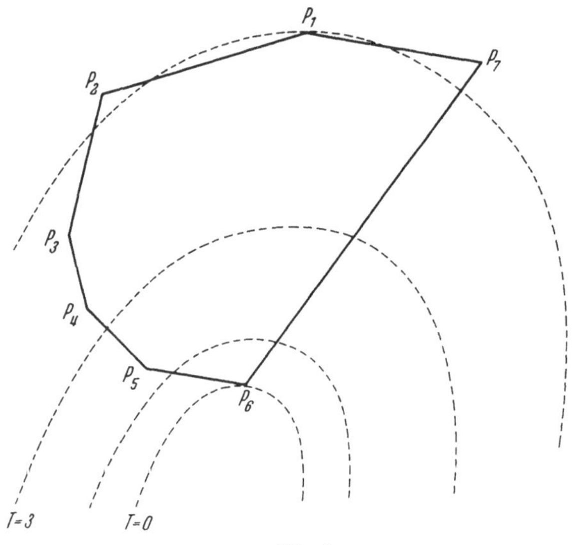

Fig. 7

3. Rechenschema und Beispiel

Bevor das eigentliche Verfahren starten kann, benötigt man eine zulässige Basislösung von (8.6) mit zugehörigem Simplextableau. Wenn eine solche Lösung nicht unmittelbar aus den Daten ersichtlich ist, so kann man künstliche Schlupfvariable einführen und diese in einer ersten Phase zu Null reduzieren (man vergleiche das Verfahren von Wolfe). Hat man eine zulässige Basislösung mit zugehörigem Simplextableau gefunden, so beginnt die Minimierung von T. Man fügt dem Simplextableau, wenn dies nicht schon der Fall ist, noch Einheitszeilen für die nichtbasischen Variablen zu, so daß das Tableau alle Variablen als Funktion der nichtbasischen Variablen gibt. Ferner bringt man die Zeilen des Tableaus in die natürliche Reihenfolge, entsprechend den Indizes von z_g, und vervollständigt dann das Tableau durch ein Zusatztableau gemäß (8.19).

$$
\begin{array}{l|cccc}
 & 1 & z_{v_1} & \cdots & z_{v_N} \\
\hline
x_1 = z_1 & d_{10} & d_{11} & \cdots & d_{1N} \\
\cdot & \cdot & \cdot & & \cdot \\
\cdot & \cdot & \cdot & & \cdot \\
\cdot & \cdot & \cdot & & \cdot \\
y_m = z_N & d_{N,0} & d_{N,1} & \cdots & d_{N,N} \\
v_1 = z_{N+1} & d_{N+1,0} & d_{N+1,1} & \cdots & d_{N+1,N} \\
\cdot & \cdot & \cdot & & \cdot \\
\cdot & \cdot & \cdot & & \cdot \\
u_m = z_{2N} & d_{2N,0} & d_{2N,1} & \cdots & d_{2N,N} \\
\hline
 & \alpha_0 & \alpha_1 & \cdots & \alpha_N \\
 & & \beta_1 & \cdots & \beta_N \\
 & & \vartheta_1 & \cdots & \vartheta_N \\
 & & K_1 & \cdots & K_N
\end{array}
\tag{8.19}
$$

Simplextableau (Zeilen $x_1 = z_1$ bis $u_m = z_{2N}$); *Zusatztableau* (α_0 bis K_N).

Dabei geht man so vor, daß man zuerst

$$
\alpha_0 = T = \mathbf{d}_0' \, \tilde{\mathbf{d}}_0 = 2 \sum_{i=1}^{N} d_{i0} \, d_{i+N,0}
$$

berechnet. Wenn $\alpha_0 = 0$, so ist das Tableau optimal, und der **x**-Teil von **z** ist die gesuchte Lösung. Andernfalls berechnet man für $j = 1, \ldots, N$

$$
\alpha_j = \mathbf{d}_j' \, \tilde{\mathbf{d}}_0 = \sum_{i=1}^{N} (d_{ij} \, d_{i+N,0} + d_{i+N,j} \, d_{i0}).
$$

Für diejenigen j mit $\alpha_j < 0$ berechnet man

$$
\beta_j = \mathbf{d}_j' \, \tilde{\mathbf{d}}_j = 2 \sum_{i=1}^{N} d_{ij} \, d_{i+N,j},
$$

$$
\vartheta_j = \min\left\{ \frac{d_{g0}}{|d_{gj}|} \;\middle|\; d_{gj} < 0 \right\}
$$

(das Element d_{gj}, das das Minimum liefert, wird markiert) und

$$
K_j = 2\,\alpha_j + \vartheta_j \, \beta_j.
$$

Man wählt eine der Spalten mit negativem K_j als Austauschspalte, etwa diejenige, für die $\vartheta_j K_j$ am meisten negativ wird. Die entsprechende Variable kommt in die Basis. Das in dieser Spalte bei der Bestimmung von ϑ_j markierte Element wird zum Pfeilerelement.

Wenn kein negatives K_j existiert, während noch $\alpha_0 > 0$ ist, so versagt das Verfahren; man kann dann versuchen, irgendeine Variable in die Basis zu nehmen und nach einiger Zeit aus dem toten Raum herauszukommen, oder man startet mit einer anderen Basislösung.

Wenn die Austauschspalte bestimmt ist, so benötigt man das Zusatztableau nicht mehr. Das Simplextableau wird nach den üblichen Regeln transformiert, die sich allerdings wegen der Einheitszeilen etwas vereinfachen. Wir haben diese vereinfachten Regeln schon beim Verfahren von Beale angegeben und wiederholen sie kurz:

Die Variable am Kopf der Austauschspalte wird ersetzt durch die Variable am Kopf derjenigen Zeile, in der das Pfeilerelement steht (Austauschzeile).

Um die neuen Elemente der Austauschspalte zu erhalten, dividiere man jedes Element durch das Pfeilerelement. (Das Pfeilerelement wird dabei zu 1.)

Um eine der restlichen Spalten des neuen Tableaus zu erhalten, subtrahiere man von der entsprechenden Spalte des alten Tableaus elementweise die bereits gebildete Austauschspalte des neuen Tableaus, multipliziert mit dem Element im Schnitt der betreffenden Spalte und der Austauschzeile. (Die Austauschzeile wird dabei zur Einheitszeile.)

Man kann auch so vorgehen, daß man zunächst die erste Spalte $\bar{d}_{g0}$ des neuen Tableaus auf Grund von

$$\bar{d}_{g0} = d_{g0} + \vartheta_j d_{gj}$$

bestimmt und hierauf $\bar{\alpha}_0$ berechnet. Wenn diese Größe verschwindet, so ist die neue Basislösung optimal, und man kann sich für das restliche Tableau die Transformation sparen.

Das neue Simplextableau wird gleich behandelt wie das alte. Man berechnet das Zusatztableau und ermittelt die Austauschspalte. Das Verfahren wird so lange fortgesetzt, bis $T = 0$ erreicht ist.

Beispiel: Für unser Vergleichsbeispiel ist

$$\mathbf{p} = \left\| \begin{matrix} -1 \\ -2 \end{matrix} \right\|, \quad \mathbf{C} = \left\| \begin{matrix} 1/2 & 0 \\ 0 & 1/2 \end{matrix} \right\|, \quad \mathbf{A} = \left\| \begin{matrix} 2 & 3 \\ 1 & 4 \end{matrix} \right\|, \quad \mathbf{b} = \left\| \begin{matrix} 6 \\ 5 \end{matrix} \right\|.$$

Das System (8.6) lautet in Koeffizientenschreibweise:

x_1	x_2	y_1	y_2	v_1	v_2	u_1	u_2	
2	3	1						6
1	4		1					5
1				-1	2	1		1
	1				-1	3	4	2

Als Startpunkt wählen wir diejenige Basislösung, bei der x_1, x_2, v_1, u_1 mit den Werten 9/5, 4/5, 8/5, 2/5 in der Basis sind. Das zugehörige Tableau, das bereits auf die Normalform gebracht und durch das Zusatztableau ergänzt wurde, lautet:

Tableau 1

Simplex-tableau		1	(t_1) y_1	y_2	v_2	(t_4) u_2
$(z_1 =)$	x_1	9/5	$-$ 4/5	3/5		
.	x_2	4/5	1/5	$-$ 2/5		
.	y_1	0	1			
.	y_2	0		1		
.	v_1	8/5	$-$ 14/15*	13/15	2/3	$-$ 5/3
.	v_2	0			1	
.	u_1	2/5	$-$ 1/15	2/15	1/3	$\boxed{- 4/3*}$
$(z_8=)$	u_2	0				1
Zusatz-tableau	α_j:	144/25	$-$ 64/25	63/25	2	$-$ 3
	β_j:		102/75	$-$	$-$	0
	ϑ_j:		12/7	$-$	$-$	3/10
	K_j:		$-$ 488/175	$-$	$-$	$-$ 6

Das eingerahmte Element gibt den Wert von T. Die mit einem Stern versehenen Elemente liefern bei der Bestimmung von ϑ_j das Minimum. Sie werden zum Pfeilerelement, wenn die betreffende Spalte zur Austauschspalte wird. Das tatsächliche Pfeilerelement ist umrandet. Man nimmt u_2 in die Basis und erhält

Tableau 2

	1	y_1	y_2	v_2	u_1
x_1	9/5	$-$ 4/5	3/5		
x_2	4/5	1/5	$-$ 2/5		
y_1	0	1			
y_2	0		1		
v_1	11/10	$\boxed{- 51/60*}$	7/10	1/4	5/4
v_2	0			1	
u_1	0				1
u_2	3/10	$-$ 1/20	1/10	1/4	$-$ 3/4
α_j	99/25	$-$ 241/100	111/50	5/4	9/4
β_j		102/75	26/25	$-$	$-$
ϑ_j		66/51	11/7	$-$	$-$
K_j		$-$ 153/50	1063/175	$-$	$-$

Das nächste Tableau braucht nicht mehr vollständig berechnet zu werden, da $\bar{T} = \bar{\alpha}_0 = \alpha_0 + \vartheta_1 K_1 = 0$ anzeigt, daß es sich um die Lösung handelt. Wir geben nur noch die Werte der Basisvariablen:

$$x_1 = 13/17, \quad x_2 = 18/17, \quad y_1 = 22/17, \quad u_2 = 4/17.$$

Neuntes Kapitel

Das Verfahren von Frank und Wolfe

1. Beschreibung

Frank und Wolfe [1] haben eine Verfeinerung des Verfahrens von Barankin-Dorfman entwickelt, die ohne Einschränkungen zum Ziel führt. Der Ansatz ist der gleiche wie im vorangehenden Kapitel. Man möchte

$$T(\mathbf{z}) = \mathbf{z}' \,\tilde{\mathbf{z}} \tag{9.1}$$

minimieren unter den Nebenbedingungen

$$\mathbf{B}\,\mathbf{z} = \mathbf{d}$$
$$\mathbf{z} \geqq \mathbf{0}\,. \tag{9.2}$$

Hierbei ist zur Abkürzung

$$\mathbf{B} = \left\|\begin{array}{c|c|c|c} \mathbf{A} & \mathbf{E} & \mathbf{0} & \mathbf{0} \\ \hline 2\,\mathbf{C} & \mathbf{0} & -\mathbf{E} & \mathbf{A}' \end{array}\right\|, \qquad \mathbf{d} = \left\|\begin{array}{c} \mathbf{b} \\ \hline -\mathbf{p} \end{array}\right\| \tag{9.3}$$

gesetzt. $\mathbf{z}$ und $\tilde{\mathbf{z}}$ sind wie im vorangehenden Kapitel definiert. Man weiß, daß das Minimum von $T(\mathbf{z})$ unter den Bedingungen (9.2) den Wert Null hat und für eine Basislösung angenommen wird. Der $\mathbf{x}$-Teil eines optimalen $\hat{\mathbf{z}}$ stellt eine Lösung des quadratischen Programms I

$$\min \{\mathbf{p}'\,\mathbf{x} + \mathbf{x}'\,\mathbf{C}\,\mathbf{x} \mid \mathbf{A}\,\mathbf{x} \leqq \mathbf{b}, \quad \mathbf{x} \geqq \mathbf{0}\}$$

dar.

Das Verfahren von Frank und Wolfe benötigt für den Start des Verfahrens, genau wie das Verfahren von Barankin-Dorfman, eine zulässige Basislösung $\mathbf{z}^0$ von (9.2) mit zugehörigem Simplextableau. Die Rekursionsvorschrift von Frank und Wolfe für die Minimierung von T lautet folgendermaßen:

Man hat als Resultat der k-ten Runde eine zulässige Basislösung $\mathbf{z}^k$ von (9.2) nebst zugehörigem Simplextableau sowie eine andere zulässige Lösung $\mathbf{w}^k$ von (9.2) (nicht notwendig eine Basislösung), die für T noch positive Werte ergibt (für den Start des Verfahrens setzt man $\mathbf{w}^0 = \mathbf{z}^0$). Man verwende das Simplex-Verfahren, um, ausgehend von der Basislösung $\mathbf{z}^k$, die Linearform in $\mathbf{z}$

$$\mathbf{z}' \,\tilde{\mathbf{w}}^k \tag{9.4}$$

zu minimieren unter den Nebenbedingungen (9.2). Man erhält eine Folge von Basislösungen

$$\mathbf{Z}^0 = \mathbf{z}^k, \mathbf{Z}^1, \mathbf{Z}^2, \ldots$$

mit

$$\mathbf{Z}^{0\prime} \tilde{\mathbf{w}}^k > \mathbf{Z}^{1\prime} \tilde{\mathbf{w}}^k > \mathbf{Z}^{2\prime} \tilde{\mathbf{w}}^k \ldots .$$

Das Verfahren wird abgebrochen, sobald entweder

$$\text{a) } \mathbf{Z}^{h\prime} \tilde{\mathbf{Z}}^h = 0 \tag{9.5}$$

oder

$$\text{b) } \mathbf{Z}^{h\prime} \tilde{\mathbf{w}}^k \leqq \frac{1}{2} \mathbf{w}^{k\prime} \tilde{\mathbf{w}}^k = \frac{1}{2} T(\mathbf{w}^k) \tag{9.6}$$

erfüllt ist.

Im ersten Falle stellt $\mathbf{Z}^h$ die Endlösung $\hat{\mathbf{z}}$ dar.

Im zweiten Falle setzt man

$$\mathbf{z}^{k+1} = \mathbf{Z}^h \tag{9.7}$$

$$\mathbf{w}^{k+1} = \mathbf{w}^k + \mu \, (\mathbf{z}^{k+1} - \mathbf{w}^k) \tag{9.8}$$

mit

$$\mu = \min \left\{ 1, \frac{(\mathbf{w}^k - \mathbf{z}^{k+1})' \, \tilde{\mathbf{w}}^k}{(\mathbf{z}^{k+1} - \mathbf{w}^k)' \, (\tilde{\mathbf{z}}^{k+1} - \tilde{\mathbf{w}}^k)} \right\}. \tag{9.9}$$

Frank und Wolfe haben gezeigt, daß in jeder Runde entweder a) oder b) eintreten muß, und daß nach endlich vielen Runden einmal a) eintreten muß, so daß man dann die Lösung gefunden hat.

$\mathbf{w}^{k+1}$ ist derjenige Punkt des Geradensegmentes zwischen $\mathbf{w}^k$ und $\mathbf{z}^{k+1}$, der für $T(\mathbf{z})$ das Minimum auf dem Geradensegment liefert.

Um sich den Verlauf des Verfahrens anschaulich klarzumachen, kann man berücksichtigen, daß

$$\frac{\partial T}{\partial \mathbf{z}} = 2 \, \tilde{\mathbf{z}},$$

speziell

$$\left(\frac{\partial T}{\partial \mathbf{z}} \right)_{\mathbf{z} = \mathbf{w}^k} = 2 \, \tilde{\mathbf{w}}^k.$$

Man erhält also die lineare Funktion (9.4) $\mathbf{z}' \, \tilde{\mathbf{w}}^k$, wenn man T im Punkte $\mathbf{w}^k$ linearisiert, und zwar so, daß die Gradienten der beiden Funktionen im Punkt $\mathbf{w}^k$ gleiche Richtung haben.

Wir geben in Figur 8 ein schematisches Beispiel für das Verfahren. Der zulässige Bereich stimmt mit Figur 7 im vorangehenden Kapitel überein. Offenbar ist P_6 die Lösung mit $T = 0$. Angenommen, das Verfahren starte bei $P_1 = \mathbf{z}^0 = \mathbf{w}^0$. Das Verfahren von Barankin-Dorfman, das verlangt, daß man zu einer anliegenden Ecke mit geringerem T-Wert übergeht, versagt dann. Beim Verfahren von Frank und Wolfe linearisiert man die Zielfunktion $T(\mathbf{z})$ im Punkte P_1, um die so entstehende lineare Funktion mittels des Simplex-Verfahrens zu erniedrigen, wobei man vom Basispunkt P_1 ausgeht.

Wir erhalten $\mathbf{Z}^1 = P_2, \mathbf{Z}^2 = P_3$.

Bei P_3 möge Bedingung (9.6) erfüllt sein. Wir wählen als $\mathbf{w}^1$ denjenigen Punkt des Geradensegments zwischen $\mathbf{w}^0 = P_1$ und $\mathbf{z}^1 = \mathbf{Z}^2 = P_3$, der den geringsten T-

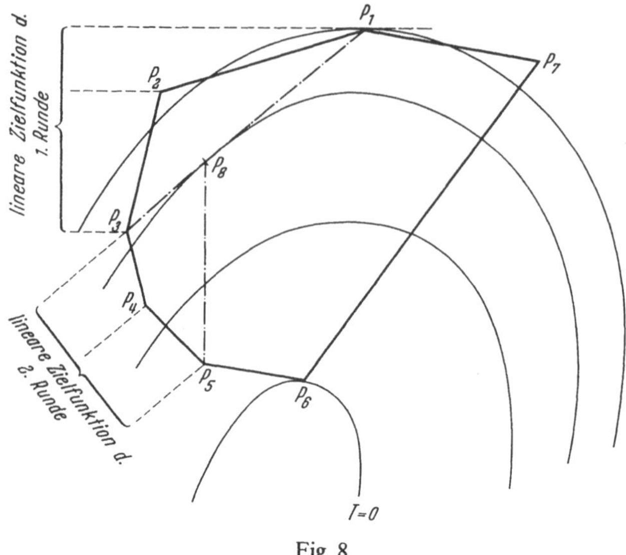

Fig. 8

Wert liefert; das ist $P_8 : P_8 = \mathbf{w}^1$. Wir linearisieren die Zielfunktion in P_8 und erniedrigen die lineare Form, die so entsteht, mittels des Simplexverfahrens, ausgehend von der Basislösung P_3. Dann ist $\mathbf{Z}^1 = P_4$, $\mathbf{Z}^2 = P_5$. Bei P_5 sei wieder Bedingung (9.6) erfüllt; $P_5 = \mathbf{z}^2$. Den niedrigsten Wert auf dem Geradensegment zwischen P_8 und P_5 nimmt T offensichtlich in P_5 an, so daß jetzt

$$\mathbf{w}^2 = \mathbf{z}^2 = P_5 \qquad (\mu \text{ ist gleich } 1).$$

Man linearisiert in P_5 und wiederholt das Verfahren nochmals. Bei P_6 ist dann Bedingung (9.5) erfüllt, und wir haben die Lösung erreicht.

2. Beispiel zum Verfahren von Frank und Wolfe

Das auch bei den übrigen Methoden verwandte Beispiel lautet:

$$Q = -x_1 - 2x_2 + \tfrac{1}{2}x_1^2 + \tfrac{1}{2}x_2^2 = \min$$
$$2x_1 + 3x_2 \leqq 6$$
$$x_1 + 4x_2 \leqq 5$$
$$x_i \geqq 0, \qquad i = 1, 2.$$

Damit wird

$$\mathbf{p}' = \| -1, -2 \|, \qquad \mathbf{b}' = \| 6, 5 \|,$$
$$\mathbf{C} = \left\| \begin{matrix} 1/2 & 0 \\ 0 & 1/2 \end{matrix} \right\|, \qquad \mathbf{A} = \left\| \begin{matrix} 2 & 3 \\ 1 & 4 \end{matrix} \right\|.$$

Nach den im vorigen Kapitel gegebenen Definitionen ist dann

$$\mathbf{z} = \| x_1, x_2, y_1, y_2, v_1, v_2, u_1, u_2 \|' = \| z_1, z_2, \ldots, z_8 \|'$$

$$\tilde{\mathbf{z}} = \| v_1, v_2, u_1, u_2, x_1, x_2, y_1, y_2 \|'.$$

Ferner

$$\mathbf{B} = \begin{Vmatrix} 2 & 3 & 1 & 0 & 0 & 0 & 0 & 0 \\ 1 & 4 & 0 & 1 & 0 & 0 & 0 & 0 \\ 1 & 0 & 0 & 0 & -1 & 0 & 2 & 1 \\ 0 & 1 & 0 & 0 & 0 & -1 & 3 & 4 \end{Vmatrix}, \quad \mathbf{d} = \begin{Vmatrix} 6 \\ 5 \\ 1 \\ 2 \end{Vmatrix}.$$

Die neue Aufgabe lautet dann:

$$\text{Man minimiere } T(\mathbf{z}) = \mathbf{z}' \, \tilde{\mathbf{z}}$$

unter den Nebenbedingungen

$$\mathbf{B}\,\mathbf{z} = \mathbf{d}$$
$$\mathbf{z} \geqq \mathbf{0}.$$

Der *erste Schritt* des Verfahrens besteht darin, eine Basislösung zu finden. Hierzu kann man die Methode der *1. Phase des Wolfeschen Algorithmus* verwenden. Man braucht bei diesem Beispiel nur 2 neue Schlupfvariable

$$\mathbf{w}' = \| w_1, w_2 \|$$

und die Matrix

$$F = \begin{Vmatrix} 0 & 0 \\ 0 & 0 \\ 1 & 0 \\ 0 & 1 \end{Vmatrix}$$

einzuführen und minimiert $\sum\limits_{i=1}^{2} w_i$ unter den Nebenbedingungen

$$\mathbf{B}\,\mathbf{z} + \mathbf{F}\,\mathbf{w} = \mathbf{d}$$
$$\mathbf{z}, \mathbf{w} \geqq \mathbf{0}.$$

Man bringt zunächst y_1, y_2, w_1, w_2 in die Basis. Wenn nach einer Folge von Basisauswechslungen $\sum w_i = 0$ ist, hat man eine Basislösung des ursprünglichen Systems gewonnen, und die 1. Phase ist beendet.

Die Folge der Simplex-Tableaus lautet (wobei die Basisauswechslung durch Umrandung des Pfeilerelements angegeben ist):

Tableau 1.1

	1	x_1	x_2	v_1	v_2	u_1	u_2
y_1	6	-2	-3				
y_2	5	-1	-4				
w_1	1	-1		1		$\boxed{-2}$	-1
w_2	2		-1		1	-3	-4
$\sum w_i$	3	-1	-1	1	1	-5	-5

Tableau 1.2

	1	x_1	x_2	v_1	v_2	w_1	u_2
y_1	6	-2	-3				
y_2	5	-1	-4				
u_1	1/2	$-1/2$		1/2		$-1/2$	$-1/2$
w_2	1/2	3/2	-1	$-3/2$	1	3/2	$\boxed{-5/2}$
$\sum w_i$	1/2	3/2	-1	$-3/2$	1	5/2	$-5/2$

Tableau 1.3

	1	x_1	x_2	v_1	v_2	w_1	w_2
y_1	6	-2	-3				
y_2	5	-1	-4				
u_1	2/5	$-4/5$	1/5	4/5	$-1/5$	$-4/5$	1/5
u_2	1/5	3/5	$-2/5$	$-3/5$	2/5	3/5	$-2/5$
$\sum w_i$	0					1	1

Damit ist das Ende des 1. Schrittes erreicht, $\sum w_i = 0$.

Man hat also nach der Definition im Text (**w** hat jetzt eine andere Bedeutung als in der obigen Zwischenrechnung):

$$\mathbf{z}^0 = \mathbf{w}^0 = \| \; 0, \quad 0, \quad 6, \quad 5, \quad 0, \quad 0, \quad 2/5, \quad 1/5 \; \|'$$
$$\tilde{\mathbf{w}}^0 = \| \; 0, \quad 0, \quad 2/5, \quad 1/5, \quad 0, \quad 0, \quad 6, \quad 5 \; \|'.$$

Da $\mathbf{w}^{0'} \tilde{\mathbf{w}}^0 > 0$, ist die Lösung noch nicht erreicht, und man muß weiter rechnen.

In der zweiten Phase beginnt die eigentliche Iteration. Man sucht $\mathbf{z}^k$ mit $\mathbf{z}^k = \| z_1^k \ldots z_8^k \|'$, so daß

$$\mathbf{z}^{k'} \tilde{\mathbf{w}}^k = \min!$$

unter den Nebenbedingungen

$$\mathbf{B} \, \mathbf{z}^k = \mathbf{d}$$
$$\mathbf{z}^k \geqq \mathbf{0}, \quad \text{bei der ersten Iteration für } k = 0.$$

Man errechnet $\frac{1}{2} \mathbf{w}^{0'} \tilde{\mathbf{w}}^0 = 17/5$.

Das erste Tableau erhält man durch Umbezeichnung unmittelbar aus dem Tableau 1.3:

Tableau 2.0

	1	z_1	z_2	z_5	z_6
z_3	6	-2	-3		
z_4	5	-1	-4		
z_7	2/5	$\boxed{-4/5}$	1/5	4/5	$-1/5$
z_8	1/5	3/5	$-2/5$	$-3/5$	2/5
$\mathbf{z}' \tilde{\mathbf{w}}^0$	34/5	$-14/5$	$-14/5$	9/5	4/5

Die jetzige Lösung wird als $\mathbf{Z}^0 = \mathbf{z}^0 = \mathbf{w}^0$ bezeichnet.

Da a) $\mathbf{Z}^{0'} \tilde{\mathbf{Z}}^0 = 34/5 > 0$, wird die Rechnung fortgesetzt.

Tableau 2.1

	1	z_7	z_2	z_5	z_6
z_3	5	5/2	$-7/2$	-2	1/2
z_4	9/2	5/4	$\boxed{-17/4}$	-1	1/4
z_1	1/2	$-5/4$	1/4	1	$-1/4$
z_8	1/2	$-3/4$	$-1/4$		1/4
$\mathbf{z'}\,\tilde{\mathbf{w}}^0$	27/5	7/2	$-7/2$	-1	3/2

Die jetzige Lösung sei $\mathbf{Z}^1$.

Da a) $\mathbf{Z}^{1\prime}\,\tilde{\mathbf{Z}}^1 = 9/2 > 0$ und

    b) $\mathbf{Z}^{1\prime}\,\tilde{\mathbf{w}}^0 = 27/5 > 17/5$

wird die Rechnung fortgesetzt.

Tableau 2.2

	1	z_7	z_4	z_5	z_6
z_3	22/17	25/17	14/17	$-20/17$	5/17
z_2	18/17	5/17	$-4/17$	$-4/17$	1/17
z_1	13/17	$-20/17$	$-1/17$	16/17	$-4/17$
z_8	4/17	$-14/17$	1/17	1/17	4/17
$\mathbf{z'}\,\tilde{\mathbf{w}}^0$	144/85	42/17	14/17	$-3/17$	22/17

Wir nennen die neue Lösung $\mathbf{Z}^2$. Es ist

$$\mathbf{Z}^2 = \|\, 13/17,\ 18/17,\ 22/17,\ 0,\ 0,\ 0,\ 0,\ 4/17 \,\|'.$$

Da jetzt $\mathbf{Z}^{2\prime}\,\tilde{\mathbf{Z}}^2 = 0$, ist die Endlösung erreicht. Der Fall b) tritt nicht auf. Zurückgehend auf die ursprünglichen Bezeichnungsweisen hat man also:

$$x_1 = 13/17, \qquad x_2 = 18/17.$$

Zehntes Kapitel

Gradientenverfahren

1. Einleitung

Um die Verwendung der Gradientenmethoden möglichst anschaulich einzuführen, gehen wir zuerst vom R^3 aus und betrachten die Gleichung

$$Q \equiv \mathbf{x}' \, \mathbf{C} \, \mathbf{x} = \text{konstant}, \tag{10.1}$$

die uns bekanntlich die Mittelpunktsgleichung einer Fläche 2. Grades darstellt. Ganz entsprechende Überlegungen gelten natürlich für den R^n, wo man ebenfalls (10.1) als Mittelpunktsgleichung einer Fläche 2. Grades bezeichnet, deren Differential gegeben wird durch

$$dQ = \sum_{i=1}^{n} \frac{\partial Q}{\partial x_i} \, dx_i = \left(\frac{\partial Q}{\partial \mathbf{x}} \right)' dx. \tag{10.2}$$

Der Gradientenvektor

$$\left(\frac{\partial Q}{\partial \mathbf{x}} \right) = \operatorname{grad} Q = \nabla Q = 2 \, \mathbf{C} \, \mathbf{x} \tag{10.3}$$

steht, wie schon früher erwähnt, senkrecht auf dieser Fläche. Die Variation dQ in (10.2) kann nur verschwinden, wenn das Skalarprodukt rechter Hand Null ist, und hieraus folgt, daß $\left(\dfrac{\partial Q}{\partial \mathbf{x}} \right)$ senkrecht steht auf allen denjenigen Vektoren $d\mathbf{x}$, die die Fläche nicht verlassen.

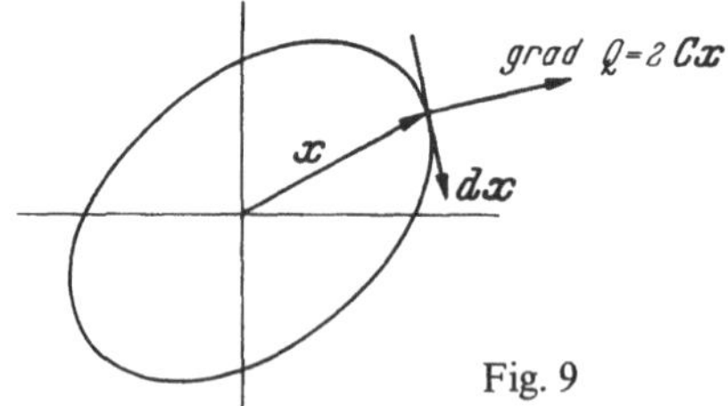

Fig. 9

Bei dem allgemeinen Gradientenverfahren stellt man sich die Aufgabe, ein lineares Gleichungssystem, etwa

$$2\,\mathbf{C}\,\mathbf{x} = -\,\mathbf{p} \qquad (10.4)$$

mit symmetrischer, positiv definiter Matrix zu lösen. Dieses Problem ist gleichbedeutend mit dem Minimieren der quadratischen Form

$$Q\,(\mathbf{x}) = \mathbf{x}'\,\mathbf{C}\,\mathbf{x} + \mathbf{p}'\,\mathbf{x}, \qquad (10.5)$$

was man durch Nullsetzen der 1. Ableitung von (10.5) sofort erkennt. Die Niveauflächen von (10.5) stellen wiederum ähnlich gelegene Ellipsoide im R^n dar, deren gemeinsames Zentrum $\mathring{\mathbf{x}} = -\frac{1}{2}\,\mathbf{C}^{-1}\,\mathbf{p}$ der Lösungspunkt von (10.4) ist. Zur praktischen Lösung von (10.4) benützt man jetzt das Verfahren des stärksten Abstiegs in Form der Gradientenmethode. Dazu geht man von einem Näherungspunkt $\mathbf{x}^0$ auf der Fläche aus und betrachtet die orthogonale Trajektorie $\mathbf{x}\,(t)$, welche von diesem Punkt ausgeht. Diese Trajektorie ist gegeben als Lösung der Differentialgleichung

$$\frac{d\mathbf{x}\,(t)}{dt} = -\,\mathrm{grad}\,Q\,(\mathbf{x}) = -\,(\mathbf{p} + 2\,\mathbf{C}\,\mathbf{x}) \qquad (10.6)$$

mit dem Kurvenparameter t. Sie bewegt sich in jedem Punkt in Richtung des negativen Gradienten, also in der Richtung des stärksten Abstieges von Q, und endet im gesuchten Lösungspunkt $\mathring{\mathbf{x}}$, der das Minimum von $Q\,(\mathbf{x})$ gibt.

Der Ausdruck rechts in (10.6) wird als Residuum bezeichnet und gibt den „Rest" an, wenn man den Punkt $\mathbf{x}$ in (10.4) einsetzt. Schreibt man

$$\mathbf{R} = -\,\mathbf{p} - 2\,\mathbf{C}\,\mathbf{x}, \qquad (10.7)$$

so lautet das System (10.6)

$$\frac{d\mathbf{x}}{dt} = \dot{\mathbf{x}} = \mathbf{R}. \qquad (10.8)$$

Für dieses System von Differentialgleichungen existieren verschiedene Lösungsverfahren. Erwähnt sei das Eulersche Polygonverfahren, nach dem man die t-Achse in Intervalle aufteilt:

$$\Delta x_i = R_i\,\Delta t_i \quad (i = 1, 2, \dots)$$
$$\Delta t_i = t_{i+1} - t_i, \quad \Delta x_i = x_{i+1} - x_i.$$

Die verschiedenen Gradientenverfahren unterscheiden sich im wesentlichen durch die Wahl der t_i.

Für weitere Diskussionen über diese Methoden sei auf die betreffende Fachliteratur verwiesen. Ein neues, besonders wirksames Verfahren gab Stiefel [1] in seiner Theorie über Relaxationsmethoden bester Strategien zur Lösung linearer Gleichungssysteme.

2. Das Verfahren der konjugierten Gradienten

Hestenes und Stiefel [1] haben ein iteratives Verfahren zur Lösung von (10.4), d. h. zum Auffinden des gemeinsamen Zentrums $\mathring{\mathbf{x}}$ der Ellipsenschar

$$Q\,(\mathbf{x}) \equiv \mathbf{p}'\,\mathbf{x} + \mathbf{x}'\,\mathbf{C}\,\mathbf{x} = \text{konstant}$$

gegeben.

Zum Auffinden dieser Lösung geht man von einem Startpunkt $\mathbf{x}^0$ sowie von einer Startrichtung $\mathbf{s}^0$ aus. Man findet die zweite Approximation zur gesuchten Lösung $\mathring{\mathbf{x}}$ durch

$$\mathbf{x}^1 = \mathbf{x}^0 + \lambda^0 \mathbf{s}^0 \tag{10.9}$$

mit

$$\lambda^0 = -\frac{\mathbf{s}^{0\prime}\,\mathbf{g}^0}{2\,\mathbf{s}^{0\prime}\,\mathbf{C}\,\mathbf{s}^0}, \quad (\mathbf{g}^0 = \mathbf{p} + 2\,\mathbf{C}\,\mathbf{x}^0). \tag{10.10}$$

Sodann wählt man eine neue Richtung $\mathbf{s}^1$, die konjugiert ist zu $\mathbf{s}^0$, d. h. für die

$$\mathbf{s}^{1\prime}\,\mathbf{C}\,\mathbf{s}^0 = 0. \tag{10.11}$$

Ist man beim Versuchspunkt $\mathbf{x}^k$ angelangt, so geht man entsprechend vor. Man bildet

$$\mathbf{g}^k = \mathbf{p} + 2\,\mathbf{C}\,\mathbf{x}^k \tag{10.12}$$

und wählt eine neue Richtung $\mathbf{s}^k$, die zu $\mathbf{s}^0, \mathbf{s}^1, \ldots, \mathbf{s}^{k-1}$ konjugiert ist, so daß entsprechend zu (10.11) gilt:

$$\mathbf{s}^{k\prime}\,\mathbf{C}\,\mathbf{s}^j = 0 \tag{10.13}$$

für $j = 0, 1, \ldots, k-1$.
Dann setzt man

$$\mathbf{x}^{k+1} = \mathbf{x}^k + \lambda^k \mathbf{s}^k \quad \text{mit} \quad \lambda^k = -\frac{\mathbf{s}^{k\prime}\,\mathbf{g}^k}{2\,\mathbf{s}^{k\prime}\,\mathbf{C}\,\mathbf{s}^k}. \tag{10.14}$$

Die Beziehung (10.13) bestimmt die $\mathbf{s}^k$ jedoch nicht vollständig. Wir werden im folgenden noch auf die von Hestenes und Stiefel angegebenen Vorschriften für die Bildung der $\mathbf{s}^k$ eingehen. Allgemeiner bilden (10.9 – 10.14) zusammen mit einer Vorschrift zur Bestimmung der $\mathbf{s}^k$ ein Verfahren der konjugierten Richtungen.

Betrachten wir das Ausgangsproblem im R^n, so ist $\mathbf{C}$ eine $n \times n$ symmetrische, positiv definite Matrix, und $\mathring{\mathbf{x}} = -\frac{1}{2}\mathbf{C}^{-1}\mathbf{p}$ der Lösungspunkt. Es seien nun $\mathbf{s}^0, \mathbf{s}^1,$ $\ldots, \mathbf{s}^{n-1}$ vorgegebene nichtverschwindende, paarweise konjugierte Vektoren. Dann folgt sofort, daß diese Vektoren linear unabhängig sind:

aus $\sum\limits_{i=0}^{n-1} u^i \mathbf{s}^i = \mathbf{0}$ folgt für jedes k:

$$u^k \mathbf{s}^{k\prime}\,\mathbf{C}\,\mathbf{s}^k = \mathbf{s}^{k\prime}\,\mathbf{C}\left(\sum\limits_{i=0}^{n-1} u^i \mathbf{s}^i\right) = 0, \quad \text{d. h.} \quad u^k = 0.$$

Ferner gilt der folgende Satz:

Satz 1: Die Folge $\mathbf{x}^0, \mathbf{x}^1, \mathbf{x}^2, \ldots$ konvergiert gegen $\mathring{\mathbf{x}}$ in höchstens n Schritten, d. h. $\mathbf{x}^n = \mathring{\mathbf{x}}$.

Beweis: Da die $\mathbf{s}^k, 0 \leqq k \leqq n-1$, eine Basis des R^n bilden, gibt es eindeutig bestimmte $u^k \in R, 0 \leqq k \leqq n-1$, so daß

$$\mathring{\mathbf{x}} - \mathbf{x}^0 = \sum\limits_{i=0}^{n-1} u^i \mathbf{s}^i. \tag{10.15}$$

Ferner ergibt der obige Algorithmus:

$$\mathbf{x}^n - \mathbf{x}^0 = \sum\limits_{i=0}^{n-1} \lambda^i \mathbf{s}^i. \tag{10.16}$$

Wir werden nun zeigen, daß $u^k = \lambda^k$ für $0 \le k \le n-1$. Analog (10.16) folgt

$$\mathbf{x}^k - \mathbf{x}^0 = \sum_{i=0}^{k-1} \lambda^i \mathbf{s}^i. \tag{10.17}$$

Damit folgt nun

$$\mathbf{s}^{k\prime}\, \mathbf{C}\,(\mathring{\mathbf{x}} - \mathbf{x}^0) = \mathbf{s}^{k\prime}\, \mathbf{C}\,((\mathring{\mathbf{x}} - \mathbf{x}^k) + (\mathbf{x}^k - \mathbf{x}^0)) = \mathbf{s}^{k\prime}\, \mathbf{C}\,(\mathring{\mathbf{x}} - \mathbf{x}^k) \ \text{nach (10.17)},$$

$$= \mathbf{s}^{k\prime}\, \mathbf{C}\,\mathring{\mathbf{x}} - \mathbf{s}^{k\prime}\, \mathbf{C}\,\mathbf{x}^k = -\tfrac{1}{2}\, \mathbf{s}^{k\prime}\, \mathbf{p} - \mathbf{s}^{k\prime}\, \mathbf{C}\,\mathbf{x}^k$$

$$= -\tfrac{1}{2}\, \mathbf{s}^{k\prime}\, \mathbf{g}^k \ \text{nach (10.12)}.$$

Damit folgt aus (10.15):

$$u^k = \frac{\mathbf{s}^{k\prime}\, \mathbf{C}\,(\mathring{\mathbf{x}} - \mathbf{x}^0)}{\mathbf{s}^{k\prime}\, \mathbf{C}\, \mathbf{s}^k} = -\frac{\mathbf{s}^{k\prime}\, \mathbf{g}^k}{2\, \mathbf{s}^{k\prime}\, \mathbf{C}\, \mathbf{s}^k} = \lambda^k.$$

Satz 1 ermöglicht die folgende geometrische Argumentation. Analog (10.16) folgt $\mathbf{x}^n - \mathbf{x}^k = \sum_{i=k}^{n-1} \lambda^i \mathbf{s}^i$, d. h. mit Satz 1: $\mathring{\mathbf{x}} = \mathbf{x}^k + \sum_{i=k}^{n-1} \lambda^i \mathbf{s}^i$. Geometrisch bedeutet dies, daß die Vektoren $\mathbf{s}^k$, $\mathbf{s}^{k+1}, \ldots, \mathbf{s}^{n-1}$ (und damit alle Vektoren die zu $\mathbf{s}^0$, $\mathbf{s}^1$, $\ldots$, $\mathbf{s}^{k-1}$ konjugiert sind) einen $(n-k)$-dimensionalen Untervektorraum V bilden mit der Eigenschaft, daß der affine Unterraum $\mathbf{x}^k + V$ den Punkt $\mathring{\mathbf{x}}$ enthält, so daß man nach höchstens n Schritten zu $\mathring{\mathbf{x}}$ gelangt.

Wir wenden uns nun der von Hestenes und Stiefel vorgeschriebenen Wahl der $\mathbf{s}^k$ zu.

Satz 2: Es seien $\mathbf{s}^0$, $\mathbf{s}^1$, $\mathbf{s}^2, \ldots,$ $\mathbf{s}^{n-1}$ wie oben, und es sei S_k der von $\mathbf{s}^0$, $\mathbf{s}^1, \ldots,$ $\mathbf{s}^{k-1}$ aufgespannte k-dimensionale Untervektorraum von R^n, $1 \le k \le n$. (Offensichtlich ist $S_n = R^n$.) Ferner sei $\mathbf{x}^0$, $\mathbf{x}^1$, $\mathbf{x}^2, \ldots$ die durch das obige Verfahren der konjugierten Richtungen gegebene Punktfolge. Dann minimiert $\mathbf{x}^k$ die Funktion $Q(\mathbf{x})$ auf dem affinen Unterraum $\mathbf{x}^0 + S_k$. Insbesondere minimiert $\mathbf{x}^k$ die Funktion $Q(\mathbf{x})$ auf der Geraden $\mathbf{x}^{k-1} + \lambda\, \mathbf{s}^{k-1}$, $\lambda \in R$, da diese Gerade in dem affinen Raum $\mathbf{x}^0 + S_k$ liegt.

Beweis: Der Satz ist nach Satz 1 trivial für $k = n$. Es sei nun $1 \le k \le n-1$. Wir müssen zeigen, daß der affine Unterraum $\mathbf{x}^0 + S_k$ enthalten ist in der Tangentialhyperebene zu der Hyperfläche $Q(\mathbf{x}) = Q(\mathbf{x}^k)$ im Punkte $\mathbf{x}^k$, d. h. wir müssen zeigen, daß grad $Q(\mathbf{x}^k) = \mathbf{g}^k$ senkrecht auf S_k steht (man beachte, daß $\mathbf{x}^k \in \mathbf{x}^0 + S_k$ nach (10.17)). Dies beweisen wir mittels Induktion über k. Allgemein gilt:

$$\mathbf{g}^k = \mathbf{p} + 2\, \mathbf{C}\,\mathbf{x}^k = \mathbf{p} + 2\, \mathbf{C}\,(\mathbf{x}^{k-1} + \lambda^{k-1}\, \mathbf{s}^{k-1}) = \mathbf{g}^{k-1} + 2\, \lambda^{k-1}\, \mathbf{C}\, \mathbf{s}^{k-1}). \tag{10.18}$$

$$k = 1: \qquad \mathbf{s}^{0\prime}\, \mathbf{g}^1 = \mathbf{s}^{0\prime}\,(\mathbf{g}^0 + 2\, \lambda^0\, \mathbf{C}\, \mathbf{s}^0) = 0 \tag{10.19}$$

nach (10.10). Damit steht $\mathbf{g}^1$ senkrecht auf S_1. Wir nehmen nun an, $\mathbf{g}^{k-1}$ stehe senkrecht auf S_{k-1}. Dann folgt analog (10.19):

$$\mathbf{s}^{k-1\prime}\, \mathbf{g}^k = 0,$$

und für $i < k-1$ folgt:

$$\mathbf{s}^{i\prime}\, \mathbf{g}^k = \mathbf{s}^{i\prime}\,(\mathbf{g}^{k-1} + 2\, \lambda^{k-1}\, \mathbf{C}\, \mathbf{s}^{k-1}) = \mathbf{s}^{i\prime}\, \mathbf{g}^{k-1} + 2\, \lambda^{k-1}\, \mathbf{s}^{i\prime}\, \mathbf{C}\, \mathbf{s}^{k-1} = 0$$

nach Induktionsannahme und Konjugiertheit.

Korollar: Es gilt $s^{i\prime} g^k = 0$ für $i < k$ und $1 \leqq k \leqq n$.

Nach Satz 2 steht also g^{k+1} senkrecht auf S_{k+1}, und $-g^{k+1}$ ist die Richtung des steilsten Abstiegs der Funktion $Q(x)$ im Punkte x^{k+1}. Es stellt sich nun heraus, daß man, ausgehend von $s^0 = -g^0$, durch Addition eines gewissen besonders einfachen Vielfachen von s^0 zu $-g^1$, einen Vektor s^1 bekommen kann, der zu s^0 konjugiert ist, und allgemeiner, daß man durch Addition eines gewissen besonders einfachen Vielfachen von s^k zu $-g^{k+1}$, einen Vektor s^{k+1} bekommen kann, der zu $s^0, s^1, \ldots, s^k$ konjugiert ist. In der Tat braucht man, wie wir unten beweisen werden, nur schrittweise den geometrisch eindeutig bestimmten, zu s^k konjugierten Vektor $s^{k+1} = -g^{k+1} + \mu\, s^k$ in der von g^{k+1} und s^k aufgespannten Ebene zu bestimmen:

$$(-g^{k+1} + \mu\, s^k)' \, C \, s^k = 0 \quad \text{ergibt sofort} \quad \mu = \frac{s^{k\prime}\, C\, g^{k+1}}{s^{k\prime}\, C\, s^k}.$$

Das Verfahren der konjugierten Gradienten lautet somit:
Es sei $x^0 \in R^n$. Man setze

$$d^0 = -g^0 = -p - 2\,C\,x^0,$$

und für $k = 0, 1, 2, \ldots$:

$$x^{k+1} = x^k + \lambda^k\, d^k \quad \text{mit} \quad \lambda^k = -\frac{d^{k\prime}\, g^k}{2\, d^{k\prime}\, C\, d^k} \quad \text{und}$$

$$d^{k+1} = -g^{k+1} + \mu^k\, d^k \quad \text{und} \quad \mu^k = \frac{d^{k\prime}\, C\, g^{k+1}}{d^{k\prime}\, C\, d^k} \quad \text{und} \quad g^k = p + 2\,C\,x^k.$$

Man beachte, daß $\lambda^k \geqq 0$: $d^{k\prime} g^k = (-g^k + \mu^{k-1} d^{k-1})' g^k = -g^{k\prime} g^k$ nach dem Beweis von Satz 2 (siehe (10.18) und (10.19)).

Wir brauchen nur noch zu zeigen, daß die bis zum Ende des Verfahrens aufgetretenen Vektoren $d^0, d^1, d^2, \ldots, d^m$ paarweise konjugiert sind. Dies wird im folgenden Satz zusammen mit einigen weiteren später benötigten Ergebnissen bewiesen. Insbesondere liefern (d) und (e) alternative Formeln für λ^k bzw. μ^k. Ist A eine Menge von Vektoren, so wollen wir mit Spann $\{A\}$ den von A aufgespannten Untervektorraum bezeichnen.

Satz 3: Ist das Verfahren der konjugierten Gradienten bei x^k noch nicht zu Ende, so gilt:

(a)   Spann $\{g^0, g^1, \ldots, g^k\}$ = Spann $\{g^0, C\,g^0, \ldots, C^k\,g^0\}$.

(b)   Spann $\{d^0, d^1, \ldots, d^k\}$ = Spann $\{g^0, C\,g^0, \ldots, C^k\,g^0\}$.

(c) $d^{i\prime}\, C\, d^k = 0$ für $i < k$.

(d) $\displaystyle \lambda^k = \frac{g^{k\prime}\, g^k}{2\, d^{k\prime}\, C\, d^k}.$ (e) $\displaystyle \mu^k = \frac{g^{k+1\prime}\, g^{k+1}}{g^{k\prime}\, g^k}.$

Beweis: (A) Wir beweisen (a) – (c) zusammen mittels Induktion über k. Die Fälle $k = 0$ sind klar. Wir nehmen nun an, die Aussagen seien richtig für die Fälle $0, 1, 2, \ldots, k-1$. Nach der Induktionsannahme für (c) ist das Verfahren der konjugierten Gradienten bis x^k ein Verfahren der konjugierten Richtungen. Nach

Satz 2 folgt somit, $\mathbf{g}^k$ steht senkrecht auf Spann $\{\mathbf{d}^0, \mathbf{d}^1, \ldots, \mathbf{d}^{k-1}\}$. Also folgt, da $\mathbf{g}^k \neq \mathbf{0}$, daß $\mathbf{g}^k \notin$ Spann $\{\mathbf{d}^0, \mathbf{d}^1, \ldots, \mathbf{d}^{k-1}\}$, d. h.

$$\mathbf{g}^k \notin \text{Spann } \{\mathbf{g}^0, \mathbf{C}\,\mathbf{g}^0, \ldots, \mathbf{C}^{k-1}\,\mathbf{g}^0\}. \tag{10.20}$$

Andererseits sind laut Induktionsannahme $\mathbf{g}^{k-1}$, $\mathbf{d}^{k-1} \in$ Spann $\{\mathbf{g}^0, \mathbf{C}\,\mathbf{g}^0, \ldots, \mathbf{C}^{k-1}\,\mathbf{g}^0\}$, also sind $\mathbf{g}^{k-1}$, $\mathbf{C}\,\mathbf{d}^{k-1}$, und somit auch

$$\mathbf{g}^k \in \text{Spann } \{\mathbf{g}^0, \mathbf{C}\,\mathbf{g}^0, \ldots, \mathbf{C}^k\,\mathbf{g}^0\}, \tag{10.21}$$

denn mit (10.18) ist $\mathbf{g}^k = \mathbf{g}^{k-1} + 2\,\lambda^{k-1}\,\mathbf{C}\,\mathbf{d}^{k-1}$.

Aus (10.20) folgt, daß

$$\text{Spann } \{\mathbf{g}^0, \mathbf{C}\,\mathbf{g}^0, \ldots, \mathbf{C}^{k-1}\,\mathbf{g}^0\} \subsetneq \text{Spann } \{\mathbf{g}^0, \mathbf{g}^1, \ldots, \mathbf{g}^k\}. \tag{10.22}$$

Nun ist die Dimension des linken Raumes k nach Induktionsannahme für (b), also hat der rechte Raum Dimension $k + 1$.

Andererseits folgt aus (10.21), daß

$$\text{Spann } \{\mathbf{g}^0, \mathbf{g}^1, \ldots, \mathbf{g}^k\} \subset \text{Spann } \{\mathbf{g}^0, \mathbf{C}\,\mathbf{g}^0, \ldots, \mathbf{C}^k\,\mathbf{g}^0\}. \tag{10.23}$$

Hier hat der linke Raum, wie wir sahen, Dimension $k + 1$, also hat der rechte Dimension $k + 1$. Es gilt also Gleichheit in (10.23), und damit ist (a) bewiesen.

Da $\mathbf{d}^k = -\mathbf{g}^k + \mu^{k-1}\,\mathbf{d}^{k-1}$, folgt mit (a) und der Induktionsannahme für (b):

$$\begin{aligned}
\text{Spann } \{\mathbf{d}^0, \mathbf{d}^1, \ldots, \mathbf{d}^k\} &= \text{Spann } \{\mathbf{d}^0, \mathbf{d}^1, \ldots, \mathbf{d}^{k-1}, \mathbf{g}^k\} \\
&= \text{Spann } \{\mathbf{g}^0, \mathbf{g}^1, \ldots, \mathbf{g}^{k-1}, \mathbf{g}^k\} \\
&= \text{Spann } \{\mathbf{g}^0, \mathbf{C}\,\mathbf{g}^0, \ldots, \mathbf{C}^k\,\mathbf{g}^0\}.
\end{aligned}$$

Damit ist (b) bewiesen.

Ferner folgt für $i < k$:

$$\mathbf{d}^{i\prime}\,\mathbf{C}\,\mathbf{d}^k = \mathbf{d}^{i\prime}\,\mathbf{C}\,(-\mathbf{g}^k + \mu^{k-1}\,\mathbf{d}^{k-1}) = \mu^{k-1}\,\mathbf{d}^{i\prime}\,\mathbf{C}\,\mathbf{d}^{k-1} - \mathbf{d}^{i\prime}\,\mathbf{C}\,\mathbf{g}^k.$$

Für $i = k - 1$ verschwindet die rechte Seite nach Definition von μ^{k-1}. Es sei nun $i < k - 1$. Dann ist $\mathbf{d}^{i\prime}\,\mathbf{C}\,\mathbf{d}^{k-1} = 0$ laut Induktionsannahme, und es bleibt zu zeigen, daß $\mathbf{d}^{i\prime}\,\mathbf{C}\,\mathbf{g}^k = 0$: Nach (b) ist $\mathbf{C}\,\mathbf{d}^i \in$ Spann $\{\mathbf{d}^0, \mathbf{d}^1, \ldots, \mathbf{d}^{k-1}\}$, und auf letzterem Raum steht $\mathbf{g}^k$, wie wir sahen, senkrecht. Damit ist (c) bewiesen.

(B) Zum Beweis von (d): Es ist

$$\mathbf{d}^{k\prime}\,\mathbf{g}^k = (-\mathbf{g}^k + \mu^{k-1}\,\mathbf{d}^{k-1})'\,\mathbf{g}^k = -\mathbf{g}^{k\prime}\,\mathbf{g}^k$$

nach dem Korollar zu Satz 2. Damit ist (d) bewiesen.

(C) Zum Beweis von (e): Nach (a) und (b) ist

$$\mathbf{g}^k \in \text{Spann } \{\mathbf{d}^0, \mathbf{d}^1, \ldots, \mathbf{d}^k\},$$

und auf diesem Raum steht $\mathbf{g}^{k+1}$ senkrecht, also ist $\mathbf{g}^{k\prime}\,\mathbf{g}^{k+1} = 0$. Mit (d) und (10.18) folgt nun:

$$\mu^k\,\mathbf{g}^{k\prime}\,\mathbf{g}^k = \frac{(\mathbf{g}^{k\prime}\,\mathbf{g}^k)\,(\mathbf{d}^{k\prime}\,\mathbf{C}\,\mathbf{g}^{k+1})}{\mathbf{d}^{k\prime}\,\mathbf{C}\,\mathbf{d}^k} = 2\,\lambda^k\,\mathbf{d}^{k\prime}\,\mathbf{C}\,\mathbf{g}^{k+1} = (2\,\lambda^k\,\mathbf{C}\,\mathbf{d}^k)'\,\mathbf{g}^{k+1}$$

$$= (\mathbf{g}^{k+1} - \mathbf{g}^k)'\,\mathbf{g}^{k+1} = \mathbf{g}^{k+1\prime}\,\mathbf{g}^{k+1}.$$

Damit ist (e) bewiesen.

Analog dem obigen Beweis von $\mathbf{g}^{k\prime}\,\mathbf{g}^{k+1} = 0$ läßt sich das folgende Korollar beweisen:

Korollar: Es gilt $\mathbf{g}^{i\prime}\,\mathbf{g}^{k} = 0$ für $i < k$ und $1 \leqq k \leqq n$.

Hat man nun im Falle der quadratischen Programmierung eine quadratische Funktion

$$Q(\mathbf{x}) = \mathbf{p}'\,\mathbf{x} + \mathbf{x}'\,\mathbf{C}\,\mathbf{x} \tag{10.5}$$

zu maximieren unter Berücksichtigung einer Anzahl linearer Restriktionen

$$\mathbf{a}_j'\,\mathbf{x} \leqq b_j \quad j = 1, \ldots, m, \tag{10.24}$$

so kann man das Verfahren von Hestenes und Stiefel nicht ohne weiteres anwenden, weil ja unter Umständen das unbedingte Optimum $\hat{\mathbf{x}}$ gar nicht im zulässigen Bereich liegt. In diesem Falle liegt aber das gesuchte Optimum $\mathbf{x}_{\mathrm{opt}} = \hat{\mathbf{x}}$ im Durchschnitt gewisser Hyperebenen $\mathbf{a}_j'\,\mathbf{x} = b_j$, die den zulässigen Bereich begrenzen. Dieser Durchschnitt D habe die Dimension $r\,(0 \leqq r \leqq n-1)$ und schneide für $r > 0$ die Flächen $Q(\mathbf{x}) = $ konst. längs Ellipsoiden der Dimension $(r-1)$. Das Zentrum dieser $(r-1)$-dimensionalen Ellipsoide ist dann das gesuchte Optimum.

Denken wir, das gesuchte Optimum befinde sich im Durchschnitt D, so können wir zu (10.13) noch die Forderung hinzufügen, daß $\mathbf{s}^k$ in D liegt, um dadurch auch in endlich vielen Schritten in D zum Ziel zu gelangen. Natürlich weiß man nicht zuvor, ob D derjenige Durchschnitt ist, in dem $\hat{\mathbf{x}}$ liegt. Wir nehmen einfach an, das sei der Fall und bilden die $\mathbf{s}^k$ nach (10.13) und unter der weiteren Forderung, daß $\mathbf{s}^k$ in D liegt, d. h.

$$\mathbf{a}_j'\,\mathbf{s}^k = 0$$

für diejenigen j, die zu D gehören. Wenn wir bei der Bestimmung des nächsten Iterationspunktes $\mathbf{x}^{k+1}$ eine weitere Restriktion antreffen, so wissen wir, daß wir D ändern müssen; die Annahme war falsch. Das Verfahren wiederholt sich für den neuen Durchschnitt D, solange bis wir das richtige D gefunden haben. Das ist nach endlich vielen Schritten der Fall. Wir benützen diese Überlegungen besonders in den Kapiteln XI und XII.

Ferner werden wir in Kapitel XV eine von Fletcher und Reeves [1] stammende Verallgemeinerung des Verfahrens der konjugierten Gradienten auf den Fall nichtquadratischer Zielfunktionen kennenlernen.

3. Die Gradientenverfahren beim mathematischen Programmieren

Betrachten wir zur Illustration ein ganz allgemeines Programmierungsproblem, bei dem etwa eine konkave Zielfunktion

$$F(\mathbf{x}) = F(x_1, x_2, \ldots, x_n) \tag{10.25}$$

über dem konvexen Bereich

$$f_j(\mathbf{x}) = f_j(x_1, x_2, \ldots, x_n) \leqq 0 \tag{10.26}$$

zu maximieren sei.

Nimmt man hierzu irgendeinen Punkt **x**, der in unserem Falle im Innern des konvexen Bereiches liegt, so sind an dieser Stelle entsprechende Überlegungen anzustellen wie im ersten Abschnitt. Eine Verbesserung kann gefunden werden, indem man sich in Richtung des Gradienten ∇F, der also senkrecht auf den Niveauflächen von F steht, bewegt (vgl. Fig. 10). Die Gleichung der Bewegungskurve ergäbe sich aus dem System der Differentialgleichungen

$$\frac{d\mathbf{x}(t)}{dt} = \nabla F(\mathbf{x}).$$

(10.27)

Durch die vorliegenden Restriktionen sind wir allerdings in der Bewegungsart eingeengt. Wie im gewöhnlichen Fall des ersten Abschnitts gibt es auch hier verschiedene Methoden, die sich mit der Fortbewegung in Richtung des steilsten Anstieges (bzw. Abfalles bei einem Minimumproblem) unter Berücksichtigung der Restriktionen beschäftigen.

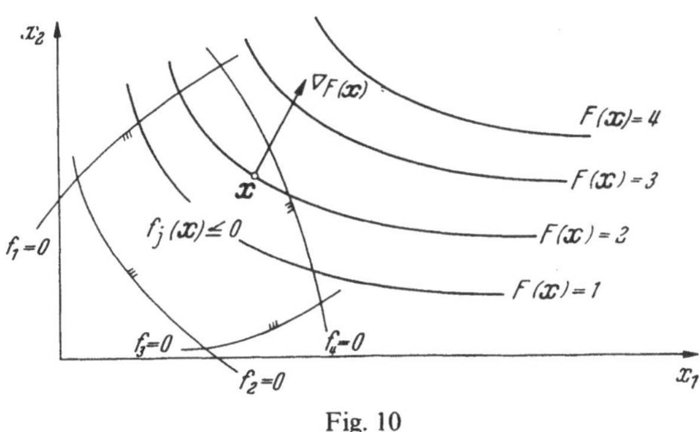

Fig. 10

a) Die direkte Gradientenmethode

Geht man aus vom Problem (10.25), (10.26) und versucht, sich in Richtung des steilsten Anstieges unter Berücksichtigung der vorhandenen Restriktionen fortzubewegen, so kann man dieser Forderung z. B. gerecht werden durch Auflösung des Systems von Differentialgleichungen

$$\frac{d\mathbf{x}(t)}{dt} = \dot{\mathbf{x}} = \nabla F(\mathbf{x}) - \sum_{j=1}^{m} \mu_j(\mathbf{x}) \nabla f_j(\mathbf{x}),$$

(10.28)

wobei

$$\mu_j(\mathbf{x}) = \begin{cases} 0, & \text{wenn } f_j(\mathbf{x}) \le 0 \\ M, & \text{wenn } f_j(\mathbf{x}) > 0. \end{cases}$$

(10.29)

In (10.29) muß die Konstante M genügend groß gewählt werden, damit es für **x** unmöglich wird, den zulässigen Bereich zu verlassen.

Das System (10.28) braucht wegen der Unstetigkeit des Ausdruckes $\mu_j(\mathbf{x})$ nicht unbedingt Lösungen zu haben und eignet sich nicht weiter zum praktischen Vorgehen. Die direkte Gradientenmethode kann eher als Wegleitung dazu dienen, wie man sich das Einwirken der Restriktionen vorzustellen hat.

Einen mathematisch gangbaren Weg beschreibt dagegen

b) Die Lagrangesche Gradientenmethode

Diese Methode basiert auf den Überlegungen der direkten Gradientenmethode, versucht jedoch, die von den Faktoren μ_j herrührende Unstetigkeit zu beseitigen, indem unter Verwendung Lagrangescher Multiplikatoren (10.28) und (10.29) ersetzt wird durch

$$\frac{d\mathbf{x}_j(t)}{dt} = \nabla F(\mathbf{x}) - \sum_{j=1}^{m} u_j \nabla f_j(\mathbf{x}), \qquad (10.30)$$

$$\frac{du_j(t)}{dt} = \begin{cases} f_j(\mathbf{x}), \text{ falls mindestens eine der beiden Größen } u_j \\ \text{oder} f_j(\mathbf{x}) \text{ positiv wird,} \\ 0 \text{ andernfalls.} \end{cases} \qquad (10.31)$$

Man erkennt jetzt, daß die rechten Seiten der Differentialgleichungen stetig sind, falls dies für die Ableitungen von F und f_j zutrifft. Im weiteren sind die Differentialgleichungen so aufgebaut, daß u_j ansteigt, wenn $\mathbf{x}$ die j-te Restriktion verletzt (dann wird nach (10.31) $\frac{du_j}{dt} = f_j(\mathbf{x}) > 0$). Sobald aber u_j positiv wird, bewirkt dies in (10.30) ein Zurückdrängen von $\mathbf{x}$ in den zulässigen Bereich $f_j(\mathbf{x}) \leqq 0$. Wenn man mit einem nichtnegativen Wert für u_j startet, so kann diese Variable im ganzen Verlauf des Verfahrens niemals negativ werden.

Die Lagrangefunktion (3.8) für das Problem (10.25) und (10.26), als Minimumproblem formuliert, lautet

$$\Phi(\mathbf{x}, \mathbf{u}) = -F(\mathbf{x}) + \sum_j u_j f_j(\mathbf{x}).$$

Damit kann man (10.30) und (10.31) schreiben als

$$\frac{d\mathbf{x}(t)}{dt} = -\frac{\partial \Phi}{\partial \mathbf{x}} \qquad (10.30')$$

$$\frac{du_j(t)}{dt} = \begin{cases} \dfrac{\partial \Phi}{\partial u_j}, \quad \text{wenn} \quad \dfrac{\partial \Phi}{\partial u_j} \geqq 0 \quad \text{oder} \quad u_j > 0 \\ \\ 0, \quad \text{wenn} \quad \dfrac{\partial \Phi}{\partial u_j} < 0 \quad \text{und} \quad u_j = 0. \end{cases} \qquad (10.31')$$

Dabei ist $u_j \geqq 0$ bereits berücksichtigt. Die Differentialgleichungen sind also so beschaffen, daß man sich entgegengesetzt zum $\mathbf{x}$-Gradienten von Φ und in Richtung des $\mathbf{u}$-Gradienten von Φ bewegt, unter der Einschränkung, daß $\mathbf{u}$ nicht negativ werden darf.

Unter gewissen Regularitätsvoraussetzungen, auf die wir hier nicht näher eingehen können[1], weisen die obigen Differentialgleichungen bei vorgegebenem Startpunkt $\mathbf{x}^0 = \mathbf{x}(0)$, $\mathbf{u}^0 = \mathbf{u}(0) \geqq \mathbf{0}$ Lösungen $x_i(t)$, $u_j(t)$ auf, die für $t \rightarrow \infty$ nach $(\hat{\mathbf{x}}, \hat{\mathbf{u}})$ konvergieren. $\hat{\mathbf{x}}$ löst dann das gestellte Programmierungsproblem. Das letztere ist leicht einzusehen.

Es ist nämlich am Punkt $(\hat{\mathbf{x}}, \hat{\mathbf{u}})$ sicher

$$\frac{d\mathbf{x}}{dt} = \mathbf{0} \quad \text{und} \quad \frac{du_j}{dt} = 0.$$

---

[1] Man vergleiche Arrow, Hurwicz und Uzawa [1].

Hieraus folgt nach (10.30') und (10.31') unter Berücksichtigung der Nichtnegativität von $\mathbf{u}$:

$$\frac{\partial \Phi}{\partial \mathbf{x}} = \mathbf{0} \tag{3.29}$$

$$\text{und} \quad u_j \geqq 0, \quad \frac{\partial \Phi}{\partial u_j} \leqq 0, \quad u_j \frac{\partial \Phi}{\partial u_j} = 0 \quad \text{für alle } j \tag{3.20 − 3.22}.$$

Das sind aber die Kuhn-Tucker-Bedingungen für Optimalität.

Eine eingehendere Behandlung dieses Problems findet man bei Wolfe [3].

c) Gradientenverfahren mit endlicher Schrittweite

Im Gegensatz zu den eben beschriebenen differentiellen Gradientenverfahren werden in der Praxis für die Lösung eines konvexen Programmes mit linearen Restriktionen hauptsächlich Gradientenverfahren mit „langen Schritten" verwendet, bei denen man sich nicht auf einer Trajektorie, sondern auf einer stückweise linearen Kurve dem Optimum nähert. (Man vergleiche hierzu auch den 2. Abschnitt.) Die Punkte, in denen die Kurve ihre Richtung ändert, werden iterativ bestimmt. Man bewegt sich, von einem Iterationspunkt $\mathbf{x}^k$ ausgehend, in Richtung des Gradienten oder, wenn das infolge der Restriktionen nicht möglich ist, in Richtung eines Vektors $\mathbf{s}$, der mit dem Gradienten einen spitzen Winkel bildet, $\mathbf{s}' \nabla F(\mathbf{x}^k) > 0$, und zwar solange, bis man entweder das Maximum auf dem Strahl erreicht hat, oder bis man nicht mehr weitergehen kann, ohne den zulässigen Bereich zu verlassen. Der Endpunkt liefert den nächsten Iterationswert $\mathbf{x}^{k+1}$. Im ganzen Verlauf des Verfahrens wird der zulässige Bereich nicht verlassen. In den nächsten zwei Kapiteln werden derartige Verfahren beschrieben. Der Richtungsvektor $\mathbf{s}$ kann beispielsweise so gewählt werden, daß er, nach geeigneter Normierung, das Skalarprodukt mit dem Gradienten zu einem Maximum macht unter der Nebenbedingung, daß man nicht sofort den zulässigen Bereich verläßt, wenn man sich von $\mathbf{x}^k$ aus in der Richtung $\mathbf{s}$ bewegt. Diesen Weg schlagen die Verfahren von Zoutendijk ein. Oder man kann den Vektor $\mathbf{s}$ noch weiter einschränken durch die Forderung, daß er in einer gewissen linearen Mannigfaltigkeit geringerer Dimension als n liegt. Diesen Weg beschreitet das Verfahren von Rosen, bei dem der Gradient auf den Rand des zulässigen Bereiches projiziert wird, und zwar auf die berandende Teilmannigfaltigkeit geringster Dimension, auf der der Iterationspunkt $\mathbf{x}^k$ liegt. Ferner werden wir im 2. Abschnitt des Kapitels XV ein Gradientenverfahren mit langen Schritten für Programme ohne Restriktionen betrachten.

Elftes Kapitel

Das Verfahren der projizierten Gradienten von Rosen

1. Einleitung

Wenn bei einem quadratischen Programm ein Punkt $\mathbf{x}^0$ des zulässigen Bereiches noch nicht die Lösung darstellt, so kann man versuchen, sich von $\mathbf{x}^0$ aus in Richtung des Gradienten der Zielfunktion zu bewegen, um einen zulässigen Punkt mit einem höheren Funktionswert (bei der Maximumaufgabe) zu erhalten. Wenn $\mathbf{x}^0$ ein innerer Punkt ist, so ist das immer möglich. Ist aber $\mathbf{x}^0$ ein Randpunkt des zulässigen Bereiches, so kann dieses Vorgehen versagen, weil der Gradient vom zulässigen Bereich aus gesehen nach außen hin weist. Das Verfahren von Rosen [1, 2] besteht nun darin, daß man den Gradienten auf den Rand des zulässigen Bereiches projiziert und sich, statt in Richtung des Gradienten, in Richtung des projizierten Gradienten bewegt, wodurch man zunächst noch auf dem Rand des zulässigen Bereiches bleibt, ohne diesen zu verlassen. Genauer projiziert man den Gradienten auf eine gewisse lineare Teilmannigfaltigkeit des Randes, etwa auf die Teilmannigfaltigkeit geringster Dimension, auf der $\mathbf{x}^0$ noch liegt. Im Dreidimensionalen ist beispielsweise der zulässige Bereich ein Polyeder und der Rand besteht aus Mannigfaltigkeiten der Dimension 2 (Seitenflächen), der Dimension 1 (Kanten) und der Dimension 0 (Ecken). Falls $\mathbf{x}^0$ auf einer Seitenfläche liegt, aber nicht auf einer Kante, so projiziert man den Gradienten auf die Seitenfläche, falls aber $\mathbf{x}^0$ auf einer Kante liegt, projiziert man auf die Kante. Für Punkte $\mathbf{x}^0$ im Innern des zulässigen Bereiches fällt das Verfahren von Rosen mit der gewöhnlichen Gradientenmethode zusammen.

Wir wenden uns jetzt den Einzelheiten zu. Dabei setzen wir besonders Kapitel I, Abschnitt 10, und Kapitel X voraus.

Das Programm laute, diesmal als Maximumaufgabe formuliert:
Man maximiere die konkave Funktion

$$F(\mathbf{x})$$

unter den Nebenbedingungen $\hspace{6cm}$ (11.1)

$$h_j(\mathbf{x}) \equiv \mathbf{a}'_j \mathbf{x} - b_j \leqq 0, \quad j = 1, 2, \ldots, m.$$

Hierbei ist wiederum $\mathbf{x}$ der n-Vektor der Variablen x_i. Etwaige Vorzeichenbeschränkungen der x_i seien bereits in den obigen Nebenbedingungen enthalten.

Wenn $F(\mathbf{x})$ quadratisch ist, so schreiben wir

$$F(\mathbf{x}) = \mathbf{p}'\,\mathbf{x} - \mathbf{x}'\,\mathbf{C}\,\mathbf{x} = Q(\mathbf{x}),$$

wobei $\mathbf{C}$ positiv semidefinit ist.

Die $(n-1)$-dimensionale Mannigfaltigkeit, die durch $h_j(\mathbf{x}) = 0$ definiert ist und somit eine Hyperebene darstellt, bezeichnen wir mit H_j, also

$$H_j = \{\mathbf{x} \mid h_j(\mathbf{x}) = 0\}, \qquad j = 1, 2, \ldots, m. \tag{11.2}$$

Der Rand des zulässigen Bereiches besteht aus allen denjenigen zulässigen Punkten $(h_j(\mathbf{x}) \leqq 0$ für alle $j)$ mit $h_j(\mathbf{x}) = 0$ für mindestens ein j. Der (nicht normierte) Normalvektor $\mathbf{a}_j$, der senkrecht auf der berandenden Hyperebene H_j steht, zeigt, vom zulässigen Bereich aus gesehen, nach außen. Mehrere Hyperebenen heißen (linear) unabhängig, wenn die entsprechenden $\mathbf{a}_j$ linear unabhängig sind[1]. Unter dem Durchschnitt von k Hyperebenen verstehen wir die Menge der Punkte, die auf allen diesen k Hyperebenen liegen. Der Durchschnitt von k unabhängigen Hyperebenen bildet eine $(n-k)$-dimensionale lineare Mannigfaltigkeit im n-dimensionalen Raum der x_i. Der Durchschnitt von $(n-1)$ unabhängigen Hyperebenen ist beispielsweise eine Gerade, der Durchschnitt von n unabhängigen Hyperebenen ein Punkt.

Um über die Projektionen eines Vektors Näheres sagen zu können, greifen wir aus den Hyperebenen H_j deren q linear unabhängige heraus $(q \leqq n)$, etwa, nach geeigneter Umnumerierung, die q ersten, nämlich $H_1, H_2, \ldots, H_q$. Den $(n-q)$-dimensionalen Durchschnitt dieser Hyperebenen bezeichnen wir mit D. Die Normalen $\mathbf{a}_1$ bis $\mathbf{a}_q$ stehen senkrecht auf der linearen Mannigfaltigkeit D. Die von den linear unabhängigen Vektoren $\mathbf{a}_1$ bis $\mathbf{a}_q$ aufgespannte q-dimensionale lineare Mannigfaltigkeit, das sind alle Punkte des Raumes

$$\mathbf{x} = \sum_{j=1}^{q} u_j\,\mathbf{a}_j \quad \text{(die } u_j \text{ sind Skalare)},$$

bezeichnen wir mit $\tilde{D}$.

Die Mannigfaltigkeiten D und $\tilde{D}$ stehen senkrecht aufeinander und spannen zusammen den gesamten n-dimensionalen Raum auf, d. h., jeder n-dimensionale Vektor $\mathbf{y}$ läßt sich eindeutig zerlegen als

$$\mathbf{y} = \mathbf{y}_{\tilde{D}} + \mathbf{y}_D,$$

wobei $\mathbf{y}_{\tilde{D}}$ in $\tilde{D}$ liegt und $\mathbf{y}_D$ parallel zu D ist (die Mannigfaltigkeit D enthält den Nullpunkt nicht, außer wenn alle b_1 bis b_q verschwinden; infolgedessen ist $\mathbf{y}_D$ nur parallel zu D, ohne in D zu liegen). Weiter gilt

$$\mathbf{y}_{\tilde{D}}'\,\mathbf{y}_D = 0.$$

Wenn $\mathbf{y}$ in $\tilde{D}$ liegt, so ist $\mathbf{y} = \mathbf{y}_{\tilde{D}}$ und $\mathbf{y}_D = \mathbf{0}$. Wenn $\mathbf{y}$ parallel zu D ist, so ist $\mathbf{y}_D = \mathbf{y}$ und $\mathbf{y}_{\tilde{D}} = \mathbf{0}$.

Man bezeichnet $\mathbf{y}_D$ als Projektion von $\mathbf{y}$ auf die lineare Mannigfaltigkeit D. Bei gegebenem Vektor $\mathbf{y}$ erhält man seine Projektion (vgl. Kapitel I, Abschnitt 9) durch Linksmultiplikation mit der Projektionsmatrix

$$\mathbf{P}_q = \mathbf{E} - \mathbf{A}_q'\,(\mathbf{A}_q\,\mathbf{A}_q')^{-1}\,\mathbf{A}_q, \tag{1.111}$$

---

1 Vgl. Kap. I, Abschnitt 4.

wobei A_q die $(q \times n)$-Matrix der Zeilenvektoren $\mathbf{a}_1'$ bis $\mathbf{a}_q'$ ist:

$$A_q = \left\|\begin{matrix} \mathbf{a}_1' \\ \cdot \\ \cdot \\ \cdot \\ \mathbf{a}_q' \end{matrix}\right\| . \tag{1.103}$$

Es ist also
$$y_D = \mathbf{P}_q\, \mathbf{y}. \tag{1.110}$$

Um Sonderfälle zu vermeiden, setzt man $\mathbf{P}_0 = \mathbf{E}$ (die Projektion auf den ganzen R^n ändert einen Vektor nicht) und $\mathbf{P}_n = \mathbf{0}$ (die Projektion auf einen Punkt ergibt den Nullpunkt).

Merken wir noch, daß ein Vektor $\mathbf{y}$ genau dann von $\mathbf{a}_1$ bis $\mathbf{a}_q$ linear unabhängig ist, wenn $\mathbf{P}_q \mathbf{y} \neq \mathbf{0}$ ausfällt. Wenn die q Hyperebenen H_1 bis H_q nicht unabhängig sind, so wählt man einfach eine maximale Anzahl linear unabhängiger unter ihnen aus. Der Durchschnitt aller Hyperebenen deckt sich dann mit dem Durchschnitt der maximalen Anzahl linear unabhängiger. Wir werden im folgenden zunächst voraussetzen, daß die Nebenbedingungen nicht entartet, daß also je q der H_j, die sich in einem Randpunkt schneiden, unabhängig sind. Am Schluß des Kapitels im Abschnitt 4 finden sich noch einige Hinweise für die Berechnung der $\mathbf{P}_q$.

2. Der Algorithmus von Rosen

Wir wenden uns nun dem eigentlichen Optimierungsverfahren zu. Es sei $\nabla F(\mathbf{x}) = g(\mathbf{x})$ der Gradient der Zielfunktion $F(\mathbf{x})$ im Punkte $\mathbf{x}$, nämlich

$$\nabla F(\mathbf{x}) = g(\mathbf{x}) = \left\|\frac{\partial F}{\partial x_1}, \ldots, \frac{\partial F}{\partial x_n}\right\|',$$

speziell

$$\nabla Q(\mathbf{x}) = \mathbf{p} - 2\,\mathbf{C}\,\mathbf{x}.$$

Ein Randpunkt $\mathbf{x}^k$ liege genau auf q $(0 \leq q \leq n)$ linear unabhängigen Hyperebenen H_j. Wie können ohne Einschränkung der Allgemeinheit annehmen, daß dies die ersten q Hyperebenen H_1 bis H_q sind, also

$$h_j(\mathbf{x}^k) = 0 \quad \text{für} \quad j = 1, \ldots, q.$$

Nun gilt das folgende Optimalitätskriterium, das von der Projektionsmatrix Gebrauch macht:

Der Punkt $\mathbf{x}^k$ stellt dann und nur dann eine Lösung des Programms dar, wenn

$$\mathbf{P}_q\, g(\mathbf{x}^k) = \mathbf{0} \tag{11.3}$$

und
$$(A_q\, A_q')^{-1} A_q\, g(\mathbf{x}^k) \geq \mathbf{0}. \tag{11.4}$$

Die Bedingung in (11.3) besagt, daß $g(\mathbf{x}^k)$ senkrecht auf der Mannigfaltigkeit D steht, also in $\tilde{D}$ liegt. Wegen der linearen Unabhängigkeit von $\mathbf{a}_1$ bis $\mathbf{a}_q$ läßt sich dann $g(\mathbf{x}^k)$ eindeutig darstellen als

$$g(\mathbf{x}^k) = \sum_{j=1}^{q} u_j \mathbf{a}_j = \mathbf{A}_q' \mathbf{u}, \tag{11.5}$$

wobei $\mathbf{u} = \| u_1, \ldots, u_q \|'$.

Nun ist aber die linke Seite von (11.4) nach (1.115) nichts anderes als $\mathbf{u}$. (11.4) besagt somit, daß die Koeffizienten in (11.5) nicht negativ sein dürfen.

Beide Bedingungen zusammen, also (11.3) und (11.4), besagen, daß sich im Maximalpunkt der Gradient der Zielfunktion aus (11.1) als nichtnegative Linearkombination der nach außen weisenden Normalen derjenigen berandenden Hyperebenen darstellen lassen muß, auf denen der Punkt liegt. Diese Formulierung des Optimalitätskriteriums haben wir schon im Kapitel III (Abschnitt 2), im Zusammenhang mit dem Theorem von Kuhn-Tucker angetroffen.

Liegt $\mathbf{x}^k$ im Innern des zulässigen Bereiches, so lautet das Optimalitätskriterium einfach:

$$\mathbf{P}_0 g(\mathbf{x}^k) = g(\mathbf{x}^k) = \mathbf{0}.$$

Falls die Bedingungen für Optimalität nicht erfüllt sind, läßt sich ein zulässiger Punkt $\mathbf{x}^{k+1}$ mit einem höheren Funktionswert finden. Dabei unterscheiden wir zwei Möglichkeiten, die wir einzeln in den beiden nachfolgenden Fällen behandeln. Dabei setzen wir zur Abkürzung in Zukunft stets $\mathbf{g}_k = g(\mathbf{x}^k)$.

Fall I: Es sei $\mathbf{P}_q \mathbf{g}_k \neq \mathbf{0}$.

Dann ist $\mathbf{x}^0$ keine Ecke des zulässigen Bereiches, d. h. $q < n$, und D hat mindestens die Dimension einer Geraden.

Im weiteren setzen wir

$$\mathbf{s} = \mathbf{P}_q \mathbf{g}_k. \tag{11.6}$$

Da $\mathbf{x}^k$ auf D liegt und $\mathbf{s}$ parallel zu D verläuft, liegt der Punkt

$$\mathbf{x} = \mathbf{x}^k + \lambda \mathbf{s} \quad (\lambda \text{ ist ein Skalar})$$

für beliebiges λ ebenfalls in D:

$$h_j(\mathbf{x}^k + \lambda \mathbf{s}) = 0 \quad \text{für} \quad j = 1, \ldots, q.$$

Da $\mathbf{x}^k$ ein zulässiger Punkt ist und auf keinem anderen H_j liegt außer auf H_1 bis H_q, so gilt für $i = q+1, \ldots, m$:

$$h_j(\mathbf{x}^k) < 0.$$

Wenn man sich nun von $\mathbf{x}^k$ aus in Richtung des projizierten Gradienten bewegt, also längs des Strahls

$$\mathbf{x} = \mathbf{x}^k + \lambda \mathbf{s}, \quad \lambda > 0,$$

so kann man für nicht zu große λ-Werte den Funktionswert erhöhen, ohne den zulässigen Bereich zu verlassen.

Es gilt nämlich für alle $j = q+1, \ldots, m$:

$$h_j(\mathbf{x}^k + \lambda \mathbf{s}) = h_j(\mathbf{x}^k) + \lambda \mathbf{a}_j' \mathbf{s} \quad \text{für alle } \lambda.$$

Die Gerade $\mathbf{x}^k + \lambda\,\mathbf{s}$ schneidet also die Hyperebene H_j bei

$$\lambda_j = -\frac{h_j(\mathbf{x}^k)}{\mathbf{a}_j'\,\mathbf{s}} \neq 0. \tag{11.7}$$

Einige der λ_j können unendlich werden, wenn H_j parallel zu D verläuft, aber das stört unseren Gang keineswegs.

Der Strahl $\mathbf{x}^k + \lambda\,\mathbf{s}$ mit $\lambda > 0$ verläßt dann den zulässigen Bereich bei

$$\lambda' = \min\{\lambda_j \mid \lambda_j > 0, j = q+1, \ldots, m\}. \tag{11.8}$$

Es sei $\tilde{\mathbf{x}}^k = \mathbf{x}^k + \lambda'\,\mathbf{s}$. Man sucht nun innerhalb des zulässigen Intervalls

$$0 < \lambda \leqq \lambda'$$

den größtmöglichen Funktionswert zu erreichen. Zu diesem Zweck muß man die Projektion des Gradienten $g(\mathbf{x}^k + \lambda\,\mathbf{s})$ auf den Strahl, d. h. das Skalarprodukt

$$\mathbf{s}'\,g(\mathbf{x}^k + \lambda\,\mathbf{s})$$

untersuchen. Dieses Skalarprodukt nimmt wegen der Konkavität der Zielfunktion mit wachsendem λ monoton ab (vgl. (1.148)), und zwar linear, wenn die Zielfunktion quadratisch ist.

Für $\lambda = 0$ ist offensichtlich wegen (1.118)

$$\mathbf{s}'\,g(\mathbf{x}^k) = g(\mathbf{x}^k)'\,\mathbf{P}_q\,g(\mathbf{x}^k) = |\mathbf{P}_q\,g(\mathbf{x}^k)|^2 > 0.$$

Wenn nun auch für $\lambda = \lambda'$ gilt:

$$\mathbf{s}'\,g(\tilde{\mathbf{x}}^k) \geqq 0,$$

so ist im ganzen Intervall von $\lambda = 0$ bis $\lambda = \lambda'$ das Skalarprodukt positiv, und wegen der Konkavität nimmt dann die Zielfunktion zwischen $\lambda = 0$ und $\lambda = \lambda'$, d. h. zwischen $\mathbf{x}^k$ und $\tilde{\mathbf{x}}^k$ monoton zu. Man erhält also den größten Wert der Zielfunktion innerhalb des zulässigen λ-Intervalls für $\lambda = \lambda'$. Aus diesem Grunde wählt man

$$\mathbf{x}^{k+1} = \tilde{\mathbf{x}}^k = \mathbf{x}^k + \lambda'\,\mathbf{s} \tag{11.9}$$

als verbesserten Näherungswert.

Wenn dagegen gilt:

$$\mathbf{s}'\,g(\tilde{\mathbf{x}}^k) < 0,$$

so nimmt die Funktion das Maximum auf dem Strahl zwischen $\mathbf{x}^k$ und $\tilde{\mathbf{x}}^k$ an, und zwar dort, wo der Gradient senkrecht auf dem Strahl steht, also wo

$$\mathbf{s}'\,g(\mathbf{x}^k + \lambda''\,\mathbf{s}) = 0.$$

Der entsprechende Parameterwert läßt sich etwa durch lineare Interpolation annähern. Im Falle einer quadratischen Zielfunktion ist die lineare Interpolation sogar exakt. Wenn $\mathbf{s}'\,g(\tilde{\mathbf{x}}^k)$ bekannt ist, so hat man dann

$$\lambda'' = \lambda'\,\frac{\mathbf{s}'\,g(\mathbf{x}^k)}{\mathbf{s}'\,g(\mathbf{x}^k) - \mathbf{s}'\,g(\tilde{\mathbf{x}}^k)} = \lambda'\,\varrho, \quad 0 < \varrho < 1. \tag{11.10}$$

In diesem Falle wählt man entsprechend zu (11.9) für den nächsten Iterationspunkt

$$\mathbf{x}^{k+1} = \mathbf{x}^k + \lambda''\,\mathbf{s} = \varrho\,\mathbf{x}^k + (1 - \varrho)\,\tilde{\mathbf{x}}^k \tag{11.11}$$

als verbesserten Näherungswert.

Fall II: Es sei

$$\mathbf{P}_q\, \mathbf{g}_k = \mathbf{0}, \quad \text{aber} \quad u_j < 0$$

für mindestens ein j. In diesem Fall wähle man einen der Indizes mit $u_j < 0$ aus, etwa denjenigen, für den $|\mathbf{a}_j|\, u_j$ am meisten negativ wird, und lasse die entsprechende Hyperebene H_j fallen. Nehmen wir an, es sei die Hyperebene H_q. Dann ist also $u_q < 0$, und wir gehen so vor, als wenn $\mathbf{x}^k$ nur auf H_1 bis H_{q-1} liegen würde, d. h. wir erhöhen die Dimension von D um eins. Die zugehörige Projektionsmatrix ist jetzt $\mathbf{P}_{q-1}$. Es gilt:

$$\mathbf{P}_{q-1}\, \mathbf{a}_q \neq \mathbf{0},$$

weil $\mathbf{a}_q$ von $\mathbf{a}_1$ bis $\mathbf{a}_{q-1}$ unabhängig ist. Folglich ist

$$\mathbf{P}_{q-1}\, \mathbf{g}_k = \mathbf{P}_{q-1}\left(\sum_{j=1}^{q} u_j\, \mathbf{a}_j\right) = u_q\, \mathbf{P}_{q-1}\, \mathbf{a}_q \neq \mathbf{0}.$$

Wir haben damit im neuen D, das eine Dimension mehr aufweist, den gleichen Sachverhalt wie im Fall I, und wir können genau so wie dort vorgehen mit

$$\mathbf{s} = \mathbf{P}_{q-1}\, \mathbf{g}_k. \tag{11.12}$$

Dann ist entsprechend wie oben:

$$h_j(\mathbf{x}^k + \lambda\, \mathbf{s}) = 0 \quad \text{für} \quad j = 1, \ldots, q-1 \quad \text{und alle } \lambda,$$
$$h_j(\mathbf{x}^k + \lambda\, \mathbf{s}) \leqq 0 \quad \text{für} \quad j = q+1, \ldots, m \quad \text{und für} \quad 0 \leqq \lambda \leqq \lambda'.$$

Es ist aber auch

$$h_q(\mathbf{x}^k + \lambda\, \mathbf{s}) = h_q(\mathbf{x}^k) + \lambda\, \mathbf{a}_q'\, \mathbf{s} = \lambda\, \mathbf{a}_q'\, \mathbf{s} \leqq 0 \quad \text{für} \quad \lambda \geqq 0$$

wegen (1.120), so daß die Nebenbedingung, die der fallengelassenen Hyperebene entspricht, nicht verletzt wird, wenn wir auf dem Strahl $\mathbf{x}^k + \lambda\, \mathbf{s}$ vorrücken.

Falls $\mathbf{x}^k$ im Innern des zulässigen Bereiches liegt, so kann man dies als einen Sonderfall von I auffassen. Es ist dann wegen $\mathbf{P}_q = \mathbf{E}$ einfach

$$\mathbf{s} = \mathbf{g}_k = \mathbf{P}_0\, \mathbf{g}_k.$$

Aus dem unter I und II Gesagten läßt sich nun ein allgemeiner Algorithmus aufbauen. Das Verfahren startet mit einem beliebigen Punkt $\mathbf{x}^0$ im Innern oder auf dem Rand des zulässigen Bereiches. Man kann als $\mathbf{x}^0$ beispielsweise einen Eckpunkt des zulässigen Bereiches wählen, den man mittels des Simplex-Verfahrens erhalten hat. Dann berechnet man eine Folge von Iterationswerten

$$\mathbf{x}^{k+1} \quad \text{für} \quad k = 0, 1, 2, \ldots \quad \text{nach der folgenden}$$

Rekursionsvorschrift: $\mathbf{x}^k$ liege genau auf q $(0 \leqq q \leqq n)$ der berandenden Hyperebenen, die vorläufig unabhängig sein sollen.
1. Man berechne $g\,(\mathbf{x}^k) = \mathbf{g}_k$ und $\mathbf{P}_q\, \mathbf{g}_k$.
   Falls $\mathbf{P}_q\, \mathbf{g}_k = \mathbf{0}$ und $\mathbf{u} \geqq \mathbf{0}$, so ist $\mathbf{x}^k$ die Lösung.
2. Falls $\mathbf{P}_q\, \mathbf{g}_k \neq \mathbf{0}$ ist, setze man $\mathbf{s} = \mathbf{P}_q\, \mathbf{g}_k$.
3. Falls $\mathbf{P}_q\, \mathbf{g}_k = \mathbf{0}$ und $u_j < 0$ für mindestens ein j, so wähle man ein negatives u_j und lasse das zugehörige H_j fallen.
   Man setzt jetzt $\mathbf{s} = \mathbf{P}_{q-1}\, \mathbf{g}_k.$

4. Man bestimme λ' mit dem geeigneten $\mathbf{s}$ gemäß (11.8) und dann $\tilde{\mathbf{x}}^k = \mathbf{x}^k + \lambda' \, \mathbf{s}$.

5. Man berechne $g\,(\tilde{\mathbf{x}}^k)$ und $\mathbf{s}'\,g\,(\tilde{\mathbf{x}}^k)$. Wenn $\mathbf{s}'\,g\,(\tilde{\mathbf{x}}^k) \geqq 0$ ist, so setze man $\mathbf{x}^{k+1} = \tilde{\mathbf{x}}^k$.

6. Falls $\mathbf{s}'\,g\,(\tilde{\mathbf{x}}^k) < 0$, so setze man

$$\mathbf{x}^{k+1} = \mathbf{x}^k + \lambda'' \, \mathbf{s} = \varrho\, \tilde{\mathbf{x}}^k + (1 - \varrho)\, \mathbf{x}^k$$

mit
$$\varrho = \frac{\mathbf{s}'\,g\,(\mathbf{x}^k)}{\mathbf{s}'\,g\,(\mathbf{x}^k) - \mathbf{s}'\,g\,(\tilde{\mathbf{x}}^k)}\,. \tag{11.13}$$

Wie man sieht, besteht bei jedem Iterationsschritt die Möglichkeit, daß D ungeändert bleibt (2 & 6), daß eine Hyperebene fallen gelassen wird (3 & 6), daß eine Hyperebene hinzukommt (2 & 5), oder daß eine Hyperebene fallengelassen wird und eine andere hinzukommt (3 & 5). Es ist allerdings möglich, daß beim Übergang von $\mathbf{x}^k$ zu $\mathbf{x}^{k+1}$ mehrere Hyperebenen gleichzeitig dazukommen, nämlich dann, wenn Degeneration vorliegt, d. h. wenn das Minimum λ' von mehreren λ_j zugleich erreicht wird.

Die obigen sechs Regeln bedürfen noch einer Bemerkung. Selbstverständlich ist es nur dann sinnvoll, den Gradienten zu projizieren, wenn er aus dem zulässigen Bereich herausgreift. Wenn der Gradient im Randpunkt $\mathbf{x}^k$ dagegen ins Innere des zulässigen Bereiches weist, wie dies z. B. bei einem ungünstig gewählten Anfangspunkt der Fall sein kann, so ist es besser, dem Gradienten direkt zu folgen. In diesem Fall berücksichtigt man also D gar nicht, sondern behandelt $\mathbf{x}^k$ wie einen inneren Punkt mit $\mathbf{s} = \mathbf{g}_k$ gemäß Fall I. Hierdurch kann man von einem schlechten Anfangspunkt aus durch das Innere des Bereiches direkt in die Nähe des Optimalpunktes gelangen, anstatt sich mittels zahlreicher Iterationen über den Rand zum Optimalpunkt vorzuarbeiten. Man könnte also noch die folgende

Zusatzregel aufstellen: 1 a) Wenn $\mathbf{a}'_j\, \mathbf{g}_k \leqq 0$ für $j = 1, \ldots, q$ (d. h. $\mathbf{A}_q\, \mathbf{g}_k \leqq \mathbf{0}$), so setzt man $\mathbf{s} = \mathbf{g}_k$ und wendet Regel 4 bis 6 an.

Für den Fall, daß die Zielfunktion nicht quadratisch, sondern nur linear ist, fällt, wenn man von der Zusatzregel absieht und als Ausgangspunkt $\mathbf{x}^k$ einen Eckpunkt des zulässigen Bereiches wählt, die Folge der Iterationspunkte beim Verfahren von Rosen mit der Folge der Iterationspunkte beim Simplex-Verfahren von Dantzig zusammen. Der Leser möge dies verifizieren. Da der Gradient konstant ist, tritt Regel 6 nie in Kraft. Bei jedem Schritt bewegt man sich von einer Ecke des zulässigen Bereiches zu einer anliegenden Ecke. Das Fallenlassen einer Hyperebene entspricht dem „In-die-Basis-Nehmen" einer Variablen beim Simplex-Verfahren. Im Falle einer linearen Zielfunktion führt somit die Methode der projizierten Gradienten in endlich vielen Schritten zur exakten Lösung.

Bei einer nichtlinearen Zielfunktion liegen die Konvergenzverhältnisse nicht so klar. Das Verfahren braucht theoretisch nicht zu konvergieren, wenn man beliebig hohe Genauigkeit annimmt. Die tiefere Ursache hierfür liegt in der durch die Fallunterscheidungen I und II hervorgerufenen Unstetigkeit in der Abhängigkeit der verbesserten Werte $\mathbf{x}^{k+1}$ von der Lage von $\mathbf{x}^k$. In der Tat ist es leicht, Beispiele zu konstruieren, wo man stets die Regel 6 anwenden muß und die Bedingung $\mathbf{P}_q\, g\,(\mathbf{x}^k) = \mathbf{0}$, die aus D herausführen würde, nicht in endlich vielen Schritten exakt verwirklicht werden kann, so daß das Verfahren lediglich gegen das Maximum der Zielfunktion in der Teilmannigfaltigkeit D konvergiert. Beim praktischen Rechnen wird man jedoch aufgrund der beschränkten Genauigkeit stets nach endlich vielen Schritten die fragliche Bedingung als verwirklicht betrachten, und dann konvergiert das Verfahren i. a. recht gut.

Immerhin könnte man dem erwähnten theoretischen Übelstand abhelfen, indem man das Verfahren etwas abändert und auch dann, wenn $\mathbf{P}_q \mathbf{g}_k \neq \mathbf{0}$ ist, eine Variante von Fall II anwendet. Genauer: Es sei $\mathbf{P}_q \mathbf{g}_k \neq \mathbf{0}$.

Man zerlegt

$$\mathbf{g}_k = \mathbf{P}_q \mathbf{g}_k + \tilde{\mathbf{P}}_q \mathbf{g}_k,$$

wobei $\tilde{\mathbf{P}}_q = \mathbf{E} - \mathbf{P}_q$.

$\tilde{\mathbf{P}}_q \mathbf{g}_k$ läßt sich wieder darstellen als

$$\tilde{\mathbf{P}}_q \mathbf{g}_k = \sum_{j=1}^{q} u_j \mathbf{a}_j = \mathbf{A}_q' \mathbf{u}$$

mit

$$\mathbf{u} = (\mathbf{A}_q \mathbf{A}_q')^{-1} \mathbf{A}_q \mathbf{g}_k.$$

Falls gewisse der u_j negativ sind, wählt man eines davon aus, etwa $u_q < 0$, und läßt H_q fallen. Dann gilt nach (1.122)

$$|\mathbf{P}_{q-1} \mathbf{g}_k| > |\mathbf{P}_q \mathbf{g}_k| > 0.$$

Um sicherzustellen, daß man mit

$$\mathbf{s} = \mathbf{P}_{q-1} \mathbf{g}_k$$

gemäß Fall II arbeiten kann, braucht man nur noch zu zeigen, daß

$$\mathbf{a}_q' \mathbf{s} < 0$$

erfüllt ist. In der Tat gilt nach (1.120)

$$\mathbf{a}_q' \mathbf{s} = \mathbf{a}_q' \mathbf{P}_{q-1} \mathbf{g}_k = u_q |\mathbf{P}_{q-1} \mathbf{a}_q|^2 < 0.$$

Bei dieser Modifizierung kann allerdings der Fall eintreten, daß man dauernd zwischen zwei verschiedenen Mannigfaltigkeiten D hin- und herspringt. Um sich hiervor zu sichern, muß man eine Restriktion, die mehrmals in D auftritt, so lange in Gleichungsform festhalten, bis eine Erhöhung von $F(\mathbf{x})$ unter dieser verschärften Bedingung nicht mehr möglich ist. Man vergleiche die entsprechende Regel beim Verfahren von Zoutendijk.

Wenn die Zielfunktion quadratisch ist, so kann man nicht nur Konvergenz, sondern sogar Endlichkeit des Verfahrens erzwingen, indem man noch eine Konjugationsvorschrift[1] einführt. Wenn $\mathbf{x}^{k+1} = \mathbf{x}^k + \lambda'' \mathbf{s}^k$ ist (Ziffer 6), so verlangt man, daß $(\mathbf{s}^{k+1})' \mathbf{C} \mathbf{s}^k = 0$. Für Einzelheiten sei auch hier auf das Verfahren von Zoutendijk verwiesen.

3. Die Degeneration

Alle bisherigen Rechenregeln basierten auf der Annahme der Nichtdegeneration. Wenn wir diese Annahme fallenlassen und zulassen, daß $\mathbf{x}^k$ nicht nur auf den q li-

---

1 Vgl. Kapitel X, Abschnitt 2.

near unabhängigen, sondern außerdem noch auf r weiteren, von den ersten q linear abhängigen Hyperebenen liegt, etwa auf H_{q+1} bis H_{q+r}, so ist das Optimalitätskriterium nur noch hinreichend, da ja nicht mehr alle Randflächen durch $\mathbf{x}^k$ berücksichtigt sind.

Die Folgen der Degeneration für die Rechenregeln sind verschieden, je nachdem, ob Fall I oder Fall II vorliegt (wir beschränken uns auf das durch 1 − 6 gegebene Verfahren. Die Handhabung der Degeneration beim abgeänderten Verfahren ist offenkundig).

Im *Fall I* tritt überhaupt keine Änderung ein. $\mathbf{P}_q\,\mathbf{g}_k$ liegt im Durchschnitt der $q + r$ Hyperebenen und man kann mit $\mathbf{s} = \mathbf{P}_q\,\mathbf{g}_k$ arbeiten. Die abhängigen Hyperebenen werden gar nicht berücksichtigt.

Fall II: Hier haben wir $\mathbf{P}_q\,\mathbf{g}_k = \mathbf{0}$ und $u_j < 0$ für mindestens ein j, etwa für $j = q$. Das Vorgehen ist das folgende: Man berechnet zunächst wie im Normalfall

$$\mathbf{s} = \mathbf{P}_{q-1}\,\mathbf{g}_k$$

mit

$$\mathbf{a}'_q\,\mathbf{s} < 0.$$

Falls auch noch

$$\mathbf{a}'_j\,\mathbf{s} \leqq 0 \quad \text{für} \quad j = q+1,\ldots,q+r,$$

so kann man mit diesem $\mathbf{s}$ arbeiten, und es ist

$$h_j(\mathbf{x}^k + \lambda\,\mathbf{s}) \leqq 0 \quad (\lambda \geqq 0)$$

für alle abhängigen Hyperebenen.

Wenn jedoch für einige Indizes die Produkte $\mathbf{a}'_j\,\mathbf{s}$ positiv sind, so steht man vor dem gleichen Problem wie bei der linearen Programmierung. Man hilft sich, indem man $b_{q+1},\ldots,b_{q+r}$ durch $b_{q+1}+\varepsilon,\ldots,b_{q+r}+r\,\varepsilon$ ersetzt, wobei ε eine kleine positive Größe darstellt. Nun schneiden sich in $\mathbf{x}^k$ nur noch unabhängige Hyperebenen. Ja, durch die Bedingungen

$$h_j(\mathbf{x}) \leqq 0, \quad j = 1,\ldots,q;$$

$$h_{q+v}(\mathbf{x}) \leqq v\,\varepsilon, \quad v = 1,\ldots,r,$$

wird in der Mannigfaltigkeit $\tilde{D}$ ein unbeschränkter konvexer Bereich $R_{\tilde{D}}$ ausgeschnitten, dessen Eckpunkte alle nicht entartet sind. Man maximiert nun die lineare Funktion

$$\mathbf{g}'_k\mathbf{x} \quad \text{über} \quad R_{\tilde{D}}.$$

Das ist ein gewöhnliches lineares Programm. Die Beschränkung auf die Mannigfaltigkeit $\tilde{D}$ kann man dadurch erzielen, daß man in der Zielfunktion und in den Nebenbedingungen $h_1(\mathbf{x}),\ldots,h_{q+r}(\mathbf{x})$ die Variablen $\mathbf{x}$ durch $\mathbf{x} = \mathbf{A}'_q\,\mathbf{u}$ ausdrückt und die q Variablen u_j als neue unabhängige Veränderliche nimmt. Man könnte auch h_1 bis h_q als neue Unabhängige nehmen und auf dem Umweg über $\mathbf{u}$ die $\mathbf{x}$ in $R_{\tilde{D}}$ als Funktion dieser neuen Variablen darstellen, die man dann in der Zielfunktion und in den Nebenbedingungen für h_{q+v} substituiert:

$$\mathbf{x} = \mathbf{A}'_q\,(\mathbf{A}_q\,\mathbf{A}'_q)^{-1}\,(\mathbf{h} + \mathbf{b})$$

mit

$$\mathbf{h}' = \|h_1,\ldots,h_q\|; \quad \mathbf{b}' = \|b_1,\ldots,b_q\|.$$

Zur Lösung dieses linearen Programms kann man die Methode der projizierten Gradienten oder das Simplex-Verfahren verwenden, wobei man vom Eckpunkt $\mathbf{x}^k$ ausgeht. Beim Simplex-Verfahren braucht man die Epsilons nicht niederzuschreiben. Der Algorithmus erledigt das von selbst.

Es bestehen nun zwei Möglichkeiten. Entweder bleibt der Wert von $\mathbf{g}'_k \mathbf{x}$ auf $R_{\bar{D}}$ beschränkt. Dann ist der Lösungspunkt ein Eckpunkt von $R_{\bar{D}}$, und da mit $\varepsilon \to 0$ alle Eckpunkte mit $\mathbf{x}^k$ zusammenfallen, bedeutet das, daß man von $\mathbf{x}^k$ den Wert der linearen Funktion und damit auch der quadratischen Zielfunktion nicht mehr erhöhen kann. $\mathbf{x}^k$ ist Lösung des quadratischen Programms.

Oder aber man findet einen optimalen Strahl $\mathbf{x} = \mathbf{x}_R + \lambda\, \mathbf{s}$ ($\lambda \geqq 0$, $\mathbf{x}_R$ ein Eckpunkt von $R_{\bar{D}}$), der ganz in $R_{\bar{D}}$ verläuft und längs dessen die lineare Zielfunktion $\mathbf{g}'_k \mathbf{x}$ beliebig hohe Werte annimmt.

Dann ist $\mathbf{s}' \mathbf{g}_k > 0$ und $\mathbf{s}' \mathbf{a}_j \leqq 0$ für $j = 1, \ldots, q + r$.

Man kann also mit diesem $\mathbf{s}$ einen Iterationsschritt des Verfahrens der projizierten Gradienten gemäß Regel 4 bis 6 ausführen.

Eine weitere Komplikation kann dadurch auftreten, daß der Wert von

$$\lambda' = \min \{\lambda_v | \lambda_v > 0, \quad v = q + 1, \ldots, m\}$$

für mehrere Indizes (etwa deren p) angenommen wird. Dann liegt $\mathbf{x}^{k+1}$ nicht nur auf $q + 1$, sondern auf $q + p$ Hyperebenen, sagen wir auf H_1 bis H_{q+p}. Man hat von $\mathbf{x}^k$ her die Projektionsmatrix $\mathbf{P}_q$ zur Verfügung. Unter Verwendung von $\mathbf{z} = \mathbf{P}_q g\,(\mathbf{x}^{k+1})$ bildet man die Größen

$$w_v = \frac{\mathbf{z}' \mathbf{a}_v}{|\mathbf{a}_v|}, \quad v = q + 1, \ldots, q + p.$$

Es werde

$$\max \{w_v | w_v > 0, \quad v = q + 1, \ldots, q + p\}$$

für w_{q+1} angenommen. Dann fügt man H_{q+1} zur Projektionsmatrix hinzu und erhält $\mathbf{P}_{q+1}$. Damit berechnet man

$$\mathbf{z} = \mathbf{P}_{q+1} g\,(\mathbf{x}^{k+1})$$

und wiederholt den Prozeß. Schließlich erhält man entweder einen Vektor $\mathbf{z} = \mathbf{P}_{q+m} g\,(\mathbf{x}^{k+1}) \neq \mathbf{0}$, mit $\mathbf{z}' \mathbf{a}_j \leqq 0$, $j = 1, \ldots, q + p$, und $\mathbf{z}' g\,(\mathbf{x}^{k+1}) > 0$, so daß man dieses $\mathbf{z} = \mathbf{s}$ für einen weiteren Iterationsschritt verwenden kann, oder man erhält eine Projektionsmatrix

$$\mathbf{P}_{q+m}, \quad 1 \leqq m \leqq p,$$

mit

$$\mathbf{P}_{q+m} g\,(\mathbf{x}^{k+1}) = \mathbf{0}.$$

Für $m < p$ gilt dann das eingangs über die Behandlung der Degeneration Gesagte.

4. Berechnung der Projektionsmatrizen

Wir wenden uns nun noch der Berechnung von $\mathbf{P}_q$ zu. Wie man sieht, kommt es im Verlauf des Verfahrens vor, daß man eine Hyperebene fallen läßt oder eine hinzufügt. Bei der Berechnung des jeweiligen $\mathbf{P}_q$ braucht man die Inverse der Matrix

$\mathbf{A}_q \mathbf{A}_q'$. Es ist nun von Vorteil, eine Rekursionsformel zu verwenden, die $(\mathbf{A}_{q+1} \mathbf{A}_{q+1}')^{-1}$ oder $(\mathbf{A}_{q-1} \mathbf{A}_{q-1}')^{-1}$ gibt, wenn $(\mathbf{A}_q \mathbf{A}_q')^{-1}$ bekannt ist.

Angenommen, eine Matrix $\mathbf{A}$ sei aufgeteilt gemäß

$$\mathbf{A} = \left\| \begin{array}{c:c} \mathbf{A}_1 & \mathbf{A}_2 \\ \hdashline \mathbf{A}_3 & \mathbf{A}_4 \end{array} \right\|,$$

und die Inverse von $\mathbf{A}$ sei analog aufgeteilt:

$$\mathbf{A}^{-1} = \left\| \begin{array}{c:c} \mathbf{B}_1 & \mathbf{B}_2 \\ \hdashline \mathbf{B}_3 & \mathbf{B}_4 \end{array} \right\|,$$

dann ist

$$\mathbf{A}_1^{-1} = \mathbf{B}_1 - \mathbf{B}_2 \mathbf{B}_4^{-1} \mathbf{B}_3. \tag{11.14}$$

Falls umgekehrt $\mathbf{A}_1^{-1}$ bekannt ist, und falls $\mathbf{A}^{-1}$ existiert, so ist $\mathbf{A}^{-1}$ gegeben durch die obige Zerlegung mit

$$\begin{aligned} \mathbf{B}_1 &= \quad \mathbf{A}_1^{-1} + \mathbf{A}_1^{-1} \mathbf{A}_2 \mathbf{A}_0^{-1} \mathbf{A}_3 \mathbf{A}_1^{-1} \\ \mathbf{B}_2 &= -\mathbf{A}_1^{-1} \mathbf{A}_2 \mathbf{A}_0^{-1} \\ \mathbf{B}_3 &= -\mathbf{A}_0^{-1} \mathbf{A}_3 \mathbf{A}_1^{-1} \\ \mathbf{B}_4 &= \quad \mathbf{A}_0^{-1}, \end{aligned} \tag{11.15}$$

wobei

$$\mathbf{A}_0 = \quad \mathbf{A}_4 - \mathbf{A}_3 \mathbf{A}_1^{-1} \mathbf{A}_2.$$

Diese Beziehungen verifiziert man leicht, wenn man berücksichtigt, daß man die aufgeteilten Matrizen wie zweireihige Matrizen mit den Teilmatrizen als Elementen behandeln kann.

Angenommen, wir hätten q linear unabhängige Hyperebenen und die zugehörige Inverse der Momentenmatrix

$$(\mathbf{A}_q \mathbf{A}_q')^{-1}.$$

Nun möchten wir H_q fallen lassen und $(\mathbf{A}_{q-1} \mathbf{A}_{q-1}')^{-1}$ bilden. (Wenn wir statt der q-ten eine andere Hyperebene fallen lassen, so müssen wir eben die entsprechende Zeile und Spalte mit der q-ten Zeile und Spalte vertauschen). In diesem Fall ist also $\mathbf{A}$ die symmetrische $(q \times q)$-Matrix $\mathbf{A}_q \mathbf{A}_q'$, $\mathbf{A}_1$ die symmetrische $(q-1)$-reihige Matrix $\mathbf{A}_{q-1} \mathbf{A}_{q-1}'$. Mit $\mathbf{A}^{-1} = (\mathbf{A}_q \mathbf{A}_q')^{-1}$ sind auch $\mathbf{B}_1$, $\mathbf{B}_2$, $\mathbf{B}_3$ und $\mathbf{B}_4$ bekannt. $\mathbf{B}_1$ ist eine symmetrische $(q-1)$-reihige Matrix, $\mathbf{B}_2$ ein $(q-1)$-Spaltenvektor, $\mathbf{B}_3 = \mathbf{B}_2'$, und $\mathbf{B}_4$ ein Skalár. $\mathbf{A}_1^{-1}$ läßt sich mittels der Formel (11.14) berechnen.

Nehmen wir jetzt an, daß $\mathbf{A}_1^{-1} = (\mathbf{A}_{q-1} \mathbf{A}_{q-1}')^{-1}$ bekannt ist, und daß wir zu den $(q-1)$ Hyperebenen noch eine weitere unabhängige, etwa H_q, hinzufügen müssen, so daß

$$\begin{aligned} \mathbf{A}_2 &= \mathbf{A}_{q-1} \mathbf{a}_q = \mathbf{A}_3' \\ \mathbf{A}_4 &= \mathbf{a}_q' \mathbf{a}_q, \end{aligned}$$

und

$$\mathbf{A}_0 = \mathbf{a}_q'[\mathbf{E} - \mathbf{A}_{q-1}'(\mathbf{A}_{q-1} \mathbf{A}_{q-1}')^{-1} \mathbf{A}_{q-1}] \mathbf{a}_q = \mathbf{a}_q' \mathbf{P}_{q-1} \mathbf{a}_q = |\mathbf{P}_{q-1} \mathbf{a}_q|^2.$$

Damit wird

$$\begin{aligned} \mathbf{B}_1 &= (\mathbf{A}_{q-1} \mathbf{A}_{q-1}')^{-1} + \mathbf{A}_0^{-1} \mathbf{r}_{q-1} \mathbf{r}_{q-1}' \\ \mathbf{B}_2 &= -\mathbf{A}_0^{-1} \mathbf{r}_{q-1} = \mathbf{B}_3' \\ \mathbf{B}_4 &= \mathbf{A}_0^{-1}, \end{aligned}$$

wobei

$$r_{q-1} = (A_{q-1} A'_{q-1})^{-1} A_{q-1} a_q = A_1^{-1} A_2.$$

Bei der Berechnung von A_0 berücksichtigt man noch, daß

$$P_{q-1} a_q = a_q - A'_{q-1} r_{q-1}; \quad (A'_{q-1} r_{q-1} = \tilde{P}_{q-1} a_q).$$

Man bildet also zuerst r_{q-1}, hieraus A_0 und dann

$$(A_q A'_q)^{-1} = \left\| \begin{array}{c:c} B_1 & B_2 \\ \hdashline B_3 & B_4 \end{array} \right\|$$

mit den angegebenen B_i.

Diese Rekursionsformeln ermöglichen es, $(A_q A'_q)^{-1}$ und P_q mit einem Minimum an Rechenarbeit aufzubauen, indem man mit a_1 beginnt und jeweils ein weiteres a_j hinzufügt, bis A'_q erreicht ist. Wenn nicht alle der q Hyperebenen unabhängig sind, dann kann man beim schrittweisen Aufbau der Projektionsmatrix eine größte unabhängige Teilmenge aufstellen. Wenn wir etwa bei P_m, $m < q$, angekommen sind, und es ist

$$P_m a_{m+1} = 0,$$

so ist a_{m+1} von denjenigen a_j, die sich bereits in A'_m befinden, linear abhängig, und H_{m+1} wird nicht in die Projektionsmatrix aufgenommen. Man geht zu a_{m+2} über und wiederholt das ganze. Auf diese Weise ist schließlich jede der q Hyperebenen entweder in der Projektionsmatrix oder von den Hyperebenen in der Matrix abhängig.

5. Ausführliche Rechenvorschrift für das Verfahren von Rosen

Zur Bequemlichkeit des Lesers seien die vorstehend erklärten Rechenvorschriften für den quadratischen Fall noch einmal ausführlich zusammengestellt, wobei jedoch nicht alle Sonderfälle der Degeneration berücksichtigt sind.

Gegeben sei die Aufgabe:
Man maximiere

$$Q(x) = p' x - x' C x \quad (C \text{ positiv semidefinit})$$

unter den Nebenbedingungen

$$h_j(x) \equiv a'_j x - b_j \leqq 0, \quad j = 1, \ldots, m.$$

1. Schritt: Man wählt als Startpunkt x^0 einen beliebigen Punkt des zulässigen Bereichs. Ein solcher Punkt läßt sich beispielsweise mittels des Simplex-Verfahrens finden. Wenn alle $b_j \geqq 0$ sind, so ist der Nullpunkt ein zulässiger Startpunkt.

2. Schritt: Man ermittelt diejenigen q Restriktionen, die x^0 in Gleichungsform erfüllt. Die zugehörigen Vektoren a_j müssen linear unabhängig sein. Man behandelt dann x^0 genauso wie einen beliebigen Iterationspunkt x^k.

3. Schritt: Man hat als Resultat der k-ten Iterationsrunde einen Punkt x^k erhalten, zusammen mit q der Restriktionen, etwa für $j = 1, \ldots, q$, die von x^k als Gleichungen erfüllt werden. Die Vektoren a_1 bis a_q sind linear unabhängig. x^k kann auch noch weitere Restriktionen, etwa $j = q + 1, \ldots, q + r$ als Gleichung erfüllen, doch sind dann die zugehörigen $\mathbf{a}_j$ von $\mathbf{a}_1$ bis $\mathbf{a}_q$ linear abhängig. Man berechne $\mathbf{g}_k$ gemäß

$$\mathbf{g}_k = g(\mathbf{x}^k) = \mathbf{p} - 2\,\mathbf{C}\,\mathbf{x}^k$$

und ferner

$$\mathbf{P}_q = \mathbf{E} - \mathbf{A}'_q (\mathbf{A}_q \mathbf{A}'_q)^{-1} \mathbf{A}'_q$$

mit

$$\mathbf{A}'_q = \| \mathbf{a}_1 \vdots \mathbf{a}_2 \vdots \ldots \vdots \mathbf{a}_q \|.$$

Hierbei ist $\mathbf{a}_j$ der transponierte Vektor der Koeffizienten der j-ten Nebenbedingung, die als Gleichung erfüllt sein soll ($j = 1, 2, \ldots, q$). Weiter berechnet man

$$\mathbf{u} = (\mathbf{A}_q \mathbf{A}'_q)^{-1} \mathbf{A}_q \mathbf{g}_k$$

und

$$\mathbf{P}_q \mathbf{g}_k.$$

Falls $\mathbf{P}_q \mathbf{g}_k = \mathbf{0}$ und $\mathbf{u} \geqq \mathbf{0}$, so ist $\mathbf{x}^k$ die Lösung.

4. Schritt: Falls $\mathbf{P}_q \mathbf{g}_k \neq \mathbf{0}$, so setzt man

$$\mathbf{s} = \mathbf{P}_q \mathbf{g}_k.$$

5. Schritt: Falls $\mathbf{P}_q \mathbf{g}_k = \mathbf{0}$ und ferner $u_j < 0$ für mindestens ein j, so wählt man dasjenige u_j aus, das für $|\mathbf{a}_j|\, u_j$ den am meisten negativen Wert liefert (es sei hier u_q) und errechnet $\mathbf{P}_{q-1}$. $\mathbf{P}_{q-1}$ ist definiert wie $\mathbf{P}_q$ im 3. Schritt, nur daß dort jetzt $\mathbf{A}_{q-1}$ statt $\mathbf{A}_q$ zu setzen ist. $\mathbf{A}_{q-1}$ entsteht aus $\mathbf{A}_q$, indem dort die Zeile $\mathbf{a}'_q$, die zu dem gewählten u_q gehört, fortgelassen wird (d. h., man fordert jetzt nicht mehr, daß der Lösungspunkt auf der Hyperebene H_q liegt).

Dann errechnet man $\mathbf{P}_{q-1} \mathbf{g}_k$ und setzt

$$\mathbf{z} = \mathbf{P}_{q-1} \mathbf{g}_k.$$

Ist jetzt

$$\mathbf{a}'_j \mathbf{z} \leqq 0$$

für diejenigen Nebenbedingungen, die $\mathbf{x}^k$ als Gleichungen erfüllt und die nicht in $\mathbf{A}_q$ enthalten sind, also für $j = q + 1, \ldots, q + r$, so setzt man

$$\mathbf{s} = \mathbf{z}.$$

Ist dagegen $\mathbf{a}'_j \mathbf{z} > 0$ für mindestens eines dieser j ($j = q + 1, \ldots, q + r$), so muß man eine *Nebenrechnung* durchführen, nämlich ein lineares Programm in $h_1, \ldots, h_q$: Man maximiere

$$L = \mathbf{g}'_k \mathbf{A}'_q (\mathbf{A}_q \mathbf{A}'_q)^{-1} \mathbf{h}$$

unter den Nebenbedingungen

$$\mathbf{h} \leqq \mathbf{0}$$

$$\mathbf{a}'_v \mathbf{A}'_q (\mathbf{A}_q \mathbf{A}'_q)^{-1} (\mathbf{h} + \mathbf{b}_q) - b_v \leqq (v - q)\,\varepsilon, \qquad v = q + 1, \ldots, q + r.$$

Hierbei ist definiert:

$$\mathbf{h}' = \| h_1, h_2, \ldots, h_q \|,$$
$$\mathbf{b}'_q = \| b_1, b_2, \ldots, b_q \|,$$

b_v ist das v-te Element von $\mathbf{b}$,

ε ist eine sehr kleine Zahl > 0.

Verwendet man zur Lösung dieser linearen Programmierungsaufgabe die Simplex-Methode, so kann $\varepsilon = 0$ gesetzt werden.

Ergibt sich als Lösung ein endlicher Wert von L, dann ist jetzt $\mathbf{x}^k$ die Lösung der quadratischen Programmierungsaufgabe und man ist fertig. Ist L nach oben nicht beschränkt, so gibt es einen optimalen Strahl (vgl. Kap. II, Abschnitt 4)

$$\mathbf{h} = \mathbf{h}_R + \lambda\,\mathbf{h}_z\,(\lambda \geqq 0),$$

längs dessen $L \to \infty$ geht für $\lambda \to \infty$ bei Erfüllung der Nebenbedingungen. Man bestimmt $\mathbf{h}_z$ und setzt dann

$$\mathbf{s} = \mathbf{A}_q'\,(\mathbf{A}_q\,\mathbf{A}_q')^{-1}\,(\mathbf{h}_z + \mathbf{b}_q).$$

6. Schritt: Man bestimmt λ' gemäß

$$\lambda' = \min\,\{\lambda_j\,|\,\lambda_j \geqq 0,\quad j = q+1,\ldots,m\},$$

wobei

$$\lambda_j = -\,\frac{h_j(\mathbf{x}^k)}{\mathbf{a}_j'\,\mathbf{s}}\,,\quad j = q+1,\ldots,m,$$

mit dem $\mathbf{s}$ gemäß dem 4. oder 5. Schritt, was gerade zutrifft. Hierbei ist

$$h_j(\mathbf{x}^k) = \mathbf{a}_j'\,\mathbf{x}^k - b_j.$$

Man wählt das kleinste positive λ_j (es sei etwa λ_{q+1}) aus und bezeichnet es mit λ'. Dann errechnet man

$$\tilde{\mathbf{x}}^k = \mathbf{x}^k + \lambda'\,\mathbf{s}.$$

7. Schritt: Weiterhin berechnet man $g\,(\tilde{\mathbf{x}}^k)$ analog zu $g\,(\mathbf{x}^k)$ im 3. Schritt und

$$\mathbf{s}'\,g\,(\tilde{\mathbf{x}}^k)$$

mit dem $\mathbf{s}$ gemäß dem 4. oder 5. Schritt, was gerade zutrifft. Falls $\mathbf{s}'\,g\,(\tilde{\mathbf{x}}^k) \geqq 0$, so setzt man $\mathbf{x}^{k+1} = \tilde{\mathbf{x}}^k$ und hat die Ausgangswerte für die nächste Iteration, beginnend mit dem 3. Schritt. Dabei fügt man für die nächste Runde zu $\mathbf{A}_q$ noch den Vektor $\mathbf{a}_{q+1}'$ hinzu und erhält dann die Matrix $\mathbf{A}_{q+1}$, die für die nächste Runde die gleiche Rolle spielt wie $\mathbf{A}_q$. Wird im Schritt 6 das Minimum λ' für mehrere Indizes j angenommen, etwa $j = q+1,\ldots,q+p$, so wählt man aus den Vektoren $\mathbf{a}_1$ bis $\mathbf{a}_{q+p}$ eine maximale Anzahl linear unabhängiger aus. In der nächsten Runde sind alle diese $\mathbf{a}_j$ in der Matrix $\mathbf{A}_q$.

8. Schritt: Falls $\mathbf{s}'\,g\,(\tilde{\mathbf{x}}^k) < 0$, so setzt man

$$\mathbf{x}^{k+1} = \varrho\,\tilde{\mathbf{x}}^k + (1 - \varrho)\,\mathbf{x}^k$$

mit

$$\varrho = \frac{\mathbf{s}'\,g\,(\mathbf{x}^k)}{\mathbf{s}'\,g\,(\mathbf{x}^k) - \mathbf{s}'\,g\,(\tilde{\mathbf{x}}^k)}$$

und hat dann den Ausgangswert für die neue Iteration, beginnend mit dem 3. Schritt. $\mathbf{A}_q$ ändert sich nicht.

6. Beispiel

Wir wählen wieder dasselbe Beispiel wie früher:
Man maximiere

$$-\tfrac{1}{2}x_1^2 - \tfrac{1}{2}x_2^2 + x_1 + 2\,x_2$$

unter den Nebenbedingungen

$$2\,x_1 + 3\,x_2 \leqq 6$$
$$x_1 + 4\,x_2 \leqq 5$$
$$x_1 \qquad \geqq 0$$
$$x_2 \geqq 0\,.$$

Damit ist

$$\mathbf{C} = \left\|\begin{array}{cc} 1/2 & 0 \\ 0 & 1/2 \end{array}\right\|$$

$$\mathbf{p}' = \|\,1, 2\,\|$$
$$\mathbf{a}_1' = \|\,2, 3\,\|; \qquad |\mathbf{a}_1| = \sqrt{13}$$
$$\mathbf{a}_2' = \|\,1, 4\,\|; \qquad |\mathbf{a}_2| = \sqrt{17}$$
$$\mathbf{a}_3' = \|\,-1, 0\,\|; \qquad |\mathbf{a}_3| = 1$$
$$\mathbf{a}_4' = \|\,0, -1\,\|; \qquad |\mathbf{a}_4| = 1$$
$$\mathbf{b}' = \|\,6, 5, 0, 0\,\|\,.$$

0.0.) (Bestimmung des Ausgangswertes): Als Ausgangswert $\mathbf{x}^0$ der Iteration wählen wir den Wert, der die beiden ersten Nebenbedingungen als Gleichung erfüllt. Es ist also

$$\mathbf{x}^0 = \mathbf{A}_q^{-1}\,\mathbf{b}_q$$

mit $q = n = 2$,

$$\mathbf{A}_q = \left\|\begin{array}{cc} 2 & 3 \\ 1 & 4 \end{array}\right\|, \quad \mathbf{A}_q^{-1} = \left\|\begin{array}{cc} 4/5 & -3/5 \\ -1/5 & 2/5 \end{array}\right\|, \quad \mathbf{b}_q' = \|\,6, 5\,\|\,.$$

Das ergibt

$$\mathbf{x}^0 = \|\,9/5, 4/5\,\|'\,.$$

Da auch die beiden übrigen Nebenbedingungen erfüllt sind, ist $\mathbf{x}^0$ als Ausgangswert zulässig.

0.1.) (Prüfung, ob Endlösung erreicht ist): Es ist $g\,(\mathbf{x}) = \mathbf{p} - 2\,\mathbf{C}\,\mathbf{x}$, also

$$\mathbf{g}_0 = g\,(\mathbf{x}^0) = \left\|\begin{array}{c} 1 \\ 2 \end{array}\right\| - \left\|\begin{array}{cc} 1 & 0 \\ 0 & 1 \end{array}\right\| \left\|\begin{array}{c} 9/5 \\ 4/5 \end{array}\right\| = \left\|\begin{array}{c} -4/5 \\ 6/5 \end{array}\right\|\,.$$

Wegen $q = n$ ist $\mathbf{P}_q\,\mathbf{g}_0 = \mathbf{0}$. (Wir behalten den allgemeinen Index q bei.) Man berechnet

$$\mathbf{A}_q\,\mathbf{A}_q' = \left\|\begin{array}{cc} 13 & 14 \\ 14 & 17 \end{array}\right\|, \quad (\mathbf{A}_q\,\mathbf{A}_q')^{-1} = \left\|\begin{array}{cc} 17/25 & -14/25 \\ -14/25 & 13/25 \end{array}\right\|,$$

$$(\mathbf{A}_q\,\mathbf{A}_q')^{-1}\,\mathbf{A}_q = \left\|\begin{array}{cc} 4/5 & -1/5 \\ -3/5 & 2/5 \end{array}\right\|\,.$$

Es ist
$$\mathbf{u} = (\mathbf{A}_q\,\mathbf{A}_q')^{-1}\,\mathbf{A}_q\,g\,(\mathbf{x}^0) = \left\|\begin{array}{c} -22/25 \\ 24/25 \end{array}\right\|\,.$$

Da $\mathbf{P}_q\,\mathbf{g}_0 = \mathbf{0}$ und $u_1 < 0$ ist, hat man die Lösung noch *nicht erreicht*.

1.0.) (1. Iterationsschritt): Man läßt $\mathbf{a}_1$ fallen. $\mathbf{A}_q$ (im Text $\mathbf{A}_{q-1}$ genannt) besteht jetzt nur noch aus $\mathbf{a}_2'$:

$$\mathbf{A}_q = \| 1, 4 \|.$$

Damit ist

$$\mathbf{A}_q \mathbf{A}_q' = 17, \quad (\mathbf{A}_q \mathbf{A}_q')^{-1} = 1/17,$$

$$\mathbf{A}_q' (\mathbf{A}_q \mathbf{A}_q')^{-1} \mathbf{A}_q = \left\| \begin{matrix} 1/17 & 4/17 \\ 4/17 & 16/17 \end{matrix} \right\|$$

und

$$\mathbf{P}_q = \left\| \begin{matrix} 16/17 & -4/17 \\ -4/17 & 1/17 \end{matrix} \right\|.$$

Man setzt

$$\mathbf{s} = \mathbf{P}_q \mathbf{g}_0 = \left\| \begin{matrix} -88/85 \\ 22/85 \end{matrix} \right\|$$

und bestimmt

$$\lambda_3 = -\frac{\mathbf{a}_3' \mathbf{x}^0 - b_3}{\mathbf{a}_3' \mathbf{s}} = -\frac{\| -1, 0 \| \left\| \begin{matrix} 9/5 \\ 4/5 \end{matrix} \right\| - 0}{\| -1, 0 \| \left\| \begin{matrix} -88/85 \\ 22/85 \end{matrix} \right\|} = 153/88$$

und entsprechend $\lambda_4 = -34/11$.

Also ist $\lambda' = \lambda_3 = \dfrac{153}{88}$.

Für den Punkt

$$\tilde{\mathbf{x}}^0 = \mathbf{x}^0 + \lambda' \mathbf{s} = \left\| \begin{matrix} 9/5 \\ 4/5 \end{matrix} \right\| + \frac{153}{88} \left\| \begin{matrix} -88/85 \\ 22/85 \end{matrix} \right\| = \left\| \begin{matrix} 0 \\ 5/4 \end{matrix} \right\|$$

errechnet man

$$g(\tilde{\mathbf{x}}^0) = \mathbf{p} - 2\,\mathbf{C}\,\mathbf{x}^0 = \left\| \begin{matrix} 1 \\ 3/4 \end{matrix} \right\|$$

und

$$\mathbf{s}' \, \mathbf{g}(\tilde{\mathbf{x}}^0) = -\frac{143}{170}.$$

Da dies negativ ist, errechnet man

$$\varrho = \frac{\dfrac{484}{425}}{\dfrac{484}{425} + \dfrac{715}{850}} = \frac{88}{153}.$$

$$\mathbf{x}^1 = \frac{88}{153} \left\| \begin{matrix} 0 \\ 5/4 \end{matrix} \right\| + \frac{65}{153} \left\| \begin{matrix} 9/5 \\ 4/5 \end{matrix} \right\| = \left\| \begin{matrix} 13/17 \\ 18/17 \end{matrix} \right\|$$

ist der neue Iterationspunkt.

1.1.) (Prüfung, ob die Lösung erreicht ist): Es ist

$$g(\mathbf{x}^1) = \left\| \begin{matrix} 1 \\ 2 \end{matrix} \right\| - \left\| \begin{matrix} 13/17 \\ 18/17 \end{matrix} \right\| = \left\| \begin{matrix} 4/17 \\ 16/17 \end{matrix} \right\|.$$

$\mathbf{A}_q$ hat sich nicht geändert. Damit ist wieder

$$\mathbf{P}_q = \left\|\begin{array}{cc} 16/17 & -4/17 \\ -4/17 & 1/17 \end{array}\right\| \quad \text{und} \quad \mathbf{P}_q g\,(\mathbf{x}^1) = \mathbf{0}.$$

Wegen $u_2 = (\mathbf{A}_q \mathbf{A}_q')^{-1} \mathbf{A}_q g\,(\mathbf{x}^1) = \dfrac{1}{17}\,\|1,4\|\,\left\|\begin{array}{c} 4/17 \\ 16/17 \end{array}\right\| = 68/17^2 > 0$

ist die Lösung erreicht:

$$\hat{\mathbf{x}} = \mathbf{x}^1 = \left\|\begin{array}{c} 13/17 \\ 18/17 \end{array}\right\|.$$

Zwölftes Kapitel

Das Verfahren der zulässigen Richtungen von Zoutendijk

1. Einleitung

Betrachtet man verschiedene Gradientenverfahren, so stellt man fest, daß bei allen das Vorgehen gewisse Ähnlichkeiten aufweist. Nehmen wir nochmals eine konkave (nicht notwendig quadratische) Zielfunktion Q, die zu maximieren sei unter den Nebenbedingungen

$$\mathbf{a}'_j \mathbf{x} \leqq b_j, \quad j = 1, 2, \ldots, m. \tag{12.1}$$

Von Q setzt man voraus, daß die Funktion einen stetigen Gradienten

$$\nabla Q(\mathbf{x}) = g(\mathbf{x}) = \left\| \frac{\partial Q}{\partial x_1}, \frac{\partial Q}{\partial x_2}, \ldots, \frac{\partial Q}{\partial x_n} \right\|' \tag{12.2}$$

über dem durch die Nebenbedingungen gegebenen zulässigen Bereich R besitzt. Das allgemeine Vorgehen bei Gradientenmethoden besteht nun darin, daß man mit einem beliebigen zulässigen Punkt $\mathbf{x}^0$ startet. Um vom k-ten Iterationspunkt $\mathbf{x}^k$ zu $\mathbf{x}^{k+1}$ zu gelangen, bestimmt man in $\mathbf{x}^k$ eine Richtung $\mathbf{s}^k$ derart, daß für genügend kleine $\lambda > 0$ der Strahl $\mathbf{x}^k + \lambda \mathbf{s}^k$ noch in R liegt. Notwendig und hinreichend dafür ist, daß

$$\mathbf{a}'_j \mathbf{s}^k \leqq 0 \quad \text{für alle } j \in S, \tag{12.3}$$

wobei S die Menge derjenigen Indizes j darstellt, für die

$$\mathbf{a}'_j \mathbf{x}^k = b_j. \tag{12.4}$$

Eine solche Richtung heiße *zulässig*. Ferner muß der Q-Wert längs des Strahls für kleine λ wenigstens anwachsen, was die Bedingung

$$\mathbf{s}^{k'} g(\mathbf{x}^k) > 0 \tag{12.5}$$

liefert.

Ein solches $\mathbf{s}^k$ bezeichnen wir als *brauchbar*.

Die einzelnen Verfahren bestehen darin, daß aus der Menge der zulässigen und brauchbaren Richtungen $\mathbf{s}$ in $\mathbf{x}^k$ durch eine zusätzliche Normierungsvorschrift ein spezielles $\mathbf{s}^k$ herausgegriffen wird. In diesen Zusatzregeln liegt im allgemeinen der einzige Unterschied in den verschiedenen Verfahren. Hat man einmal $\mathbf{s}^k$ bestimmt, so ist die Berechnung der Schrittlänge λ^k in allen Verfahren wiederum gleich.

Man bestimmt λ' – denjenigen Parameterwert, bei dem der Strahl das in (12.1) definierte Gebiet R verläßt (λ' kann unendlich werden) – und λ'' – denjenigen Parameterwert, für den Q auf dem Strahl maximal wird, d. h.

$$s^{k'} g \, (\mathbf{x}^k + \lambda'' \, \mathbf{s}^k) = 0 \qquad\qquad (12.6)$$

(auch λ'' kann unendlich werden).

Jetzt setzt man

$$\lambda^k = \min \{\lambda', \lambda''\}. \qquad\qquad (12.7)$$

Wenn λ^k unendlich wird, so ist die Zielfunktion Q nicht beschränkt. Andernfalls wählt man

$$\mathbf{x}^{k+1} = \mathbf{x}^k + \lambda^k \, \mathbf{s}^k \qquad\qquad (12.8)$$

als neuen Iterationspunkt. Der Leser möge sich klarmachen, daß beispielsweise auch das Verfahren von Beale nach diesem Schema vorgeht.

Zoutendijk [1, 2, 3] hat nun die verschiedenen möglichen Verfahren der zulässigen Richtungen zusammenfassend behandelt und dabei einige spezielle Normierungsvorschriften, die in gewisser Weise ein optimales $\mathbf{s}^k$ liefern, unter rechentechnischem Gesichtspunkt näher untersucht. Wir geben hier nur die von Zoutendijk vorgeschlagenen Verfahren wieder. Für Einzelheiten sowie Konvergenzbeweise sei auf Zoutendijk [3] verwiesen.

Man geht so vor, daß man mit einer zulässigen Ausgangslösung $\mathbf{x}^0$ startet und versucht, eine neue Lösung mit einem besseren Wert für Q zu erhalten. Zoutendijk bestimmt für diesen Zweck die bestmögliche Richtung, was jeweils auf die Lösung eines kleinen linearen oder nichtlinearen Unterprogramms hinausläuft. Zur Lösung dieses Unterprogramms kann weitgehend die Simplextechnik verwendet werden. Im neuen Versuchspunkt, der wie üblich durch ein eindimensionales Maximumproblem längs der erhaltenen Richtung gegeben wird, bestimmt man wiederum die beste Richtung usw. Die angegebene Methode ist nicht an quadratische Zielfunktionen gebunden. Zoutendijk kann auch den Fall nichtlinearer Restriktionen mit einbeziehen, wir werden uns hier aber auf lineare Nebenbedingungen beschränken. Weiter sei erwähnt, daß die vorliegende Methode i. a. nicht in endlich vielen Schritten verläuft, selbst für quadratische Zielfunktionen nicht. Aber in diesem letzten Falle läßt sich die Methode durch eine Konjugationsvorschrift verschärfen, die das Verfahren endlich gestaltet. Im Kapitel XVI werden wir eine von Topkis und Veinott [1] stammende Verallgemeinerung des Verfahrens von Zoutendijk auf den Fall nichtlinearer Restriktionen beschreiben.

2. Der Algorithmus von Zoutendijk

Zur Auffindung der besten Richtung $\mathbf{s}^k$ geht man aus von der Bedingung (12.5) und stellt das folgende Hilfsprogramm auf:

Für einen bestimmten Punkt $\mathbf{x}^k$ maximiere man bei gegebenem Gradienten $g \, (\mathbf{x}^k) = \mathbf{g}$ den linearen Ausdruck

$$\mathbf{g}' \, \mathbf{s} \qquad\qquad (12.9)$$

unter den Restriktionen

$$\mathbf{a}'_j \mathbf{s} \leqq 0 \quad \text{für} \quad j \in S \tag{12.10}$$

und einer der Nebenbedingungen (Normierungsvorschriften) N_1, N_2, ..., N_5, nämlich entweder

N_1: $\qquad\qquad \mathbf{s}' \mathbf{s} \leqq 1$ $\hfill$ (12.11 a)

oder N_2: $\qquad -1 \leqq s_i \leqq 1 \quad \text{für alle } i \quad (i = 1, 2, \ldots, n)$ $\hfill$ (12.11 b)

oder N_3: $\qquad\quad s_i \leqq 1 \qquad \text{für} \quad g_i > 0$ $\hfill$ (12.11 c)
$\qquad\qquad\qquad s_i \geqq -1 \quad \text{für} \quad g_i < 0$

oder N_4: $\qquad\quad \mathbf{g}' \mathbf{s} \leqq 1$ $\hfill$ (12.11 d)

oder N_5: $\qquad\quad \mathbf{a}'_j (\mathbf{s} + \mathbf{x}^k) \leqq b_j \quad \text{für alle } j.$ $\hfill$ (12.11 e)

(12.10) ist bereits in (12.11 e) enthalten.

Falls einige der Restriktionen in (12.1) die Form von Gleichungen haben, also $\mathbf{a}'_j \mathbf{x} = b_j$, so hat man in (12.10) für die entsprechende Restriktion ebenfalls das Gleichheitszeichen zu setzen, also $\mathbf{a}'_j \mathbf{s} = 0$. Die Normierungsbedingungen N_1, ..., N_5 sind nötig, um den Vektor $\mathbf{s}^k$ zu beschränken, da sonst $\mathbf{g}' \mathbf{s}$ beliebig groß gemacht werden könnte, falls nur ein zulässiges $\mathbf{s}$ mit $\mathbf{g}' \mathbf{s} > 0$ existierte.

Das Verfahren ist am Optimalpunkt angelangt, wenn

$$\max \mathbf{g}' \mathbf{s} = 0 \tag{12.12}$$

wird.

Natürlich kann man neben den fünf obigen Normierungen auch noch andere angeben. Es sei dem Leser überlassen, die entsprechende Normierung bei Rosen und Beale festzustellen. Die fünf folgenden Figuren veranschaulichen die durch (12.10) und (12.11) festgelegten Bereiche, auf denen $\mathbf{g}' \mathbf{s}$ maximiert werden soll, wobei der Ursprung von $\mathbf{s}$ stets in $\mathbf{x}^k$ zu denken ist. Die Bedingungen N_2 bis N_5 sind linear, so daß mit (12.10) und (12.11) die Bestimmung von $\mathbf{s}^k$ in diesen Fällen auf ein lineares Programm hinausläuft. N_1 hingegen ist etwas umständlicher zu behandeln.

Man sieht auch, daß die Bedingungen N_3 bis N_5 den für $\mathbf{s}$ zulässigen Bereich nicht zu beschränken brauchen. In diesen Fällen geht man einfach so vor, daß man, falls mittels der Simplex-Methode ein unendliches $\mathbf{s}^k$ resultiert, einen extremalen Strahlvektor nimmt, der vom letzten Eckpunkt zur unendlichen Lösung führt (man vergleiche hierzu Kapitel II, Abschnitt 4). Wie schon in der Einleitung erwähnt wurde, kann man bei quadratischen Zielfunktionen $Q(\mathbf{x}) = \mathbf{p}' \mathbf{x} - \mathbf{x}' \mathbf{C} \mathbf{x}$ ($\mathbf{C}$ positiv semidefinit) durch eine Zusatzbedingung erreichen, daß das Verfahren in endlich vielen Schritten zum Ziel führt; dazu benötigt man die folgende

Konjugationsvorschrift: Wenn $\mathbf{x}^k$ ein „innerer" Punkt ist, d. h., wenn

$$\lambda^{k-1} = \lambda'', \tag{12.13}$$

so muß das gesuchte neue $\mathbf{s}^k$ noch die weitere Bedingung

$$\mathbf{s}^{k-1'} \mathbf{C} \mathbf{s}^k = 0 \tag{12.14}$$

erfüllen. Ist bereits für die Bestimmung von $\mathbf{s}^{k-1}$ eine derartige Bedingung vorgelegen, so wird diese beibehalten, so daß man weitere Bedingungen erhält der Form

$$\mathbf{s}^{h'} \mathbf{C} \mathbf{s}^k = 0 \quad \text{für} \quad h = k-1, \ k-2, \ldots, k-r. \tag{12.15}$$

Diese Bedingungen (12.14) bzw. (12.15) werden erst fallengelassen, wenn man eine neue Hyperebene trifft, d. h. wenn

$$\lambda^k = \lambda' \quad \text{wird.}$$

Die neuen Restriktionen sind linear, da s^{k-1} einen bekannten Vektor darstellt, so daß an der Linearität der Restriktionen nichts geändert wird, wenn man (12.15) zu (12.10) hinzufügt.

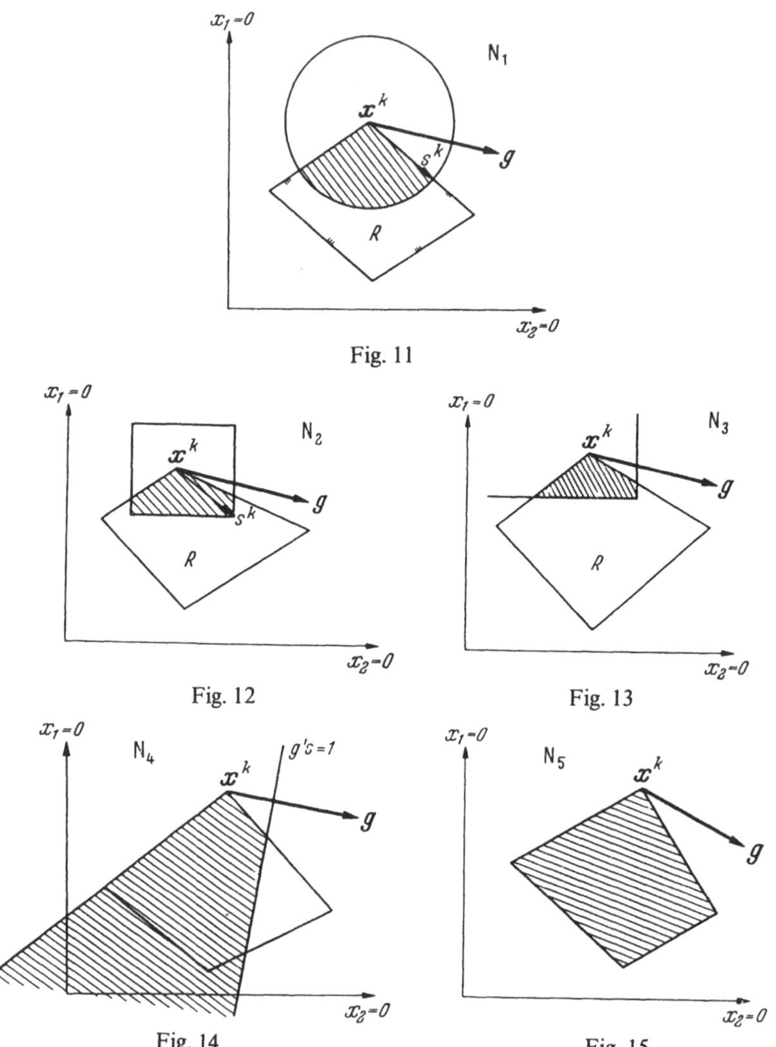

Für eine Begründung der Zusatzbedingung verweisen wir auf Kapitel X, Abschnitt 2.

Bei den Nebenbedingungen N_1 bis N_5 handelt es sich um zwei Problemtypen; N_1 führt auf nichtlineare Nebenbedingungen, die Gruppe N_2 bis N_5 dagegen führt auf vollständig lineare Programme. Für jeden Typ wollen wir jetzt ein Beispiel herausgreifen, um den Leser mit den Rechenregeln vertraut zu machen.

3. Zwei Beispiele für den Fall N_5

Bei den beiden jetzt folgenden Beispielen beschränken wir uns auf quadratische Zielfunktionen:

$$Q = \mathbf{p}' \mathbf{x} - \mathbf{x}' \mathbf{C} \mathbf{x} \quad (\mathbf{C} \text{ positiv semidefinit}) \tag{12.16}$$

und damit

$$g(\mathbf{x}^k) = \mathbf{p} - 2\,\mathbf{C}\,\mathbf{x}^k = \mathbf{g}_k, \tag{12.17}$$

$$\lambda'' = \frac{\mathbf{g}_k'\,\mathbf{s}^k}{2\,\mathbf{s}^{k'}\,\mathbf{C}\,\mathbf{s}^k}, \tag{12.18}$$

λ' hat im Falle N_5 stets den Wert 1.

Aufgabe: Unter den Restriktionen

$$x_1 + 2\,x_2 + \ x_3 + x_4 \leqq 5$$
$$3\,x_1 + \ x_2 + 2\,x_3 - x_4 \leqq 4$$
$$x_i \geqq 0, \quad i = 1, 2, 3, 4;$$

maximiere man (12.16) für

$$\mathbf{C} = \left\| \begin{array}{cccc} 1 & 0 & -1/2 & 0 \\ 0 & 1/2 & 0 & 0 \\ -1/2 & 0 & 1 & 1/2 \\ 0 & 0 & 1/2 & 1/2 \end{array} \right\|, \quad \mathbf{p} = \left\| \begin{array}{c} 1 \\ 3 \\ -1 \\ 1 \end{array} \right\|.$$

Für die Unterprogramme gelte Normierung N_5.

Wir beginnen mit

$$\mathbf{x}^0 = \| \,0, 0, 0, 0\, \|'.$$

Dann ist

$$g(\mathbf{x}^0) = \| \,1, 3, -1, 1\, \|'.$$

Erstes Unterprogramm: Man maximiere den Ausdruck

$$\mathbf{g}_0'\,\mathbf{s} = s_1 + 3\,s_2 - s_3 + s_4$$

unter den Restriktionen

$$\left. \begin{array}{l} s_1 + 2\,s_2 + \ s_3 + s_4 \leqq 5 \\ 3\,s_1 + \ s_2 + 2\,s_3 - s_4 \leqq 4 \end{array} \right\} N_5$$
$$s_i \geqq 0, \quad i = 1, \ldots, 4.$$

Führt man in den Restriktionen die Schlupfvariablen y_1 und y_2 ein, so ergibt die lineare Programmierung das

1. Tableau

	1	s_1	s_2	s_3	s_4
y_1	5	-1	$\boxed{-2}$	-1	-1
y_2	4	-3	-1	-2	1
$\mathbf{g}_0'\,\mathbf{s}$	0	1	3	-1	1

Wie man leicht feststellt, führt die zweite Iteration zum Optimalpunkt des ersten Unterprogramms.

2. Tableau (Optimal)

	1	s_1	s_3	s_4	y_1
s_2	5/2	$-1/2$	$-1/2$	$-1/2$	$-1/2$
y_2	3/2	$-5/2$	$-3/2$	3/2	1/2
$g_0' s$	15/2	$-1/2$	$-5/2$	$-1/2$	$-3/2$

Aus dem Optimaltableau entnimmt man, daß

$$s^0 = \| \, 0, 5/2, 0, 0 \, \|'$$

und

$$g_0' \, s^0 = 15/2.$$

Weiterhin ist $s^{0'} \, C \, s^0 = 25/8$ und nach (12.18)

$$\lambda'' = \frac{15/2}{25/4} > 1.$$

λ' ist, wie schon gesagt, bei N_5 immer gleich 1; also

$$\lambda^0 = \lambda' = 1.$$

Somit erhält man den zweiten Versuchspunkt

$$x^1 = x^0 + \lambda^0 \, s^0 = \| \, 0, 5/2, 0, 0 \, \|' \quad \text{mit} \quad g_1 = \| \, 1, 1/2, -1, 1 \, \|'.$$

Substituieren wir im zweiten Unterprogramm $s = t - x^1$, so ist das Schlußtableau des ersten Unterprogramms zulässig für den Start der zweiten Runde. Nur die unterste Zeile muß neu berechnet werden[1]. Man erhält als Resultat der zweiten Runde t^1, und es ist $s^1 = t^1 - x^1$.

1. Tableau der 2. Runde

	1	t_1	t_3	t_4	y_1
t_2	5/2	$-1/2$	$-1/2$	$\boxed{-1/2}$	$-1/2$
y_2	3/2	$-5/2$	$-3/2$	3/2	1/2
$g_1' t$	5/4	3/4	$-5/4$	3/4	$-1/4$

2. Tableau der 2. Runde

	1	t_1	t_2	t_3	y_1
t_4	5	-1	-2	-1	-1
y_2	9	-4	-3	-3	-1
$g_1' t$	5	0	$-3/2$	-2	-1

---

1 Für eine genauere Theorie des hier zweckmäßig zu verwendenden abgekürzten Tableau-Verfahrens verweisen wir auf Zoutendijk [3], p. 109.

Das letzte Tableau ist optimal, und wir haben:

$$\mathbf{t}^1 = \| \, 0, 0, 0, 5 \, \|'$$
$$\mathbf{s}^1 = \mathbf{t}^1 - \mathbf{x}^1 = \| \, 0, -5/2, 0, 5 \, \|', \qquad \mathbf{s}^{1'} \, \mathbf{C} \, \mathbf{s}^1 = 125/8,$$
$$\lambda'' = 3/25, \qquad \lambda' = 1, \qquad \lambda^1 = \lambda'' = 3/25.$$

Also
$$\mathbf{x}^2 = \| \, 0, 11/5, 0, 3/5 \, \|',$$
$$\mathbf{g}_2 = \| \, 1, 4/5, -8/5, 2/5 \, \|'.$$

Nun müssen wir die Forderung $\mathbf{s}' \, \mathbf{C} \, \mathbf{s}^1 = 0$ hinzufügen, d. h., wenn man wieder $\mathbf{t} = \mathbf{x}^2 + \mathbf{s}$ setzt:

$$\mathbf{t}' \, \mathbf{C} \, \mathbf{s}^1 = \mathbf{x}^{2'} \, \mathbf{C} \, \mathbf{s}^1$$

oder mit den Zahlenwerten

$$-\frac{5}{2} t_2 + 5 \, t_3 + 5 \, t_4 = -5/2.$$

Die lineare Programmierung ergibt als optimale dritte Teillösung

$$\mathbf{t}^2 = \| \, 6/7, 13/7, 0, 3/7 \, \|'$$

und somit
$$\mathbf{s}^2 = \| \, 6/7, -12/35, 0, -6/35 \, \|'.$$

Dann wird
$$\lambda'' = 7/22 = \lambda^2$$

und
$$\mathbf{x}^3 = \| \, 3/11, 23/11, 0, 6/11 \, \|',$$
$$\mathbf{g}_3 = \| \, 5/11, 10/11, -14/11, 5/11 \, \|'.$$

Nochmals müssen wir eine neue Bedingung einfügen, nämlich:

$$\mathbf{s}' \, \mathbf{C} \, \mathbf{s}^2 = 0$$

oder nach der entsprechenden Substitution:

$$10 \, t_1 - 2 \, t_2 - 6 \, t_3 - t_4 = -2.$$

Für den $\mathbf{t}$-Teil ergibt die Optimallösung in der 4. Runde:

$$\mathbf{t}^3 = \| \, 3/11, 23/11, 0, 6/11 \, \|'$$

und
$$\mathbf{s}^3 = \mathbf{t}^3 - \mathbf{x}^3 = \| \, 0, 0, 0, 0 \, \|'.$$

$\mathbf{x}^3$ stellt somit die Lösung des quadratischen Programmes dar.

Um einen Vergleich mit den anderen Verfahren zu haben, sei wiederum dasselbe Beispiel wie früher durchgerechnet. Wir verwenden zunächst die Methode N_5 ohne Konjugationsvorschrift, so daß das Verfahren nur in unendlich vielen Schritten konvergiert, und wiederholen anschließend die Rechnung mit der Zusatzregel, die Konvergenz in endlich vielen Schritten sicherstellt.

A. Ohne Zusatzregel. Gesucht sind x_1 und x_2, so daß

$$Q = x_1 + 2 x_2 - \tfrac{1}{2} x_1^2 - \tfrac{1}{2} x_2^2 = \max!$$
$$(\mathbf{a}_1' \, \mathbf{x} \; =) \; 2 x_1 + 3 x_2 \leqq 6 \; (= b_1)$$
$$(\mathbf{a}_2' \, \mathbf{x} \; =) \; x_1 + 4 x_2 \leqq 5 \; (= b_2)$$
$$x_i \geqq 0, \qquad i = 1, 2.$$

Damit ist
$$\mathbf{C} = \begin{Vmatrix} 1/2 & 0 \\ 0 & 1/2 \end{Vmatrix}, \quad \mathbf{p} = \begin{Vmatrix} 1 \\ 2 \end{Vmatrix}.$$

Wir wählen als Ausgangslösung $\mathbf{x}^0 = \| 0, 0 \|'$.

Dann ist
$$\mathbf{g}_0 = \mathbf{p} - 2\,\mathbf{C}\,\mathbf{x}^0 = \| 1, 2 \|'.$$

1. Unterprogramm
$$\mathbf{g}_0'\,\mathbf{s} = s_1 + 2\,s_2 = \max!$$

unter den Nebenbedingungen
$$2\,s_1 + 3\,s_2 \leqq 6$$
$$s_1 + 4\,s_2 \leqq 5$$
$$s_i \geqq 0, \quad i = 1, 2.$$

Führt man die Schlupfvariablen y_1 und y_2 ein, so lauten die *Simplex-Tableaus*

	1	s_1	s_2
y_1	6	-2	-3
y_2	5	-1	$\boxed{-4}$
$\mathbf{g}_0'\,\mathbf{s}$	0	1	2

	1	s_1	y_2
y_1	9/4	$\boxed{-5/4}$	3/4
s_2	5/4	$-1/4$	$-1/4$
	5/2	1/2	$-1/2$

	1	y_1	y_2
s_1	9/5	$-4/5$	3/5
s_2	4/5	1/5	$-2/5$
	17/5	$-2/5$	$-1/5$

Dies ist das Endtableau der Zwischenrechnung. Somit ist
$$\mathbf{s}^0 = \| 9/5, 4/5 \|'$$

und nach (12.18)
$$\lambda'' = 85/97; \quad \lambda' = 1;$$
$$\lambda^1 = 85/97.$$

2. Nach dem 1. Schritt erhält man
$$\mathbf{x}^1 = \| 153/97, 68/97 \|' \approx \| 1,577; 0,701 \|'$$

und
$$\mathbf{g}_1 = \| -56/97, 126/97 \|'.$$

Im *2. Unterprogramm* ist zu maximieren
$$\mathbf{g}_1'\,\mathbf{s}$$

unter den Nebenbedingungen
$$\mathbf{a}_j'\,(\mathbf{s} + \mathbf{x}^1) \leq b_j.$$

Die Transformation $\mathbf{t} = \mathbf{x}^1 + \mathbf{s}$ gestattet, mit den Zahlenwerten des letzten Tableaus des 1. Unterprogramms weiterzurechnen. Das 2. Unterprogramm lautet dann

$$-\frac{56}{97}\, t_1 + \frac{126}{97}\, t_2 = \max!$$

unter den Nebenbedingungen

$$\mathbf{a}'_j\, \mathbf{t} \le b_j, \quad \mathbf{t} \ge \mathbf{0}.$$

Die Folge der *Simplex-Tableaus* ist

	1	y_1	y_2
t_1	9/5	$\boxed{-4/5}$	3/5
t_2	4/5	1/5	$-2/5$
$\mathbf{g}'_1\,\mathbf{t}$	0	70/97	$-84/97$

	1	t_1	y_2
y_1	9/4	$-5/4$	3/4
t_2	5/4	$-1/4$	$-1/4$
	315/194	$-175/194$	$-63/194$

Dies ist das Endtableau. Somit ist $\mathbf{t}^1 = \|\,0, 5/4\,\|'$ und damit

$$\mathbf{s}^1 = \|\,-153/97,\ 213/388\,\|'.$$

Weiter gilt

$$\lambda'' = 27160/46657; \quad \lambda' = 1,$$

also

$$\lambda^1 = \lambda'' = 27\,160/46\,657.$$

3. Das Ergebnis des 2. Schrittes ist also

$$\mathbf{x}^{2'} = \left\|\,\frac{30\,753}{46\,657};\ \frac{47\,618}{46\,657}\,\right\| \approx \|\,0{,}66;\ 1{,}02\,\|$$

und

$$\mathbf{g}'_2 \approx \|\,0{,}34;\ 0{,}98\,\|.$$

Substituiert man $\mathbf{t} = \mathbf{x}^2 + \mathbf{s}$, so sind die Nebenbedingungen die gleichen wie im 2. Unterprogramm

	1	t_1	y_2
y_1	9/4	$\boxed{-5/4}$	3/4
t_2	5/4	$-1/4$	$-1/4$
$\mathbf{g}'_2\,\mathbf{t}$	1,225	0,095	$-0{,}245$

	1	y_1	y_2
t_1	9/5	$-4/5$	3/5
t_2	4/5	1/5	$-2/5$
	1,396	$-0{,}076$	$-0{,}188$

Das Ergebnis ist also $\mathbf{t}^2 = \| 9/5, 4/5 \|'$; somit

$$\mathbf{s}^2 = \mathbf{t}^2 - \mathbf{x}^2$$
$$= \| 1{,}8 - 0{,}66;\ 0{,}8 - 1{,}02 \|'$$
$$= \| 1{,}14;\ -0{,}22 \|'.$$

Wegen $\qquad\qquad \lambda'' = \mathbf{g}'\,\mathbf{s}/2\,\mathbf{s}'\,\mathbf{C}\,\mathbf{s} \approx 0{,}1276 < \lambda' = 1$

ist $\qquad\qquad\qquad \lambda^2 = \lambda'' \approx 0{,}1276.$

4. Das Ergebnis des 3. Schrittes ist dann

$$\mathbf{x}^3 \approx \| 0{,}805;\ 0{,}992 \|'.$$

So fährt man fort. Bis zum 5. Schritt ergibt sich auf diese Weise die Folge der Annäherungen

	x_1	x_2
$\mathbf{x}^0$	0	0
$\mathbf{x}^1$	1,577	0,701
$\mathbf{x}^2$	0,659	1,021
$\mathbf{x}^3$	0,805	0,992
$\mathbf{x}^4$	0,689	1,029
$\mathbf{x}^5$	0,795	1,007

Die Folge konvergiert gegen die Lösung

$$x_1^\infty = 13/17 \approx 0{,}765; \qquad x_2^\infty = 18/17 \approx 1{,}059.$$

B. Das Verfahren mit der Konjugationsvorschrift, so daß die Konvergenz in endlich vielen Schritten sichergestellt ist.

1. Der *erste Schritt* ist wie bei *A.* und endet mit

$$\mathbf{s}^0 = \| 9/5, 4/5 \|'$$

und $\qquad\qquad \mathbf{x}^1 = \| 153/97, 68/97 \|',$
$$\mathbf{g}_1 = \| -56/97, 126/97 \|'.$$

Jetzt ist die Zusatzregel (12.14) anzuwenden, d. h. die Nebenbedingung

$$\mathbf{s}^{0\prime}\,\mathbf{C}\,\mathbf{s} = 0 \quad \text{oder} \quad 9\,s_1 + 4\,s_2 = 0$$

hinzuzufügen. Setzt man

$$\mathbf{t} = \mathbf{x}^1 + \mathbf{s},$$

so wird daraus

$$9\,t_1 + 4\,t_2 = 17.$$

Die Aufgabe des *zweiten Schritts* lautet dann:

2. $\qquad\qquad \mathbf{g}_1'\,\mathbf{t} = -\dfrac{56}{97}\,t_1 + \dfrac{126}{97}\,t_2 = \max!$

wofür auch $-28\,t_1 + 63\,t_2 = \max!$ zu schreiben ist, mit den Nebenbedingungen

$$\mathbf{a}_j'\,\mathbf{t} + y_j = b_j, \quad j = 1, 2 \quad (\text{mit } y_1 \geqq 0,\ y_2 \geqq 0 \text{ in der Lösung})$$
$$9\,t_1 + 4\,t_2 + y_3 = 17 \qquad\qquad (\text{mit } y_3 = 0 \text{ in der Lösung})$$
$$\mathbf{t} \geqq \mathbf{0}.$$

Man bringt zuerst y_3 aus der Basis heraus. Die Tableaufolge ist dann:

	1	t_1	t_2
y_1	6	-2	-3
y_2	5	-1	-4
y_3	17	$\boxed{-9}$	-4

	1	t_2	y_3
y_1	20/9	$-19/9$	2/9
y_2	28/9	$\boxed{-32/9}$	1/9
t_1	17/9	$-4/9$	$-1/9$
$\mathbf{g}_1' \mathbf{t}$	$-476/9$	679/9	28/9

	1	y_2	y_3
y_1	3/8	19/32	5/32
t_2	7/8	$-9/32$	1/32
t_1	3/2	1/8	$-1/8$
	105/8	$-679/32$	175/32

Wegen $\mathbf{t}^1 = \mathbf{s}^1 + \mathbf{x}^1 = \parallel 3/2,\ 7/8 \parallel'$ ist $\mathbf{s}^1 = \left\parallel -\dfrac{60}{776},\ \dfrac{135}{776} \right\parallel'$. Nach (12.18) ist $\lambda'' = \dfrac{10864}{1455} > 1$; dagegen $\lambda' = 1$. Also ist $\lambda^1 = \lambda' = 1$, und die neue Lösung lautet

$$\mathbf{x}^2 = \mathbf{t} = \parallel 3/2,\ 7/8 \parallel'.$$

3. Da $\lambda^1 = \lambda'$ im letzten Schritt, entfällt vom jetzigen 3. Schritt an die zusätzliche Nebenbedingung wieder. Man setzt $\mathbf{t} = \mathbf{x}^2 + \mathbf{s}$ und hat als neue Zielfunktion

$$\mathbf{g}_2' \mathbf{t} = -\frac{1}{2} t_1 + \frac{9}{8} t_2.$$

Die Tableaus sind

	1	t_1	t_2
y_1	6	-2	-3
y_2	5	-1	$\boxed{-4}$
	0	$-1/2$	9/8

	1	t_1	y_2
y_1	9/4	$-5/4$	3/4
t_2	5/4	$-1/4$	$-1/4$
	45/32	$-25/32$	$-9/32$

Somit ist $\mathbf{t}^2 = \parallel 0,\ 5/4 \parallel'$ und damit $\mathbf{s}^2 = \parallel -3/2,\ 3/8 \parallel'$. Nach (12.18) wird $\lambda'' = 25/51$; $\lambda' = 1$, also $\lambda^2 = \lambda'' = 25/51$ und somit

$$\mathbf{x}^3 = \mathbf{x}^2 + \lambda^2 \mathbf{s}^2 = \parallel 13/17,\ 18/17 \parallel'.$$

4. Man setzt im 4. Schritt $\mathbf{t} = \mathbf{x}^3 + \mathbf{s}$ und hat die Aufgabe

$$\mathbf{g}_3'\,\mathbf{t} = \frac{4}{17}\,t_1 + \frac{16}{17}\,t_2$$

zu maximieren, wofür man auch

$$t_1 + 4\,t_2 = \max$$

schreiben kann.

Die Tableaus sind

	1	t_1	t_2
y_1	6	-2	-3
y_2	5	-1	$\boxed{-4}$
	0	1	4

	1	t_1	y_2
y_1	9/4	$-5/4$	3/4
t_2	5/4	$-1/4$	$-1/4$
	5	0	-1

Also ist $\mathbf{t}^3 = \|\,0,\,5/4\,\|\,'$ und daher $\mathbf{s}^3 = \|\,{-}13/17,\,13/68\,\|\,'$; wegen $\mathbf{g}_3'\,\mathbf{s}^3 = 0$ ist $\mathbf{x}^3 = \|\,13/17,\,18/17\,\|\,'$ die Lösung.

4. Ein Beispiel für den Fall N_1

Wir wenden uns nun noch dem Fall N_1 zu. Dieser verlangt wegen der quadratischen Zusatzbedingung etwas mehr Rechenaufwand, ergibt aber in gewissem Sinne das beste $\mathbf{s}^k$, nämlich dasjenige, das mit dem Gradienten den kleinsten Winkel bildet. Das bedeutet allerdings noch nicht, daß das Verfahren mit N_1 rascher konvergiert als das mit N_2 bis N_5, da ja das Ansteigen der Funktion auch noch von der Schrittlänge λ^k abhängt. Mit N_1 ergibt sich also $\mathbf{s}^k$ als Lösung des folgenden Programms:

$$\max\,\{\mathbf{g}'\,\mathbf{s}\,|\,\mathbf{a}_j'\,\mathbf{s} \leqq 0 \quad \text{für} \quad j \in S, \quad \mathbf{s}'\,\mathbf{s} \leqq 1\}. \tag{12.19}$$

Die Nebenbedingungen in (12.19) können wir auch schreiben als

$$\mathbf{P}\,\mathbf{s} + \mathbf{y} = \mathbf{0}, \quad \mathbf{y} \geqq \mathbf{0}.$$

Dabei ist $\mathbf{P}$ die Matrix, die alle Zeilen $\mathbf{a}_j'$ mit $j \in S$ enthält.

Wenn man die Kuhn-Tucker-Bedingungen aufstellt, so sieht man, daß die Lösung von (12.19) proportional ist der Lösung des folgenden Programms:

$$\min\,\{\mathbf{s}'\,\mathbf{s}\,|\,\mathbf{P}\,\mathbf{s} + \mathbf{y} = \mathbf{0}, \quad \mathbf{y} \geqq \mathbf{0}, \quad \mathbf{g}'\,\mathbf{s} = 1\}. \tag{12.20}$$

(12.20) ist ein gewöhnliches quadratisches Programm mit linearen Nebenbedingungen, zu dessen Lösung man eine der bereits beschriebenen Methoden, etwa das Verfahren von Wolfe, verwenden könnte. Ein etwas anderer Weg zur Lösung von

(12.19) soll nachstehend skizziert werden. Nach dem Theorem von Kuhn-Tucker muß eine Lösung von (12.19) den folgenden Bedingungen genügen:

$$\mathbf{g} = \mathbf{P}'\,\mathbf{u} + u_0\,\mathbf{s}$$

$$\mathbf{u} \geqq \mathbf{0}, \quad u_0 \geqq 0, \quad \mathbf{y} \geqq \mathbf{0}, \tag{12.21}$$

$$\mathbf{u}'\,\mathbf{y} = 0, \tag{12.22}$$

u_0 ist ein Skalar.

(12.21) besagt, daß sich der Gradient $\mathbf{g}$ der linearen Zielfunktion am Optimalpunkt darstellen lassen muß als nicht-negative Linearkombination der Gradienten der berandenden Hyperebenen. (12.22) besagt, daß die Koeffizienten verschwinden für diejenigen Restriktionen, die nicht in Gleichungsform erfüllt sind.

Multipliziert man die Gleichung in (12.21) mit $-\mathbf{P}$ und setzt

$$-u_0\,\mathbf{P}\,\mathbf{s} = u_0\,\mathbf{y} = \mathbf{v},$$

so erhält man ein neues System von Bedingungen, nämlich:

$$-\mathbf{P}\,\mathbf{P}'\,\mathbf{u} + \mathbf{v} = -\mathbf{P}\,\mathbf{g}$$

$$\mathbf{u} \geqq \mathbf{0}, \quad \mathbf{v} \geqq \mathbf{0}, \tag{12.23}$$

$$\mathbf{u}'\,\mathbf{v} = 0. \tag{12.24}$$

Sind einige Nebenbedingungen in (12.19) in Form von Gleichungen gegeben, so muß das entsprechende y_j und das zugehörige v_j gleich 0 sein. Hat man $\mathbf{u}$ und $\mathbf{v}$ gefunden, die dem obigen System genügen, so erhält man $\mathbf{s}$ aus

$$u_0\,\mathbf{s} = \mathbf{g} - \mathbf{P}'\,\mathbf{u}. \tag{12.25}$$

Dabei ist es nicht nötig, $\mathbf{s}$ auf 1 zu normieren, da wir ja nur an der Richtung interessiert sind. Zur Lösung des Systems (12.23), (12.24) schlägt Zoutendijk [3] folgendes Verfahren vor:

Man starte mit $\mathbf{u} = \mathbf{0}$, $\mathbf{v} = -\mathbf{P}\,\mathbf{g}$. Falls $\mathbf{v} \geqq \mathbf{0}$, so ist man bereits am Ziel angelangt. Andernfalls ist es möglich, einen Schritt des dualen Simplex-Verfahrens so auszuführen, daß ein negatives v_j aus der Basis verschwindet und durch ein positives u_j ersetzt wird. Die Bedingung $\mathbf{u}'\,\mathbf{v} = 0$ ist dann immer gewahrt. Ein solcher Austausch von v_j mit u_j ist immer möglich, weil im Simplextableau das entsprechende Diagonalelement, das zu einem negativen v_j gehört (vgl. das nachfolgende Beispiel) immer positiv ist. Für einen Beweis dieser Vorzeichenregel verweisen wir auf Zoutendijk [3] p. 82. Es ist unbekannt, ob es bei diesem Vorgehen zu Zyklen kommen kann.

Aufgabe: Im Ausdruck (12.16) bzw. (12.17) seien:

$$\mathbf{p}' = \|-1, 0, 2\|,$$

$$\mathbf{C} = \left\|\begin{matrix} 1/2 & 0 & 0 \\ 0 & 1/2 & 0 \\ 0 & 0 & 1/2 \end{matrix}\right\|, \text{ also } g(\mathbf{x}) = \left\|\begin{matrix} -1 - x_1 \\ -x_2 \\ 2 - x_3 \end{matrix}\right\|.$$

Das Maximum sei zu suchen unter den Restriktionen

$$x_1 - x_2 + x_3 = 1$$
$$x_i \geqq 0 \, .$$

Lösung: Wir starten mit $\mathbf{x}^{0\prime} = \| 1, 0, 0 \|$, $g'(\mathbf{x}^0) = \| -2, 0, 2 \|$.

Zur Bestimmung von $\mathbf{s}^0$ hat man nach (12.12) und (12.19) unter Berücksichtigung der Tatsache, daß bei der jetzigen Ausgangslösung s_2 und s_3 nicht negativ werden dürfen, das folgende Problem zu lösen:

Man maximiere den Ausdruck: $-2 s_1 + 2 s_3$
unter den Restriktionen: $s_1 - s_2 + s_3 = 0$
$$s_2 \geqq 0$$
$$s_3 \geqq 0 \, .$$

Man sieht sofort, daß man $\mathbf{s}^0 = \mathbf{g}_0$ setzen kann, also

$$\mathbf{s}^0 = \| -2, 0, 2 \|' \, .$$

Daraus folgt

und

$$\lambda' = 1/2 \quad \text{und} \quad \lambda'' = 1, \quad \text{also} \quad \lambda^0 = 1/2,$$

$$\mathbf{x}^1 = \| 0, 0, 1 \|', \quad g(\mathbf{x}^1) = \| -1, 0, 1 \|' \, .$$

In der zweiten Iteration bestimmt man $\mathbf{s}^1$ aus dem Programm:

Man maximiere den Ausdruck: $-s_1 + s_3$
unter den Restriktionen: $s_1 - s_2 + s_3 = 0$
$$s_1 \geqq 0$$
$$s_2 \geqq 0$$
$$\sum s_j^2 \leqq 1 \, .$$

Hier erhält man nach dem angegebenen Verfahren für

$$\mathbf{P} = \begin{Vmatrix} 1 & -1 & 1 \\ -1 & 0 & 0 \\ 0 & -1 & 0 \end{Vmatrix}, \quad \mathbf{P}\mathbf{P}' = \begin{Vmatrix} 3 & -1 & 1 \\ -1 & 1 & 0 \\ 1 & 0 & 1 \end{Vmatrix}, \quad \mathbf{P}\,g(\mathbf{x}^1) = \begin{Vmatrix} 0 \\ 1 \\ 0 \end{Vmatrix} \, .$$

Für die Folge der Simplextableaus erhält man nach den angegebenen Regeln

	1	u_1	u_2	u_3
v_1	0	3	-1	1
v_2	-1	-1	$\boxed{1}$	0
v_3	0	1	0	1

	1	u_1	v_2	u_3
v_1	-1	$\boxed{2}$	-1	1
u_2	1	1	1	0
v_3	0	1	0	1

	1	v_1	v_2	u_3
u_1	1/2	1/2	1/2	$-1/2$
u_2	3/2	1/2	3/2	$-1/2$
v_3	1/2	1/2	1/2	1/2

Das letzte Tableau ist optimal. Außerdem hat v_1 den Wert 0, da es einer Gleichung zugeordnet ist. Man beachte auch, daß alle Glieder in der Diagonale (erste Spalte zählt nicht zur Matrix) wie früher angegeben positive Vorzeichen haben.

Aus dem Optimaltableau entnimmt man:

$$u_1 = 1/2, \quad u_2 = 3/2, \quad u_3 = 0,$$

so daß nach (12.25)

$$\mathbf{s}^1 = \mathbf{g} - \mathbf{P}' \mathbf{u} = \left\| \begin{matrix} -1 \\ 0 \\ 1 \end{matrix} \right\| - \frac{1}{2} \left\| \begin{matrix} 1 \\ -1 \\ 1 \end{matrix} \right\| - \frac{3}{2} \left\| \begin{matrix} -1 \\ 0 \\ 0 \end{matrix} \right\| = \left\| \begin{matrix} 0 \\ 1/2 \\ 1/2 \end{matrix} \right\|.$$

Weiter ist

$$\lambda' = \infty, \quad \lambda'' = 1, \quad \text{also} \quad \lambda^1 = 1.$$

Somit gilt:

$$\mathbf{x}^2 = \| \quad 0, \quad 1/2, \ 3/2 \|'$$
$$g(\mathbf{x}^2) = \| -1, \ -1/2, \ 1/2 \|'.$$

Wegen $\lambda^1 = \lambda''$ müssen wir die Bedingung $\mathbf{s}^{1'} \mathbf{C} \mathbf{s} = 0$, d. h.

$$s_2 + s_3 = 0$$

zu den Restriktionen hinzufügen. Das Problem lautet dann im zweiten Versuchspunkt:

Man maximiere den Ausdruck

$$-s_1 - \frac{1}{2} s_2 + \frac{1}{2} s_3$$

unter den Restriktionen

$$\begin{aligned} s_1 - s_2 + s_3 &= 0 \\ s_2 + s_3 &= 0 \\ s_1 &\geq 0 \\ \sum s_j^2 &\leq 1. \end{aligned}$$

Dazu bilden wir wieder:

$$\mathbf{P} = \left\| \begin{matrix} 1 & -1 & 1 \\ 0 & 1 & 1 \\ -1 & 0 & 0 \end{matrix} \right\|, \quad \mathbf{P}\mathbf{P}' = \left\| \begin{matrix} 3 & 0 & -1 \\ 0 & 2 & 0 \\ -1 & 0 & 1 \end{matrix} \right\|, \quad \mathbf{P}\mathbf{g} = \left\| \begin{matrix} 0 \\ 0 \\ 1 \end{matrix} \right\|.$$

Die Tableau-Folge lautet:

	1	u_1	u_2	u_3
v_1	0	3	0	-1
v_2	0	0	2	0
v_3	-1	-1	0	$\boxed{1}$

	1	u_1	u_2	v_3
v_1	-1	$\boxed{2}$	0	-1
v_2	0	0	2	0
u_3	1	1	0	1

	1	v_1	u_2	v_3
u_1	1/2	1/2	0	1/2
v_2	0	0	2	0
u_3	3/2	1/2	0	3/2

Das letzte Tableau gibt den optimalen Wert an und ist zulässig. v_1 und v_2 müssen verschwinden, weil sie Gleichungen zugeordnet sind.

Wir erhalten jetzt:

$$\mathbf{u}' = \|\, 1/2, 0, 3/2 \,\|$$

$$\mathbf{s}^2 = \left\|\begin{array}{c} -1 \\ -1/2 \\ 1/2 \end{array}\right\| - \frac{1}{2} \left\|\begin{array}{c} 1 \\ -1 \\ 1 \end{array}\right\| - \frac{3}{2} \left\|\begin{array}{c} -1 \\ 0 \\ 0 \end{array}\right\| = \left\|\begin{array}{c} 0 \\ 0 \\ 0 \end{array}\right\|.$$

Mit $\mathbf{x}^2$ ist somit das Optimum erreicht.

Es sei zum Schluß noch erwähnt, daß Zoutendijk für seine Verfahren noch eine weitere Regel angibt, die verhindern soll, daß man sich im *Zickzack* bewegt. Diese Zusatzregel läuft im wesentlichen darauf hinaus, daß man die Bedingung

$$\mathbf{a}_j'\, \mathbf{s}^k \leqq 0$$

ersetzt durch

$$\mathbf{a}_j'\, \mathbf{s}^k = 0\,,$$

falls

$$\mathbf{a}_j'\, \mathbf{x}^{k-1} < b_j \quad \text{und} \quad \mathbf{a}_j'\, \mathbf{x}^{k-l} = b_j, \quad 2 \leqq l \leqq k,$$

falls man also zum zweitenmal auf die Hyperebene $\mathbf{a}_j'\, \mathbf{x} = b_j$ gekommen ist. Die Zusatzregel wird fallengelassen, sobald $\mathbf{g}'\, \mathbf{s}^k > 0$ nicht mehr erreicht werden kann. Für Einzelheiten sei auf Zoutendijk [3] verwiesen.

III. Teil
Allgemeine nichtlineare Programmierung

Dreizehntes Kapitel

Einführung in die nichtlineare Programmierung

1. Einleitung

In diesem dritten Teil des Buches wenden wir uns dem Studium einer Reihe von verschiedenen Lösungsansätzen des folgenden allgemeinen nichtlinearen Programms zu:

Man minimiere eine Funktion $F(\mathbf{x})$ über einem Bereich $S \subset R^n$.

Hier sei bemerkt, daß man durch Ersetzung von $F(\mathbf{x})$ durch $-F(\mathbf{x})$ ein entsprechendes Maximierungsproblem bekommt. Die Funktion F heißt Zielfunktion, und S die Menge der zulässigen Punkte. Ist $S = R^n$, so nennt man das obige Programm frei. Oft wird der Bereich S durch ein System von Gleichungen und/oder Ungleichungen, sogenannten Nebenbedingungen oder Restriktionen, definiert:

$$f_i(\mathbf{x}) = 0, \quad 1 \le i \le m,$$
$$g_j(\mathbf{x}) \le 0, \quad 1 \le j \le p, \quad \mathbf{x} \in R^n.$$

Schreiben wir kurz: $\mathbf{f}: R^n \to R^m$ und $\mathbf{g}: R^n \to R^p$, so gilt also $S = \{\mathbf{x} \in R^n \mid \mathbf{f}(\mathbf{x}) = \mathbf{0}$ und $\mathbf{g}(\mathbf{x}) \le \mathbf{0}\}$. Lineare, konvexe und quadratische Programme sind offensichtlich Spezialfälle dieses allgemeinen nichtlinearen Programms.

Bei linearen, konvexen, und konvexen quadratischen Programmen ist es das Ziel, eine Optimallösung zu bestimmen, d. h. einen zulässigen Punkt $\mathbf{x}^*$ zu finden, mit der Eigenschaft $F(\mathbf{x}^*) \le F(\mathbf{x})$ für alle zulässigen Punkte $\mathbf{x}$. Einen solchen Optimalpunkt nennt man auch globales Minimum. Für das allgemeine nichtlineare Programm wird es i. a. nicht möglich sein, ein globales Minimum zu finden, sondern nur ein sogenanntes lokales Minimum, d. h. einen Punkt der im Durchschnitt von S mit einer kleinen Kugelumgebung globales Minimum ist. Das Auffinden des globalen Minimums würde sodann die Bestimmung aller lokalen Minima voraussetzen. Die oben erwähnten Spezialfälle haben gerade die schöne Eigenschaft, daß jedes lokale Minimum ein globales ist.

Für die Bestimmung lokaler Minima eines nichtlinearen Programms sind gewisse, bereits klassische, notwendige Bedingungen von großer Bedeutung. Diese werden wir im nächsten Abschnitt kennenlernen.

2. Notwendige Bedingungen für lokale Minima

Als erstes betrachten wir ganz allgemein die Minimierung einer zweimal stetig differenzierbaren Funktion $F: R^n \to R$, über einer Teilmenge $S \subset R^n$. Dazu definieren wir:

Definition. Ein Punkt $\mathbf{x}^* \in S$ heißt *lokales Minimum* der Funktion F, beschränkt auf S, falls ein $\varepsilon > 0$ existiert, so daß $F(\mathbf{x}) \geqq F(\mathbf{x}^*)$ für alle $\mathbf{x} \in S$ mit $|\mathbf{x} - \mathbf{x}^*| < \varepsilon$. Ein Punkt $\mathbf{x}^* \in S$ heißt *globales Minimum* von F auf S, falls $F(\mathbf{x}) \geqq F(\mathbf{x}^*)$ für alle $\mathbf{x} \in S$.

Wie wir bereits in der Einleitung erwähnten, wird es mit den zu besprechenden Algorithmen i. a. nicht möglich sein, ein globales Minimum von F auf S zu bestimmen, und die Bestimmung eines lokalen Minimums von F auf S kann größtenteils nur durch die Prüfung gewisser notwendiger Bedingungen für das Vorliegen eines lokalen Minimums erfolgen. Solche notwendigen Bedingungen wollen wir hier aufstellen. Es wird sich zeigen, daß diese von zwei Arten sind, nämlich Bedingungen erster Ordnung, und solche zweiter Ordnung. Der übersichtlicheren Darstellung halber haben wir diese jeweils in einem Satz zusammengefaßt. Dabei ist zu bemerken, daß für die Bedingung erster Ordnung nur die einmalige (stetige) Differenzierbarkeit der betreffenden Funktionen vorausgesetzt zu werden braucht.

Ohne näher einzugehen auf die Struktur von S können wir mit dem Begriff der zulässigen Richtung solche notwendigen Bedingungen angeben.

Definition. Ein Vektor $\mathbf{s} \in R^n$ heißt *zulässige Richtung* in $\mathbf{x} \in S$, falls ein $\bar{\lambda} > 0$ existiert, so daß $\mathbf{x} + \lambda \mathbf{s} \in S$ für alle λ mit $0 \leqq \lambda \leqq \bar{\lambda}$.

Satz 1: Gegeben sei eine zweimal stetig differenzierbare Funktion $F: R^n \to R$ und eine Teilmenge $S \subset R^n$. Ist $\mathbf{x}^*$ ein lokales Minimum von F auf S, so gilt für alle zulässigen Richtungen $\mathbf{s}$ in $\mathbf{x}^*$:

(i) $\mathbf{s}' \nabla F(\mathbf{x}^*) \geqq 0$,

(ii) $\mathbf{s}' \nabla F(\mathbf{x}^*) = 0 \;\Rightarrow\; \mathbf{s}' \mathbf{H}(\mathbf{x}^*) \mathbf{s} \geqq 0$, wobei $\mathbf{H}(\mathbf{x}^*) = \left\| \dfrac{\partial^2 F(\mathbf{x}^*)}{\partial \mathbf{x}^i \partial \mathbf{x}^j} \right\|$

die Hessesche Matrix von F in $\mathbf{x}^*$ ist.

Beweis: (i) Es sei $\mathbf{s} \neq \mathbf{0}$ eine zulässige Richtung in $\mathbf{x}^*$ (d. h. es existiert $\bar{\lambda} > 0$, so daß $\mathbf{x}^* + \lambda \mathbf{s} \in S$ für $0 \leqq \lambda \leqq \bar{\lambda}$) und $g: R \to R$ die folgende Funktion: $g(\lambda) = F(\mathbf{x}^* + \lambda \mathbf{s})$. Offensichtlich ist g differenzierbar und $g'(0) = \mathbf{s}' \nabla F(\mathbf{x}^*)$. Ferner hat g beschränkt auf $[0, \bar{\lambda}]$ nach der Voraussetzung ein lokales Minimum in 0, d. h. für genügend kleines $\lambda > 0$ gilt $g(\lambda) \geqq g(0)$, also $\lambda^{-1}(g(\lambda) - g(0)) \geqq 0$. Nun ist aber $\lim\limits_{\lambda \to 0} \lambda^{-1}(g(\lambda) - g(0)) = g'(0)$, also folgt $g'(0) \geqq 0$.

(ii) Es seien $\mathbf{s}$ und g wie in (i) und $\lambda > 0$. Offensichtlich ist g zweimal stetig differenzierbar und $g''(0) = \mathbf{s}' \mathbf{H}(\mathbf{x}^*) \mathbf{s}$. Nach dem Taylorschen Satz existiert ein $\tilde{\lambda} \in [0, \lambda]$, so daß

$$g(\lambda) = g(0) + \lambda g'(0) + \tfrac{1}{2} \lambda^2 g''(\tilde{\lambda}).$$

Mit der Voraussetzung folgt dann

$$\lim_{\lambda \to 0} \lambda^{-2}(g(\lambda) - g(0)) = \lim_{\lambda \to 0} (\tfrac{1}{2} g''(\tilde{\lambda})) = \tfrac{1}{2} g''(0) = \tfrac{1}{2} \mathbf{s}' \mathbf{H}(\mathbf{x}^*) \mathbf{s}.$$

Für genügend kleines $\lambda > 0$ gilt wiederum $g(\lambda) \geqq g(0)$, also $\lambda^{-2}(g(\lambda) - g(0)) \geqq 0$. Damit folgt $g''(0) \geqq 0$.

Korollar: Ist $\mathbf{x}^*$ zusätzlich ein innerer Punkt von S, d. h. $\mathbf{x}^* \in S^\circ$ (oder insbesondere $S = R^n$), so gilt:

(i) $\nabla F(\mathbf{x}^*) = 0$,

(ii) $\mathbf{H}(\mathbf{x}^*)$ ist eine positiv-semidefinite Matrix.

Beweis: Hier ist jeder Vektor $\mathbf{s} \in R^n$ zulässige Richtung in $\mathbf{x}^*$. Damit folgen die Aussagen.

Die obigen Bedingungen sind jedoch nicht hinreichend für die Existenz eines lokalen Minimums, wie das Gegenbeispiel $n = 1$, $F(x) = x^3$, $x^* = 0$, zeigt. Auf die Ableitung hinreichender Bedingungen möchten wir hier verzichten, da wir sie im weiteren nicht benötigen.

Als nächstes betrachten wir die Minimierung von F über S für den Fall, daß S durch die folgenden Nebenbedingungen bestimmt wird:

$$f_i(\mathbf{x}) = f_i(x_1, x_2, \ldots, x_n) = 0, \qquad i = 1, 2, \ldots, m, \tag{13.1}$$

wobei die Funktionen $f_1, f_2, \ldots, f_m$ zweimal stetig differenzierbar seien und $m \leq n$ sei. Statt $f_1, f_2, \ldots, f_m$ werden wir auch kurz $\mathbf{f}: R^n \to R^m$ schreiben, also ist $S = \{\mathbf{x} \in R^n \mid \mathbf{f}(\mathbf{x}) = \mathbf{0}\}$. Anschaulich ist S, falls $S \neq \varnothing$ und alle Punkte von S regulär (s. u.) sind, eine $(n - m)$-dimensionale Hyperfläche im R^n: zwei Flächen im R^3 schneiden sich in Kurven, und drei Flächen in Punkten. (Dies folgt auch aus Satz 2 unten, denn die Dimension von S ist gleich der Dimension von T.)

Da S hier eine Hyperfläche im R^n ist, gibt es in einem Punkte $\mathbf{x} \in S$ i. a. keine zulässigen Richtungen mehr. Statt dessen betrachtet man glatte Kurven auf S durch $\mathbf{x}$, deren Tangentenvektoren in $\mathbf{x}$ dann „im infinitesimalen" zulässige Richtungen in $\mathbf{x}$ bilden.

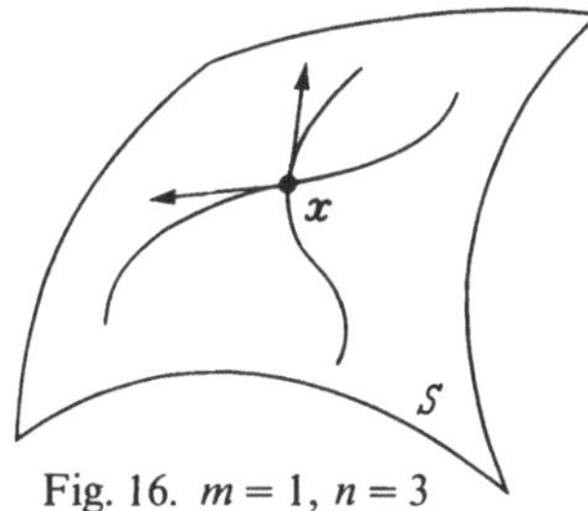

Fig. 16. $m = 1$, $n = 3$

Eine *glatte Kurve* auf S ist eine differenzierbare Abbildung $\mathbf{c}: [a, b] \to S$, wobei $[a, b] \subset R$ mit $a < b$ (d. h. $\mathbf{c}$ ist Beschränkung einer, auf einem offenen, $[a, b]$ enthaltenden, Intervall definierten, differenzierbaren Abbildung). Wir schreiben

$$\dot{\mathbf{c}}(t) = \begin{Vmatrix} c_1'(t) \\ c_2'(t) \\ \cdot \\ \cdot \\ \cdot \\ c_n'(t) \end{Vmatrix} \in R^n.$$

Die Kurve $\mathbf{c}$ geht durch den Punkt $\mathbf{x}^* \in S$, falls ein $t^* \in [a, b]$ existiert, so daß $\mathbf{c}(t^*) = \mathbf{x}^*$.

Nun sei $\mathbf{x}^* \in S$. Der *Tangentialraum* T an S in $\mathbf{x}^*$, bestehend aus den *Tangentenvektoren* an S in $\mathbf{x}^*$, ist die Menge derjenigen Vektoren $\mathbf{y} \in R^n$, für die eine glatte Kurve $\mathbf{c_y}$ auf S existiert, die durch $\mathbf{x}^*$ geht: $\mathbf{c_y}(t^*) = \mathbf{x}^*$, mit der Eigenschaft $\dot{\mathbf{c}}_{\mathbf{y}}(t^*) = \mathbf{y}$. Die Tangentenvektoren an S in $\mathbf{x}^*$ können folgendermaßen als Richtungsableitungs-Operatoren in $\mathbf{x}^*$ aufgefaßt werden: es sei $\mathbf{y} \in T$ und $\varphi: R^n \to R$ differenzierbar in $\mathbf{x}^*$, dann definieren wir

$$\mathbf{y}\,(\varphi\,|_S) = (\varphi \circ \mathbf{c_y})'\,(t^*),$$
$$= (\dot{\mathbf{c}}_\mathbf{y}(t^*))'\,\nabla\varphi\,(\mathbf{x}^*) = \mathbf{y}'\,\nabla\varphi\,(\mathbf{x}^*). \tag{13.2}$$

Insbesondere ist $y_i = \mathbf{y}\,(x_i\,|_S)$.

Unser Ziel ist es, T mittels der S definierenden Abbildung $\mathbf{f}$ zu beschreiben. Dazu definieren wir:

Definition: Ein Punkt $\mathbf{x}^* \in S$ heißt *regulärer* Punkt von S, falls die m Vektoren $\nabla f_1\,(\mathbf{x}^*), \nabla f_2\,(\mathbf{x}^*), \ldots, \nabla f_m\,(\mathbf{x}^*)$ linear unabhängig sind, d. h. falls die $n \times m$ Jacobische Matrix $\nabla\mathbf{f}\,(\mathbf{x}^*) = \|\,\nabla f_1\,(\mathbf{x}^*) \ldots \nabla f_m\,(\mathbf{x}^*)\,\|$ Rang m hat.

Man beachte, daß dies nicht eine in S inhärente Eigenschaft ist, sondern von der Darstellung $\mathbf{f}\,(\mathbf{x}) = \mathbf{0}$ von S abhängt: man betrachte die zwei Darstellungen $x_1 = 0$ und $x_1^2 = 0$ der x_2-Achse im R^2, deren Punkte nur im ersten Falle regulär sind.

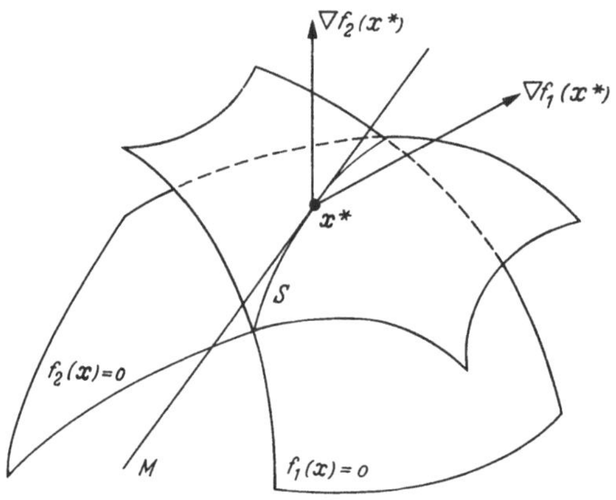

Fig. 17 $m = 2,\ n = 3$

Satz 2: Es sei $\mathbf{x}^* \in S = \{\mathbf{x} \in R^n \mid \mathbf{f}\,(\mathbf{x}) = \mathbf{0}\}$ und $M = \{\mathbf{y} \in R^n \mid \mathbf{y}'\,\nabla\mathbf{f}\,(\mathbf{x}^*) = \mathbf{0}\}$, d. h. M sei das orthogonale Komplement im R^n des Spaltenraumes der Matrix $\nabla\mathbf{f}\,(\mathbf{x}^*)$. Ist $\mathbf{x}^*$ regulär, so ist $T = M$.

Lemma: Für jede $m \times n$ Matrix A über R gilt: A hat Rang m genau dann, wenn $\det A A' \neq 0$ (siehe 1.100 in Kapitel I).

Beweis: Es sei $\mathbf{a}_i \in R^n$ der i^{te} Zeilenvektor von A, und $\mathbf{b}_i \in R^m$ der i^{te} Zeilenvektor von $A A'$, $1 \leq i \leq m$. Dann folgt:

$$\sum_{i=1}^{m} \lambda_i\,\mathbf{a}_i = \mathbf{0} \iff (\sum_{i=1}^{m} \lambda_i\,\mathbf{a}_i)'\,\mathbf{a}_k = 0 \quad \text{für} \quad k = 1, 2, \ldots, m$$

(die Richtung $\Leftarrow$ folgt, weil der Zeilenraum von A und sein orthogonales Komplement im R^n nur den 0-Vektor gemeinsam haben)

$$\Longleftrightarrow \sum_{i=1}^{m} \lambda_i \begin{Vmatrix} \mathbf{a}_i' \mathbf{a}_1 \\ \mathbf{a}_i' \mathbf{a}_2 \\ \cdot \\ \cdot \\ \cdot \\ \cdot \\ \cdot \\ \mathbf{a}_i' \mathbf{a}_m \end{Vmatrix} = \begin{Vmatrix} 0 \\ 0 \\ \cdot \\ \cdot \\ \cdot \\ \cdot \\ \cdot \\ 0 \end{Vmatrix} \Longleftrightarrow \sum_{i=1}^{m} \lambda_i \mathbf{b}_i = \mathbf{0}.$$

Damit folgt das Lemma.

Beweis von Satz 2: (a) $T \subset M$: es sei $\mathbf{y} \in T$. Es ist $f_i|_S = 0$, also folgt $\mathbf{y}\,(f_i|_S) = 0$ nach der Operator-Definition von $\mathbf{y}$, und mit (13.2) folgt $\mathbf{y}' \nabla f_i(\mathbf{x}^*) = 0$, $1 \leqq i \leqq m$, d. h. $\mathbf{y} \in M$. Dieser Teil des Beweises benötigt nicht die Regularität von $\mathbf{x}^*$. (b) $M \subset T$: es sei $\mathbf{y} \in M$. Wir müssen eine glatte Kurve $\mathbf{c}$ auf S angeben, die durch $\mathbf{x}^*$ geht: $\mathbf{c}\,(0) = \mathbf{x}^*$, und für die $\dot{\mathbf{c}}\,(0) = \mathbf{y}$. Als Kandidat nehmen wir $\mathbf{c}\,(t) = \mathbf{x}^* + t\,\mathbf{y} + \nabla \mathbf{f}\,(\mathbf{x}^*) \cdot \mathbf{u}\,(t)$, wobei $\mathbf{u}\,(t)$ ein noch zu bestimmender, von t abhängiger Vektor aus R^m ist. Es sei $\mathbf{g}: R^{m+1} \to R^m$ die folgendermaßen definierte Abbildung:

$$\mathbf{g}\,(\mathbf{v}, t) = \mathbf{f}\,(\mathbf{x}^* + t\,\mathbf{y} + \nabla \mathbf{f}\,(\mathbf{x}^*) \cdot \mathbf{v}), \quad v \in R^m, \quad t \in R.$$

Offensichtlich gilt $\mathbf{g}\,(\mathbf{0}, 0) = \mathbf{f}\,(\mathbf{x}^*) = \mathbf{0}$. Ferner gilt

$$\frac{\partial g_i(\mathbf{0}, 0)}{\partial v_j} = \sum_{k=1}^{n} \frac{\partial f_i(\mathbf{x}^*)}{\partial x_k} \frac{\partial}{\partial v_j} \left(\sum_{l=1}^{m} \frac{\partial f_l(\mathbf{x}^*)}{\partial x_k} v_l \right)(0) = \sum_{k=1}^{n} \frac{\partial f_i(\mathbf{x}^*)}{\partial x_k} \frac{\partial f_j(\mathbf{x}^*)}{\partial x_k},$$

also lautet die $m \times m$ Jacobische Matrix $\mathbf{G} = \left\Vert \dfrac{\partial g_i(\mathbf{0}, 0)}{\partial v_j} \right\Vert = (\nabla \mathbf{f}\,(\mathbf{x}^*))' \nabla \mathbf{f}\,(\mathbf{x}^*),$

und diese ist nach dem Lemma nichtsingulär, da $\mathbf{x}^*$ regulär. Nach dem Satz über implizite Funktionen existiert nun ein Intervall $[-a, a] \subset R$, $a > 0$, und eine zweimal stetig differenzierbare Abbildung $\mathbf{u}: [-a, a] \to R^m$ mit den folgenden Eigenschaften: $\mathbf{u}\,(0) = \mathbf{0}$, und

$$\mathbf{g}\,(\mathbf{u}\,(t), t) = \mathbf{0} \quad \text{für jedes} \quad t \in [-a, a], \tag{13.3}$$

d. h. die glatte Kurve $\mathbf{c}\,(t) = \mathbf{x}^* + t\,\mathbf{y} + \nabla \mathbf{f}\,(\mathbf{x}^*) \cdot \mathbf{u}\,(t)$ liegt auf S und geht durch $\mathbf{x}^*$. Ferner ist

$$\frac{d\mathbf{g}\,(\mathbf{u}\,(t), t)}{dt}(0) = \mathbf{0} \quad \text{nach (13.3)},$$
$$= (\nabla \mathbf{f}\,(\mathbf{x}^*))' \,[\mathbf{y} + \nabla \mathbf{f}\,(\mathbf{x}^*) \cdot \dot{\mathbf{u}}\,(0)]$$
$$= (\nabla \mathbf{f}\,(\mathbf{x}^*))'\, \mathbf{y} + (\nabla \mathbf{f}\,(\mathbf{x}^*))' \nabla \mathbf{f}\,(\mathbf{x}^*) \cdot \dot{\mathbf{u}}\,(0)$$
$$= \mathbf{G}\,\dot{\mathbf{u}}\,(0) \quad \text{da} \quad \mathbf{y} \in M,$$

also ist $\dot{\mathbf{u}}\,(0) = \mathbf{0}$, da $\mathbf{G}$ nichtsingulär ist. Damit folgt:

$$\dot{\mathbf{c}}\,(0) = \mathbf{y} + \nabla \mathbf{f}\,(\mathbf{x}^*) \cdot \dot{\mathbf{u}}\,(0) = \mathbf{y}.$$

Nach diesen Vorbereitungen sind wir nun in der Lage, notwendige Bedingungen für ein lokales Minimum für die durch (13.1) gegebene Situation abzuleiten.

Satz 3: Gegeben sei eine zweimal stetig differenzierbare Funktion $F: R^n \to R$ und eine durch die Nebenbedingungen (13.1) definierte Hyperfläche S im R^n, wobei die $f_1, f_2, \ldots, f_m$ zweimal stetig differenzierbar seien und $m \leq n$ sei. Ferner sei $\mathbf{x}^*$ ein regulärer Punkt von S, $M = \{\mathbf{y} \in R^n \mid \mathbf{y}' \nabla \mathbf{f}(\mathbf{x}^*) = 0\}$, und $\Phi: R^{m+n} \to R$ die Lagrange-Funktion: $\Phi(\mathbf{x}, \mathbf{u}) = F(\mathbf{x}) + \sum_{i=1}^{m} u_i f_i(\mathbf{x}), \mathbf{x} \in R^n, \mathbf{u} \in R^m$.

Ist $\mathbf{x}^*$ ein lokales Minimum von F auf S, so gilt:

(i) $\mathbf{y}' \nabla F(\mathbf{x}^*) = 0$ für alle $\mathbf{y} \in M$, d. h. $\nabla F(\mathbf{x}^*)$ steht senkrecht auf M, und allgemeiner:

(ii) es existiert ein Vektor $\mathbf{u}^* \in R^m$ (dessen Komponenten *Lagrangesche Multiplikatoren* heißen), so daß $\nabla_{\mathbf{x}} \Phi(\mathbf{x}^*, \mathbf{u}^*) = \mathbf{0}$, oder $\nabla F(\mathbf{x}^*) + \nabla \mathbf{f}(\mathbf{x}^*) \cdot \mathbf{u}^* = \mathbf{0}$,

(iii) die Matrix $\mathbf{H}_\Phi(\mathbf{x}^*, \mathbf{u}^*) = \mathbf{H}_F(\mathbf{x}^*) + \sum_{i=1}^{m} u_i^* \mathbf{H}_i(\mathbf{x}^*)$ ist positiv-semidefinit auf M,

d. h. $\mathbf{y}' \mathbf{H}_\Phi(\mathbf{x}^*, \mathbf{u}^*)\, \mathbf{y} \geq 0$ für alle $\mathbf{y} \in M$, wobei $\mathbf{H}_F$ bzw. $\mathbf{H}_i$ die Hessesche Matrix von F bzw. f_i bezeichnet, und $\mathbf{H}_\Phi$ die folgende Hessesche Matrix

$$\mathbf{H}_\Phi = \left\| \frac{\partial^2 \Phi}{\partial x_i \partial x_j} \right\| \text{ von } \Phi.$$

Beweis: (i) Nach Satz 2 ist $T = M$. Es sei also $\mathbf{y} \in T$ und $\mathbf{c}: [-a, a] \to R^n, a > 0$, eine glatte Kurve auf S mit $\mathbf{c}(0) = \mathbf{x}^*$ und $\dot{\mathbf{c}}(0) = \mathbf{y}$. Offensichtlich ist $\mathbf{x}^*$ auch ein lokales Minimum von F auf der Kurve $\mathbf{c}$, d. h. 0 ist ein lokales Minimum von $F \circ \mathbf{c}$: $[-a, a] \to R$, also folgt

$$(F \circ \mathbf{c})'(0) = 0 \text{ nach dem Korollar von Satz 1,}$$
$$= (\nabla F(\mathbf{x}^*))' \dot{\mathbf{c}}(0) = (\nabla F(\mathbf{x}^*))' \mathbf{y}.$$

(ii) Nach (i) ist $\nabla F(\mathbf{x}^*)$ im orthogonalen Komplement von M bez. R^n. Es ist M aber das orthogonale Komplement im R^n des Spaltenraumes der Matrix $\nabla \mathbf{f}(\mathbf{x}^*)$, also ist $\nabla F(\mathbf{x}^*)$ aus dem Spaltenraum von $\nabla \mathbf{f}(\mathbf{x}^*)$. Man beachte, daß (i) unmittelbar aus (ii) folgt.

(iii) Es sei $\mathbf{y} \in M$. Wie im Teil (b) des Beweises von Satz 2 gibt es eine zweimal stetig differenzierbare Kurve $\mathbf{c}: [-a, a] \to R^n, a > 0$, auf S mit $\mathbf{c}(0) = \mathbf{x}^*$ und $\dot{\mathbf{c}}(0) = \mathbf{y}$. Nun sei $g: [-a, a] \to R$ die folgende Funktion: $g(t) = F(\mathbf{c}(t))$. Mit (i) folgt dann wie im Beweis von (ii), Satz 1, daß

$$g''(0) \geq 0, \tag{13.4}$$

und es ist

$$g''(0) = \mathbf{y}' \mathbf{H}_F(\mathbf{x}^*)\, \mathbf{y} + (\nabla F(\mathbf{x}^*))' \ddot{\mathbf{c}}(0). \tag{13.5}$$

Andererseits gilt $f_i(\mathbf{c}(t)) = 0$ für $i = 1, 2, \ldots, m$. Differenzieren wir nun die Gleichung $\sum_{i=1}^{m} u_i^* f_i(\mathbf{c}(t)) = 0$ zweimal nach t in $t = 0$, so erhalten wir

$$\sum_{i=1}^{m} u_i^* [\mathbf{y}' \mathbf{H}_i(\mathbf{x}^*)\, \mathbf{y} + (\nabla f_i(\mathbf{x}^*))' \ddot{\mathbf{c}}(0)] = \mathbf{y}' \left(\sum_{i=1}^{m} u_i^* \mathbf{H}_i(\mathbf{x}^*) \right) \mathbf{y} + ((\nabla \mathbf{f}(\mathbf{x}^*)) \mathbf{u}^*)' \ddot{\mathbf{c}}(0)$$
$$= 0,$$

oder mit (ii):

$$(\nabla F(\mathbf{x}^*))' \ddot{\mathbf{c}}(0) = \mathbf{y}' \left(\sum_{i=1}^{m} u^*_{\ i} \mathbf{H}_i(\mathbf{x}^*) \right) \mathbf{y}.$$

Mit (13.4) und (13.5) folgt nun die Aussage.

Bemerkungen: (1) Mittels Teil (ii) des Satzes wird das Problem (13.1) zurückgeführt auf die Bestimmung eines stationären Punktes der Lagrange-Funktion, d. h. auf das folgende Problem: bestimme $\mathbf{x}^* \in R^n$ und $\mathbf{u}^* \in R^m$, so daß $\nabla_\mathbf{x} \Phi (\mathbf{x}^*, \mathbf{u}^*) = \mathbf{0}$ und $\nabla_\mathbf{u} \Phi (\mathbf{x}^*, \mathbf{u}^*) = \mathbf{0}$, d. h. $\mathbf{f}(\mathbf{x}^*) = \mathbf{0}$. Dieses Problem läßt sich z. B. mit der klassischen Newton-Raphson-Methode für nichtlineare Gleichungssysteme lösen. Dagegen ist der naheliegende Ansatz zur Lösung des Problems (13.1), indem man schrittweise die Restriktionen $f_i(\mathbf{x}) = 0$ nach einer Variable löst und den gewonnenen Ausdruck in $F(\mathbf{x})$ und den restlichen Restriktionen einsetzt, bei beliebigen nichtlinearen Funktionen f_i offensichtlich praktisch nicht verwendbar. Daß dies jedoch theoretisch das Problem (13.1) auf ein freies Programm niedrigerer Dimension zurückführt, unterstreicht die Tatsache, daß Gleichungsrestriktionen lediglich die Dimension des Problems verringern ohne S zu beranden.

(2) Die im Satz 3 aufgeführten notwendigen Bedingungen für ein lokales Minimum von F auf S sind nicht hinreichend. Man kann jedoch zeigen, daß die folgenden Bedingungen hinreichend für ein strenges lokales Minimum von F auf S sind: es existieren $\mathbf{x}^* \in R^n$ und $\mathbf{u}^* \in R^m$, so daß:

(i) $\nabla_\mathbf{u} \Phi (\mathbf{x}^*, \mathbf{u}^*) = \mathbf{0}$,

(ii) $\nabla_\mathbf{x} \Phi (\mathbf{x}^*, \mathbf{u}^*) = \mathbf{0}$,

(iii) $\mathbf{H}_\Phi(\mathbf{x}^*, \mathbf{u}^*)$ ist positiv-definit auf M.

Den Beweis führen wir hier nicht aus (s. hierzu z. B. Avriel [1] oder Luenberger [1]).

Beispiel (McCormick [1]): Man minimiere $F(\mathbf{x}) = - x_1 - x_2$ bez. der Nebenbedingung $f(\mathbf{x}) = x_1^2 + x_2^2 - 2 = 0$.

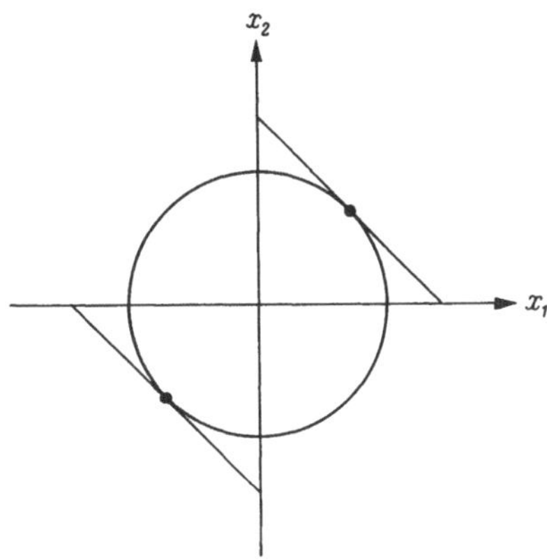

Fig. 18

Wir betrachten das Problem: bestimme $\mathbf{x} \in R^2$ und $u \in R$, so daß $f(\mathbf{x}) = 0$ und $\nabla F(\mathbf{x}) + \nabla f(\mathbf{x}) \cdot u = 0$, d. h. $x_1^2 + x_2^2 = 2$ und $2 x_1 u = 2 x_2 u = 1$. Daraus folgt $u \neq 0$ und $x_1 = x_2 = (2 u)^{-1}$, ferner $2 (2 u)^{-2} = 2$ oder $u = \pm \frac{1}{2}$, also $x_1 = x_2 = \pm 1$. Es sind also $\mathbf{x}' = (1,1)$ und $u = \frac{1}{2}$, oder $\mathbf{x}' = (-1, -1)$ und $u = -\frac{1}{2}$. Ferner ist $\mathbf{x}$ in beiden Fällen regulär. Ziehen wir nun die notwendige Bedingung zweiter Ordnung heran, so zeigt sich, daß nur $\mathbf{x} = (1,1)$ ein lokales Minimum von F auf S sein kann:

$\mathbf{H}_F(\mathbf{x}) + u\,\mathbf{H}_f(\mathbf{x}) = u \left\| \begin{matrix} 2 & 0 \\ 0 & 2 \end{matrix} \right\|$ ist nur für $u = \tfrac{1}{2}$ positiv-semidefinit auf $\{\mathbf{y} \in R^2 \mid \mathbf{y}' \nabla f(\mathbf{x})$ $= 0\} = \{(t, -t)' \mid t \in R\}$. In der Tat ist $(1,1)$ das globale Minimum von F auf S, wie auch aus Bemerkung (2) oben hervorgeht.

Als letztes betrachten wir nun die Minimierung von F über S für den Fall, daß S durch die folgenden Nebenbedingungen bestimmt wird:

$$\begin{aligned} f_i(x) &= 0, & i &= 1, 2, \ldots, m, \\ g_j(x) &\leqq 0, & j &= 1, 2, \ldots, p, \end{aligned} \qquad (13.6)$$

wobei die Funktionen f_i, g_j zweimal stetig differenzierbar seien und $m \leqq n$ sei. Wie früher werden wir kurz $\mathbf{f}\colon R^n \to R^m$ und $\mathbf{g}\colon R^n \to R^p$ schreiben, so daß $S = \{\mathbf{x} \in R^n \mid \mathbf{f}(\mathbf{x}) = \mathbf{0}$ und $\mathbf{g}(\mathbf{x}) \leqq \mathbf{0}\}$. Hier ist S ein durch die Restriktion $\mathbf{g}(\mathbf{x}) \leqq \mathbf{0}$ begrenzter Teil der Hyperfläche $\mathbf{f}(\mathbf{x}) = \mathbf{0}$, es ist S also berandet, s. Fig. 19. Wir nennen die Ungleichungsrestriktion $g_j(x) \leqq 0$ *bindend* in $\mathbf{x}^0 \in R^n$ falls $g_j(\mathbf{x}^0) = 0$. Offensichtlich sind alle Restriktionen $f_i(\mathbf{x}) = 0$ bindend in einem zulässigen Punkt des Problems (13.6).

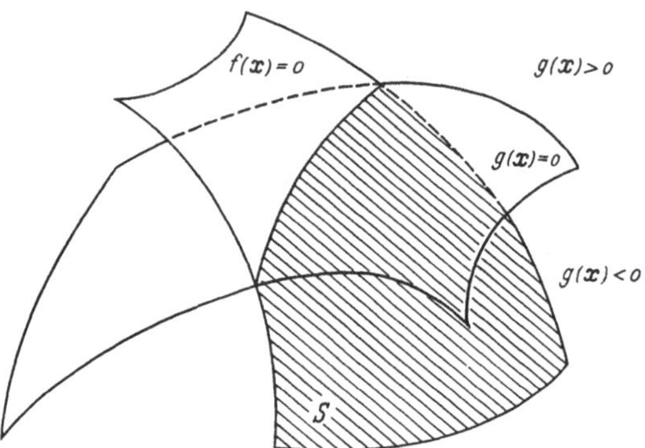

Fig. 19. $m = p = 1$, $n = 3$

Definition: Es sei $\mathbf{x}^* \in S$ und $J(\mathbf{x}^*) = \{j \in \{1, 2, \ldots, p\} \mid g_j(\mathbf{x}^*) = 0\}$. $\mathbf{x}^*$ heißt *regulärer* Punkt von S, falls die $m + |J(\mathbf{x}^*)|$ Vektoren $\nabla f_i(\mathbf{x}^*)$, $i = 1, 2, \ldots, m$, $\nabla g_j(\mathbf{x}^*)$, $j \in J(\mathbf{x}^*)$, linear unabhängig sind, d. h. falls $\mathbf{x}^*$ im früheren Sinne regulär für die in $\mathbf{x}^*$ bindenden Restriktionen ist.

Wie können nun notwendige Bedingungen für ein lokales Minimum für die durch (13.6) gegebene Situation ableiten.

Satz 4: Gegeben sei eine zweimal stetig differenzierbare Funktion $F\colon R^n \to R$ und eine durch die Nebenbedingungen (13.6) definierte Teilmenge $S \subset R^n$, wobei die f_i und g_j zweimal stetig differenzierbar seien und $m \leqq n$ sei. Ferner sei $\mathbf{x}^*$ ein regulärer Punkt von S. Ist $\mathbf{x}^*$ ein lokales Minimum von F auf S, so gilt:
(i) es existieren $\mathbf{u}^* \in R^m$ und $\mathbf{v}^* \in R^p$ mit $\mathbf{v}^* \geqq \mathbf{0}$, so daß

$$\nabla F(\mathbf{x}^*) + \nabla \mathbf{f}(\mathbf{x}^*) \cdot \mathbf{u}^* + \nabla \mathbf{g}(\mathbf{x}^*) \cdot \mathbf{v}^* = \mathbf{0}$$

und

$$(\mathbf{g}(\mathbf{x}^*))' \, \mathbf{v}^* = 0,$$

dies sind die *Kuhn-Tucker-Bedingungen,* die sich auch folgendermaßen darstellen lassen:

$$\nabla F(\mathbf{x}^*) + \nabla \mathbf{f}(\mathbf{x}^*) \cdot \mathbf{u}^* + \sum_{j \in J(\mathbf{x}^*)} v_j^* \nabla g_j(\mathbf{x}^*) = \mathbf{0},$$

(ii) die Matrix $\qquad \mathbf{H}_F(\mathbf{x}^*) + \sum_{i=1}^{m} u_i^* \mathbf{H}_{f_i}(\mathbf{x}^*) + \sum_{j \in J(\mathbf{x}^*)} v_j^* \mathbf{H}_{g_j}(\mathbf{x}^*)$

ist positiv-semidefinit auf dem Vektorraum

$$\{\mathbf{y} \in R^n \mid \mathbf{y}' \nabla f_i(\mathbf{x}^*) = \mathbf{y}' \nabla g_j(\mathbf{x}^*) = 0, \quad 1 \leq i \leq m, \quad j \in J(\mathbf{x}^*)\}.$$

Beweis: Da $\mathbf{x}^*$ ein lokales Minimum von F auf S ist, ist $\mathbf{x}^*$ auch ein lokales Minimum von F auf $\{\mathbf{x} \in R^n \mid \mathbf{f}(\mathbf{x}) = \mathbf{0}, g_j(\mathbf{x}) = 0, j \in J(\mathbf{x}^*)\}$, weil $\{\mathbf{x} \in R^n \mid g_j(\mathbf{x}) < 0, j \in (\{1, 2, \ldots, p\} - J(\mathbf{x}^*))\}$ eine offene, $\mathbf{x}^*$ enthaltende Menge ist. Nach Satz 3 folgt sodann erstens: es existieren $\mathbf{u}^* \in R^m$ und $\mathbf{v}^* \in R^p$ mit $v_j^* = 0$ falls $j \notin J(\mathbf{x}^*)$, so daß $\nabla F(\mathbf{x}^*) + \nabla \mathbf{f}(\mathbf{x}^*) \cdot \mathbf{u}^* + \nabla \mathbf{g}(\mathbf{x}^*) \cdot \mathbf{v}^* = \mathbf{0}$, und zweitens die gewünschte Aussage (ii). Es bleibt zu zeigen, daß $\mathbf{v}^* \geq \mathbf{0}$. Angenommen es gäbe $k \in J(\mathbf{x}^*)$ mit $v_k^* < 0$. Es seien $\tilde{S} = \{\mathbf{x} \in R^n \mid \mathbf{f}(\mathbf{x}) = \mathbf{0}, g_j(\mathbf{x}) = 0, j \in (J(\mathbf{x}^*) - \{k\})\}$ und $\tilde{M} = \{\mathbf{y} \in R^n \mid \mathbf{y}' \nabla \mathbf{f}(\mathbf{x}^*) = \mathbf{0}$ und $\mathbf{y}' \nabla g_j(\mathbf{x}^*) = 0, j \in (J(\mathbf{x}^*) - \{k\})\}$, d. h. $\tilde{M}$ sei das orthogonale Komplement im R^n des von den Vektoren $\nabla f_i(\mathbf{x}^*), 1 \leq i \leq m, \nabla g_j(\mathbf{x}^*), j \in (J(\mathbf{x}^*) - \{k\})$, aufgespannten Untervektorraums N. Da $\mathbf{x}^*$ ein regulärer Punkt von S ist, folgt $\nabla g_k(\mathbf{x}^*) \notin N$, insbesondere $\nabla g_k(\mathbf{x}^*) \neq \mathbf{0}$, also existiert ein $\tilde{\mathbf{y}} \in \tilde{M}$ mit $\tilde{\mathbf{y}}' \nabla g_k(\mathbf{x}^*) < 0$. Nun ist $\mathbf{x}^*$ auch ein regulärer Punkt von $\tilde{S}$, also ist $\tilde{M}$ nach Satz 2 gleich dem Tangentialraum $\tilde{T}$ an $\tilde{S}$ in $\mathbf{x}^*$. Damit existiert eine glatte Kurve $\mathbf{c}$ auf $\tilde{S}$ mit $\mathbf{c}(0) = \mathbf{x}^*$ und $\dot{\mathbf{c}}(0) = \tilde{\mathbf{y}}$, und es folgt $0 > \tilde{\mathbf{y}}' \nabla g_k(\mathbf{x}^*) = (\nabla g_k(\mathbf{x}^*))' \dot{\mathbf{c}}(0) = (g_k \circ \mathbf{c})'(0) = \lim_{t \to 0} t^{-1}(g_k(\mathbf{c}(t)) - 0)$, also existiert ein $a \in R, a > 0$, so daß $g_k(\mathbf{c}(t)) < 0$ für alle $t \in (0, a]$, d. h. $\mathbf{c}(t) \in S$ für alle $t \in [0, a]$.

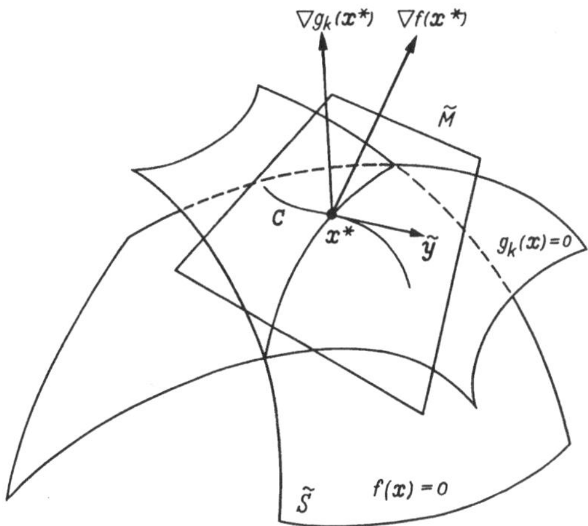

Fig. 20. $m = p = k = 1, n = 3$

Und nun gilt:

$$(F \circ \mathbf{c})'(0) = (\nabla F(\mathbf{x}^*))' \dot{\mathbf{c}}(0) = \tilde{\mathbf{y}}' \nabla F(\mathbf{x}^*)$$
$$= -\tilde{\mathbf{y}}' (\nabla \mathbf{f}(\mathbf{x}^*) \cdot \mathbf{u}^* + \nabla \mathbf{g}(\mathbf{x}^*) \cdot \mathbf{v}^*) = -v_k^* \tilde{\mathbf{y}}' \nabla g_k(\mathbf{x}^*) < 0,$$

da $\bar{\mathbf{y}} \in \tilde{M}$, $v_k^* < 0$, und $\bar{\mathbf{y}}' \nabla g_k(\mathbf{x}^*) < 0$. Dies widerspricht jedoch der Voraussetzung, daß $\mathbf{x}^*$ ein lokales Minimum von F auf S ist, denn damit folgt, daß 0 ein lokales Minimum von $F \circ \mathbf{c}$ auf $[0, a]$ ist, woraus wie im Beweis von Satz 1 (i) folgt, daß $(F \circ \mathbf{c})'(0) \geqq 0$.

Beispiel (McCormick [1]): Man bestimme die Werte des Parameters $k > 0$, für die der Ursprung ein lokales Minimum von $F(\mathbf{x}) = (x_1 - 1)^2 + x_2^2$ bez. der Nebenbedingung $g(\mathbf{x}) = x_1 - x_2^2/k \leqq 0$ ist.

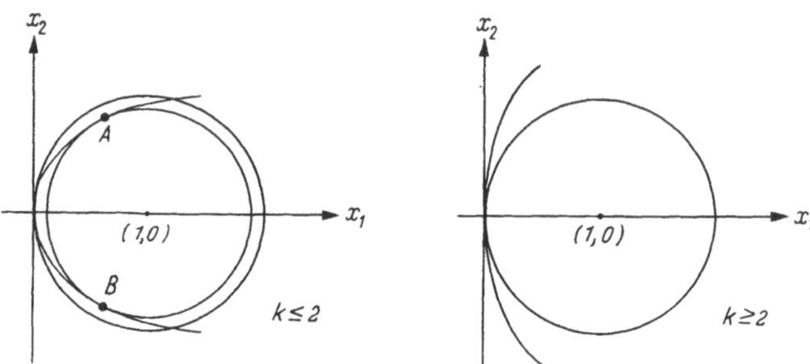

Fig. 21. $A = (1 - k/2, (k(1 - k/2))^{1/2})$,
$B = (1 - k/2, -(k(1 - k/2))^{1/2})$

Wir betrachten das Problem: bestimme $\mathbf{x} \in R^2$ und $v \in R$, so daß $v \geqq 0$, $v g(\mathbf{x}) = 0$, und $\nabla F(\mathbf{x}) + \nabla g(\mathbf{x}) \cdot v = 0$, d. h. $v(x_1 - x_2^2/k) = 0$, $2x_1 - 2 + v = 0$, und $2x_2(1 - v/k) = 0$. Ist $\mathbf{x}' = (0, 0)$, so folgt offensichtlich $v = 2$ und $k > 0$ beliebig, und der Ursprung ist ferner regulär. Die weiteren Lösungen sind: $v = 0$, $\mathbf{x}' = (1, 0)$ (diese liegt nicht in S); $v = k \leqq 2$, $\mathbf{x}' = (1 - k/2, \pm (k(1 - k/2))^{1/2})$, und alle diese $\mathbf{x}$ sind regulär. Nun ziehen wir die notwendige Bedingung zweiter Ordnung heran:

$$\mathbf{H}_F(\mathbf{x}) + v \mathbf{H}_g(\mathbf{x}) = \begin{Vmatrix} 2 & 0 \\ 0 & 2 \end{Vmatrix} + v \begin{Vmatrix} 0 & 0 \\ 0 & -2/k \end{Vmatrix} = \begin{Vmatrix} 2 & 0 \\ 0 & 2 - 2v/k \end{Vmatrix}.$$

Ist $\mathbf{x}' = (0, 0)$ und $v = 2$, so ist $\mathbf{H}_F(\mathbf{x}) + v \mathbf{H}_g(\mathbf{x}) = \begin{Vmatrix} 2 & 0 \\ 0 & 2 - 4/k \end{Vmatrix}$ nur für $k \geqq 2$ positiv-semidefinit auf $\{\mathbf{y} \in R^2 \mid \mathbf{y}' \nabla g(\mathbf{x}) = 0\} = \{(0, t)' \mid t \in R\}$. Damit kann der Ursprung nur für $k \geqq 2$ ein lokales Minimum von F auf S sein. Die weiteren Lösungen erfüllen die notwendige Bedingung zweiter Ordnung.

Bemerkungen: (1) Die im Satz 4 vorausgesetzte Regularitätsbedingung ist nur eine unter vielen Varianten, die hier wegen der leichten Verifizierbarkeit gewählt wurde. Die Literatur zu diesem Gebiet ist sehr umfangreich, s. hierzu die Übersichtsarbeiten von Bazaraa, Goode und Shetty [1], und Gould und Tolle [1]. Am bekanntesten sind die von Kuhn und Tucker [1] und McCormick [1] vorgeschlagenen sogenannten „constraint qualifications":

„*Constraint qualification*" *erster Ordnung* (Voraussetzung für Satz 4 (i)): gilt für $\mathbf{x}^* \in S$ und $\mathbf{y} \in R^n$ $\mathbf{y}' \nabla f_i(\mathbf{x}^*) = 0$ für alle $i = 1, 2, \ldots, m$, und $\mathbf{y}' \nabla g_j(\mathbf{x}^*) \leqq 0$ für alle $j \in J(\mathbf{x}^*)$, so gibt es eine glatte Kurve $\mathbf{c}: [0, a] \to S$ mit $\mathbf{c}(0) = \mathbf{x}^*$ und $\dot{\mathbf{c}}(0) = \mathbf{y}$.

„*Constraint qualification*" *zweiter Ordnung* (Voraussetzung für Satz 4 (ii)): gilt für $\mathbf{x}^* \in S$ und $\mathbf{y} \in R^n$ $\mathbf{y}' \nabla f_i(\mathbf{x}^*) = 0$ für alle $i = 1, 2, \ldots, m$, und $\mathbf{y}' \nabla g_j(\mathbf{x}^*) = 0$

für alle $j \in J(\mathbf{x}^*)$, so gibt es eine zweimal differenzierbare Kurve $\mathbf{c}: [0, a] \to R^n$ mit $f_i(\mathbf{c}(t)) = g_j(\mathbf{c}(t)) = 0$ für alle $i = 1, 2, \ldots, m$, $j \in J(\mathbf{x}^*)$, $t \in [0, a]$, und $\mathbf{c}(0) = \mathbf{x}^*$, $\dot{\mathbf{c}}(0) = \mathbf{y}$.

Es läßt sich zeigen (s. McCormick [1]), daß unsere Regularitätsbedingung diese beiden „constraint qualifications" impliziert.

(2) Die im Satz 4 aufgeführten notwendigen Bedingungen für ein lokales Minimum von F auf S sind nicht hinreichend. Man kann jedoch zeigen, daß die folgenden Bedingungen hinreichend für ein strenges lokales Minimum von F auf S sind: es existieren $\mathbf{x}^* \in R^n$, $\mathbf{u}^* \in R^m$, $\mathbf{v}^* \in R^p$, so daß:

(i) $\mathbf{f}(\mathbf{x}^*) = \mathbf{0}$, $\mathbf{g}(\mathbf{x}^*) \leqq \mathbf{0}$,

(ii) $\mathbf{v}^* \geqq \mathbf{0}$, $(\mathbf{g}(\mathbf{x}^*))' \, \mathbf{v}^* = 0$,

(iii) $\nabla F(\mathbf{x}^*) + \nabla \mathbf{f}(\mathbf{x}^*) \cdot \mathbf{u}^* + \nabla \mathbf{g}(\mathbf{x}^*) \cdot \mathbf{v}^* = \mathbf{0}$,

(iv) die Matrix $\mathbf{H}_F(\mathbf{x}^*) + \sum_{i=1}^{m} u_i^* \, \mathbf{H}_{f_i}(\mathbf{x}^*) + \sum_{j=1}^{q} v_j^* \, \mathbf{H}_{g_j}(\mathbf{x}^*)$

ist positiv-definit auf dem Vektorraum

$$\{\mathbf{y} \in R^n \mid \mathbf{y}' \, \nabla f_i(\mathbf{x}^*) = \mathbf{y}' \, \nabla g_j(\mathbf{x}^*) = 0,$$
$$1 \leqq i \leqq m, \quad j \in \{j \mid g_j(\mathbf{x}^*) = 0 \quad \text{und} \quad u_j^* > 0\}\}.$$

Den Beweis führen wir hier nicht aus (s. hierzu z. B. McCormick [1] oder Luenberger [1]).

3. Konvergenz von Algorithmen

Die in den Sätzen 3 und 4 des letzten Abschnittes enthaltenen notwendigen Bedingungen erster Ordnung für ein lokales Minimum einer Funktion F über einem gewissen Bereich S liefern nichtlineare Gleichungssysteme, unter deren Lösungen das gesuchte lokale Minimum zu finden ist. Die zur Lösung dieser Gleichungssysteme zur Verfügung stehenden Methoden, z. B. die Newton-Raphson-Methode, haben sich jedoch in der Praxis als recht ineffizient erwiesen, insbesondere bez. ihrer Konvergenzeigenschaften. Aus diesem Grunde hat man Algorithmen entwickelt, die ganz anders vorgehen. Sie haben alle die folgende Grundstruktur: Sie laufen schrittweise ab, indem sie eine Folge $\{\mathbf{x}^i\}$ von Punkten erzeugen, die den Wert einer gewissen Funktion schrittweise reduzieren. Diese Funktion ist nicht unbedingt die Zielfunktion F, sie kann z. B. die Funktion $|\nabla F|$ sein, falls wir als Lösung einen Punkt $\mathbf{x}$ mit $\nabla F(\mathbf{x}) = \mathbf{0}$ betrachten. Die zu reduzierende Funktion und auch die als Lösungen zu betrachtenden Punkte (z. B. Punkte in S, die die Kuhn-Tucker-Bedingungen erfüllen) werden durch den Algorithmus festgelegt. Ferner muß der Startpunkt $\mathbf{x}^0$ anfangs vorgegeben werden, um den Algorithmus anlaufen zu lassen. Ob er dann gegen einen Lösungspunkt konvergiert, ist allerdings nicht ohne weiteres klar. Er kann auch gegen einen Punkt konvergieren, der kein Lösungspunkt ist, oder aber auch überhaupt nicht konvergieren. Ein Beispiel des ersteren ist das sogenannte „zigzagging" oder „jamming", wobei die Vektoren $\mathbf{x}^i - \mathbf{x}^{i-1}$ immer kürzer werden, weil die Folge $\{x^i\}$ sich immer tiefer in eine durch zwei Hyperebenen geformte spitze Spalte zwingt. Eine Zusatzregel zur Vermeidung dieses Phänomens wurde bereits für das Verfahren von Zoutendijk am Ende von Kapitel XII erwähnt. Für einen Algorithmus muß ferner ein Abbruchkriterium bestimmt werden, im obigen Beispiel etwa, daß $|\nabla F(x^k)|$ kleiner als ein vorgegebenes $\varepsilon > 0$ ist.

Ein Algorithmus heißt *global konvergent*, falls er für jeden beliebigen Startpunkt gegen einen Lösungspunkt konvergiert. Nur für die wenigsten Algorithmen läßt sich diese Eigenschaft nachweisen, und dies auch nur für den Fall, daß alle Unterprogramme, wie z. B. eindimensionale Optimierungen (line searches), optimal gelöst werden. Trotzdem ist es von großem Wert für den Praktiker, die globalen Konvergenzeigenschaften eines Algorithmus zu kennen. Eine einheitliche Theorie hierzu ist erstmals von Zangwill [1] ausgearbeitet und von Luenberger [1] weiterentwickelt worden, deren Hauptergebnisse Konvergenzsätze für sehr allgemein definierte Algorithmen sind, welche hinreichende Bedingungen dafür angeben, daß der Algorithmus global konvergent ist, oder allgemeiner, daß die Folge $\{x^i\}$ Häufungspunkte hat und jeder solche Häufungspunkt ein Lösungspunkt ist. Bei manchen Algorithmen wird globale Konvergenz dadurch erreicht, daß man als Teilfolge der Folge $\{x^i\}$ einen anderen Algorithmus einbaut, von dem man weiß, daß er global konvergent ist. Diese immer wieder auftretenden Schritte (sogenannte „spacer steps", z. B. Schritte des Verfahrens des steilsten Abstiegs) bilden zusammen mit den zwischen ihnen liegenden Schritten des ursprünglichen Algorithmus, Schritte eines neuen Algorithmus, von dem man nachweisen kann, daß er global konvergiert. Dabei wird von dem ursprünglichen Algorithmus lediglich vorausgesetzt, daß er den Wert der zu reduzierenden Funktion in keinem der Schritte erhöht.

Eine weitere wichtige theoretische Eigenschaft eines Algorithmus ist seine *Konvergenzrate*. Dies ist eine lokale Konvergenzeigenschaft: man untersucht hier nicht, wann der Algorithmus konvergiert, sondern wie schnell, falls er konvergiert. Die Aussagen beziehen sich allerdings auf das Verhalten *im Limes*, sind also in der Praxis nur bedingt relevant. Man hat aber festgestellt, daß sich dieses Verhalten im Limes in der Praxis oft recht bald einstellt, so daß solche Untersuchungen für Praktiker durchaus interessant sind. Hierbei vergleicht man die gegen x^* konvergierende Punktfolge $\{x^i\}$ mit einer geometrischen Reihe $\sum c\, r^i$, $0 < r < 1$, $c \neq 0$. Gibt es ein r, so daß die Folge $\{|x^i - x^*|\}$ im Limes mindestens so schnell gegen 0 konvergiert, wie die geometrische Gliederfolge $\{|x^0 - x^*|\, r^i\}$, so sagt man, daß $\{x^i\}$ eine *lineare* Konvergenzrate hat. Je kleiner r ist, desto schneller konvergiert sie. Kann man in obiger Definition r beliebig klein nehmen, so sagt man, daß $\{x^i\}$ eine *superlineare* Konvergenzrate hat. Insbesondere kann man eine quadratische Konvergenzrate definieren. Wir gehen im Rahmen dieses Buches nicht näher auf die Betrachtung von Konvergenzraten ein (s. hierzu Blum und Oettli [1]).

Vierzehntes Kapitel

Eindimensionale Optimierungsmethoden

1. Einleitung

Viele Verfahren der nichtlinearen Programmierung enthalten als wesentlichen Schritt die Forderung: man minimiere eine Funktion $F(\mathbf{x})$ über dem Bereich derjenigen $\mathbf{x} \in R^n$, die auf einem bestimmten Strahl im R^n liegen. Diesem eindimensionalen Minimierungsproblem (auf englisch „line search" genannt) wenden wir uns im vorliegenden Kapitel zu. Zur Konstruktion der in der Praxis bekanntesten Verfahren zur Lösung dieses Problems gibt es zwei verschiedene Ansätze:

1) die Bestimmung von schrittweise kleineren das relative lokale Minimum von F enthaltenden Intervallen auf der Geraden,

2) die Bestimmung eines schrittweise besseren Annäherungspunktes zum relativen lokalen Minimum von F auf der Geraden.

Die ersten zwei zu besprechenden Verfahren − das Fibonacci-Verfahren und das Verfahren des Goldenen Schnittes − sind vom ersten Typ und setzen voraus, daß F auf der Geraden eine unimodale Funktion ist (s. Abschnitt 2). Die weiteren zwei Verfahren sind vom zweiten Typ und benutzen quadratische Interpolation. Ferner hat das letzte Verfahren, nämlich das Verfahren von Swann, die folgende schöne Eigenschaft: es liefert eine Methode zur Bestimmung eines das relative lokale Minimum von F enthaltenden Intervalls auf der Geraden, während die ersten beiden Verfahren davon ausgehen, daß ein solches gegeben ist.

Bemerkung: An dieser Stelle möchten wir folgendes festlegen. In späteren Kapiteln treten wiederholt Definitionen wie folgt auf:

Es liege ein Punkt $\mathbf{x} \in R^n$ und ein Vektor $\mathbf{s} \in R^n$ vor, und es sei $\tilde{\mathbf{x}} = \mathbf{x} + \tilde{\lambda}\,\mathbf{s}$, wobei $\tilde{\lambda} \in R$ mit $\tilde{\lambda} \geqq 0$ so gewählt wird, daß $F(\mathbf{x} + \lambda\,\mathbf{s})$ minimiert wird.

Dies soll bedeuten: $F(\tilde{\mathbf{x}}) \leqq F(\mathbf{x})$, und $\tilde{\lambda}$ bestimmt ein lokales Minimum der Funktion $F(\mathbf{x} + \lambda\,\mathbf{s})$ der Veränderlichen $\lambda \in R$ beschränkt auf den Bereich $\lambda \geqq 0$. Insbesondere ist es zweckmäßig, $\tilde{\lambda} = 0$ zu setzen, falls $F(\mathbf{x} + \lambda\,\mathbf{s})$ mit von 0 anwachsendem λ ansteigt. Zur Bestimmung eines solchen $\tilde{\lambda}$ dienen die in diesem Kapitel dargelegten Verfahren.

2. Das Fibonacci-Verfahren

Wir betrachten hier das Problem der Minimierung einer Funktion $f(x)$ einer Variablen x, welche in einem gegebenen Intervall $[a, b] \subset R$ liegen soll, mittels der Berechnung von Funktionswerten $f(x^i)$, $i = 1, 2, \ldots$ Hierbei setzen wir voraus, daß f unimodal auf dem Intervall $[a, b]$ ist, d. h. f besitzt genau ein lokales Minimum $\hat{x}$ in $[a, b]$, und

$$a \leqq x' < x'' \leqq \hat{x} \Rightarrow f(x') > f(x''),$$
$$\hat{x} \leqq x' < x'' \leqq b \Rightarrow f(x') < f(x'').$$

Die Idee des zu beschreibenden Verfahrens ist, dieses Minimum in einem schrittweise kleiner werdenden Intervall zu lokalisieren.

Liegt ein Intervall $[c, d] \subset [a, b]$ vor, so benötigen wir zwei Funktionswerte $f(x^1)$, $f(x^2)$, $x^1, x^2 \in (c, d)$ mit $x^1 < x^2$, um das Minimum $\hat{x}$ in einem Teilintervall von $[c, d]$ zu lokalisieren:

$$f(x^2) \geqq f(x^1) \Rightarrow \hat{x} \in [c, x^2], \quad \text{und}$$
$$f(x^2) \leqq f(x^1) \Rightarrow \hat{x} \in [x^1, d].$$

Ausgehend von dem Intervall $[a, b]$ könnte man nun vorschlagen, schrittweise das gewonnene Intervall mit zwei Punkten in Drittel zu zerlegen. Dies würde jedoch bedeuten, daß bei jedem Schritt außer dem ersten ein bereits gewonnener Funktionswert (im Mittelpunkt des vorliegenden Intervalls) nicht weiter verwertet wird. Wir werden vielmehr den im Innern des Intervalls vorliegenden Funktionswert als einen der zwei benötigten Funktionswerte heranziehen. Somit kommt pro Schritt (außer dem ersten) nur eine Funktionswertberechnung vor. Außerdem werden wir die zwei Punkte symmetrisch im Intervall plazieren, um die Intervallreduktion unabhängig von der Wahl des Teilintervalls zu machen.

$$f(x^1) \leqq f(x^2),$$
$$c^1 = c^2 + c^3, \quad f(x^1) \leqq f(x^3),$$
$$c^2 = c^3 + c^4, \quad f(x^4) \leqq f(x^1),$$
$$c^3 = c^4 + c^5, \quad f(x^4) \leqq f(x^5),$$
$$c^4 = c^5 + c^6, \quad f(x^6) \leqq f(x^4),$$

also ist das Minimum $\hat{x} \in (x^1, x^4)$, einem Intervall der Länge $c^5 + c^6 = c^4$.

Wir stellen uns nun die Frage: Wie müssen für ein gegebenes N die Punkte x^1, $x^2, \ldots, x^N$ gewählt werden, so daß das Verhältnis der Länge des Ausgangsintervalls zu der des letzten Intervalls maximal ist? Diese Untersuchung brachte Kiefer [1] auf die Definition des Fibonacci-Verfahrens. Wir können o. B. d. A. die Länge des letzten Intervalls gleich 1 setzen, dann gilt es, das Ausgangsintervall zu maximieren. Es sei F_n die maximale Länge des Ausgangsintervalls, welches mit n Funktionswerten auf Länge 1 reduziert werden kann. Offensichtlich ist $F_0 = F_1 = 1$, da wir mindestens zwei Funktionswerte für eine Intervallreduktion brauchen. Es seien nun x^1, x^2 zwei solche Punkte mit $x^1 < x^2$ im Intervall (a, b) der Länge F_n, $n \geqq 2$. Dann folgt

$$c^1 \leqq F_{n-2} \quad \text{und} \quad c^1 + c^2 \leqq F_{n-1}: \tag{14.1}$$

Das Minimum $\hat{x}$ liegt auf jeden Fall in einem Intervall der Länge c^1 in dem noch $n-2$ Funktionswerte zur Verfügung stehen, um das Intervall auf Länge 1 zu reduzieren, denn nach der Plazierung von x^3 bearbeiten wir eines der folgenden vier Intervalle der Länge c^1:

$$\underbrace{[a, x^1], \ [x^3, x^2],}_{\textstyle f(x^1) \leqq f(x^2), \ x^3 \in (a, x^1)} \qquad\qquad \underbrace{[x^1, x^3], \ [x^2, b]}_{\textstyle f(x^1) \geqq f(x^2), \ x^3 \in (x^2, b).}$$

Bearbeiten wir z. B. $[x^1, x^3]$, so sind die $n-2$ Punkte $x^2, x^4, x^5, \ldots, x^n \in (x^1, x^3)$. Damit folgt $c^1 \leqq F_{n-2}$. Ebenso liegt $\hat{x}$ auf jeden Fall in einem Intervall der Länge $c^1 + c^2$ in dem noch $n-1$ Funktionswerte zur Verfügung stehen: $\hat{x} \in [a, x^2]$ oder $[x^1, b]$. Ist z. B. $\hat{x} \in [a, x^2]$, so sind die $n-1$ Punkte $x^1, x^3, x^4, \ldots, x^n \in (a, x^2)$. Damit folgt $c^1 + c^2 \leqq F_{n-1}$.

Zusammen folgt nun aus (14.1): $F_n \leqq F_{n-1} + F_{n-2}$, $n \geqq 2$. Damit können wir feststellen: gibt es Zahlen F_i, $i = 0, 1, 2, \ldots$, die den Rekursionsformeln

$$F_n = F_{n-1} + F_{n-2}, \quad n = 2, 3, \ldots,$$
$$F_0 = F_1 = 1,$$

genügen, so stellen sie die maximale Länge des Ausgangsintervalls dar, welches mit n Funktionswerten auf Länge 1 reduziert werden kann. Diese Rekursionsformeln definieren aber gerade die bekannten Fibonacci-Zahlen F_i, $i = 0, 1, 2, \ldots$:

$$1, \ 1, \ 2, \ 3, \ 5, \ 8, \ 13, \ 21, \ 34, \ 55, \ 89, \ 144, \ 233, \ 377, \ 610, \ 987, \ \ldots$$

Die Lösung unseres Problems, nämlich der optimalen Wahl der Punkte $x^1, x^2, \ldots, x^N$, liegt nun auf der Hand: stehen N Funktionswerte zur Verfügung, so reduzieren sich die Längen der Intervalle folgendermaßen:

$$2c^1 + c^2, \quad c^1 + c^2, \quad c^2 + c^3, \quad \ldots, \quad c^{N-2} + c^{N-1}, \quad c^{N-1} + c^N.$$

Setzen wir $c^{N-1} + c^N = 1$, so haben wir

$$F_N = 2c^1 + c^2, \qquad F_{N-1} = c^1 + c^2,$$

also ist
$$c^1 = F_N - F_{N-1} = F_{N-2} \quad \text{und}$$
$$c^2 = F_{N-1} - F_{N-2} = F_{N-3}, \quad \text{und allgemein}$$
$$c^i = F_{N-i-1}, \quad i = 1, 2, \ldots, N-1,$$
$$c^N = 0.$$

Insbesondere ist nach Benutzung von k der N Funktionswerte die Intervall-Länge offensichtlich F_{N-k+1}, $k = 1, 2, \ldots, N$.

Allerdings stellt sich hierbei heraus, daß die beiden Punkte x^m, x^N im vorletzten Intervall zusammentreffen. Um die letzte Reduktion auf Länge 1 zu gewinnen, nimmt man in der Praxis deshalb x^m und x^N dicht beieinander. Oder aber man hört einen Schritt früher auf: soll z. B. $f(x)$ auf dem Intervall $[c, d]$ bis zu einer Genauigkeit von $\varepsilon > 0$ in x minimiert werden, so bestimmt man N, so daß

$$F_{N-1} < \frac{d-c}{\varepsilon} \leq F_N$$

und betrachtet f auf einem das Intervall $[c, d]$ umfassenden Intervall $[a, b]$ der Länge εF_N, und benutzt dann die Punkte $x^1 = a + \varepsilon F_{N-2}$, $x^2 = a + \varepsilon F_{N-1}, \ldots, x^{N-1}$. Das letzte Intervall hat dann die Länge 2ε, und der Mittelpunkt x^{N-1} dieses Intervalls ist die gesuchte Approximation zum Minimum von f. Liegen einige der Punkte x^1, x^2, $\ldots, x^{N-1}$ außerhalb von $[c, d]$, so setze man den betreffenden Funktionswert gleich $M > \max \{|f(x)| : x \in [c, d]\}$.

Abschließend beweisen wir noch einige weitere Eigenschaften der Fibonacci-Zahlen.

(a) $\dfrac{F_N}{F_{N-1}} = 1 + \dfrac{1}{\dfrac{F_{N-1}}{F_{N-2}}}$, also bekommen wir den Kettenbruch

$$\frac{F_N}{F_{N-1}} = 1 + \cfrac{1}{1 + \cfrac{1}{1 + \cfrac{\ddots}{\quad 1 + \cfrac{1}{1 + \cfrac{1}{1}}}}}$$

$$\underbrace{\qquad\qquad\qquad\qquad\qquad\qquad}_{N \text{ Stufen}}$$

(b) $F_{N+1} F_{N-1} - F_N^2 = (-1)^{N+1}$, $N \geq 1$:

Durch Induktion über N. Für $N = 1$ folgt

$$F_2 F_0 - F_1^2 = 2.1 - 1^2 = 1 = (-1)^2.$$

Mit der Induktionsannahme folgt

$$F_{N+1} F_{N-1} - F_N^2 = (F_N + F_{N-1}) F_{N-1} - F_N (F_{N-1} + F_{N-2})$$
$$= F_{N-1}^2 - F_N F_{N-2} = -(-1)^N = (-1)^{N+1}.$$

(c) Ersetzt man F_{N+1} in (b) durch $F_N + F_{N-1}$, so bekommt man

$$\left(\frac{F_N}{F_{N-1}}\right)^2 - \frac{F_N}{F_{N-1}} - 1 = \frac{(-1)^N}{F_{N-1}^2}. \tag{14.2}$$

Da die F_N natürliche Zahlen sind und $F_{N+2} > F_{N+1}$, $N = 0, 1, 2, \ldots$, gilt $\lim\limits_{N \to \infty} F_N = \infty$, also folgt aus (14.2):

$$\lim_{N \to \infty} \frac{F_N}{F_{N-1}} = \text{Wurzel von } x^2 - x - 1 = 0$$

$$= \tfrac{1}{2}(1 + \sqrt{5}) \quad \text{oder} \quad \tfrac{1}{2}(1 - \sqrt{5}).$$

Nun ist aber $\dfrac{F_N}{F_{N-1}} > 1$ für alle $N > 1$, und $\frac{1}{2}(1 - \sqrt{5}) < 0$,

also ist

$$\lim_{N \to \infty} \frac{F_N}{F_{N-1}} = \tfrac{1}{2}(1 + \sqrt{5}) = \tau.$$

Diese Zahl τ ist der berühmte Goldene Schnitt: gilt für ein Rechteck der Länge a und Breite b die Beziehung

$$\frac{a+b}{a} = \frac{a}{b}, \quad \text{so folgt} \quad \frac{a}{b} = \tau.$$

(d) Es läßt sich beweisen, daß

$$F_N = \frac{1}{\sqrt{5}} \left[\left(\frac{1+\sqrt{5}}{2} \right)^{N+1} - \left(\frac{1-\sqrt{5}}{2} \right)^{N+1} \right].$$

3. Das Verfahren des Goldenen Schnittes

Wir betrachten hier wieder das Problem der Minimierung einer unimodalen Funktion f auf einem Intervall $[a, b]$ mittels der Berechnung von Funktionswerten $f(x^i)$, $i = 1, 2, \ldots$ Die Struktur des Verfahrens des Goldenen Schnittes gleicht der des Fibonacci-Verfahrens völlig, nur stellen wir uns hier die folgende Frage, um zur Definition der Punkte x^i zu gelangen: wie müssen die Punkte $x^1, x^2, \ldots$ gewählt werden, so daß das Verhältnis der Länge des n^{ten} Intervalls zu der des $n+1^{\text{ten}}$ Intervalls für alle n konstant ist? Diese Untersuchung geht wiederum auf Kiefer [1] zurück. Die Antwort ergibt sich sehr leicht aus dem im vorigen Abschnitt gegebenen Schema der Intervallreduktion. Es sei L die Länge des Ausgangsintervalls und L_n die Länge des mit n Funktionswerten erreichten reduzierten Intervalls. Wie früher folgt $L_0 = L_1 = L$, und es gilt offensichtlich

$$L_n = L_{n+1} + L_{n+2}, \quad n \geq 1, \tag{14.3}$$

denn

$$L_n = 2\,c^n + c^{n+1}, \quad L_{n+1} = c^n + c^{n+1}, \quad L_{n+2} = c^{n+1} + c^{n+2} = c^n.$$

Nun soll gelten:

$$\frac{L_{n+1}}{L_n} = \sigma \quad \text{für alle} \quad n \geq 1.$$

Aus (14.3) folgt damit: $L_n = \sigma L_n + \sigma^2 L_n$, d.h. $\sigma = \frac{1}{2}(\sqrt{5} - 1) \doteq 0{,}618$, da die andere Wurzel von $\sigma^2 + \sigma - 1 = 0$ negativ ist. Man beachte, daß $\frac{1}{\sigma} = 1 + \sigma = \frac{1}{2}(1 + \sqrt{5}) = \tau$, dem Goldenen Schnitt, ist (s. Eigenschaft (c) der Fibonacci-Zahlen im vorigen Abschnitt). Die Wahl der Punkte x^n ist somit klar: das n^{te} Intervall hat o. B. d. A. die Form

und die Länge L_n, und

$$c^n = L_n - L_{n+1} = (1 - \sigma)\, L_n \quad \text{und} \quad c^n + c^{n+1} = L_{n+1} = \sigma\, L_n,$$

oder

$$L_n = (1 + \tau)\, c^n = \tau\, (c^n + c^{n+1}).$$

Andererseits läßt sich das Verfahren des Goldenen Schnittes aus dem Fibonacci-Verfahren gewinnen, indem man $N \to \infty$ setzt. Nach der Eigenschaft (c) der Fibonacci-Zahlen im vorigen Abschnitt ist nämlich für beliebiges n

$$\frac{L_{n+1}}{L_n} = \sigma = \frac{1}{\tau} = \lim_{N \to \infty} \frac{F_{N-1}}{F_N}.$$

Vergleicht man die beiden Verfahren, so hat das erstere den Vorteil der optimalen Reduktion des Intervalls bei einer vorgegebenen Anzahl von Funktionswerten, andererseits aber den Nachteil, daß ein festes N angegeben werden muß. Außerdem zeigt die folgende Überlegung, daß das Verfahren des Goldenen Schnittes nur einen weiteren Schritt benötigt, um die Genauigkeit des Fibonacci-Verfahrens zu erreichen.

Es sei $G_0 = \sigma$, $G_1 = 1$, und $G_n = G_{n-1} + G_{n-2}$, $n = 2, 3, \ldots$ Dann folgt leicht mittels Induktion, daß $G_n = \tau^{n-1}$, $n \geqq 0$, und $G_n < F_n < G_{n+1}$, $n > 1$. Hat nun das Ausgangsintervall die Länge F_N, so folgt:

$$L_N = \sigma^{N-1} F_N = \frac{F_N}{G_N} > 1, \quad \text{aber}$$

$$L_{N+1} = \sigma^N F_N = \frac{F_N}{G_{N+1}} < 1.$$

Aus diesen Gründen ist das Verfahren des Goldenen Schnittes dem Fibonacci-Verfahren vorzuziehen.

4. Das Verfahren von Powell

In Kapitel XV, Abschnitt 8, werden wir ein ableitungsfreies Verfahren von Powell für Programme ohne Restriktionen beschreiben. Dieses Verfahren basiert auf der wiederholten Lösung von eindimensionalen Minimierungsproblemen, in der Tat enthält jede Iteration $(n+1)$ solche, wo n die Dimension des Problems ist. Dazu hat Powell [1] das folgende Verfahren vorgeschlagen, welches natürlich auch für beliebige andere eindimensionale Minimierungsprobleme benutzt werden kann.

Es sei $f(x)$ die zu minimierende Funktion einer Variable x. Die Idee des Verfahrens ist: man bestimmt die quadratische Funktion, welche in drei Punkten dieselben Werte wie f annimmt, und bestimmt den Punkt, in dem diese quadratische Funktion minimiert wird. Daraufhin tauscht man einen der drei Punkte gegen diesen aus und wiederholt den gesamten Schritt. Bevor wir den Algorithmus genauer beschreiben, leiten wir die benötigten Formeln ab.

Es seien $a, b, c \in R$ drei paarweise verschiedene Punkte und

$$y = q(x) \equiv q_0 + q_1 x + q_2 x^2$$

die quadratische Funktion mit der Eigenschaft

$$\begin{aligned}
q_0 + q_1 a + q_2 a^2 &= f(a), \\
q_0 + q_1 b + q_2 b^2 &= f(b), \\
q_0 + q_1 c + q_2 c^2 &= f(c),
\end{aligned}$$

$$\text{oder } \mathbf{A} \begin{Vmatrix} q_0 \\ q_1 \\ q_2 \end{Vmatrix} = \begin{Vmatrix} f(a) \\ f(b) \\ f(c) \end{Vmatrix}, \text{ wobei } \mathbf{A} = \begin{Vmatrix} 1 & a & a^2 \\ 1 & b & b^2 \\ 1 & c & c^2 \end{Vmatrix}.$$

Es ist $|\mathbf{A}| = (a-b)(b-c)(c-a) \neq 0$, also existiert $\mathbf{A}^{-1}$ und es folgt

$$\begin{aligned}
q_0 &= -[b c (b-c) f(a) + c a (c-a) f(b) + a b (a-b) f(c)]/|\mathbf{A}|, \\
q_1 &= [(b^2 - c^2) f(a) + (c^2 - a^2) f(b) + (a^2 - b^2) f(c)]/|\mathbf{A}|, \\
q_2 &= -[(b-c) f(a) + (c-a) f(b) + (a-b) f(c)]/|\mathbf{A}|.
\end{aligned}$$

Es hat q ein Minimum genau dann, wenn $q_2 > 0$, und dieses wird im Punkte $\bar{x} = -\dfrac{q_1}{2 q_2}$ angenommen, d. h. es muß gelten

$$\frac{(b-c) f(a) + (c-a) f(b) + (a-b) f(c)}{(a-b)(b-c)(c-a)} < 0, \tag{14.4}$$

und falls (14.4) gilt, ergibt die Formel

$$\bar{x} = \frac{(b^2 - c^2) f(a) + (c^2 - a^2) f(b) + (a^2 - b^2) f(c)}{2[(b-c) f(a) + (c-a) f(b) + (a-b) f(c)]} \tag{14.5}$$

das eindeutig bestimmte Minimum von q. Wir können nun den Algorithmus angeben: es sei ein Ausgangspunkt $\tilde{x}$ gegeben.

1) Man wähle eine Schrittlänge $\lambda \neq 0$, eine obere Schranke $M > \lambda$ für Schrittlängen, und eine Genauigkeitsgrenze $\varepsilon > 0$,

2) man bestimme $f(\tilde{x})$ und $f(\tilde{x} + \lambda)$,

3) man bestimme $f(\tilde{x} - \lambda)$, falls $f(\tilde{x}) < f(\tilde{x} + \lambda)$, sonst $f(\tilde{x} + 2\lambda)$,

4) man bestimme die quadratische Funktion mit denselben Werten wie f in diesen drei Punkten, und bestimme mittels (14.5) den Punkt $\bar{x}$. Dann gehe man zu (5) oder (6) oder (7).

5) Falls (14.4) gilt und der Abstand zwischen $\bar{x}$ und dem zu $\bar{x}$ nahesten dieser drei Punkte, etwa $\tilde{x}$, nicht größer als das vorgegebene $\varepsilon > 0$ ist, so nehme man min $\{f(\bar{x}), f(\tilde{x})\}$ als das gesuchte lokale Minimum von f.

6) Falls (14.4) gilt und der Abstand zwischen $\bar{x}$ und $\tilde{x}$ größer als ε, aber nicht größer als die vorgegebene Schranke $M > 0$ ist, so tausche man grundsätzlich denjenigen der drei Punkte mit dem größten f-Wert gegen $\bar{x}$ aus und bestimme den f-Wert in $\bar{x}$ und gehe zu (4). Kann man jedoch durch Tausch eines bestimmten der drei Punkte gegen $\bar{x}$ erreichen, daß das lokale Minimum von f in dem durch die drei neuen Punkte abgesteckten Intervall liegt, so nehme man diesen Tausch vor. In dem in Fig. 22 angegebenen Beispiel tausche man c gegen $\bar{x}$.

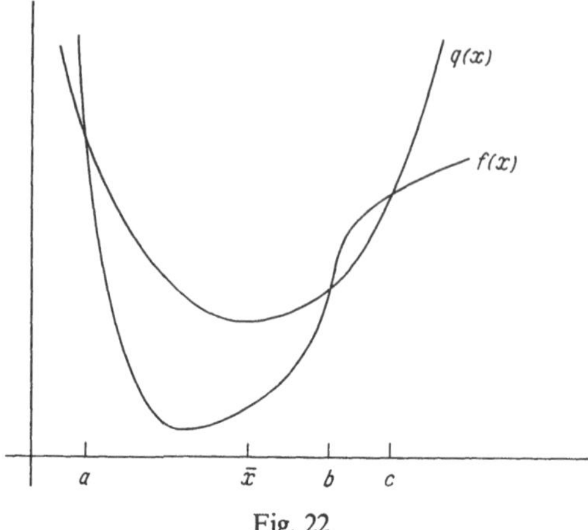

Fig. 22

7) Falls (14.4) gilt und der Abstand zwischen $\bar{x}$ und $\tilde{x}$ größer als M ist, oder falls $q_2 < 0$ (d. h. $\bar{x}$ maximiert q), so bestimme man einen neuen Punkt folgendermaßen: ist $\bar{x}$ das Minimum von q, so nehme man einen Schritt der Länge M von $\bar{x}$ aus, in f-absteigender Richtung. Ist andererseits $\bar{x}$ das Maximum von q, so nehme man einen Schritt der Länge M von demjenigen der drei Punkte aus, der am weitesten von $\bar{x}$ entfernt ist, in f-absteigender Richtung. Man verwerfe denjenigen der drei Punkte, der am weitesten von $\bar{x}$ entfernt ist, man bestimme den f-Wert in dem neuen Punkt, und gehe zu (4).

Bemerkungen: Die vorgegebene Schranke $M > 0$ beschränkt den Extrapolationsschritt, damit die Suche in der Nähe des lokalen Minimums von f bleibt. Die Sonderanweisung in Schritt (6) wird folgendermaßen begründet: soweit wie möglich soll der nächste Punkt $\bar{x}$ mittels Interpolation statt Extrapolation bestimmt werden.

Quadratische Interpolationsmethoden haben sich in der Praxis sehr gut bewährt, und für Funktionen, die sich durch eine quadratische Funktion gut approximieren lassen, konvergiert das Verfahren von Powell viel schneller als das Fibonacci-Verfahren. Ein Nachteil ist jedoch, daß das Verfahren weniger gut läuft, wenn man nicht in der Nähe des lokalen Minimums von f anfängt. Die im nächsten Abschnitt besprochene Variante des Verfahrens von Powell räumt diese Schwierigkeit aus dem Weg.

5. Das Verfahren von Swann

Dieses von Swann [1] (s. a. Box, Davies und Swann [1]) beschriebene Verfahren ist eine Variante des im vorigen Abschnitt besprochenen Verfahrens von Powell. Es sei f die zu minimierende Funktion einer Variablen x, und $\tilde{x}$ ein Ausgangspunkt. Die Schritte des Algorithmus verlaufen folgendermaßen:

1) Man wähle eine Schrittlänge $\lambda \neq 0$. Gilt $f(\tilde{x}) < f(\tilde{x} \pm \lambda)$, so benutze man die drei Punkte $\tilde{x}$, $\tilde{x} \pm \lambda$ für quadratische Interpolation wie im Verfahren von Powell: gehe zu (5). Sonst wähle man das Vorzeichen von λ, so daß $f(\tilde{x}) \geqq f(\tilde{x} + \lambda)$, und gehe zu (2).

2) Man bestimme $f(\tilde{x} + 2^n \lambda)$ für $n = 1, 2, \ldots, m$, wo $m = \min \{n \mid f(\tilde{x} + 2^{n-1} \lambda) < f(\tilde{x} + 2^n \lambda)\}$. Das lokale Minimum von f ist also mit dem letzten Schritt der Länge $2^{m-1} \lambda$ überschritten worden.

3) Man bestimme $f((\tilde{x} + 2^{m-1} \lambda) + 2^{m-2} \lambda) = f(\tilde{x} + 3.2^{m-2} \lambda)$. Damit hat man die vier mit Abstand $2^{m-2} \lambda$ gleichmäßig plazierten Punkte $\tilde{x} + 2^{m-2} \lambda$, $\tilde{x} + 2^{m-1} \lambda$, $\tilde{x} + 3.2^{m-2} \lambda$, $\tilde{x} + 2^m \lambda$.

4) Man verwerfe denjenigen der vier Punkte, der am weitesten von dem mit dem geringsten f-Wert entfernt ist.

5) Man benutze die drei verbleibenden Punkte x^1, x^2, x^3 für quadratische Interpolation wie im Verfahren von Powell. Es sei $x^1 < x^2 < x^3$ und $S = x^2 - x^1 = x^3 - x^2$. Dann folgt nach (14.5), indem wir $x^1 = x^2 - S$ und $x^3 = x^2 + S$ setzen:

$$\bar{x} = x^2 + \frac{S \left(f(x^1) - f(x^3) \right)}{2 \left(f(x^1) - 2f(x^2) + f(x^3) \right)},$$

und die Bedingung (14.4) ist erfüllt, denn $-f(x^1) + 2f(x^2) - f(x^3) < 0$, da nach Konstruktion $f(x^2) \leqq f(x^1)$ und $f(x^2) \leqq f(x^3)$ (der Fall $f(x^1) = f(x^2) = f(x^3)$ ist in der Praxis ohne Bedeutung).

6) Man bestimme $f(\bar{x})$. Ist $|x^2 - \bar{x}| < \varepsilon$ für eine vorgegebene Genauigkeitsgrenze $\varepsilon > 0$, so nehme man $\min \{f(x^2), f(\bar{x})\}$ als das gesuchte lokale Minimum von f. Sonst setze man

$$\tilde{x} = \begin{cases} x^2 & \text{falls } f(x^2) < f(\bar{x}), \\ \bar{x} & \text{sonst,} \end{cases}$$

wähle eine neue kürzere Schrittlänge, und gehe zu (1).

Dieses Verfahren liefert, wie wir bereits in der Einleitung bemerkt haben, einen Algorithmus zur Bestimmung eines das lokale Minimum von f enthaltenden Intervalls, welcher mit jedem beliebigen Verfahren für eindimensionale Minimierungsaufgaben kombiniert werden kann. Dieses Intervall wird durch die drei in Schritt (4) gewonnenen Punkte abgesteckt, wobei der mittlere Punkt das lokale Minimum von f approximiert.

Fünfzehntes Kapitel

Verfahren für Programme ohne Restriktionen

1. Einleitung

In diesem Kapitel behandeln wir eine Reihe von Verfahren zur Lösung von freien Programmen, d. h. Programme ohne Restriktionen. In der allgemeinsten Form lautet so ein Programm:

Man minimiere die Funktion $F(\mathbf{x})$, wobei $\mathbf{x} \in R^n$.

Die Verfahren haben alle im wesentlichen dieselbe Grundstruktur: sie laufen iterativ ab, und auf jeder Stufe bestimmt man erstens eine Abstiegsrichtung vom letzten Punkt aus, und zweitens die Schrittlänge in dieser Richtung, die bestenfalls zum relativen Minimum von F auf dieser Geraden führt.

Die meisten dieser Verfahren benötigen die Berechnung von Gradienten, z. B. die Verfahren des steilsten Abstiegs und der Rang 1 Korrektur, und auch das DFP-Verfahren, das BFGS-Verfahren, und das Verfahren von Fletcher und Reeves. Die letzten drei, wie auch das Verfahren von Powell, welches ohne die Berechnung von Gradienten auskommt, berühren die Theorie der konjugierten Richtungen. Andererseits benötigen die Verfahren von Newton und von Marquardt die Berechnung des Gradienten und der Hesseschen Matrix. Im weiteren beschränken wir uns des öfteren auf den Fall einer quadratischen Zielfunktion, um auf diesem Wege Erkenntnisse über die zu besprechenden Verfahren zu gewinnen.

2. Das Verfahren des steilsten Abstiegs

Dieses Verfahren wurde bereits in Abschnitt 3 (c), Kapitel X, kurz erwähnt. Wir betrachten das Programm:

Man minimiere die stetig differenzierbare Funktion $F(\mathbf{x})$, wobei $\mathbf{x} \in R^n$.

Mit $\nabla F(\mathbf{x})$ bezeichnen wir wie üblich den Gradientenvektor von $F(\mathbf{x})$ in $\mathbf{x}$. Es sei ein Ausgangspunkt $\mathbf{x}^0$ gegeben. Dann wird $\mathbf{x}^{k+1}$ für $k = 0, 1, 2, \ldots$ folgendermaßen definiert:

$$\mathbf{x}^{k+1} = \mathbf{x}^k - \lambda^k \nabla F(\mathbf{x}^k), \tag{15.1}$$

wobei $\lambda^k \in R$ mit $\lambda^k \geqq 0$ so gewählt wird, daß $F(\mathbf{x}^k - \lambda \nabla F(\mathbf{x}^k))$ minimiert wird (s. Bemerkung, Abschnitt 1, Kapitel XIV). Der Vektor $-\nabla F(\mathbf{x}^k)$ ist die Richtung des steilsten Abstiegs der Funktion $F(\mathbf{x})$ im Punkte $\mathbf{x}^k$. Man beachte, daß für jedes k die Abstiegsrichtung $\nabla F(\mathbf{x}^k)$ senkrecht auf der Abstiegsrichtung $\nabla F(\mathbf{x}^{k-1})$ steht. Im zweidimensionalen Fall bedeutet dies, daß alle Abstiegsrichtungen $\nabla F(\mathbf{x}^{2k})$, $k = 0, 1, 2, \ldots$, parallel sind, und ebenso für die Vektoren $\nabla F(\mathbf{x}^{2k+1})$, $k = 0, 1, 2, \ldots$.

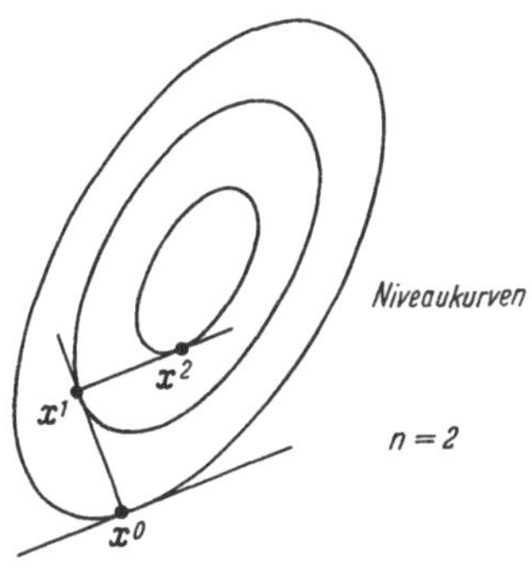

Fig. 23

Geometrisch gesprochen basiert dieses Verfahren auf einer linearen Approximation der Funktion F: die Richtung des steilsten Abstiegs ist zwar die beste Ausgangsrichtung zur Minimierung von F, sie wird aber i. a. zunehmend schlechter, je weiter wir uns vom Ausgangspunkt entfernen, es sei denn, F ist eine affin-lineare Funktion.

Wir betrachten nun den Spezialfall einer quadratischen Zielfunktion, d. h. es sei

$$F(\mathbf{x}) = Q(\mathbf{x}) \equiv \mathbf{p}'\,\mathbf{x} + \mathbf{x}'\,\mathbf{C}\,\mathbf{x},$$

wobei $\mathbf{C}$ eine positiv-definite symmetrische Matrix ist. Wie wir im 1. Abschnitt von Kapitel X sahen, ergibt $\mathring{\mathbf{x}} = -\frac{1}{2}\mathbf{C}^{-1}\mathbf{p}$ das eindeutig bestimmte Minimum von Q, und es ist

$$\nabla Q(\mathbf{x}^k) = \mathbf{g}^k = \mathbf{p} + 2\,\mathbf{C}\,\mathbf{x}^k = 2\,\mathbf{C}\,(\mathbf{x}^k - \mathring{\mathbf{x}}). \tag{15.2}$$

Ferner folgt

$$Q(\mathbf{x}^k - \lambda\,\mathbf{g}^k) = \mathbf{p}'\,(\mathbf{x}^k - \lambda\,\mathbf{g}^k) + (\mathbf{x}^k - \lambda\,\mathbf{g}^k)'\,\mathbf{C}\,(\mathbf{x}^k - \lambda\,\mathbf{g}^k),$$

und Ableitung nach λ ergibt, daß

$$\lambda^k = \frac{\mathbf{g}^{k'}\,\mathbf{g}^k}{2\,\mathbf{g}^{k'}\,\mathbf{C}\,\mathbf{g}^k}. \tag{15.3}$$

Nun sei $E(\mathbf{x}) = (\mathbf{x} - \mathring{\mathbf{x}})'\,\mathbf{C}\,(\mathbf{x} - \mathring{\mathbf{x}})$. Dann folgt $E(\mathbf{x}) = Q(\mathbf{x}) + \mathring{\mathbf{x}}'\,\mathbf{C}\,\mathring{\mathbf{x}}$, da $\mathring{\mathbf{x}} = -\frac{1}{2}\mathbf{C}^{-1}\mathbf{p}$, es ist also $E(\mathbf{x}) - Q(\mathbf{x}) = $ konstant, so daß wir Q durch E ersetzen können. Ferner ist $E(\mathbf{x}) \geqq 0$ für alle $\mathbf{x}$.

Satz 1: Konvergenzsatz für F = Q.

(a) Es gilt für alle k:

$$E(\mathbf{x}^{k+1}) \leqq \left(\frac{r-1}{r+1}\right)^2 E(\mathbf{x}^k),$$

wobei

$$r = \frac{\text{größter Eigenwert von } \mathbf{C}}{\text{kleinster Eigenwert von } \mathbf{C}} .$$

(b) Für beliebigen Anfangspunkt $\mathbf{x}^0$ konvergiert das Verfahren des steilsten Abstiegs gegen $\hat{\mathbf{x}}$.

Lemma: Die Kantorowitsch-Ungleichung.

Es gilt
$$\frac{(\mathbf{x}'\,\mathbf{x})^2}{(\mathbf{x}'\,\mathbf{C}\,\mathbf{x})\,(\mathbf{x}'\,\mathbf{C}^{-1}\,\mathbf{x})} \geqq \frac{4\,r}{(r+1)^2} \quad \text{für alle} \quad \mathbf{x} \in R^n.$$

Beweis: Die Eigenwerte von $\mathbf{C}$ sind alle > 0, sie seien $0 < \lambda_1 \leqq \lambda_2 \leqq \ldots \leqq \lambda_n$. Wir wählen dasjenige Koordinatensystem bez. dem $\mathbf{x}'\,\mathbf{C}\,\mathbf{x} = \sum_{i=1}^{n} \lambda_i x_i^2$. Ist $r = 1$, d. h. sind alle Eigenwerte von $\mathbf{C}$ gleich, so ist die Aussage offensichtlich trivial. Es sei also $r > 1$. Ferner seien $\xi_j = x_j^2 / \sum_{i=1}^{n} x_i^2$, $1 \leqq j \leqq n$, $\lambda = \sum_{i=1}^{n} \xi_i \lambda_i$, und $v = \sum_{i=1}^{n} \xi_i \lambda_i^{-1}$. Es ist $\xi_j \geqq 0$ und $\sum_{i=1}^{n} \xi_i = 1$, deswegen ist erstens $\lambda_1 \leqq \lambda \leqq \lambda_n$, womit der Punkt (λ, λ^{-1}) auf der Kurve zwischen $(\lambda_1, \lambda_1^{-1})$ und $(\lambda_n, \lambda_n^{-1})$ in Fig. 24 ist, und zweitens ist der Punkt $(\lambda, v) = \sum_{i=1}^{n} \xi_i (\lambda_i, \lambda_i^{-1})$ im Bereich des schraffierten Polygons. Ist $\lambda = \alpha \lambda_1 + (1 - \alpha) \lambda_n$, so folgt $\alpha = \dfrac{\lambda_n - \lambda}{\lambda_n - \lambda_1}$, und für μ (s. Fig. 24) folgt $\mu = \alpha \lambda_1^{-1} + (1 - \alpha) \lambda_n^{-1} = \dfrac{\lambda_1 + \lambda_n - \lambda}{\lambda_1 \lambda_n}$. Offensichtlich ergibt die Reihenfolge der Punkte auf der senkrechten Geraden: $\mu \geqq v$. Damit folgt nun:

$$\frac{(\mathbf{x}'\,\mathbf{x})^2}{(\mathbf{x}'\,\mathbf{C}\,\mathbf{x})\,(\mathbf{x}'\,\mathbf{C}^{-1}\,\mathbf{x})} = \frac{(\sum x_i^2)^2}{(\sum \lambda_i x_i^2)\,(\sum \lambda_i^{-1} x_i^2)} = \frac{1}{\lambda\, v} \geqq \frac{1}{\lambda\, \mu} = \frac{\lambda_1 \lambda_n}{\lambda\,(\lambda_1 + \lambda_n - \lambda)} .$$

Ableitung nach λ ergibt, daß das Minimum dieses Ausdrucks bez. λ für $\lambda = \frac{1}{2}(\lambda_1 + \lambda_n)$ angenommen wird. Damit folgt das Lemma.

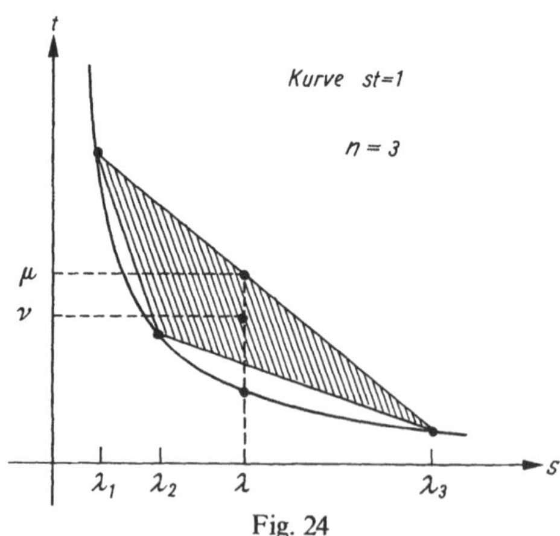

Fig. 24

Beweis des Satzes:

(a) $\quad E(\mathbf{x}^k) - E(\mathbf{x}^{k+1}) = Q(\mathbf{x}^k) - Q(\mathbf{x}^{k+1})$

$\qquad = (\mathbf{p}'\,\mathbf{x}^k + \mathbf{x}^{k'}\,\mathbf{C}\,\mathbf{x}^k) - (\mathbf{p}'\,(\mathbf{x}^k - \lambda^k\,\mathbf{g}^k) + (\mathbf{x}^k - \lambda^k\,\mathbf{g}^k)\,\mathbf{C}\,(\mathbf{x}^k - \lambda^k\,\mathbf{g}^k))$

$\qquad = \lambda^k\,(\mathbf{g}^{k'}\,(\mathbf{p} + 2\,\mathbf{C}\,\mathbf{x}^k) - \lambda^k\,\mathbf{g}^{k'}\,\mathbf{C}\,\mathbf{g}^k)$

$\qquad = \lambda^k\,(\mathbf{g}^{k'}\,\mathbf{g}^k - \lambda^k\,\mathbf{g}^{k'}\,\mathbf{C}\,\mathbf{g}^k)\,.$

Zusammen mit (15.2) und (15.3) folgt nun

$$\frac{E(\mathbf{x}^k) - E(\mathbf{x}^{k+1})}{E(\mathbf{x}^k)} = \frac{\mathbf{g}^{k'}\,\mathbf{g}^k}{2\,\mathbf{g}^{k'}\,\mathbf{C}\,\mathbf{g}^k}\left(\frac{\tfrac{1}{2}\,\mathbf{g}^{k'}\,\mathbf{g}^k}{(\mathbf{x}^k - \mathring{\mathbf{x}})'\,\mathbf{C}\,(\mathbf{x}^k - \mathring{\mathbf{x}})}\right)$$

$$= \frac{(\mathbf{g}^{k'}\,\mathbf{g}^k)^2}{(\mathbf{g}^{k'}\,\mathbf{C}\,\mathbf{g}^k)\,(\mathbf{g}^{k'}\,\mathbf{C}^{-1}\,\mathbf{g}^k)} \geqq \frac{4\,r}{(r+1)^2}$$

nach dem Lemma. Damit folgt das Resultat.

(b) Nach (a) folgt, daß $E(\mathbf{x}^k)$ mit wachsendem k gegen 0 konvergiert. Da $\mathbf{C}$ positiv-definit ist, konvergiert somit die Folge $\{\mathbf{x}^k\}$ gegen $\mathring{\mathbf{x}}$.

Für den allgemeinen Fall (15.1) können wir den folgenden Konvergenzsatz beweisen.

Satz 2: Konvergenzsatz. Konvergiert die Folge $\{\mathbf{x}^k\}$ gegen $\mathbf{x}^*$, so gilt $\nabla F(\mathbf{x}^*) = \mathbf{0}$.

Beweis: Wir nehmen das gegenteilige an, d. h. $|\nabla F(\mathbf{x}^*)| > 0$. Wegen der Stetigkeit von $\nabla F(\mathbf{x})$ gibt es zu gegebenem $\varepsilon > 0$ ein $\delta > 0$, so daß $|\nabla F(\mathbf{x}) - \nabla F(\mathbf{x}^*)| < \varepsilon$ für alle $\mathbf{x} \in R^n$ mit $|\mathbf{x} - \mathbf{x}^*| < \delta$. Mit der Dreiecksungleichung folgt

$$|\nabla F(\mathbf{x})| - |\nabla F(\mathbf{x}^*)| \leqq |\nabla F(\mathbf{x}) - \nabla F(\mathbf{x}^*)| < \varepsilon$$

und

$$|\nabla F(\mathbf{x}^*)| - |\nabla F(\mathbf{x})| \leqq |\nabla F(\mathbf{x}^*) - \nabla F(\mathbf{x})| < \varepsilon\,,$$

d. h.

$$\Big||\nabla F(\mathbf{x}^*)| - |\nabla F(\mathbf{x})|\Big| < \varepsilon \quad \text{für} \quad \mathbf{x} \in R^n \quad \text{mit} \quad |\mathbf{x} - \mathbf{x}^*| < \delta\,.$$

Schreiben wir $\mathbf{z}(\mathbf{x}) = \dfrac{\nabla F(\mathbf{x})}{|\nabla F(\mathbf{x})|}$, so folgt wiederum aus der Dreiecksungleichung:

$$|\mathbf{z}(\mathbf{x}) - \mathbf{z}(\mathbf{x}^*)| \leqq \left|\mathbf{z}(\mathbf{x}) - \frac{\nabla F(\mathbf{x})}{|\nabla F(\mathbf{x}^*)|}\right| + \left|\frac{\nabla F(\mathbf{x})}{|\nabla F(\mathbf{x}^*)|} - \mathbf{z}(\mathbf{x}^*)\right|$$

$$= \frac{1}{|\nabla F(\mathbf{x}^*)|}\,\left(|\nabla F(\mathbf{x}) - \nabla F(\mathbf{x}^*)| + \Big||\nabla F(\mathbf{x}^*)| - |\nabla F(\mathbf{x})|\Big|\right)$$

$$< \frac{2\,\varepsilon}{|\nabla F(\mathbf{x}^*)|} \tag{15.4}$$

für $\mathbf{x} \in R^n$ mit $|\mathbf{x} - \mathbf{x}^*| < \delta$. Da $\mathbf{x}^*$ der Limes der Folge $\{\mathbf{x}^k\}$ ist, gibt es ein n_δ, so daß $|\mathbf{x}^k - \mathbf{x}^*| < \delta$ für alle $k > n_\delta$. Es sei $k > n_\delta$. Dann folgt mit (15.4):

$$|\mathbf{z}(\mathbf{x}^k) - \mathbf{z}(\mathbf{x}^*)| < \frac{2\,\varepsilon}{|\nabla F(\mathbf{x}^*)|}\,. \tag{15.5}$$

Andererseits stehen $\nabla F(\mathbf{x}^k)$ und $\nabla F(\mathbf{x}^{k+1})$ senkrecht aufeinander, woraus sich mit der Dreiecksungleichung und (15.5) der folgende Widerspruch ergibt:

$$\sqrt{2} = |\mathbf{z}(\mathbf{x}^k) - \mathbf{z}(\mathbf{x}^{k+1})| \leqq |\mathbf{z}(\mathbf{x}^k) - \mathbf{z}(\mathbf{x}^*)| + |\mathbf{z}(\mathbf{x}^*) - \mathbf{z}(\mathbf{x}^{k+1})|$$

$$< \frac{4\,\varepsilon}{|\nabla F(\mathbf{x}^*)|}.$$

Man kann das Verfahren des steilsten Abstiegs dahingehend vereinfachen, daß man für λ^k einfach eine gewisse Konstante nimmt, oder auch λ^k proportional zu $|\nabla F(\mathbf{x}^k)|$ setzt. Für diese Variationen gilt der obige Konvergenzsatz auch (s. Walsh [1], Theorem 4.1). Der obige Beweis ist hier nicht gültig, da jetzt $\nabla F(\mathbf{x}^k)$ und $\nabla F(\mathbf{x}^{k+1})$ i. a. nicht mehr senkrecht aufeinander stehen.

Das Verfahren des steilsten Abstiegs ist einerseits besonders einfach, hat aber andererseits den Nachteil, daß es sehr langsam konvergiert. Dies liegt daran, daß nur der Gradient der Funktion F in das Verfahren eingeht und somit die Krümmung von F unberücksichtigt bleibt. Im weiteren Verlauf des Kapitels beschäftigen wir uns mit verschiedenen Ansätzen zur Elimination dieser Schwäche.

3. Das Verfahren von Newton

Während bei dem Verfahren des steilsten Abstiegs die grundliegende Idee die lineare Approximation der Funktion F war, ist sie hier die quadratische Approximation. Wir betrachten das Programm:

Man minimiere die zweimal stetig differenzierbare Funktion $F(\mathbf{x})$, wobei $\mathbf{x} \in R^n$.

Es ist also die Hessesche Matrix $\mathbf{H}(\mathbf{x}) = \left\| \dfrac{\partial^2 F}{\partial x_i \partial x_j} \right\|$ der zweiten partiellen Ableitungen von F stetig. Es sei ein Ausgangspunkt $\mathbf{x}^0$ gegeben. Dann wird $\mathbf{x}^{k+1}$ für $k = 0, 1, 2, \ldots$ folgendermaßen definiert. Es gibt genau eine quadratische Funktion $Q(\mathbf{x})$ mit den Eigenschaften

$$Q(\mathbf{x}^k) = F(\mathbf{x}^k), \quad \nabla Q(\mathbf{x}^k) = \nabla F(\mathbf{x}^k), \quad \text{und} \quad \left\| \frac{\partial^2 Q}{\partial x_i \partial x_j} \right\|_{\mathbf{x}=\mathbf{x}^k} = \mathbf{H}(\mathbf{x}^k),$$

nämlich

$$Q(\mathbf{x}) = \frac{1}{2}(\mathbf{x} - \mathbf{x}^k)' \mathbf{H}(\mathbf{x}^k) \cdot (\mathbf{x} - \mathbf{x}^k) + (\mathbf{x} - \mathbf{x}^k)' \nabla F(\mathbf{x}^k) + F(\mathbf{x}^k).$$

Ist $\mathbf{H}(\mathbf{x}^k)$ positiv-definit, so hat $Q(\mathbf{x})$ ein eindeutig bestimmtes Minimum $\mathbf{x}^{k+1}$, welches wir durch Ableitung bestimmen können:

$$\mathbf{x}^{k+1} = \mathbf{x}^k - \mathbf{H}^{-1}(\mathbf{x}^k) \cdot \nabla F(\mathbf{x}^k).$$

Ein gewichtiger Nachteil des Verfahrens von Newton liegt damit bereits auf der Hand, nämlich die Einschränkung $\mathbf{H}(\mathbf{x}^k)$ positiv-definit. Befinden wir uns jedoch in der Nähe eines lokalen Minimums $\mathbf{x}^*$ von F und ist $\mathbf{H}(\mathbf{x}^*)$ positiv-definit (i. a. ist $\mathbf{H}(\mathbf{x}^*)$ nur positiv-semidefinit, siehe Korollar von Satz 1, Kapitel XIII), so ist $\mathbf{H}(\mathbf{x})$ wegen der Stetigkeit auch in einer Umgebung U von $\mathbf{x}^*$ positiv-definit. Innerhalb von U ist das Verfahren wohldefiniert. Es gilt sogar der folgende Satz:

Satz 3: Es gibt eine Umgebung V von $\mathbf{x}^*$ mit der Eigenschaft: ist $\mathbf{x}^0 \in V$, so konvergiert die Folge $\{\mathbf{x}^k\}$ gegen $\mathbf{x}^*$.

Beweis: Es sei $\mathbf{g} \colon U \to R^n$ die Abbildung $\mathbf{g}(\mathbf{x}) = \mathbf{x} - \mathbf{H}^{-1}(\mathbf{x}) \cdot \nabla F(\mathbf{x})$. Insbesondere ist dann $\mathbf{g}(\mathbf{x}^*) = \mathbf{x}^*$, da $\nabla F(\mathbf{x}^*) = \mathbf{0}$, und es folgt:

$$\mathbf{g}(\mathbf{x}) - \mathbf{g}(\mathbf{x}^*) + (\mathbf{H}^{-1}(\mathbf{x}) - \mathbf{H}^{-1}(\mathbf{x}^*))\, \mathbf{H}(\mathbf{x}^*) \cdot (\mathbf{x} - \mathbf{x}^*)$$
$$= \mathbf{g}(\mathbf{x}) - \mathbf{x} + \mathbf{H}^{-1}(\mathbf{x}) \cdot \mathbf{H}(\mathbf{x}^*) \cdot (\mathbf{x} - \mathbf{x}^*)$$
$$= -\mathbf{H}^{-1}(\mathbf{x}) \cdot (\nabla F(\mathbf{x}) - \nabla F(\mathbf{x}^*) - \mathbf{H}(\mathbf{x}^*) \cdot (\mathbf{x} - \mathbf{x}^*)).$$

Wegen Stetigkeit ist $\quad \lim\limits_{\mathbf{x} \to \mathbf{x}^*} \mathbf{H}^{-1}(\mathbf{x}) = \mathbf{H}^{-1}(\mathbf{x}^*), \quad$ also folgt

$$\lim_{\mathbf{x} \to \mathbf{x}^*} \frac{|\mathbf{g}(\mathbf{x}) - \mathbf{g}(\mathbf{x}^*)|}{|\mathbf{x} - \mathbf{x}^*|} = \lim_{\mathbf{x} \to \mathbf{x}^*} \frac{|\mathbf{g}(\mathbf{x}) - \mathbf{g}(\mathbf{x}^*) + (\mathbf{H}^{-1}(\mathbf{x}) - \mathbf{H}^{-1}(\mathbf{x}^*))\, \mathbf{H}(\mathbf{x}^*) \cdot (\mathbf{x} - \mathbf{x}^*)|}{|\mathbf{x} - \mathbf{x}^*|}$$

$$= \lim_{\mathbf{x} \to \mathbf{x}^*} \frac{|\mathbf{H}^{-1}(\mathbf{x}) \cdot (\nabla F(\mathbf{x}) - \nabla F(\mathbf{x}^*) - \mathbf{H}(\mathbf{x}^*) \cdot (\mathbf{x} - \mathbf{x}^*))|}{|\mathbf{x} - \mathbf{x}^*|} = 0$$

da

$$\lim_{\mathbf{x} \to \mathbf{x}^*} \frac{|\nabla F(\mathbf{x}) - \nabla F(\mathbf{x}^*) - \mathbf{H}(\mathbf{x}^*) \cdot (\mathbf{x} - \mathbf{x}^*)|}{|\mathbf{x} - \mathbf{x}^*|} = 0$$

nach Definition der Hesseschen Matrix. Damit gibt es also ein $\delta < 0$, welches wir so klein wählen, daß alle $\mathbf{x}$ mit $|\mathbf{x} - \mathbf{x}^*| < \delta$ in U liegen, so daß $|\mathbf{g}(\mathbf{x}) - \mathbf{g}(\mathbf{x}^*)| < \frac{1}{2}|\mathbf{x} - \mathbf{x}^*|$ für jedes $\mathbf{x}$ mit $|\mathbf{x} - \mathbf{x}^*| < \delta$. Es sei V die Menge solcher $\mathbf{x} \in U$. Ist nun $\mathbf{x}^0 \in V$, so folgt für $k = 0, 1, 2, \ldots$:

$$|\mathbf{x}^{k+1} - \mathbf{x}^*| = |\mathbf{g}(\mathbf{x}^k) - \mathbf{g}(\mathbf{x}^*)| < \frac{1}{2}|\mathbf{x}^k - \mathbf{x}^*|,$$

d. h.

$$|\mathbf{x}^{k+1} - \mathbf{x}^*| < \frac{1}{2^{k+1}}|\mathbf{x}^0 - \mathbf{x}^*| < \frac{1}{2^{k+1}}\delta < \delta,$$

d. h. $\mathbf{x}^{k+1} \in V$, womit $\mathbf{g}(\mathbf{x}^{k+1})$ definiert ist, und $\lim\limits_{k \to \infty} \mathbf{x}^k = \mathbf{x}^*$.

Satz 3 gilt offensichtlich auch für den Fall, daß $\mathbf{x}^*$ ein stationärer Punkt von F ist, für den $\mathbf{H}(\mathbf{x}^*)$ nichtsingulär ist.

Ist die Zielfunktion F quadratisch, so brauchen wir offensichtlich nur einen Schritt im Verfahren von Newton, um F zu minimieren.

Im Falle einer allgemeinen Zielfunktion F kann es passieren, wenn man sich nicht in der Nähe eines lokalen Minimums von F befindet, daß der Algorithmus gar nicht definiert ist, weil die Hessesche Matrix singulär ist. Unter der Einschränkung, daß die Hessesche Matrix nichtsingulär ist, können wir jedoch den folgenden Konvergenzsatz beweisen.

Satz 4: Konvergenzsatz. Es sei $\mathbf{H}(\mathbf{x})$ nichtsingulär für alle $\mathbf{x} \in R^n$. Ist die Folge $\{\mathbf{x}^k\}$ unendlich und $\hat{\mathbf{x}}$ ein Häufungspunkt von $\{\mathbf{x}^k\}$, so gilt $\nabla F(\hat{\mathbf{x}}) = \mathbf{0}$.

Beweis: O. B. d. A. können wir annehmen, daß $\{\mathbf{x}^k\}$ gegen $\hat{\mathbf{x}}$ konvergiert (da es sonst eine Teilfolge gibt, die gegen $\hat{\mathbf{x}}$ konvergiert). Ferner ist die im Beweis von

Satz 3 definierte Funktion $\mathbf{g}$ nach Voraussetzung stetig. Damit folgt

$$\hat{\mathbf{x}} = \lim_{k \to \infty} \mathbf{x}^{k+1} = \lim_{k \to \infty} \mathbf{g}\,(\mathbf{x}^k) = \mathbf{g}\,(\hat{\mathbf{x}}) = \hat{\mathbf{x}} - \mathbf{H}^{-1}(\hat{\mathbf{x}}) \cdot \nabla F(\hat{\mathbf{x}}),$$

d. h.

$$\nabla F(\hat{\mathbf{x}}) = 0.$$

Ist die Konvergenz des Verfahrens von Newton gegeben, so konvergiert es schneller als das Verfahren des steilsten Abstiegs, da nicht nur der Gradient, sondern auch die Hessesche Matrix von F berücksichtigt wird. Gerade dies ist jedoch sehr aufwendig, da bei jeder Iteration $\mathbf{H}^{-1}(\mathbf{x}^k)$ berechnet werden muß. Ansätze um dies zu vermeiden werden wir noch im einzelnen darlegen.

Ein wichtiger Ansatz ist, daß man $\mathbf{x}^{k+1}$ folgendermaßen definiert:

$$\mathbf{x}^{k+1} = \mathbf{x}^k - \lambda^k \mathbf{M}_k \nabla F(\mathbf{x}^k), \tag{15.6}$$

wobei $\mathbf{M}_k$ eine symmetrische Matrix ist und $\lambda^k \in R$ mit $\lambda^k \geqq 0$, und womöglich noch folgendes gilt:

(a) $\mathbf{M}_k$ ist positiv-definit und approximiert die Matrix $\mathbf{H}^{-1}(\mathbf{x}^k)$,

(b) λ^k hat die Eigenschaft, daß $F(\mathbf{x}^{k+1}) < F(\mathbf{x}^k)$.

Insbesondere haben wir als Spezialfälle das Verfahren des steilsten Abstiegs ($\mathbf{M}_k = \mathbf{I}$ und λ^k minimiert $F(\mathbf{x}^k - \lambda \nabla F(\mathbf{x}^k))$) und das Verfahren von Newton ($\mathbf{M}_k = \mathbf{H}^{-1}(\mathbf{x}^k)$ und $\lambda^k = 1$). Implementiert wird das Verfahren von Newton häufig in der folgenden modifizierten Form: $\mathbf{M}_k = \mathbf{H}^{-1}(\mathbf{x}^k)$ und λ^k minimiert $F(\mathbf{x}^k - \lambda \nabla F(\mathbf{x}^k))$ (modifiziertes Newton-Verfahren). Hiermit verhindert man, daß das Verfahren von Newton $F(\mathbf{x}^{k+1}) > F(\mathbf{x}^k)$ ergibt. In der Nähe eines lokalen Minimums nähert sich λ^k dem Wert 1.

Die obige Bedingung (a) ist hinreichend dafür, daß $F(\mathbf{x}^k - \lambda \mathbf{M}_k \nabla F(\mathbf{x}^k)) < F(\mathbf{x}^k)$ für genügend kleines $\lambda > 0$: wegen der Differenzierbarkeit von F gilt

$$\lim_{\lambda \to 0} \frac{1}{\lambda} \left(F(\mathbf{x}^k - \lambda \mathbf{M}_k \nabla F(\mathbf{x}^k)) - F(\mathbf{x}^k) - (- \lambda \mathbf{M}_k \nabla F(\mathbf{x}^k))' \nabla F(\mathbf{x}^k) \right) = 0$$

oder

$$\lim_{\lambda \to 0} \frac{1}{\lambda} \left(F(\mathbf{x}^k) - F(\mathbf{x}^k - \lambda \mathbf{M}_k \nabla F(\mathbf{x}^k)) \right) = (\nabla F(\mathbf{x}^k))' \mathbf{M}_k \nabla F(\mathbf{x}^k).$$

Damit existiert ein $\lambda_0 > 0$, so daß $F(\mathbf{x}^k - \lambda \mathbf{M}_k \nabla F(\mathbf{x}^k)) < F(\mathbf{x}^k)$ für alle $0 < \lambda < \lambda_0$, genau dann, wenn $(\nabla F(\mathbf{x}^k))' \mathbf{M}_k \nabla F(\mathbf{x}^k) > 0$, und dies wird durch die Bedingung (a) gewährleistet.

Die Bedingung (a) ist weder beim Newton-Verfahren noch beim modifizierten Newton-Verfahren i. a. erfüllt. Dadurch kann ein Newton-Schritt zu einer Erhöhung von $F(\mathbf{x})$ führen bzw. das modifizierte Newton-Verfahren vorzeitig abbrechen. Marquardt [1] hat deshalb vorgeschlagen, $\mathbf{x}^{k+1}$ folgendermaßen zu definieren:

$$\mathbf{x}^{k+1} = \mathbf{x}^k - (\mathbf{H}(\mathbf{x}^k) + \varrho^k \mathbf{I})^{-1} \nabla F(\mathbf{x}^k),$$

wobei $\varrho^k \in R$, $\varrho^k > 0$, so gewählt wird, daß die Bedingungen (a) und (b) beide erfüllt sind. Wählt man ϱ^k größer als den absoluten Betrag des kleinsten negativen Eigenwerts von $\mathbf{H}(\mathbf{x}^k)$, so ist (a) gewährleistet. Ferner sieht man, daß (b) für genügend großes ϱ^k erfüllt ist, denn mit wachsendem ϱ^k nähert sich die Suchrichtung dem negativen Gradienten, d. h. bis auf die Schrittlänge nähert sich der Algorith-

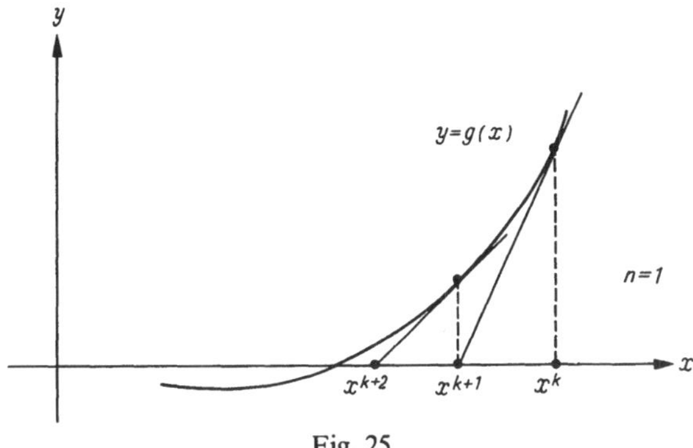

Fig. 25

mus dem Verfahren des steilsten Abstiegs. Andererseits nähert sich der Algorithmus mit $\varrho^k \to 0$ dem Verfahren von Newton. Das Verfahren von Marquardt hat sich vor allem bei Parameter-Schätzproblemen bewährt (s. Marquardt [1] und Bard [1]).

Zum Schluß möchten wir noch auf das klassische Newtonsche Iterationsverfahren zur Lösung einer Gleichung $\mathbf{g}(\mathbf{x}) = \mathbf{0}$, wobei $\mathbf{g}: R^n \to R^n$ differenzierbar ist, hinweisen. Dieses lautet:

$$\text{Anfangspunkt } \mathbf{x}^0,$$
$$\mathbf{x}^{k+1} = \mathbf{x}^k - (\nabla \mathbf{g}(\mathbf{x}^k))'^{-1} \mathbf{g}(\mathbf{x}^k), \quad k \geqq 0,$$

und folgt unmittelbar aus der linearen Approximation von $\mathbf{g}(\mathbf{x})$ in der Nähe von $\mathbf{x}^k$, indem wir $\mathbf{g}(\mathbf{x}^k) + (\nabla \mathbf{g}(\mathbf{x}^k))'(\mathbf{x} - \mathbf{x}^k) = \mathbf{0}$ nach $\mathbf{x}$ lösen (s. Fig. 25).
Setzen wir $\mathbf{g} = \nabla F$, wobei $F: R^n \to R$ zweimal differenzierbar ist, so bekommen wir das oben besprochene Newton-Verfahren. Dies ist klar, denn letzteres dient ja im Grunde zur Bestimmung eines Punktes $\mathbf{x}^*$ für den $\nabla F(\mathbf{x}^*) = \mathbf{0}$.

4. Das Verfahren von Davidon, Fletcher und Powell

Dieses Verfahren, welches auch unter dem Namen „Variable Metric Method" bekannt ist, wurde zuerst von Davidon [1] beschrieben und von Fletcher und Powell [1] weiterentwickelt. Wir werden es kurz als DFP-Verfahren bezeichnen. Die Grundstruktur ist die in (15.6) gegebene:

$$\mathbf{x}^{k+1} = \mathbf{x}^k - \lambda^k \mathbf{M}_k \nabla F(\mathbf{x}^k),$$

wobei die Zielfunktion F differenzierbar ist, $\mathbf{M}_k$ eine noch zu definierende symmetrische positiv-definite Matrix ist, und $\lambda^k \in R$ mit $\lambda^k \geqq 0$ so gewählt wird, daß $F(\mathbf{x}^k - \lambda \mathbf{M}_k \nabla F(\mathbf{x}^k))$ minimiert wird (s. Bemerkung, Abschnitt 1, Kapitel XIV).
Der Grundgedanke ist hier, daß $\mathbf{M}_k$ sich schrittweise der Inversen der Hesseschen Matrix $\mathbf{H}(\mathbf{x}^k) = \left\| \dfrac{\partial^2 F}{\partial x_i \partial x_j} \right\|_{\mathbf{x}=\mathbf{x}^k}$ nähern soll. Dies erreichen wir dadurch, daß wir die Situation im Falle einer quadratischen Zielfunktion als Vorbild nehmen.

Wir setzen $\mathbf{v}^k = \mathbf{x}^{k+1} - \mathbf{x}^k$ und $\mathbf{w}^k = \nabla F(\mathbf{x}^{k+1}) - \nabla F(\mathbf{x}^k)$. Ist nun $F(\mathbf{x}) = Q(\mathbf{x})$ $\equiv \mathbf{p}'\,\mathbf{x} + \mathbf{x}'\,\mathbf{C}\,\mathbf{x}$ mit $\mathbf{C}$ positiv-definit, so folgt offensichtlich $\mathbf{w}^k = \mathbf{g}^{k+1} - \mathbf{g}^k = 2\,\mathbf{C}\,\mathbf{v}^k$, oder, indem wir jetzt ein festes k wählen:

$$(2\,\mathbf{C})^{-1}\,\mathbf{w}^i = \mathbf{v}^i, \qquad 0 \leqq i \leqq k. \tag{15.7}$$

Unser Ziel ist es, $\mathbf{M}_{k+1}$ rekursiv so zu definieren, daß im Falle einer quadratischen Zielfunktion ein Gleichungssystem analog (15.7) gilt, nämlich

$$\mathbf{M}_{k+1}\,\mathbf{w}^i = \mathbf{v}^i, \qquad 0 \leqq i \leqq k. \tag{15.8}$$

Damit erhält das Verfahren die folgende schöne Eigenschaft:

Satz 5: Ist $F = Q$ und ergeben die ersten n Schritte n linear unabhängige Vektoren $\mathbf{v}^0, \mathbf{v}^1, \ldots, \mathbf{v}^{n-1}$, so folgt

$$\mathbf{M}_n = (2\,\mathbf{C})^{-1}$$

falls (15.8) für $k = 0, 1, \ldots, n-1$ gilt.

Beweis: Aus (15.8) folgt $\mathbf{M}_n\,\mathbf{W} = \mathbf{V}$, wobei $\mathbf{V} = (\mathbf{v}^0\,\mathbf{v}^1 \ldots \mathbf{v}^{n-1})$ und $\mathbf{W} = (\mathbf{w}^0\,\mathbf{w}^1 \ldots \mathbf{w}^{n-1})$, also ist $\mathbf{W}$ nichtsingulär (denn $(\det \mathbf{M}_n)(\det \mathbf{W}) = \det \mathbf{V} \neq 0$), und damit folgt aus (15.7) $\mathbf{M}_n = \mathbf{V}\,\mathbf{W}^{-1} = (2\,\mathbf{C})^{-1}$.

Dieser Satz besagt, daß unter den angegebenen Voraussetzungen $\mathbf{M}_k$ nach genau n Schritten gleich der Inversen der Hesseschen Matrix ist. Damit ist der letzte ein modifizierter Newton-Schritt, welcher offensichtlich zum Minimum führt. Da das Minimum auch früher erreicht werden kann, so können wir folgendermaßen zusammenfassen:

Korollar: Ist $F = Q$ und ergibt das Verfahren linear unabhängige Vektoren $\mathbf{v}^0$, $\mathbf{v}^1$, $\mathbf{v}^2$, $\ldots$, so folgt, falls (15.8) für alle k gilt: das Minimum wird in höchstens n Schritten erreicht.

Die Matrix $\mathbf{M}_k$ wird nun folgendermaßen definiert: es sei $\mathbf{M}_0$ eine beliebige positiv-definite symmetrische Anfangsmatrix, z. B. $\mathbf{M}_0 = \mathbf{I}$. Dann ist für $k = 0, 1, 2, \ldots$

$$\mathbf{M}_{k+1} = \mathbf{M}_k + \frac{\mathbf{v}^k\,\mathbf{v}^{k\prime}}{\mathbf{v}^{k\prime}\,\mathbf{w}^k} - \frac{(\mathbf{M}_k\,\mathbf{w}^k)(\mathbf{M}_k\,\mathbf{w}^k)'}{\mathbf{w}^{k\prime}\,\mathbf{M}_k\,\mathbf{w}^k}. \tag{15.9}$$

Jeder der drei Terme der rechten Seite von (15.9) ist offensichtlich eine symmetrische Matrix.

Satz 6:

(a) Die Matrizen $\mathbf{M}_k$ sind alle positiv-definit.

(b) Es gilt für alle k: $\mathbf{M}_{k+1}\,\mathbf{w}^k = \mathbf{v}^k$.

(c) Ist $F = Q$, so gilt für alle k:

$$\mathbf{v}^{i\prime}\,\mathbf{w}^j = 0 \quad \text{für} \quad 0 \leqq i < j \leqq k,$$

und

$$\mathbf{M}_{k+1}\mathbf{w}^i = \mathbf{v}^i \quad \text{für} \quad 0 \leqq i \leqq k, \tag{15.8}$$

oder anders ausgedrückt:

$$\mathbf{v}^{i\prime}\,\mathbf{C}\,\mathbf{v}^j = 0 \quad \text{für} \quad 0 \leqq i < j \leqq k, \tag{15.10}$$

und

$$\mathbf{M}_{k+1}\,\mathbf{C}\,\mathbf{v}^i = \tfrac{1}{2}\mathbf{v}^i \quad \text{für} \quad 0 \leqq i \leqq k. \tag{15.11}$$

Nach (15.10) sind die $\mathbf{v}^0, \mathbf{v}^1, \ldots, \mathbf{v}^k$ paarweise konjugiert, also linear unabhängig, falls sie nicht verschwinden, und ihre Anzahl ist höchstens n. Nach (15.11) sind die Vektoren $\mathbf{v}^0, \mathbf{v}^1, \ldots, \mathbf{v}^k$ Eigenvektoren der Matrix $\mathbf{M}_{k+1}\,\mathbf{C}$ zum Eigenwert $\frac{1}{2}$.

(d) Das DFP-Verfahren ist für den Fall $F = Q$ ein Verfahren der konjugierten Richtungen, und ist insbesondere das Verfahren der konjugierten Gradienten, falls $\mathbf{M}_0 = \mathbf{I}$.

Beweis: (a) Wir führen den Beweis mittels Induktion über k. Es sei also $\mathbf{M}_k$ positiv-definit. Die Zielfunktion $F(\mathbf{x})$ wird, ausgehend vom Punkte $\mathbf{x}^k$ in Richtung $\mathbf{v}^k$, im Punkte $\mathbf{x}^{k+1}$ minimiert, also gilt

$$\mathbf{v}^{k'}\nabla F(\mathbf{x}^{k+1}) = 0. \tag{15.12}$$

Damit folgt

$$\mathbf{v}^{k'}\,\mathbf{w}^k = -(\mathbf{x}^{k+1} - \mathbf{x}^k)'\nabla F(\mathbf{x}^k) = \lambda^k\,(\nabla F(\mathbf{x}^k))'\,\mathbf{M}_k\nabla F(\mathbf{x}^k) > 0 \tag{15.13}$$

nach Induktionsvoraussetzung, weil sonst $\mathbf{x}^{k+1} = \mathbf{x}^k$.

Da $\mathbf{M}_k$ positiv-definit ist, existiert $\sqrt{\mathbf{M}_k}$. Es sei $\mathbf{x} \neq \mathbf{0}$ und $\mathbf{a} = \sqrt{\mathbf{M}_k}\cdot\mathbf{x}$, $\mathbf{b} = \sqrt{\mathbf{M}_k}\cdot\mathbf{w}^k$. Dann haben wir

$$\mathbf{x}'\,\mathbf{M}_{k+1}\,\mathbf{x} = \mathbf{x}'\,\mathbf{M}_k\,\mathbf{x} + \frac{(\mathbf{x}'\,\mathbf{v}^k)^2}{\mathbf{v}^{k'}\,\mathbf{w}^k} - \frac{(\mathbf{x}'\,\mathbf{M}_k\,\mathbf{w}^k)^2}{\mathbf{w}^{k'}\,\mathbf{M}_k\,\mathbf{w}^k}$$

$$= \frac{(\mathbf{a}'\,\mathbf{a})(\mathbf{b}'\,\mathbf{b}) - (\mathbf{a}'\,\mathbf{b})^2}{\mathbf{b}'\,\mathbf{b}} + \frac{(\mathbf{x}'\,\mathbf{v}^k)^2}{\mathbf{v}^{k'}\,\mathbf{w}^k}.$$

Es sind beide Terme der rechten Seite nicht-negativ, der erste nach der Ungleichung von Cauchy-Schwarz und der zweite nach (15.13). Damit bleibt nur noch zu zeigen, daß $\mathbf{x}'\,\mathbf{M}_{k+1}\,\mathbf{x} \neq 0$. Ist $(\mathbf{a}'\,\mathbf{a})(\mathbf{b}'\,\mathbf{b}) = (\mathbf{a}'\,\mathbf{b})^2$, so sind bekanntlich $\mathbf{a}$ und $\mathbf{b}$ und damit auch $\mathbf{x}$ und $\mathbf{w}^k$ linear abhängig, d. h. $\mathbf{x} = \mu\,\mathbf{w}^k$ mit $\mu \neq 0$, da $\mathbf{x} \neq \mathbf{0}$ und $\mathbf{w}^k \neq \mathbf{0}$ nach (15.13). Also folgt $\mathbf{x}'\,\mathbf{v}^k = \mu\,\mathbf{w}^{k'}\,\mathbf{v}^k = \mu\,\mathbf{v}^{k'}\,\mathbf{w}^k \neq 0$ nach (15.13).

(b) Nach Definition von $\mathbf{M}_{k+1}$ folgt

$$\mathbf{M}_{k+1}\,\mathbf{w}^k = \mathbf{M}_k\,\mathbf{w}^k + \mathbf{v}^k - \mathbf{M}_k\,\mathbf{w}^k = \mathbf{v}^k.$$

(c) Mit (b) sind die Aussagen für $k = 0$ bewiesen. Der weitere Beweis erfolgt nun durch Induktion über k. Wir nehmen also an, die Aussagen gelten für $k - 1$. Es ist

$$\mathbf{g}^k = \mathbf{w}^{k-1} + \mathbf{w}^{k-2} + \ldots + \mathbf{w}^{i+1} + \mathbf{g}^{i+1},$$

also folgt für $0 \leq i < k - 1$ nach Induktionsvoraussetzung und (15.12):

$$\mathbf{v}^{i'}\,\mathbf{g}^k = \mathbf{v}^{i'}\,\mathbf{g}^{i+1} = 0.$$

Ferner folgt nach (15.12): $\mathbf{v}^{k-1'}\,\mathbf{g}^k = 0$, also ist

$$\mathbf{v}^{i'}\,\mathbf{g}^k = 0 \quad \text{für} \quad 0 \leq i \leq k - 1. \tag{15.14}$$

Nach Induktionsvoraussetzung ist ferner $\mathbf{v}^i = \mathbf{M}_k\,\mathbf{w}^i$ für $0 \leq i \leq k - 1$, also folgt aus (15.14)

$$0 = \mathbf{w}^{i'}\,\mathbf{M}_k\,\mathbf{g}^k = 2\,\mathbf{v}^{i'}\,\mathbf{C}\,\mathbf{M}_k\,\mathbf{g}^k = -\frac{2}{\lambda^k}\,\mathbf{v}^{i'}\,\mathbf{C}\,\mathbf{v}^k = -\frac{1}{\lambda^k}\,\mathbf{v}^{i'}\,\mathbf{w}^k,$$

d. h.

$$\mathbf{v}^{i\prime}\,\mathbf{w}^k = 0 \quad \text{für} \quad 0 \leqq i \leqq k-1. \tag{15.15}$$

Damit ist die erste Aussage bewiesen.

Für $0 \leqq i \leqq k-1$ gilt erstens

$$\mathbf{w}^{k\prime}\,\mathbf{M}_k\,\mathbf{w}^i = \mathbf{w}^{k\prime}\,\mathbf{v}^i \text{ nach Induktionsvoraussetzung,}$$
$$= 0 \text{ nach (15.15),}$$

und zweitens $\mathbf{v}^{k\prime}\,\mathbf{w}^i = 2\,\mathbf{v}^{k\prime}\,\mathbf{C}\,\mathbf{v}^i = \mathbf{w}^{k\prime}\,\mathbf{v}^i = 0$ nach (15.15), also folgt nach Induktionsvoraussetzung

$$\mathbf{M}_{k+1}\,\mathbf{w}^i = \mathbf{M}_k\,\mathbf{w}^i + \frac{\mathbf{v}^k\,\mathbf{v}^{k\prime}\,\mathbf{w}^i}{\mathbf{v}^{k\prime}\,\mathbf{w}^k} - \frac{(\mathbf{M}_k\,\mathbf{w}^k)\,(\mathbf{w}^{k\prime}\,\mathbf{M}_k\,\mathbf{w}^i)}{\mathbf{w}^{k\prime}\,\mathbf{M}_k\,\mathbf{w}^k} = \mathbf{v}^i.$$

Da wir die Formel $\mathbf{M}_{k+1}\,\mathbf{w}^k = \mathbf{v}^k$ bereits unter (b) bewiesen haben, ist damit (15.8) bewiesen.

(d) Da Q schrittweise in den paarweise konjugierten Richtungen $\mathbf{v}^0$, $\mathbf{v}^1$, $\mathbf{v}^2,\ldots$ minimiert wird, ist das DFP-Verfahren ein Verfahren der konjugierten Richtungen (s. Kapitel X, Abschnitt 2, Satz 2). Um zu zeigen, daß das DFP-Verfahren mit $\mathbf{M}_0 = \mathbf{I}$ das Verfahren der konjugierten Gradienten ergibt, müssen wir zunächst die folgenden weiteren Eigenschaften ableiten.

Lemma: Es gilt $\mathbf{g}^{i\prime}\,\mathbf{g}^j = 0$ und $\mathbf{M}_i\,\mathbf{g}^j = \mathbf{g}^j$ für $0 \leqq i < j$.

Beweis: Nach Satz 2, Kapitel X, Abschnitt 2, steht $\mathbf{g}^j$ senkrecht auf den Richtungen $\mathbf{v}^0$, $\mathbf{v}^1$, $\mathbf{v}^2,\ldots$, $\mathbf{v}^{j-1}$, und es ist $\mathbf{v}^i = -\lambda^i\,\mathbf{M}_i\,\mathbf{g}^i$, also gilt

$$\mathbf{v}^{i\prime}\,\mathbf{g}^j = \mathbf{g}^{i\prime}\,\mathbf{M}_i\,\mathbf{g}^j = 0, \qquad 0 \leqq i < j. \tag{15.16}$$

Ferner ist
$$\mathbf{w}^{i\prime}\,\mathbf{M}_i\,\mathbf{w}^i = (\mathbf{g}^{i+1} - \mathbf{g}^i)'\,\mathbf{M}_i\,(\mathbf{g}^{i+1} - \mathbf{g}^i)$$
$$= \mathbf{g}^{i+1\prime}\,\mathbf{M}_i\,\mathbf{g}^{i+1} + \mathbf{g}^{i\prime}\,\mathbf{M}_i\,\mathbf{g}^i - 2\,\mathbf{g}^{i+1\prime}\,\mathbf{M}_i\,\mathbf{g}^i,$$

und $\mathbf{g}^{i\prime}\,\mathbf{M}_i\,\mathbf{g}^i > 0$, da $\mathbf{M}_i$ positiv-definit und $\mathbf{g}^i \neq \mathbf{0}$, also folgt mit (15.16)

$$\mathbf{w}^{i\prime}\,\mathbf{M}_i\,\mathbf{w}^i > \mathbf{g}^{i+1\prime}\,\mathbf{M}_i\,\mathbf{g}^{i+1}. \tag{15.17}$$

Auch ist

$$\mathbf{w}^{i\prime}\,\mathbf{M}_i\,\mathbf{g}^{i+1} = \mathbf{g}^{i+1\prime}\,\mathbf{M}_i\,\mathbf{g}^{i+1} - \mathbf{g}^{i\prime}\,\mathbf{M}_i\,\mathbf{g}^{i+1} = \mathbf{g}^{i+1\prime}\,\mathbf{M}_i\,\mathbf{g}^{i+1} \tag{15.18}$$

nach (15.16).

Den Beweis des Lemmas führen wir nun mittels Induktion über i. Offensichtlich gilt $\mathbf{M}_0\,\mathbf{g}^j = \mathbf{g}^j$ und $\mathbf{g}^{0\prime}\,\mathbf{g}^j = -\dfrac{1}{\lambda^0}\,\mathbf{v}^{0\prime}\,\mathbf{g}^j = 0$ für $j > 0$. Es gelte nun $\mathbf{g}^{i\prime}\,\mathbf{g}^j = 0$ und $\mathbf{M}_i\,\mathbf{g}^j = \mathbf{g}^j$ für alle j mit $j > i$. Dann folgt für alle k mit $k > i+1$:

(a) $\mathbf{g}^{i+1\prime}\,\mathbf{g}^k = (\mathbf{M}_i\,\mathbf{g}^{i+1})'\,\mathbf{g}^k$ nach Induktionsannahme,

$$= \left(\mathbf{M}_{i+1}\,\mathbf{g}^{i+1} - \frac{\mathbf{v}^{i\prime}\,\mathbf{g}^{i+1}}{\mathbf{v}^{i\prime}\,\mathbf{w}^i}\,\mathbf{v}^i + \frac{\mathbf{w}^{i\prime}\,\mathbf{M}_i\,\mathbf{g}^{i+1}}{\mathbf{w}^{i\prime}\,\mathbf{M}_i\,\mathbf{w}^i}\,\mathbf{M}_i\,\mathbf{w}^i\right)'\,\mathbf{g}^k \text{ nach (15.9),}$$

$$= \left(\mathbf{M}_{i+1}\,\mathbf{g}^{i+1} + \frac{\mathbf{g}^{i+1\prime}\,\mathbf{M}_i\,\mathbf{g}^{i+1}}{\mathbf{w}^{i\prime}\,\mathbf{M}_i\,\mathbf{w}^i}\,\mathbf{M}_i\,(\mathbf{g}^{i+1} - \mathbf{g}^i)\right)'\,\mathbf{g}^k \text{ nach (15.16) und (15.18),}$$

$$= \frac{\mathbf{g}^{i+1\prime}\,\mathbf{M}_i\,\mathbf{g}^{i+1}}{\mathbf{w}^{i\prime}\,\mathbf{M}_i\,\mathbf{w}^i}\,\mathbf{g}^{i+1\prime}\,\mathbf{g}^k \text{ nach (15.16) und Induktionsannahme. Dies er-}$$

gibt mit (15.17): $\mathbf{g}^{i+1\prime}\,\mathbf{g}^k = 0.$ \hfill (15.19)

(b) $\mathbf{M}_{i+1}\,\mathbf{g}^k = \mathbf{M}_i\,\mathbf{g}^k + \dfrac{\mathbf{v}^{i'}\,\mathbf{g}^k}{\mathbf{v}^{i'}\,\mathbf{w}^i}\,\mathbf{v}^i - \dfrac{\mathbf{w}^{i'}\,\mathbf{M}_i\,\mathbf{g}^k}{\mathbf{w}^{i'}\,\mathbf{M}_i\,\mathbf{w}^i}\,\mathbf{M}_i\,\mathbf{w}^i$ nach (15.9),

$$= \mathbf{g}^k - \dfrac{(\mathbf{g}^{i+1} - \mathbf{g}^i)'\,\mathbf{g}^k}{\mathbf{w}^{i'}\,\mathbf{M}_i\,\mathbf{w}^i}\,\mathbf{M}_i\,\mathbf{w}^i \text{ nach (15.16) und Induktionsannahme,}$$

$$= \mathbf{g}^k \text{ nach (15.19) und Induktionsannahme.}$$

Mit dem Lemma folgt nun leicht, daß $\mathbf{M}_i\,\mathbf{g}^i$ für alle $i \geq 0$ eine Linearkombination von $\mathbf{g}^i$ und $\mathbf{v}^{i-1}$ ist:

$$\mathbf{M}_{k+1}\,\mathbf{g}^{k+1} = \mathbf{M}_{k+1}\,(\mathbf{w}^k + \mathbf{g}^k) = \mathbf{v}^k + \mathbf{M}_{k+1}\,\mathbf{g}^k \text{ nach (15.8),}$$

$$= \mathbf{v}^k + \mathbf{M}_k\,\mathbf{g}^k + \dfrac{\mathbf{v}^{k'}\,\mathbf{g}^k}{\mathbf{v}^{k'}\,\mathbf{w}^k}\,\mathbf{v}^k - \dfrac{\mathbf{w}^{k'}\,\mathbf{M}_k\,\mathbf{g}^k}{\mathbf{w}^{k'}\,\mathbf{M}_k\,\mathbf{w}^k}\,\mathbf{M}_k\,(\mathbf{g}^{k+1} - \mathbf{g}^k) \text{ nach (15.9),}$$

$$= \left(1 - \dfrac{1}{\lambda^k} + \dfrac{\mathbf{v}^{k'}\,\mathbf{g}^k}{\mathbf{v}^{k'}\,\mathbf{w}^k} - \dfrac{\mathbf{w}^{k'}\,\mathbf{M}_k\,\mathbf{g}^k}{\lambda^k\,\mathbf{w}^{k'}\,\mathbf{M}_k\,\mathbf{w}^k}\right)\mathbf{v}^k + \dfrac{\mathbf{g}^{k'}\,\mathbf{M}_k\,\mathbf{g}^k}{\mathbf{w}^{k'}\,\mathbf{M}_k\,\mathbf{w}^k}\,\mathbf{g}^{k+1}$$

nach (15.16) und dem Lemma. Es folgt sogar, da $\mathbf{M}_{i-1}$ positiv-definit ist, daß die im i^{ten} Schritt gewählte Richtung $\mathbf{v}^i = -\lambda^i\,\mathbf{M}_i\,\mathbf{g}^i = \alpha\,\mathbf{g}^i + \beta\,\mathbf{v}^{i-1}$ mit $\alpha < 0$ ist. Da es, wie wir bei der Betrachtung des Verfahrens der konjugierten Gradienten sahen, in der von $\mathbf{g}^i$ und $\mathbf{v}^{i-1}$ aufgespannten Ebene genau eine zu $\mathbf{v}^{i-1}$ konjugierte Richtung mit negativer $\mathbf{g}^i$-Komponente gibt, folgt nach (15.10) sofort, daß die Richtung $\mathbf{v}^i$ mit der Richtung $\mathbf{d}^i$ des Verfahrens der konjugierten Gradienten für jedes i übereinstimmt. Damit ist der Beweis von (c) abgeschlossen.

Das DFP-Verfahren hat, wie wir gesehen haben, die beiden nach (15.6) angegebenen Eigenschaften (a) und (b). Diese Eigenschaften, zusammen mit der in Satz 5 angegebenen Eigenschaft und der Tatsache, daß die Abstiegsrichtungen paarweise konjugiert sind, verleihen dem Verfahren die durch die Praxis bestätigte gute Konvergenzrate im Falle der Konvergenz der Folge $\{\mathbf{x}^k\}$. Bisher ist es jedoch nur gelungen, Konvergenzsätze für Zielfunktionen mit besonderen Eigenschaften zu beweisen (s. Blum und Oettli [1]). Trotzdem ist dieses Verfahren eines der am meisten gebrauchten unter den Verfahren für Programme ohne Restriktionen.

5. Das Verfahren der Rang-1-Korrektur

Dieses Verfahren wurde zuerst von Broyden [1] unter dem Namen Algorithm 1 beschrieben und von Davidon [2] weiter untersucht. Die Grundstruktur ist wieder die in (15.6) gegebene:

$$\mathbf{x}^{k+1} = \mathbf{x}^k - \lambda^k\,\mathbf{M}_k\,\nabla F(\mathbf{x}^k),$$

wobei die Zielfunktion F differenzierbar ist, $\mathbf{M}_k$ eine noch zu definierende symmetrische, jedoch i. a. nicht positiv-definite, Matrix ist, und $\lambda^k \in R$ mit $\lambda^k \geq 0$ so gewählt wird, daß $F(\mathbf{x}^k - \lambda\,\mathbf{M}_k\,\nabla F(\mathbf{x}^k))$ minimiert wird (s. Bemerkung, Abschnitt 1, Kapitel XIV). Wie bei dem DFP-Verfahren ist der Grundgedanke hier auch, daß $\mathbf{M}_k$ sich schrittweise der Inversen der Hesseschen Matrix $\mathbf{H}(\mathbf{x}^k)$ von F nähern soll, und dies erreichen wir hier wie dort dadurch, daß die Gleichungen (15.8) gelten sollen. Die Matrix $\mathbf{M}_k$ wird folgendermaßen definiert: es sei $\mathbf{M}_0$ eine beliebige symmetrische Anfangsmatrix. Dann ist für $k = 0, 1, 2, \ldots$

$$\mathbf{M}_{k+1} = \mathbf{M}_k + \frac{(\mathbf{v}^k - \mathbf{M}_k \mathbf{w}^k)(\mathbf{v}^k - \mathbf{M}_k \mathbf{w}^k)'}{\mathbf{w}^{k'}(\mathbf{v}^k - \mathbf{M}_k \mathbf{w}^k)}, \qquad (15.20)$$

wobei $\mathbf{v}^k = \mathbf{x}^{k+1} - \mathbf{x}^k$ und $\mathbf{w}^k = \nabla F(\mathbf{x}^{k+1}) - \nabla F(\mathbf{x}^k)$ wie früher. Beide Terme der rechten Seite von (15.20) sind offensichtlich symmetrische Matrizen, und ferner hat die Korrektur-Matrix offensichtlich Rang 1, woraus sich der Namen des Verfahrens ergibt.

Satz 7:

(a) Es gilt für alle k: $\mathbf{M}_{k+1} \mathbf{w}^k = \mathbf{v}^k$.

(b) Es sei $F(\mathbf{x}) = Q(\mathbf{x}) \equiv \mathbf{p}'\mathbf{x} + \mathbf{x}'\mathbf{C}\mathbf{x}$ mit $\mathbf{C}$ positiv-definit und $k \geqq 0$. Ist $\mathbf{w}^{i'}(\mathbf{v}^i - \mathbf{M}_i \mathbf{w}^i) \neq 0$ für $0 \leqq i \leqq k$ (d. h. die ersten k Schritte des Verfahrens sind ausführbar, s. (15.20)), so gilt:

(i) $\mathbf{M}_{k+1} \mathbf{w}^i = \mathbf{v}^i$ für $0 \leqq i \leqq k$,

(ii) die Richtungsvektoren $\mathbf{v}^0, \mathbf{v}^1, \mathbf{v}^2, \ldots, \mathbf{v}^k$ sind linear unabhängig.

Beweis: (a) $\mathbf{M}_{k+1} \mathbf{w}^k = \mathbf{M}_k \mathbf{w}^k + (\mathbf{v}^k - \mathbf{M}_k \mathbf{w}^k) = \mathbf{v}^k$ nach (15.20).

(b) (i) Nach (a) gilt $\mathbf{M}_1 \mathbf{w}^0 = \mathbf{v}^0$. Nun erfolgt der Beweis mittels Induktion über k. Es gelte also $\mathbf{M}_k \mathbf{w}^i = \mathbf{v}^i$ für alle i mit $0 \leqq i < k$. Schreiben wir $\mathbf{u}^k = (\mathbf{w}^{k'}(\mathbf{v}^k - \mathbf{M}_k \mathbf{w}^k))^{-1}(\mathbf{v}^k - \mathbf{M}_k \mathbf{w}^k)$, so folgt für $0 \leqq i < k$:

$$\begin{aligned}
\mathbf{M}_{k+1} \mathbf{w}^i &= (\mathbf{M}_k + \mathbf{u}^k (\mathbf{v}^k - \mathbf{M}_k \mathbf{w}^k)') \mathbf{w}^i \\
&= \mathbf{v}^i + \mathbf{u}^k (\mathbf{v}^{k'} \mathbf{w}^i - \mathbf{w}^{k'} \mathbf{v}^i) \text{ nach Induktionsannahme,} \\
&= \mathbf{v}^i, \quad \text{da} \quad \mathbf{v}^{k'} \mathbf{w}^i = 2 \mathbf{v}^{k'} \mathbf{C} \mathbf{v}^i = \mathbf{w}^{k'} \mathbf{v}^i.
\end{aligned}$$

(ii) Nach (15.7) brauchen wir nur zu zeigen, daß die Vektoren $\mathbf{w}^0, \mathbf{w}^1, \mathbf{w}^2, \ldots,$ $\mathbf{w}^k$ linear unabhängig sind. Aus der Definition von $\mathbf{u}^i$ folgt sofort, daß $\mathbf{u}^{i'} \mathbf{w}^i = 1$, $0 \leqq i \leqq k$. Ferner folgt für $0 \leqq j < i \leqq k$,

$$\begin{aligned}
(\mathbf{v}^i - \mathbf{M}_i \mathbf{w}^i)' \mathbf{w}^j &= \mathbf{v}^{i'} \mathbf{w}^j - \mathbf{w}^{i'} \mathbf{v}^j \text{ nach (i),} \\
&= 0 \text{ wie im Beweis von (i),}
\end{aligned}$$

d. h. $\quad \mathbf{u}^{i'} \mathbf{w}^j = 0 \quad$ für $\quad 0 \leqq j < i \leqq k$.

Ist nun $\displaystyle\sum_{j=0}^{k} \alpha^j \mathbf{w}^j = \mathbf{0}$, so folgt $0 = \mathbf{u}^{k'} (\displaystyle\sum_{j=0}^{k} \alpha^j \mathbf{w}^j) = \alpha^k$,

$$0 = \mathbf{u}^{k-1'} (\sum_{j=0}^{k} \alpha^j \mathbf{w}^j) = \alpha^{k-1}, \text{ usw.}$$

Korollar: Ist $\mathbf{w}^{i'}(\mathbf{v}^i - \mathbf{M}_i \mathbf{w}^i) \neq 0$ für $0 \leqq i \leqq n$, so sind die Voraussetzungen von Satz 5 erfüllt und es gilt $\mathbf{M}_n = (2\mathbf{C})^{-1}$.

Ein Nachteil des Verfahrens der Rang-1-Korrektur ist bereits aufgefallen: dadurch daß $\mathbf{M}_k$ i. a. nicht positiv-definit ist, ist der monotone Abstieg nicht gewährleistet. Andererseits hat dieses Verfahren einen praktisch sehr nützlichen Vorteil: Der Beweis von Satz 7 (a) hängt hier nicht von der eindimensionalen Minimierung von $F(\mathbf{x}^k - \lambda \mathbf{M}_k \nabla F(\mathbf{x}^k))$ in λ^k ab, wie das bei dem DFP-Verfahren der Fall war. Dies erspart erstens viel Arbeit, und zweitens kann λ immer positiv gewählt werden, so daß der Algorithmus auch im oben erwähnten Fall einer Nicht-Abstiegsrichtung weiterläuft und nicht steckenbleibt. Außerdem hat dieses Verfahren die in Satz 5 angegebene Eigenschaft des DFP-Verfahrens. Wiederum nachteilig wirkt sich der Nenner in (15.20) aus, da dieser immer kleiner werden kann. Trotzdem steht dieser Algorithmus im Vergleich, insbesondere bei Parameter-Schätzproblemen, dem DFP-Verfahren nicht nach (s. Reklaitis und Phillips [1]).

Das DFP-Verfahren und das Verfahren der Rang-1-Korrektur sind nur zwei Mitglieder mehrerer Familien unendlich vieler Verfahren mit der Grundstruktur (15.6), wobei $\mathbf{M}_{k+1} = \mathbf{M}_k + \mathbf{D}_k$ und die Korrektur-Matrix $\mathbf{D}_k$ nur von $\mathbf{M}_k$, $\mathbf{v}^k$ und $\mathbf{w}^k$ abhängt, und die ferner gewisse Eigenschaften wie die in (15.8) und Satz 5 angegebenen besitzen, s. Avriel [1], Broyden [1], Fletcher [1], Goldfarb [1], Huang [1] und Shanno [1]. Diese Verfahren werden auch Quasi-Newton-Verfahren genannt, da $\mathbf{M}_k$ schrittweise die Inverse der Hesseschen Matrix approximiert. Sie haben schöne Eigenschaften, die in einer Reihe von Arbeiten untersucht worden sind, s. Dixon [1], [2], [3], Greenstadt [1] und Myers [1]. Ferner hat Davidon [3] eine neue Familie von Quasi-Newton-Verfahren beschrieben, die keine eindimensionalen Optimierungen benutzen. Zur Zeit liegen jedoch noch keine numerischen Ergebnisse vor.

6. Das Verfahren von Broyden, Fletcher, Goldfarb und Shanno

In letzter Zeit hat sich ein weiteres, mit den letzten zwei besprochenen eng verwandtes Verfahren gut bewährt und sogar als das beste der drei Verfahren herausgestellt. Dieses Verfahren wurde von Broyden [2], Fletcher [1], Goldfarb [1] und Shanno [1] untersucht und trägt deshalb den Namen BFGS-Verfahren. Die Grundstruktur ist wieder die in (15.6) gegebene:

$$\mathbf{x}^{k+1} = \mathbf{x}^k - \lambda^k \mathbf{M}_k \nabla F(\mathbf{x}^k),$$

wobei die Zielfunktion F differenzierbar ist, $\mathbf{M}_k$ eine noch zu definierende positiv-definite symmetrische Matrix ist, und $\lambda^k \in R$ mit $\lambda^k \geqq 0$ so gewählt wird, daß $F(\mathbf{x}^k - \lambda \mathbf{M}_k \nabla F(\mathbf{x}^k))$ minimiert wird (s. Bemerkung, Abschnitt 1, Kapitel XIV).

Dieses Verfahren ist in der Tat dem DFP-Verfahren so verwandt − beide sind Spezialfälle von Einparameterfamilien, s. Goldfarb [1] und Avriel [1] −, daß Satz 6 wortwörtlich gilt, es kann sogar fast der ganze Beweis von Satz 6 in seinen Grundzügen übernommen werden.

Wie früher ist hier der Grundgedanke, daß $\mathbf{M}_k$ sich schrittweise der Inversen der Hesseschen Matrix $\mathbf{H}(\mathbf{x}^k)$ von F nähern soll, und dies erreichen wir wieder dadurch, daß die Gleichungen (15.8) gelten sollen. Die Matrix $\mathbf{M}_k$ wird folgendermaßen definiert: es sei $\mathbf{M}_0$ eine beliebige positiv-definite symmetrische Anfangsmatrix, z. B. $\mathbf{M}_0 = \mathbf{I}$. Dann ist für $k = 0, 1, 2, \ldots$

$$\mathbf{M}_{k+1} = \mathbf{M}_k + \frac{1}{\mathbf{v}^{k\prime}\,\mathbf{w}^k}\left[\left(1 + \frac{\mathbf{w}^{k\prime}\,\mathbf{M}_k\,\mathbf{w}^k}{\mathbf{v}^{k\prime}\,\mathbf{w}^k}\right)\mathbf{v}^k\,\mathbf{v}^{k\prime} - (\mathbf{M}_k\,\mathbf{w}^k\,\mathbf{v}^{k\prime} + \mathbf{v}^k\,\mathbf{w}^{k\prime}\,\mathbf{M}_k)\right]$$

$$= \mathbf{M}_k + \frac{1}{\mathbf{v}^{k\prime}\,\mathbf{w}^k}\left[(\mathbf{v}^k - \mathbf{M}_k\,\mathbf{w}^k)\,\mathbf{v}^{k\prime} + \mathbf{v}^k\,(\mathbf{v}^k - \mathbf{M}_k\,\mathbf{w}^k)' - \frac{\mathbf{w}^{k\prime}\,(\mathbf{v}^k - \mathbf{M}_k\,\mathbf{w}^k)}{\mathbf{v}^{k\prime}\,\mathbf{w}^k}\,\mathbf{v}^k\,\mathbf{v}^{k\prime}\right],$$

$$(15.21)$$

wobei $\mathbf{v}^k = \mathbf{x}^{k+1} - \mathbf{x}^k$ und $\mathbf{w}^k = \nabla F(\mathbf{x}^{k+1}) - \nabla F(\mathbf{x}^k)$ wie früher. Offensichtlich ist $\mathbf{M}_k$ für alle k eine symmetrische Matrix. Wie wir oben erwähnten, gilt entsprechend Satz 6:

Satz 8:

(a) Die Matrizen $\mathbf{M}_k$ sind alle positiv-definit.

(b) Es gilt für alle k: $\mathbf{M}_{k+1}\,\mathbf{w}^k = \mathbf{v}^k$.

(c) Ist $F = Q$, so gilt für alle k:

$$\mathbf{v}^{i'}\,\mathbf{w}^j = 0 \qquad \text{für}\quad 0 \leqq i < j \leqq k,$$

und

$$\mathbf{M}_{k+1}\,\mathbf{w}^i = \mathbf{v}^i \qquad \text{für}\quad 0 \leqq i \leqq k, \tag{15.22}$$

oder anders ausgedrückt:

$$\mathbf{v}^{i'}\,\mathbf{C}\,\mathbf{v}^j = 0 \qquad \text{für}\quad 0 \leqq i < j \leqq k, \tag{15.23}$$

$$\mathbf{M}_{k+1}\,\mathbf{C}\,\mathbf{v}^i = \tfrac{1}{2}\,\mathbf{v}^i \qquad \text{für}\quad 0 \leqq i \leqq k. \tag{15.24}$$

Nach (15.23) sind die $\mathbf{v}^0, \mathbf{v}^1, \ldots, \mathbf{v}^k$ paarweise konjugiert, also linear unabhängig, falls sie nicht verschwinden, und ihre Anzahl ist höchstens n. Nach (15.24) sind die Vektoren $\mathbf{v}^0, \mathbf{v}^1, \ldots, \mathbf{v}^k$ Eigenvektoren der Matrix $\mathbf{M}_{k+1}\,\mathbf{C}$ zum Eigenwert $\tfrac{1}{2}$.

(d) Das BFGS-Verfahren ist für den Fall $F = Q$ ein Verfahren der konjugierten Richtungen und ist insbesondere das Verfahren der konjugierten Gradienten, falls $\mathbf{M}_0 = \mathbf{I}$.

Beweis: (a) Wir führen den Beweis mittels Induktion über k. Es sei also $\mathbf{M}_k$ positiv-definit. Ferner sei

$$\tilde{\mathbf{M}}_{k+1} = \mathbf{M}_k + \frac{\mathbf{v}^k\,\mathbf{v}^{k'}}{\mathbf{v}^{k'}\,\mathbf{w}^k} - \frac{(\mathbf{M}_k\,\mathbf{w}^k)\,(\mathbf{M}_k\,\mathbf{w}^k)'}{\mathbf{w}^{k'}\,\mathbf{M}_k\,\mathbf{w}^k},$$

d. h. $\tilde{\mathbf{M}}_{k+1}$ entsteht aus $\mathbf{M}_k$ mittels der DFP-Formel (15.9). Nach dem Beweis von Satz 6 (a) ist somit $\tilde{\mathbf{M}}_{k+1}$ positiv-definit.
Ferner haben wir

$$\mathbf{x}'\,(\mathbf{M}_{k+1} - \tilde{\mathbf{M}}_{k+1})\,\mathbf{x} = \frac{1}{(\mathbf{v}^{k'}\,\mathbf{w}^k)^2\,(\mathbf{w}^{k'}\,\mathbf{M}_k\,\mathbf{w}^k)}\,\mathbf{x}'\,[(\mathbf{w}^{k'}\,\mathbf{M}_k\,\mathbf{w}^k)^2\,\mathbf{v}^k\,\mathbf{v}^{k'}$$

$$- (\mathbf{v}^{k'}\,\mathbf{w}^k)\,(\mathbf{w}^{k'}\,\mathbf{M}_k\,\mathbf{w}^k)\,(\mathbf{M}_k\,\mathbf{w}^k\,\mathbf{v}^{k'} + \mathbf{v}^k\,\mathbf{w}^{k'}\,\mathbf{M}_k)$$

$$+ (\mathbf{v}^{k'}\,\mathbf{w}^k)^2\,(\mathbf{M}_k\,\mathbf{w}^k)\,(\mathbf{M}_k\,\mathbf{w}^k)']\,\mathbf{x}$$

$$= \frac{[(\mathbf{w}^{k'}\,\mathbf{M}_k\,\mathbf{w}^k)\,(\mathbf{x}'\,\mathbf{v}^k) - (\mathbf{v}^{k'}\,\mathbf{w}^k)\,(\mathbf{x}'\,\mathbf{M}_k\,\mathbf{w}^k)]^2}{(\mathbf{v}^{k'}\,\mathbf{w}^k)^2\,(\mathbf{w}^{k'}\,\mathbf{M}_k\,\mathbf{w}^k)} \geqq 0,$$

d. h. $\mathbf{x}'\,\mathbf{M}_{k+1}\,\mathbf{x} \geqq \mathbf{x}'\,\tilde{\mathbf{M}}_{k+1}\,\mathbf{x}$, woraus folgt, daß $\mathbf{M}_{k+1}$ positiv-definit ist.

(b) Nach Definition von $\mathbf{M}_{k+1}$ folgt

$$\mathbf{M}_{k+1}\,\mathbf{w}^k = \mathbf{M}_k\,\mathbf{w}^k + \frac{1}{\mathbf{v}^{k'}\,\mathbf{w}^k}\,[(\mathbf{v}^{k'}\,\mathbf{w}^k)\,\mathbf{v}^k - (\mathbf{v}^{k'}\,\mathbf{w}^k)\,\mathbf{M}_k\,\mathbf{w}^k] = \mathbf{v}^k.$$

(c) Mit (b) sind die Aussagen für $k = 0$ bewiesen. Der weitere Beweis erfolgt nun durch Induktion über k. Wir nehmen also an, die Aussagen gelten für $k - 1$.

Wie im Beweis von Satz 6 (c) folgt nun

$$\mathbf{v}^{i\prime}\,\mathbf{w}^k = 0 \quad \text{für} \quad 0 \leqq i \leqq k-1. \tag{15.15}$$

Damit ist die erste Aussage bewiesen.
Ferner folgt wie im Beweis von Satz 6 (c)

$$\mathbf{w}^{k\prime}\,\mathbf{M}_k\,\mathbf{w}^i = \mathbf{v}^{k\prime}\,\mathbf{w}^i = 0,$$

womit folgt:

$$\mathbf{M}_{k+1}\,\mathbf{w}^i = \mathbf{M}_k\,\mathbf{w}^i + \frac{1}{\mathbf{v}^{k\prime}\,\mathbf{w}^k}\left[(\mathbf{v}^{k\prime}\,\mathbf{w}^i)\left\{\left(1 + \frac{\mathbf{w}^{k\prime}\,\mathbf{M}_k\,\mathbf{w}^k}{\mathbf{v}^{k\prime}\,\mathbf{w}^k}\right)\mathbf{v}^k - \mathbf{M}_k\,\mathbf{w}^k\right\} - (\mathbf{w}^{k\prime}\,\mathbf{M}_k\,\mathbf{w}^i)\,\mathbf{v}^k\right]$$

$$= \mathbf{v}^i \text{ nach Induktionsvoraussetzung.}$$

Mit (b) ist somit (15.22) bewiesen.

(d) Der Beweis erfolgt genau wie früher, es gilt lediglich das Lemma neu zu beweisen und daraus abzuleiten, daß $\mathbf{M}_i\,\mathbf{g}^i$ für alle $i \geqq 0$ eine Linearkombination von $\mathbf{g}^i$ und $\mathbf{v}^{i-1}$ ist.

Lemma: Es gilt $\mathbf{g}^{i\prime}\,\mathbf{g}^j = 0$ und $\mathbf{M}_i\,\mathbf{g}^j = \mathbf{g}^j$ für $0 \leqq i < j$.

Beweis: Es folgt wie früher:

$$\mathbf{v}^{i\prime}\,\mathbf{g}^j = \mathbf{g}^{i\prime}\,\mathbf{M}_i\,\mathbf{g}^j = 0, \quad 0 \leqq i < j. \tag{15.16}$$

Den Beweis des Lemmas führen wir nun mittels Induktion über i. Offensichtlich gilt

$$\mathbf{M}_0\,\mathbf{g}^j = \mathbf{g}^j \quad \text{und} \quad \mathbf{g}^{0\prime}\,\mathbf{g}^j = -\frac{1}{\lambda^0}\,\mathbf{v}^{0\prime}\,\mathbf{g}^j = 0 \quad \text{für} \quad j > 0.$$

Es gelte nun $\mathbf{g}^{i\prime}\,\mathbf{g}^j = 0$ und $\mathbf{M}_i\,\mathbf{g}^j = \mathbf{g}^j$ für alle j mit $j > i$. Dann folgt für alle k mit $k > i+1$:

(a) $\mathbf{g}^{i+1\prime}\,\mathbf{g}^k = (\mathbf{M}_i\,\mathbf{g}^{i+1})^{\prime}\,\mathbf{g}^k$ nach Induktionsannahme,

$$= \left(\mathbf{M}_{i+1}\,\mathbf{g}^{i+1} - \frac{1}{\mathbf{v}^{i\prime}\,\mathbf{w}^i}\left[(\mathbf{v}^{i\prime}\,\mathbf{g}^{i+1})\left\{\left(1 + \frac{\mathbf{w}^{i\prime}\,\mathbf{M}_i\,\mathbf{w}^i}{\mathbf{v}^{i\prime}\,\mathbf{w}^i}\right)\mathbf{v}^i - \mathbf{M}_i\,\mathbf{w}^i\right\}\right.\right.$$
$$\left.\left. - (\mathbf{w}^{i\prime}\,\mathbf{M}_i\,\mathbf{g}^{i+1})\,\mathbf{v}^i\right]\right)^{\prime}\mathbf{g}^k \text{ nach (15.21),}$$

$$= \mathbf{g}^{i+1\prime}\,\mathbf{M}_{i+1}\,\mathbf{g}^k + \frac{\mathbf{w}^{i\prime}\,\mathbf{M}_i\,\mathbf{g}^{i+1}}{\mathbf{v}^{i\prime}\,\mathbf{w}^i}\,\mathbf{v}^{i\prime}\,\mathbf{g}^k \quad \text{nach (15.16),}$$

$$= 0 \quad \text{nach (15.16).}$$

(b) $\mathbf{M}_{i+1}\,\mathbf{g}^k = \mathbf{M}_i\,\mathbf{g}^k + \dfrac{1}{\mathbf{v}^{i\prime}\,\mathbf{w}^i}\left[(\mathbf{v}^{i\prime}\,\mathbf{g}^k)\left\{\left(1 + \dfrac{\mathbf{w}^{i\prime}\,\mathbf{M}_i\,\mathbf{w}^i}{\mathbf{v}^{i\prime}\,\mathbf{w}^i}\right)\mathbf{v}^i - \mathbf{M}_i\,\mathbf{w}^i\right\}\right.$

$$\left. - (\mathbf{w}^{i\prime}\,\mathbf{M}_i\,\mathbf{g}^k)\,\mathbf{v}^i\right] \text{ nach (15.21),}$$

$$= \mathbf{g}^k - \frac{(\mathbf{g}^{i+1} - \mathbf{g}^i)^{\prime}\,\mathbf{g}^k}{\mathbf{v}^{i\prime}\,\mathbf{w}^i}\,\mathbf{v}^i \quad \text{nach (15.16) und Induktionsannahme,}$$

$$= \mathbf{g}^k \quad \text{nach (a) und Induktionsannahme.}$$

Mit dem Lemma folgt nun leicht, daß $\mathbf{M}_i \mathbf{g}^i$ für alle $i \geqq 0$ eine Linearkombination von $\mathbf{g}^i$ und $\mathbf{v}^{i-1}$ ist:

$$\mathbf{M}_{k+1}\,\mathbf{g}^{k+1} = \mathbf{M}_{k+1}\,(\mathbf{w}^k + \mathbf{g}^k) = \mathbf{v}^k + \mathbf{M}_{k+1}\,\mathbf{g}^k \quad \text{nach (15.22)},$$

$$= \mathbf{v}^k + \mathbf{M}_k\,\mathbf{g}^k + \frac{1}{\mathbf{v}^{k\prime}\,\mathbf{w}^k}\left[(\mathbf{v}^{k\prime}\,\mathbf{g}^k)\left\{\left(1 + \frac{\mathbf{w}^{k\prime}\,\mathbf{M}_k\,\mathbf{w}^k}{\mathbf{v}^{k\prime}\,\mathbf{w}^k}\right)\mathbf{v}^k - \mathbf{M}_k\,(\mathbf{g}^{k+1} - \mathbf{g}^k)\right\} \right.$$
$$\left. - \mathbf{w}^{k\prime}\,\mathbf{M}_k\,\mathbf{g}^k)\,\mathbf{v}^k\right]$$

$$= \left(1 - \frac{1}{\lambda^k} + \frac{1}{\mathbf{v}^{k\prime}\,\mathbf{w}^k}\left[(\mathbf{v}^{k\prime}\,\mathbf{g}^k)\left(1 + \frac{\mathbf{w}^{k\prime}\,\mathbf{M}_k\,\mathbf{w}^k}{\mathbf{v}^{k\prime}\,\mathbf{w}^k} - \frac{1}{\lambda^k}\right) - \mathbf{w}^{k\prime}\,\mathbf{M}_k\,\mathbf{g}^k\right]\right)\mathbf{v}^k$$

$$+ \frac{\mathbf{v}^{k\prime}\,(\mathbf{w}^k - \mathbf{g}^{k+1})}{\mathbf{v}^{k\prime}\,\mathbf{w}^k}\,\mathbf{g}^{k+1}$$

$$= (\ldots)\,\mathbf{v}^k + \mathbf{g}^{k+1} \quad \text{nach (15.16)}.$$

Damit ist die im i^{ten} Schritt gewählte Richtung $\mathbf{v}^i = -\lambda^i\,\mathbf{M}_i\,\mathbf{g}^i = -\lambda^i\,\mathbf{g}^i + \beta\,\mathbf{v}^{i-1}$, $\lambda^i > 0$. Der Rest des Beweises erfolgt nun wie früher.

Eine weitere, sehr interessante Verknüpfung zwischen der DFP-Formel (15.9) und der BFGS-Formel (15.21) wurde von Fletcher [1] entdeckt: Schreiben wir in (15.9) $\mathbf{B}_i = \mathbf{M}_i^{-1}$ für $i = k$ und $k + 1$, und tauschen wir $\mathbf{v}^k$ und $\mathbf{w}^k$ aus, so folgt (15.21) mit $\mathbf{B}$ an der Stelle von $\mathbf{M}$. Auf analoge Weise folgt (15.9) aus (15.21). Dies gibt einen kleinen Eindruck des Reichtums der Eigenschaften, die die Formeln (15.9), (15.20) und (15.21) und deren am Ende von Abschnitt 5 erwähnten Verallgemeinerungen besitzen.

Für das BFGS-Verfahren gelten die am Ende von Abschnitt 4 gemachten Bemerkungen. Wie wir am Anfang dieses Abschnittes bereits erwähnten, hat sich in neuester Zeit das BFGS-Verfahren unter den vielen Quasi-Newton-Verfahren am besten bewährt (s. hierzu Broyden [2, II]). Für das numerische Verhalten von Quasi-Newton-Verfahren ist ferner die richtige Skalierung der Zielfunktion von größter Bedeutung, und neue Familien sogenannter selbstskalierender variablemetric-Verfahren sind von mehreren Autoren vorgeschlagen und untersucht worden. Auch hier hat das BFGS-Verfahren mitunter die besten numerischen Ergebnisse ergeben (s. hierzu Shanno und Phua [1] und die dort angegebene Literatur).

7. Das Verfahren von Fletcher und Reeves

Das in Kapitel X, Abschnitt 2, besprochene Verfahren der konjugierten Gradienten von Hestenes und Stiefel wurde von Fletcher und Reeves [1] für den Fall nichtquadratischer Zielfunktionen verallgemeinert. Zwei Eigenschaften des Verfahrens der konjugierten Gradienten spielen hier eine besondere Rolle:

(a) Die im Satz 2, Kapitel X, bewiesene Tatsache, daß $\mathbf{x}^k$ die Funktion $Q(\mathbf{x})$ auf der Geraden $\mathbf{x}^{k-1} + \lambda\,\mathbf{d}^{k-1}$, $\lambda \geqq 0$, minimiert,

(b) die in Satz 3 (e), Kapitel X, bewiesene Formel $\mu^k = \dfrac{\mathbf{g}^{k+1\prime}\,\mathbf{g}^{k+1}}{\mathbf{g}^{k\prime}\,\mathbf{g}^k}$.

Wir können nun das Verfahren von Fletcher und Reeves angeben.

Es sei $\mathbf{x}^0 \in R^n$. Man setze

$$\mathbf{d}^0 = -\nabla F(\mathbf{x}^0),$$

und für $k = 0, 1, 2, \ldots, n - 1$:

$$\mathbf{x}^{k+1} = \mathbf{x}^k + \lambda^k \mathbf{d}^k,$$

wobei $\lambda^k \in R$ mit $\lambda^k \geqq 0$ so gewählt wird, daß $F(\mathbf{x}^k + \lambda \mathbf{d}^k)$ minimiert wird (s. Bemerkung, Abschnitt 1, Kapitel XIV),

$$\mathbf{d}^{k+1} = -\nabla F(\mathbf{x}^{k+1}) + \mu^k \mathbf{d}^k, \quad k = 0, 1, 2, \ldots, n - 2,$$

wobei

$$\mu^k = \frac{(\nabla F(\mathbf{x}^{k+1}))' (\nabla F(\mathbf{x}^{k+1}))}{(\nabla F(\mathbf{x}^k))' (\nabla F(\mathbf{x}^k))},$$

und

$$\mathbf{d}^n = -\nabla F(\mathbf{x}^n).$$

Nun wiederhole man den Algorithmus mit $\mathbf{x}^n$ und $\mathbf{d}^n$ anstatt $\mathbf{x}^0$ und $\mathbf{d}^0$.

Die Idee des wiederholten Startens wird folgendermaßen begründet. In der Nähe eines lokalen Minimums ist die Funktion annähernd quadratisch, und durch einen neuen Start wird der Algorithmus hier zum Verfahren der konjugierten Gradienten und hört somit in höchstens n weiteren Schritten auf. Auch ist jeder n^{te} Schritt in Richtung des steilsten Abstiegs. Dies ist von großem Vorteil, da ja nicht gewährleistet ist, daß die $\mathbf{d}^k$ immer Abstiegsrichtungen sind. Eine weitere Konsequenz ist, daß für jeden Häufungspunkt $\mathbf{\hat{x}}$ der Folge $\{\mathbf{x}^k\}$ gilt: $\nabla F(\mathbf{\hat{x}}) = \mathbf{0}$, (s. Luenberger [1]), da die eingefügten Schritte des steilsten Abstiegs als „spacer steps" fungieren (s. Kapitel XIII, Abschnitt 3). Theoretische Untersuchungen und numerische Ergebnisse haben gezeigt, daß dieses Verfahren nicht die gute Konvergenzrate des DFP-Verfahrens aufweist, es erfreut sich aber trotzdem großer Beliebtheit (s. hierzu McCormick und Ritter [1] und Huang und Levy [1]). Eine neuere, noch nicht veröffentlichte Arbeit von Shanno [2] betrachtet eine numerisch besonders effiziente Modifikation des Verfahrens von Fletcher und Reeves und ihren Zusammenhang mit Quasi-Newton-Verfahren.

8. Das ableitungsfreie Verfahren von Powell

In Kapitel X, Abschnitt 2, betrachteten wir das Verfahren der konjugierten Richtungen zur Minimierung einer quadratischen Zielfunktion $Q(\mathbf{x}) \equiv \mathbf{p}'\mathbf{x} + \mathbf{x}'\mathbf{C}\mathbf{x}$, wobei $\mathbf{C}$ eine $n \times n$ positiv-definite symmetrische Matrix ist. Liegen n nichtverschwindende, paarweise konjugierte Richtungen $\mathbf{s}^0, \mathbf{s}^1, \mathbf{s}^2, \ldots, \mathbf{s}^{n-1}$ vor, so folgt nach den dort bewiesenen Sätzen 1 und 2, daß das Minimum $Q(\mathbf{\hat{x}})$ von $Q(\mathbf{x})$ durch das schrittweise Minimieren in den n Richtungen $\mathbf{s}^i$ bestimmt werden kann, wobei es auf die Reihenfolge der $\mathbf{s}^i$ nicht ankommt. Das wesentliche Problem ist also die Erzeugung von nichtverschwindenden, paarweise konjugierten Richtungen. Das Verfahren der konjugierten Gradienten löste dieses Problem mit Hilfe des Gradienten. Hier werden wir das Verfahren von Powell [1] betrachten, welches eine allgemeine Zielfunktion F ohne Berechnung der Ableitung ∇F minimiert. Die Idee des Verfahrens orientiert sich am Fall einer quadratischen Zielfunktion.

Satz 9: *Der Satz der parallelen affinen Unterräume von Powell:*
Gegeben seien zwei Punkte $\mathbf{x}$, $\mathbf{y} \in R^n$ und ein Untervektorraum V von R^n. Wird das Minimum von Q auf dem affinen Unterraum $\mathbf{x} + V$ bzw. $\mathbf{y} + V$ in $\bar{\mathbf{x}}$ bzw. $\bar{\mathbf{y}}$ angenommen, so ist $\bar{\mathbf{x}} - \bar{\mathbf{y}}$ zu jedem Vektor aus V konjugiert.

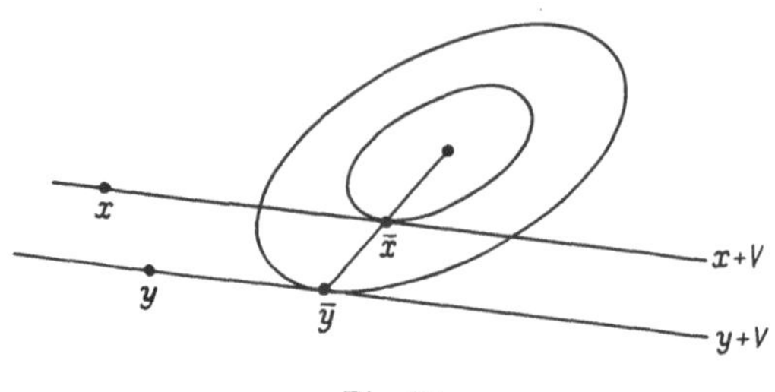

Fig. 26

Beweis: Es sei $\mathbf{z} \in V$. Da $\mathbf{z}$ und $-\mathbf{z}$ zulässige Richtungen in $\bar{\mathbf{x}} \in \mathbf{x} + V$ sind, folgt aus Satz 1 (i), Kapitel XIII, daß $\mathbf{z}' \nabla Q(\bar{\mathbf{x}}) = \mathbf{z}'(\mathbf{p} + 2\,\mathbf{C}\,\bar{\mathbf{x}}) = 0$. Ebenso folgt $\mathbf{z}' \nabla Q(\bar{\mathbf{y}}) = \mathbf{z}'(\mathbf{p} + 2\,\mathbf{C}\,\bar{\mathbf{y}}) = 0$. Damit haben wir

$$0 = \tfrac{1}{2}\,\mathbf{z}'\,(\nabla Q(\bar{\mathbf{x}}) - \nabla Q(\bar{\mathbf{y}})) = \mathbf{z}'\,\mathbf{C}\,(\bar{\mathbf{x}} - \bar{\mathbf{y}}).$$

Wir können nun den Algorithmus angeben. Die $(k+1)$te Iteration geht aus von einem Punkt $\mathbf{x}^k \in R^n$ und benötigt n Richtungsvektoren $\mathbf{v}^{ki}$, $1 \leq i \leq n$, die aus der vorigen Iteration hervorgehen. Es sei $\mathbf{x}^0 \in R^n$ und $\mathbf{v}^{0i} = \mathbf{e}^i$, die i^{te} Spalte der $n \times n$ Einheitsmatrix, $1 \leq i \leq n$. Die $(k+1)$te Iteration besteht aus den folgenden Schritten:

1) Setze $\mathbf{y}^{k0} = \mathbf{x}^k$. Für $i = 1, 2, \ldots, n$ bestimme den Parameter $\lambda^{ki} \in R$ der $F(\mathbf{y}^{k,i-1} + \lambda\,\mathbf{v}^{ki})$ minimiert (s. Kapitel XIV) und setze $\mathbf{y}^{ki} = \mathbf{y}^{k,i-1} + \lambda^{ki}\mathbf{v}^{ki}$,

2) Bestimme den Parameter $\lambda^k \in R$, der $F(\mathbf{y}^{kn} + \lambda\,(\mathbf{y}^{kn} - \mathbf{x}^k))$ minimiert,

3) Setze $\mathbf{x}^{k+1} = \mathbf{y}^{kn} + \lambda^k(\mathbf{y}^{kn} - \mathbf{x}^k)$ und $\mathbf{v}^{k+1,i} = \mathbf{v}^{k,i+1}$ für $1 \leq i < n$, und $\mathbf{v}^{k+1,n} = \mathbf{y}^{kn} - \mathbf{x}^k$.

Bemerkung: Jede Iteration des Algorithmus besteht somit aus $n + 1$ eindimensionalen Minimierungsproblemen, welche mittels der in Kapitel XIV besprochenen Verfahren gelöst werden können. Das vierte dort besprochene Verfahren wurde von Powell [1] eigens für den vorliegenden Algorithmus entwickelt.

Das Ziel ist, wie wir bereits erwähnt haben, die Erzeugung von nichtverschwindenden, paarweise konjugierten Richtungen im Falle einer quadratischen Zielfunktion. Es sei also $F = Q$.

$$\mathbf{y}^{1n} \text{ minimiert } Q \text{ von } \mathbf{y}^{1,n-1} \text{ aus in Richtung } \mathbf{v}^{1n} = \mathbf{v}^{2,n-1}, \text{ und}$$

$$\mathbf{x}^1 \text{ minimiert } Q \text{ von } \mathbf{y}^{0n} \text{ aus in Richtung } \mathbf{y}^{0n} - \mathbf{x}^0 = \mathbf{v}^{1n} = \mathbf{v}^{2,n-1}.$$

Nach Satz 9 folgt somit: $\mathbf{y}^{1n} - \mathbf{x}^1 = \mathbf{v}^{2n}$ ist zu $\mathbf{v}^{2,n-1}$ konjugiert. Wir gehen nun zum Fall $k = 3$ über. Das eben gewonnene Ergebnis können wir auch folgendermaßen ausdrücken: $\mathbf{v}^{3,n-2}$ und $\mathbf{v}^{3,n-1}$ sind konjugierte Richtungen. Wir werden nun zeigen, daß $\mathbf{v}^{3n}$ zu $\mathbf{v}^{3,n-1}$ und $\mathbf{v}^{3,n-2}$ konjugiert ist. Offensichtlich bilden die Schritte $\mathbf{y}^{1,n-1} \to \mathbf{y}^{1n}$ und $\mathbf{y}^{1n} \to \mathbf{x}^2$ zwei Iterationen eines konjugierten Richtungsverfahrens mit den konjugierten Richtungen $\mathbf{v}^{1n} = \mathbf{v}^{2,n-1}$ und $\mathbf{v}^{2n}$. Nach Satz 2, Kapitel X, Abschnitt 2, folgt somit: $\mathbf{x}^2$ minimiert Q auf dem affinen Unterraum $\mathbf{y}^{1,n-1} + \text{Spann}\{\mathbf{v}^{2,n-1}, \mathbf{v}^{2n}\} = \mathbf{y}^{1,n-1} + \text{Spann}\{\mathbf{v}^{3,n-2}, \mathbf{v}^{3,n-1}\}$. Ebenso bilden die Schritte $\mathbf{y}^{2,n-2} \to \mathbf{y}^{2,n-1}$ und $\mathbf{y}^{2,n-1} \to \mathbf{y}^{2n}$ zwei Iterationen eines konjugierten Richtungsverfahrens mit denselben konjugierten Richtungen $\mathbf{v}^{2,n-1}$, $\mathbf{v}^{2n}$. Also folgt wie oben: $\mathbf{y}^{2n}$ minimiert Q auf dem affinen Unterraum $\mathbf{y}^{2,n-2} + \text{Spann}\{\mathbf{v}^{2,n-1}, \mathbf{v}^{2n}\} = \mathbf{y}^{2,n-2} + \text{Spann}\{\mathbf{v}^{3,n-2}, \mathbf{v}^{3,n-1}\}$. Nach Satz 9 folgt somit: $\mathbf{y}^{2n} - \mathbf{x}^2 = \mathbf{v}^{3n}$ ist zu den Richtungen $\mathbf{v}^{3,n-1}$ und $\mathbf{v}^{3,n-2}$ konjugiert.

Es ist nun klar, daß mittels Induktion folgt: Die k Richtungsvektoren $\mathbf{v}^{k,n-k+1}$, $\mathbf{v}^{k,n-k+2}, \ldots, \mathbf{v}^{kn}$ sind paarweise konjugiert. Insbesondere sind alle n Richtungsvektoren $\mathbf{v}^{n1}$, $\mathbf{v}^{n2}, \ldots, \mathbf{v}^{nn}$ paarweise konjugiert, und der Algorithmus ermittelt das Minimum von Q in einer weiteren Iteration, wenn nicht schon früher.

Allerdings kann das Verfahren in der Form, wie wir es oben angegeben haben, unter gewissen Umständen versagen, wenn nämlich die Vektoren $\mathbf{v}^{k+1,1}$, $\mathbf{v}^{k+1,2}, \ldots,$ $\mathbf{v}^{k+1,n}$ für ein bestimmtes $k+1$ linear abhängig sind. Danach minimiert das Verfahren die Zielfunktion nur noch auf einem Untervektorraum von R^n. Die Schwierigkeit tritt auf im dritten Schritt des Verfahrens, wo $\mathbf{v}^{k1}$ durch $\mathbf{y}^{kn} - \mathbf{x}^k$ ersetzt wird. Waren die $\mathbf{v}^{ki}$, $1 \leqq i \leqq n$, linear unabhängig, so sind die $\mathbf{v}^{k+1,i}$, $1 \leqq i \leqq n$, linear abhängig genau dann, wenn $\mathbf{v}^{k+1,n} = \mathbf{y}^{kn} - \mathbf{x}^k$ keine Komponente in Richtung $\mathbf{v}^{k1}$ hat, d. h. $\lambda^{k1} = 0$ ist, denn $\mathbf{y}^{kn} - \mathbf{x}^k = \sum_{i=1}^{n} \lambda^{ki} \mathbf{v}^{ki}$. Dies kann sogar bei quadratischen Zielfunktionen passieren. Um dies zu vermeiden, hat Powell die folgende naheliegende Modifikation vorgeschlagen: Man tausche $\mathbf{y}^{kn} - \mathbf{x}^k$ gegen ein $\mathbf{v}^{kj}$ aus, so daß die resultierenden n Richtungsvektoren linear unabhängig sind. Dies hat jedoch den offensichtlichen Nachteil im Falle einer quadratischen Zielfunktion, daß eventuell eine der bereits gewonnenen paarweise konjugierten Richtungen verloren geht, daß also mehr als n Iterationen nötig sind, um n paarweise konjugierte Richtungen zu bestimmen. Eine andere von Brent [1] vorgeschlagene Modifikation ist: Man nehme nach n Iterationen von neuem als Richtungsvektoren die Spalten der $n \times n$ Einheitsmatrix oder, noch besser, die Spalten einer gewissen orthogonalen Matrix $\mathbf{V}$ mit der Eigenschaft, daß die Spalten von $\mathbf{V}$ im Falle einer quadratischen Zielfunktion paarweise konjugiert sind. Der numerische Aufwand zur Berechnung dieser Matrix $\mathbf{V}$ ist jedoch erheblich. Wir verweisen auf obige Literatur für die Konstruktion von $\mathbf{V}$.

Sechzehntes Kapitel

Das Verfahren von Topkis und Veinott

1. Einleitung

In diesem Kapitel werden wir ein Verfahren besprechen, welches das Verfahren der zulässigen Richtungen von Zoutendijk auf den Fall nichtlinearer Restriktionen verallgemeinert. Genauer betrachten wir hier das folgende nichtlineare Programm:

Man minimiere die differenzierbare Funktion

$$F(\mathbf{x}) \tag{16.1}$$

über dem Bereich $C \subset R^n$ gegeben durch die Nebenbedingungen

$$f_i(\mathbf{x}) = f_i(x_1, x_2, \ldots, x_n) \leqq 0, \quad i = 1, 2, \ldots, m,$$

wobei die Funktionen $f_1, f_2, \ldots, f_m$ differenzierbar seien. Statt $f_1, f_2, \ldots, f_m$ werden wir auch kurz $\mathbf{f} \colon R^n \to R^m$ schreiben, also ist $C = \{\mathbf{x} \in R^n \,|\, \mathbf{f}(\mathbf{x}) \leqq \mathbf{0}\}$.

Das zu besprechende Verfahren ist, wie dasjenige von Zoutendijk, ein Verfahren der zulässigen Richtungen, d. h. ausgehend von einem zulässigen Punkt $\mathbf{x}^k \in C$ bestimmt es eine zulässige Richtung $\mathbf{s}^k$ (d. h. es gibt ein $\bar{\lambda} > 0$, so daß $\mathbf{x}^k + \lambda \mathbf{s}^k \in C$ für $0 \leqq \lambda \leqq \bar{\lambda}$) mit der Eigenschaft, daß $F(\mathbf{x}^k + \lambda \mathbf{s}^k)$ mit von 0 aus zunehmendem λ abnimmt, und definiert $\mathbf{x}^{k+1} = \mathbf{x}^k + \lambda^k \mathbf{s}^k$, wobei $\lambda^k \in R$ mit $\lambda^k \geqq 0$ so gewählt wird, daß $F(\mathbf{x}^k + \lambda \mathbf{s}^k)$ unter der Nebenbedingung minimiert wird, daß $\mathbf{x}^k + \lambda \mathbf{s}^k \in C$ für alle $\lambda \in [0, \lambda^k]$ (s. Bemerkung, Abschnitt 1, Kapitel XIV). Dieser Schritt bedeutet das Lösen eines eindimensionalen Programms mit Restriktionen, wofür man nicht ohne weiteres die in Kapitel XIV besprochenen Methoden anwenden kann: man muß vielmehr zuerst das größte λ^* bestimmen mit der Eigenschaft, daß $\mathbf{x}^k + \lambda \mathbf{s}^k \in C$ für $0 \leqq \lambda \leqq \lambda^*$. Hierbei können wir etwaige in $\mathbf{x}^k$ bindende Restriktionen $f_i(\mathbf{x}^k) = 0$ nicht ignorieren, wie es im Falle linearer Restriktionen der Fall war. Ferner ist auch zu beachten, daß zu dem Programm (16.1) keine nichtlinearen Gleichheitsrestriktionen hinzugefügt werden dürfen, da sonst die Existenz von zulässigen Richtungen nicht gewährleistet ist. Andererseits dürfen durchaus lineare Gleichheitsrestriktionen hinzugefügt werden, da dadurch nur die Dimension des Problems verändert wird.

Zur Bestimmung einer zulässigen Richtung in $\mathbf{x}^k$ mit der oben erwähnten Eigenschaft müssen wir das entsprechende im Kapitel XII gegebene lineare Programm (12.9−10) etwa mit der Normierungsvorschrift N_2:

Man minimiere $s' g(\mathbf{x}^k)$ unter den Restriktionen

$$\mathbf{a}_j' \mathbf{s} \leqq 0 \quad \text{für} \quad j \in S, \tag{16.2}$$
$$|s_i| \leqq 1 \quad \text{für} \quad i = 1, 2, \ldots, n,$$

wobei S die Menge derjenigen Indizes darstellt, für die $\mathbf{a}_j' \mathbf{x}^k = b_j$, geeignet verallgemeinern. Bezeichnen wir mit S jetzt die Indexmenge der in $\mathbf{x}^k$ bindenden Restriktionen f_i, so könnte man das folgende lineare Programm als naheliegende Verallgemeinerung vorschlagen (offensichtlich müssen die mit $j \in S$ indizierten Ungleichungen in (16.2) hier strenge Ungleichungen sein, da Tangentialrichtungen i. a. nicht zulässig sind):

Man minimiere $s' \nabla F(\mathbf{x}^k)$ unter den Restriktionen

$$s' \nabla f_i(\mathbf{x}^k) < 0 \quad \text{für} \quad i \in S, \tag{16.3}$$
$$|s_i| \leqq 1 \quad \text{für} \quad i = 1, 2, \ldots, n.$$

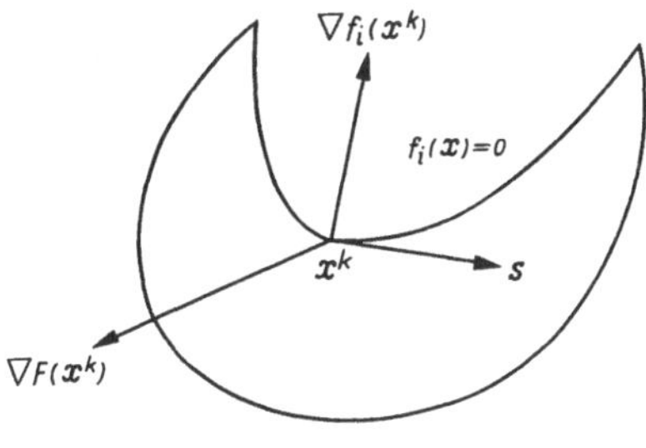

Fig. 27

Figur 27 zeigt jedoch, daß diese Restriktionen nicht alle zulässigen Richtungen erfassen, und ferner bewirken die strengen Ungleichungen, daß es keine optimale Lösung zu geben braucht. Die von Topkis und Veinott [1] vorgeschlagene Verallgemeinerung des linearen Programms (16.2) werden wir im nächsten Abschnitt darlegen.

2. Das Verfahren von Topkis und Veinott

Zur Bestimmung einer zulässigen Richtung $\mathbf{s}^k$, ausgehend von einem Punkt $\mathbf{x}^k \in R^n$ und mit der Eigenschaft, daß $F(\mathbf{x}^k + \lambda \mathbf{s}^k)$ mit von 0 aus zunehmendem λ abnimmt, haben Topkis und Veinott [1] das folgende lineare Programm im R^{n+1} angegeben. Es sei $(\mathbf{s}, \alpha) \in R^n \times R = R^{n+1}$.

Man minimiere α unter den Restriktionen

$$s' \nabla F(\mathbf{x}^k) \leqq \alpha,$$
$$f_i(\mathbf{x}^k) + s' \nabla f_i(\mathbf{x}^k) \leqq \alpha, \quad i = 1, 2, \ldots, m, \tag{16.4}$$
$$|s_i| \leqq 1, \quad i = 1, 2, \ldots, n.$$

Offensichtlich ist $(\mathbf{0}, 0)$ ein zulässiger Punkt, also ist $\alpha \leqq 0$. Die letzte Nebenbedingung beschränkt $\mathbf{s}$ und ergibt damit die Lösbarkeit des Programms. Diese kann auch, wie bei dem Algorithmus von Zoutendijk (s. Abschnitt 2, Kapitel XII), durch eine andere Nebenbedingung ersetzt werden. Ist $(\bar{\mathbf{s}}, \bar{\alpha})$ eine optimale Lösung von (16.4) mit $\bar{\alpha} < 0$, so setzen wir $\mathbf{s}^k = \bar{\mathbf{s}}$. Es ist offensichtlich $\bar{\mathbf{s}} \neq \mathbf{0}$, also folgt $\bar{\mathbf{s}}' \nabla f_i (\mathbf{x}^k) < 0$ für eine in $\mathbf{x}^k$ bindende Restriktion. Da nun in (16.4), im Gegensatz zu (16.3), nicht nur die in $\mathbf{x}^k$ bindenden sondern alle Restriktionen von (16.1) eine Rolle spielen, folgt: je näher der Punkt $\mathbf{x}^k$ an die durch eine nicht bindende Restriktion gegebene Grenze von C herankommt, desto stärker wirkt sich die entsprechende Restriktion in (16.4) aus, d. h. die Richtung von $\bar{\mathbf{s}}$ ändert sich nicht plötzlich beim Bindendwerden einer Restriktion von (16.1). Ist andererseits $\bar{\alpha} = 0$, so bricht das gesamte Verfahren ab: diesen Fall behandelt der folgende Satz.

Satz: Es sei $\mathbf{x}^k \in R^n$ ein zulässiger Punkt des Programms (16.1) und ein regulärer Punkt der Restriktionen $\mathbf{f}(\mathbf{x}) \leq \mathbf{0}$ (s. Definition vor Satz 4, Abschnitt 2, Kapitel XIII). Ist $(\bar{\mathbf{s}}, 0)$ eine optimale Lösung des Programms (16.4), so erfüllt $\mathbf{x}^k$ die Kuhn-Tucker-Bedingungen für (16.1).

Beweis: Es sei $\nabla \mathbf{f}(\mathbf{x}^k)$ die $(n \times m)$-Matrix $\nabla \mathbf{f}(\mathbf{x}^k) = \| \nabla f_1 (\mathbf{x}^k) \ldots \nabla f_m (\mathbf{x}^k) \|$. Statt (16.4) betrachten wir das folgende lineare Programm im R^{n+1}:
Man minimiere α unter den Restriktionen

$$\mathbf{s}' \nabla F (\mathbf{x}^k) \leq \alpha, \qquad\qquad\qquad (16.5)$$
$$f_i (\mathbf{x}^k) + \mathbf{s}' \nabla f_i (\mathbf{x}^k) \leq \alpha, \quad i = 1, 2, \ldots, m,$$

wobei wir die letzten m Restriktionen kurz in der Form

$$\mathbf{f}(\mathbf{x}^k) + (\nabla \mathbf{f}(\mathbf{x}^k))' \, \mathbf{s} \leq \alpha \, \mathbf{1}$$

schreiben können. Es ist $(\bar{\mathbf{s}}, 0)$ auch eine optimale Lösung dieses Programms, denn wäre $(\bar{\mathbf{s}}, \bar{\alpha})$ mit $\bar{\alpha} < 0$ ein zulässiger Punkt von (16.5), so ergäbe $\beta \bar{\mathbf{s}}$ mit $\beta = \min \{1, |\bar{\mathbf{s}}|^{-1}\}$ einen negativen Zielfunktionswert in (16.4) im Widerspruch zur Voraussetzung: ist $f_i (\mathbf{x}^k) = 0$, so folgt

$$f_i (\mathbf{x}^k) + \beta \, \bar{\mathbf{s}}' \nabla f_i (\mathbf{x}^k) = \beta \, (f_i (\mathbf{x}^k) + \bar{\mathbf{s}}' \nabla f_i (\mathbf{x}^k)) \leq \beta \, \bar{\alpha} < 0,$$

und ist $f_i (\mathbf{x}^k) < 0$, so folgt offensichtlich

$$f_i (\mathbf{x}^k) + \beta \, \bar{\mathbf{s}}' \nabla f_i (\mathbf{x}^k) < 0.$$

Damit hat das zu (16.5) duale lineare Programm, welches folgendermaßen lautet:
Es sei $(u, \mathbf{v}) \in R \times R^m = R^{m+1}$. Man maximiere

$$\mathbf{v}' \mathbf{f}(\mathbf{x}^k)$$

unter den Nebenbedingungen

$$u \nabla F (\mathbf{x}^k) + (\nabla \mathbf{f}(\mathbf{x}^k)) \, \mathbf{v} = \mathbf{0}, \qquad\qquad (16.6)$$
$$u + \sum_{j=1}^{m} v_i = 1,$$
$$u \geq 0,$$
$$\mathbf{v} \geq \mathbf{0},$$

eine optimale Lösung $(\bar{u}, \bar{v})$ mit Zielfunktionswert $\bar{v}'\,\mathbf{f}(\mathbf{x}^k) = 0$. Daraus folgt: den in $\mathbf{x}^k$ nichtbindenden Restriktionen entsprechen verschwindende Komponenten von $\bar{v}$. O. B. d. A. seien die in $\mathbf{x}^k$ bindenden Restriktionen durch die Indizes $1, 2, \ldots, p$ gegeben. Nun ist aber $\mathbf{x}^k$ ein regulärer Punkt der Restriktionen $\mathbf{f}(\mathbf{x}) \leq \mathbf{0}$, d. h. die Matrix $\mathbf{A} = \|\,\nabla f_1(\mathbf{x}^k)\;\nabla f_2(\mathbf{x}^k) \ldots \nabla f_p(\mathbf{x}^k)\,\|$ ist nichtsingulär. Damit folgt, daß $\bar{u} \neq 0$ ist, denn sonst wäre $(\nabla\,\mathbf{f}(\mathbf{x}^k))\,\bar{v} = \mathbf{0}$ oder

$$\mathbf{A}\,\bar{v}_A + \mathbf{N}\,\bar{v}_N = \mathbf{A}\,\bar{v}_A = \mathbf{0},$$

wobei $\nabla\,\mathbf{f}(\mathbf{x}^k) = \|\,\mathbf{A}\,\vdots\,\mathbf{N}\,\|$ und $\bar{v} = \left\|\begin{matrix}\bar{v}_A\\ \cdots\\ \bar{v}_N\end{matrix}\right\| = \left\|\begin{matrix}\bar{v}_A\\ \cdots\\ \mathbf{0}\end{matrix}\right\|$, also wäre $\bar{v}_A = \mathbf{0}$

da $\mathbf{A}$ nichtsingulär, d. h. $\bar{v} = \mathbf{0}$ im Widerspruch zu der Nebenbedingung $\bar{u} + \sum\limits_{j=1}^{m} \bar{v}_j = 1$.

Also gelten insbesondere, indem wir $\mathbf{z} = \dfrac{\bar{v}}{\bar{u}}$ setzen, die Bedingungen

$$\begin{aligned}
\nabla F(\mathbf{x}^k) + (\nabla\,\mathbf{f}(\mathbf{x}^k))\,\mathbf{z} &= \mathbf{0},\\
\mathbf{z}'\,\mathbf{f}(\mathbf{x}^k) &= 0,\\
\mathbf{z} &\geq \mathbf{0},
\end{aligned}$$

und diese sind genau die Kuhn-Tucker-Bedingungen für (16.1) im Punkte $\mathbf{x}^k$ (s. Satz 4, Abschnitt 2, Kapitel XIII).

Korollar: Für den Spezialfall, daß $F, f_1, f_2, \ldots, f_m$ konvexe Funktionen sind, folgt nach obigem Satz und Abschnitt 2, Kapitel III, daß $\mathbf{x}^k$ eine optimale Lösung von (16.1) darstellt.

Wenn kein Anfangspunkt $\mathbf{x}^0 \in C$ bekannt ist, so kann man einen solchen mit der folgenden Methode bestimmen:
Man minimiere $\lambda \in R$ über dem Bereich $\{(\mathbf{x}, \lambda) \mid \mathbf{x} \in R^n$ und $\lambda \in R$ derart, daß $f_i(\mathbf{x}) \leq \lambda$, $i = 1, 2, \ldots, m\}$, mit Hilfe des obigen Algorithmus. Als Anfangspunkt $(\mathbf{x}^0, \lambda^0)$ nehme man $\mathbf{x}^0 \in R^n$ beliebig und $\lambda^0 = \max\{f_i(\mathbf{x}^0) \mid i = 1, 2, \ldots, m\}$. Ist $\lambda^0 \leq 0$, so ist $\mathbf{x}^0 \in C$, i. a. ist aber $\lambda^0 > 0$. Wir brauchen den Algorithmus nur so oft anzuwenden, bis ein Punkt $(\mathbf{x}^k, \lambda^k)$ erreicht wird, mit $\lambda^k \leq 0$. Als den gesuchten Anfangspunkt nehmen wir dann $\mathbf{x}^k$.

Für das Verfahren von Topkis und Veinott gilt der folgende Konvergenzsatz, den wir hier ohne Beweis angeben (er läßt sich auf den im Kapitel XX,3 angegebenen Konvergenzsatz für die modifizierte Zentrenmethode von Huard zurückführen, s. Polak [1]):

Satz: Es seien F und f stetig differenzierbar. Ist die Folge $\{\mathbf{x}^k\}$ unendlich und $\mathbf{x}^*$ ein Häufungspunkt von $\{\mathbf{x}^k\}$, so ergibt $\mathbf{x}^*$ den minimalen Zielfunktionswert 0 in (16.4) (d. h. man löst (16.4) mit $\mathbf{x}^*$ an der Stelle von $\mathbf{x}^k$), also ist $\mathbf{x}^*$ nach dem vorigen Satz ein Kuhn-Tucker-Punkt für (16.1), falls $\mathbf{x}^*$ ein regulärer Punkt der Restriktionen $\mathbf{f}(\mathbf{x}) \leq \mathbf{0}$ ist (offensichtlich gilt $\mathbf{x}^* \in C$).

Das lineare Programm (16.4) hat den Nachteil, daß jede Nebenbedingung des Programms (16.1) eine Nebenbedingung für (16.4) liefert, daß also (16.4) ein sehr großes lineares Programm sein kann. Es scheint naheliegend, diejenigen dieser Restriktionen zu vernachlässigen, welche in $\mathbf{x}^k$ nichtbindenden Restriktionen von (16.1) entsprechen. In diesem Falle gilt jedoch der obige Konvergenzsatz nicht mehr: Wolfe [9] hat Beispiele konstruiert, die das Phänomen der sogenannten Zickzackbewegung (auf englisch auch „jamming") aufweisen. Hierbei bewegt sich der Algorithmus mit immer kleiner werdenden Schritten zwischen zwei oder mehreren Restriktionsflächen in Richtung der „Ecke", und konvergiert gegen einen Punkt, der kein Kuhn-Tucker-Punkt von (16.1) zu sein braucht. Zoutendijk [3] hat mehrere Modifikationen vorgeschlagen, um Zickzackbewegungen auszuschließen. Die wohl bekannteste ist die *ε-Störmethode*, für die Zangwill [1] einen Konvergenzsatz bewiesen hat. Wir verweisen auf die angegebene Literatur und auch auf Polak [1].

Siebzehntes Kapitel

Die Methode der reduzierten Gradienten

1. Der Fall linearer Restriktionen

Für nichtlineare Programme mit linearen Restriktionen hat Wolfe [8] ein Verfahren entwickelt, welches gewisse Ähnlichkeiten mit dem in Kapitel II besprochenen Simplexverfahren aufweist. Es werden die Variablen wieder in abhängige und unabhängige aufgeteilt, hier besteht jedoch die konstruierte Punktfolge nicht aus Basislösungen, und die Bestimmung eines Punktes dieser Folge erfolgt hier durch Suchen in der Richtung des sogenannten negativen „reduzierten Gradienten". Verschwindet dabei eine abhängige Variable, so wird sie wie früher gegen eine unabhängige Variable ausgetauscht.

Wir betrachten das folgende nichtlineare Programm:
Man minimiere die differenzierbare Funktion

$$F(\mathbf{x}) \tag{17.1}$$

unter den Nebenbedingungen

$$\mathbf{A}\,\mathbf{x} = \mathbf{b},$$
$$\mathbf{x} \geqq \mathbf{0},$$

wobei $\mathbf{A}$ eine $(m \times n)$-Matrix, $m \leqq n$ und $\mathbf{b} \in R^m$ ist.

Ferner seien folgende Nichtdegeneriertheits-Bedingungen erfüllt:

(1) Jede m-elementige Teilmenge der Spalten von $\mathbf{A}$ sei linear unabhängig,

(2) jede zulässige Basislösung der Nebenbedingungen habe genau m positive Komponenten.

Aus diesen zwei Bedingungen folgt, daß jede zulässige Lösung der Nebenbedingungen mindestens m positive Komponenten hat: es sei $\mathbf{x} \in R^n$ eine zulässige Lösung und o. B. d. A. $x_1 = x_2 = \ldots = x_p = 0$ mit $p > n - m$. Bezeichnen wir die i-te Spalte von $\mathbf{A}$ mit $\mathbf{a}_i$ und schreiben $\mathbf{B} = \| \mathbf{a}_{n-m+1}\, \mathbf{a}_{n-m+2} \ldots \mathbf{a}_n \|$, so folgt damit

$$\mathbf{B} \begin{Vmatrix} x_{n-m+1} \\ x_{n-m+2} \\ . \\ . \\ . \\ x_n \end{Vmatrix} = \mathbf{A}\,\mathbf{x} = \mathbf{b}, \quad \text{oder} \quad \begin{Vmatrix} x_{n-m+1} \\ x_{n-m+2} \\ . \\ . \\ . \\ x_n \end{Vmatrix} = \mathbf{B}^{-1}\,\mathbf{b},$$

d. h. die Basislösung zu $\mathbf{B}$ hat weniger als m positive Komponenten.

Sei nun $\mathbf{x}$ eine feste zulässige Lösung der Nebenbedingungen. Nach obigem können wir $\mathbf{x}$ o. B. d. A. folgendermaßen darstellen: $\mathbf{x} = \left\|\begin{array}{c}\mathbf{y} \\ \hline \mathbf{z}\end{array}\right\|$ (hierfür schreiben wir der Einfachheit halber $\mathbf{x} = (\mathbf{y}, \mathbf{z})$), mit $\mathbf{y} \in R^m$, $\mathbf{y} > \mathbf{0}$ (die strenge Vektorungleichung ist komponentenweise zu verstehen), $\mathbf{z} \in R^{n-m}$. Schreiben wir entsprechend $\mathbf{A} = \|\mathbf{B} \,|\, \mathbf{N}\|$, so ist $\mathbf{A}\,\mathbf{x} = \mathbf{b}$ gleichbedeutend mit $\mathbf{B}\,\mathbf{y} + \mathbf{N}\,\mathbf{z} = \mathbf{b}$ oder $\mathbf{y} = \mathbf{B}^{-1}(\mathbf{b} - \mathbf{N}\,\mathbf{z})$, d. h. $\mathbf{y}$ ist eine lineare Funktion von $\mathbf{z}$,

$$\mathbf{y}(\mathbf{z}) = \mathbf{B}^{-1}(\mathbf{b} - \mathbf{N}\,\mathbf{z}).$$

Entsprechend der Zerlegung von $\mathbf{x}$ schreiben wir die Zielfunktion in der Form $F(\boldsymbol{\eta}, \boldsymbol{\zeta})$, $\boldsymbol{\eta} \in R^m$, $\boldsymbol{\zeta} \in R^{n-m}$, und definieren $G(\boldsymbol{\zeta}) = F(\mathbf{y}(\boldsymbol{\zeta}), \boldsymbol{\zeta})$. In Abhängigkeit von der gewählten Zerlegung von $\mathbf{A}$ bekommen wir dann die folgende Formulierung von (17.1):

Man minimiere

$$G(\boldsymbol{\zeta})$$

für

$$\mathbf{y}(\boldsymbol{\zeta}) \geqq \mathbf{0}, \tag{17.2}$$
$$\boldsymbol{\zeta} \geqq \mathbf{0}, \quad \boldsymbol{\zeta} \in R^{n-m}.$$

Es ist $\mathbf{z}$ eine zulässige Lösung der Nebenbedingungen dieses Programms mit $\mathbf{y}(\mathbf{z}) > \mathbf{0}$.

Sei nun $\Delta\mathbf{z}$ eine kleine Änderung in $\mathbf{z}$, so daß $\mathbf{z} + \alpha\,\Delta\mathbf{z} \geqq \mathbf{0}$ für genügend kleines $\alpha \in R$ mit $\alpha > 0$. Die geeignete Wahl von $\Delta\mathbf{z}$ werden wir weiter unten angeben. Ist α klein genug, so folgt ferner $\mathbf{y}(\mathbf{z} + \alpha\,\Delta\mathbf{z}) = \mathbf{y}(\mathbf{z}) - \alpha\,\mathbf{B}^{-1}\mathbf{N}\,\Delta\mathbf{z} > \mathbf{0}$, da $\mathbf{y}(\mathbf{z}) > \mathbf{0}$, d. h. $(\mathbf{y} + \alpha\,\Delta\mathbf{y}, \mathbf{z} + \alpha\,\Delta\mathbf{z})$ ist zulässig für (17.1), wobei $\Delta\mathbf{y} = -\mathbf{B}^{-1}\mathbf{N}\,\Delta\mathbf{z}$. Wir betrachten nun das folgende eindimensionale nichtlineare Programm:

Man minimiere $G(\mathbf{z} + \alpha\,\Delta\mathbf{z})$ für $\alpha \in R$ mit $\alpha \geqq 0$ unter den Nebenbedingungen $\mathbf{y}(\mathbf{z} + \alpha\,\Delta\mathbf{z}) \geqq \mathbf{0}$ und $\mathbf{z} + \alpha\,\Delta\mathbf{z} \geqq \mathbf{0}$, oder man minimiere $F(\mathbf{x})$ auf dem Strahl $(\mathbf{y} + \alpha\,\Delta\mathbf{y}, \mathbf{z} + \alpha\,\Delta\mathbf{z})$ für $\alpha \in R$ mit $\alpha \geqq 0$ unter den Nebenbedingungen $\mathbf{y} + \alpha\,\Delta\mathbf{y} \geqq \mathbf{0}$, $\mathbf{z} + \alpha\,\Delta\mathbf{z} \geqq \mathbf{0}$.

Es sei das relative lokale Minimum durch $\hat{\alpha}$ gegeben und $\hat{\mathbf{z}} = \mathbf{z} + \hat{\alpha}\,\Delta\mathbf{z}$, $\hat{\mathbf{y}} = \mathbf{y} + \hat{\alpha}\,\Delta\mathbf{y}$, $\hat{\mathbf{x}} = (\hat{\mathbf{y}}, \hat{\mathbf{z}})$. In dem Punkte $\hat{\mathbf{x}}$ wird nun die neue Suchrichtung bestimmt, wobei zu beachten ist: verschwindet eine abhängige Variable $\hat{y}_i$, so muß durch einen Austauschschritt eine neue Zerlegung der Komponenten von $\hat{\mathbf{x}}$ gewählt werden – es wird $\hat{y}_i$ gegen ein positives $\hat{z}_j$ ausgetauscht. Ist dies nicht der Fall, so können wir die alte Zerlegung beibehalten.

Nun zur Wahl von $\Delta\mathbf{z}$. Wenden wir die Kettenregel auf die Funktion $G = F \circ \mathbf{H}$ an, wobei $\mathbf{H}(\boldsymbol{\zeta}) = (\mathbf{y}(\boldsymbol{\zeta}), \boldsymbol{\zeta})$, so folgt:

$$\nabla G(\mathbf{z}) = \nabla_\zeta F(\mathbf{y}(\mathbf{z}), \mathbf{z}) - (\mathbf{B}^{-1}\mathbf{N})' \nabla_\eta F(\mathbf{y}(\mathbf{z}), \mathbf{z}). \tag{17.3}$$

Dies ist der *reduzierte Gradient*, und die geometrisch naheliegende Definition von $\Delta\mathbf{z}$ lautet:

$$(\Delta\mathbf{z})_i = \begin{cases} -(\nabla G(\mathbf{z}))_i & \text{falls } (\nabla G(\mathbf{z}))_i < 0 \text{ oder } z_i > 0, \\ 0 & \text{sonst (d. h. falls } -(\nabla G(\mathbf{z}))_i \leqq 0 \text{ und } z_i = 0). \end{cases}$$

Als Lösungsmenge L von (17.1) nehmen wir diejenigen zulässigen Punkte, die die Kuhn-Tucker-Bedingungen für (17.1) erfüllen, d. h. nach Kapitel XIII, Satz 4:

$L = \{\mathbf{x} \in R^n \mid \mathbf{A}\,\mathbf{x} = \mathbf{b},\ \mathbf{x} \geq \mathbf{0},$ und es existiert $\mathbf{u} \in R^m$, so daß

$$\mathbf{r} = \nabla F(\mathbf{x}) + \mathbf{A}'\,\mathbf{u} \geq \mathbf{0}, \quad \mathbf{r}'\,\mathbf{x} = 0\}.$$

Wir wollen nun die entsprechenden Kuhn-Tucker-Bedingungen im Punkt $(\mathbf{y}(\mathbf{z}), \mathbf{z})$ für das äquivalente Problem (17.2) ableiten. Dazu schreiben wir $\mathbf{r} = (\mathbf{s}, \mathbf{t})$ entsprechend der Aufteilung $\mathbf{A} = \|\ \mathbf{B}\ \vdots\ \mathbf{N}\ \|$ und $\mathbf{x} = (\mathbf{y}(\mathbf{z}), \mathbf{z})$. Dann ist

$$\mathbf{s} = \nabla_\eta F(\mathbf{y}(\mathbf{z}), \mathbf{z}) + \mathbf{B}'\,\mathbf{u},$$
$$\mathbf{t} = \nabla_\zeta F(\mathbf{y}(\mathbf{z}), \mathbf{z}) + \mathbf{N}'\,\mathbf{u},$$
$$\mathbf{s}'\,\mathbf{y}(\mathbf{z}) + \mathbf{t}'\,\mathbf{z} = 0.$$

Nun ist aber $\mathbf{y}(\mathbf{z}) > \mathbf{0}$, $\mathbf{s} \geq \mathbf{0}$, $\mathbf{t} \geq \mathbf{0}$ und $\mathbf{z} \geq \mathbf{0}$, also folgt $\mathbf{s} = \mathbf{0}$. Unter Benutzung von (17.3) bekommen wir somit:

$$\mathbf{t} = \nabla G(\mathbf{z}) + (\mathbf{B}^{-1}\mathbf{N})'\,\nabla_\eta F(\mathbf{y}(\mathbf{z}), \mathbf{z}) + \mathbf{N}'\,\mathbf{u}$$
$$= \nabla G(\mathbf{z}) - (\mathbf{B}^{-1}\mathbf{N})'\,\mathbf{B}'\,\mathbf{u} + \mathbf{N}'\,\mathbf{u}$$
$$= \nabla G(\mathbf{z}), \ \text{der reduzierte Gradient.}$$

Also lauten die Kuhn-Tucker-Bedingungen im Punkt $(\mathbf{y}(\mathbf{z}), \mathbf{z})$ für das Problem (17.2):

$$\nabla G(\mathbf{z}) \geq \mathbf{0},$$
$$\mathbf{z}'\,\nabla G(\mathbf{z}) = 0.$$

Damit gilt die folgende Aussage: ist $\varDelta \mathbf{z} = \mathbf{0}$, so ist der vorliegende Punkt $\mathbf{x} \in L$.

Beweis: Da $\varDelta \mathbf{z} = \mathbf{0}$, folgt $\nabla G(\mathbf{z}) \geq \mathbf{0}$, und ferner, daß $z_i = 0$ falls $(\nabla G(\mathbf{z}))_i > 0$. Damit erfüllt $\mathbf{z}$ die Kuhn-Tucker-Bedingungen für (17.2).

Der Verlauf des Algorithmus ist nun klar: angefangen mit einem zulässigen Punkt $\mathbf{x}^0$ der Nebenbedingungen bekommen wir eine endliche oder unendliche Folge $\{\mathbf{x}^i\}$ von Punkten. Für diesen Algorithmus können wir jedoch keinen Konvergenzsatz beweisen, d. h. die Folge $\{\mathbf{x}^i\}$ kann Häufungspunkte haben, welche nicht Lösungspunkte sind. Dieser Nachteil läßt sich aber durch geeignete Modifikationen entfernen, eine solche wurde von McCormick [2] angegeben. Ferner wurde der obige Algorithmus von Faure und Huard [1] eingehend studiert und implementiert.

Eine bekannte Methode, die mit der obigen eng verwandt ist, ist die *konvexe Simplexmethode* von Zangwill [1]. Der Hauptunterschied zwischen den beiden Methoden ist, daß jetzt bei jedem Schritt nur genau eine zu bestimmende unabhängige Variable in Richtung des negativen reduzierten Gradienten wächst. Diese Methode wurde in dem Buch von Zangwill [1] ausführlich besprochen, weshalb sich hier eine Behandlung erübrigt.

2. Der Fall nichtlinearer Restriktionen

Die reduzierte Gradientenmethode von Wolfe wurde von Abadie und Carpentier [1] für den Fall nichtlinearer Restriktionen verallgemeinert, und ist in dieser Form allgemein als GRG-Verfahren (Generalized Reduced Gradient) bekannt. Die Grundidee bleibt dabei dieselbe, $\mathbf{y}$ ist aber jetzt keine lineare Funktion von $\mathbf{z}$ mehr, was zur Folge hat, daß die Punkte $(\mathbf{y}(\mathbf{z}+\alpha\,\varDelta\mathbf{z}), \mathbf{z}+\alpha\,\varDelta\mathbf{z})$ für $\alpha \geqq 0$ eine Kurve und keinen Strahl bilden. Dies erschwert die Lösung des entsprechenden Subprogramms, so daß man hier folgendermaßen vorgeht: man löst das Subproblem auf einer Tangente zur Hyperfläche im Punkte $\mathbf{x}$ (damit liegt wieder ein eindimensionales nichtlineares Subprogramm vor), und kehrt mit einem weiteren Schritt zur Hyperfläche zurück.

Wir betrachten das folgende nichtlineare Programm:
Man minimiere die differenzierbare Funktion

$$F(\mathbf{x}) \tag{17.4}$$

über dem Bereich $S \subset R^n$ gegeben durch die Nebenbedingungen

$$f_i(\mathbf{x}) = f_i(x_1, x_2, \ldots, x_n) = 0, \qquad i = 1, 2, \ldots, m, \qquad \mathbf{x} \geqq \mathbf{0},$$

wobei $m \leqq n$ und die Funktionen $f_1, f_2, \ldots, f_m$ stetig differenzierbar seien. Statt $f_1, f_2, \ldots, f_m$ werden wir auch kurz $\mathbf{f}: R^n \to R^m$ schreiben, dann ist $S = \{\mathbf{x} \in R^n \mid \mathbf{f}(\mathbf{x}) = \mathbf{0}, \mathbf{x} \geqq \mathbf{0}\}$. Ferner seien folgende Nichtdegeneriertheits-Bedingungen erfüllt: jeder Punkt $\mathbf{x} \in S$ lasse sich durch Umordnung der Komponenten in der Form $\mathbf{x} = \left\|\dfrac{\mathbf{y}}{\mathbf{z}}\right\|$ schreiben (hierfür schreiben wir wieder $\mathbf{x} = (\mathbf{y}, \mathbf{z})$) mit $\mathbf{y} \in R^m$, $\mathbf{z} \in R^{n-m}$, so daß gilt:

(1) $\mathbf{y} > \mathbf{0}$,

(2) die $(m \times m)$-Matrix $\nabla_{\mathbf{y}}\mathbf{f}(\mathbf{y}, \mathbf{z})$ ist nichtsingulär im Punkte $\mathbf{x}$.

Sei nun $\mathbf{x}$ ein fest gewählter Punkt aus S, für den diese zwei Bedingungen gelten. Entsprechend der Zerlegung von $\mathbf{x}$ schreiben wir F und $\mathbf{f}$ in der Form $F(\boldsymbol{\eta}, \boldsymbol{\zeta})$ und $\mathbf{f}(\boldsymbol{\eta}, \boldsymbol{\zeta})$, $\boldsymbol{\eta} \in R^m$, $\boldsymbol{\zeta} \in R^{n-m}$. Dann folgt nach dem Satz über implizite Funktionen, daß eine Umgebung U von $\mathbf{z}$ im R^{n-m} und eine stetig differenzierbare Funktion $\mathbf{g}: U \to R^m$ existiert, mit $\mathbf{g}(\mathbf{z}) = \mathbf{y}$ und $\mathbf{f}(\mathbf{g}(\boldsymbol{\zeta}), \boldsymbol{\zeta}) = \mathbf{0}$ für alle $\boldsymbol{\zeta} \in U$. Damit haben wir lokale unabhängige Komponenten ζ_i und abhängige Komponenten $\eta_i = g_i(\boldsymbol{\zeta})$, und definieren wir

$$G(\boldsymbol{\zeta}) = F(\mathbf{g}(\boldsymbol{\zeta}), \boldsymbol{\zeta}) \quad \text{für} \quad \boldsymbol{\zeta} \in U,$$

und

$$V = \{\boldsymbol{\zeta} \in U \mid \boldsymbol{\zeta} \geqq \mathbf{0}\},$$

so bekommen wir die folgende von $\mathbf{x}$ abhängige Formulierung von (17.4):
Man minimiere

$$G(\boldsymbol{\zeta})$$

für

$$\mathbf{g}(\boldsymbol{\zeta}) \geqq \mathbf{0}, \tag{17.5}$$

$$\boldsymbol{\zeta} \in V.$$

Sei nun $\varDelta\mathbf{z}$ eine kleine Änderung in $\mathbf{z}$, so daß $\mathbf{z} + \alpha\,\varDelta\mathbf{z} \in V$ für genügend kleines $\alpha \in R$ mit $\alpha > 0$. Die geeignete Wahl von $\varDelta\mathbf{z}$ werden wir weiter unten angeben. Ist α klein genug, so folgt ferner $\mathbf{g}(\mathbf{z}) + \alpha\,(\nabla\mathbf{g}(\mathbf{z}))'\,\varDelta\mathbf{z} > \mathbf{0}$, da $\mathbf{g}(\mathbf{z}) > \mathbf{0}$, d. h. $(\mathbf{y} + \alpha\,\varDelta\mathbf{y}, \mathbf{z} + \alpha\,\varDelta\mathbf{z}) \geqq \mathbf{0}$, wobei $\varDelta\mathbf{y} = (\nabla\mathbf{g}(\mathbf{z}))'\,\varDelta\mathbf{z}$. Die Berechnung von $\nabla\mathbf{g}(\mathbf{z})$ erfolgt mittels der Formel (17.6) weiter unten. Wir betrachten nun das folgende eindimensionale nichtlineare Programm:

Man minimiere $F(\mathbf{x})$ auf der Tangente $(\mathbf{y}+\alpha\,\Delta\mathbf{y},\ \mathbf{z}+\alpha\,\Delta\mathbf{z})$ zur Hyperfläche $\mathbf{f}(\eta,\zeta)=\mathbf{0}$ im Punkte $(\mathbf{y},\mathbf{z})$ für $\alpha\in R$ mit $\alpha\geqq 0$, unter den Nebenbedingungen $\mathbf{y}+\alpha\,\Delta\mathbf{y}\geqq\mathbf{0},\ \mathbf{z}+\alpha\,\Delta\mathbf{z}\in V$.

Um anschließend auf die Hyperfläche $\mathbf{f}(\eta,\zeta)=\mathbf{0}$ zurückzukehren, projiziert man das gefundene relative lokale Minimum $\hat{\mathbf{x}}=(\hat{\mathbf{y}},\hat{\mathbf{z}})=(\mathbf{y}+\hat{\alpha}\,\Delta\mathbf{y},\ \mathbf{z}+\hat{\alpha}\,\Delta\mathbf{z})$ auf die Hyperfläche, d. h. man löst die Gleichungen $\mathbf{f}(\eta,\hat{\mathbf{z}})=\mathbf{0}$. Dies erfolgt schrittweise mittels des Newtonschen Iterationsverfahrens zur Lösung einer Gleichung (s. Ende des 3. Abschnitts von Kapitel XV):

Anfangspunkt $\eta^0=\hat{\mathbf{y}}$,

$$\eta^{j+1}=\eta^j-(\nabla_\eta\mathbf{f}(\eta^j,\hat{\mathbf{z}}))'^{-1}\,\mathbf{f}(\eta^j,\hat{\mathbf{z}}),\quad j\geqq 0.$$

Ausgehend von diesem Projektionspunkt wiederholen wir den gesamten obigen Schritt.

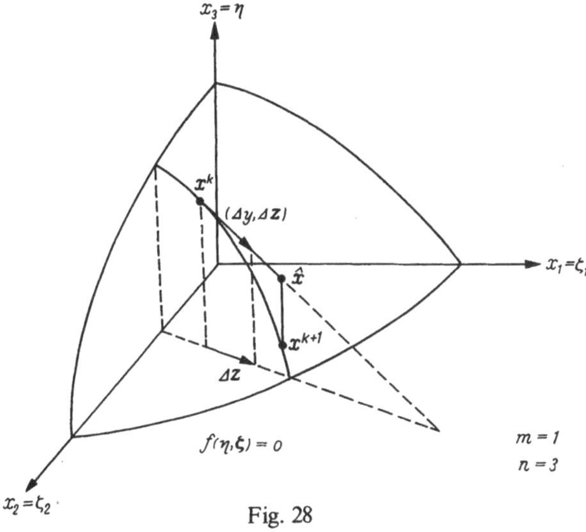

Fig. 28

Allerdings braucht dieser Projektionspunkt nicht zulässig zu sein, da durch die Projektion abhängige Variablen negativ werden können. Ferner braucht das Newton-Verfahren bekanntlich nicht zu konvergieren. Modifikationen zur Behebung dieser Schwierigkeiten und weitere Einzelheiten zu diesem Verfahren sind in der Arbeit von Abadie und Carpentier [1] angegeben worden.

Nun zur Wahl von $\Delta\mathbf{z}$. Wie früher gilt

$$\nabla G(\mathbf{z})=\nabla_\zeta F(\mathbf{g}(\mathbf{z}),\mathbf{z})+(\nabla\mathbf{g}(\mathbf{z}))'\nabla_\eta F(\mathbf{g}(\mathbf{z}),\mathbf{z}),$$

und da $\mathbf{f}(\mathbf{g}(\zeta),\zeta)=\mathbf{0}$ für $\zeta\in U$, folgt

$$\nabla_\zeta\mathbf{f}(\mathbf{g}(\mathbf{z}),\mathbf{z})+(\nabla\mathbf{g}(\mathbf{z}))'\nabla_\eta\mathbf{f}(\mathbf{g}(\mathbf{z}),\mathbf{z})=\mathbf{0},$$

d. h.

$$(\nabla\mathbf{g}(\mathbf{z}))'=-\nabla_\zeta\mathbf{f}(\mathbf{g}(\mathbf{z}),\mathbf{z})(\nabla_\eta\mathbf{f}(\mathbf{g}(\mathbf{z}),\mathbf{z}))^{-1},\tag{17.6}$$

und damit folgt

$$\nabla G(\mathbf{z})=\nabla_\zeta F(\mathbf{g}(\mathbf{z}),\mathbf{z})-\nabla_\zeta\mathbf{f}(\mathbf{g}(\mathbf{z}),\mathbf{z})(\nabla_\eta\mathbf{f}(\mathbf{g}(\mathbf{z}),\mathbf{z}))^{-1}\nabla_\eta F(\mathbf{g}(\mathbf{z}),\mathbf{z}).\tag{17.7}$$

Dies ist der *reduzierte Gradient,* und $\Delta\mathbf{z}$ wird genau wie früher definiert. Ist $\mathbf{f}$ linear, so ergibt (17.7) die frühere Formel (17.3).

Als Lösungsmenge L von (17.4) nehmen wir wie früher diejenigen zulässigen Punkte, die die Kuhn-Tucker-Bedingungen für (17.4) erfüllen:

$$L = \{\mathbf{x} \in R^n \mid \mathbf{f}(\mathbf{x}) = \mathbf{0}, \mathbf{x} \geqq \mathbf{0}, \text{ und es existiert } \mathbf{u} \in R^m, \text{ so daß}$$
$$\mathbf{r} = \nabla F(\mathbf{x}) + (\nabla \mathbf{f}(\mathbf{x})) \mathbf{u} \geqq \mathbf{0}, \mathbf{r}' \mathbf{x} = 0\},$$

und leiten wie früher ab: die Kuhn-Tucker-Bedingungen im Punkt $(\mathbf{g}(\mathbf{z}), \mathbf{z})$ für das Problem (17.5) lauten

$$\nabla G(\mathbf{z}) \geqq \mathbf{0},$$
$$\mathbf{z}' \nabla G(\mathbf{z}) = 0.$$

Ferner ist das Ziel wie früher das Erreichen eines Punktes $\mathbf{x}^k$ der Folge $\{\mathbf{x}^i\}$ mit $\mathbf{x}^k \in L$, oder aber die Konvergenz gegen einen Punkt in L. Die Implementierung des Algorithmus bereitet jedoch, wie bereits bemerkt, eine ganze Reihe von zusätzlichen Schwierigkeiten, so daß es interessant ist, darauf hinzuweisen, daß das GRG-Verfahren in der vergleichenden Studie von Colville [1] als eines der besten bewertet worden ist.

Achtzehntes Kapitel

Schnittebenenverfahren

1. Einleitung

Die beiden in diesem Kapitel betrachteten Verfahren eignen sich zur Lösung von
Programmen der folgenden allgemeinen Form:

Man minimiere die Linearform

$$L(\mathbf{x}) = \mathbf{c}'\mathbf{x}, \quad \mathbf{c} \in R^n, \tag{18.1}$$

über einem konvexen, abgeschlossenen Bereich $S \subset R^n$, der gegeben wird durch die
Nebenbedingungen

$$f_i(\mathbf{x}) = f_i(x_1, x_2, \ldots, x_n) \le 0, \quad i = 1, 2, \ldots, m.$$

Die Grundidee besteht in der iterativen linearen Approximation von S durch
konvexe Polyeder, wodurch das Problem auf eine Folge von linearen Programmen
zurückgeführt wird, deren Lösungen i. a. eine nichtzulässige Punktfolge $\{\mathbf{x}^k\}$ ergeben, d. h. $\mathbf{x}^k \notin S$ für alle k. Jeder Häufungspunkt dieser Folge liegt jedoch, wie wir
zeigen werden, in S, und liefert eine Optimallösung von (18.1).

Die Linearität der obigen Zielfunktion ist keine wesentliche Einschränkung: angenommen, man hat es mit einer konvexen Zielfunktion $F(\mathbf{x})$ zu tun, d. h. es liegt
das folgende Programm vor:

Man minimiere die konvexe Funktion

$$F(\mathbf{x}) \tag{18.2}$$

über dem konvexen, abgeschlossenen Bereich $S \subset R^n$.

Offensichtlich ist (18.1) ein Spezialfall von (18.2). Es kann aber (18.2) in der
Form (18.1) geschrieben werden: es sei

$$\mathbf{y} = (\mathbf{x}, \lambda) \in R^n \times R = R^{n+1},$$
$$[F, S] = \{\mathbf{y} \in R^{n+1} \mid \mathbf{x} \in S \quad \text{und} \quad F(\mathbf{x}) \le \lambda\},$$
$$\text{und} \quad \mathbf{p}' = \|\, 0, \ldots, 0, 1 \,\| \in R^{n+1}.$$

$[F, S]$ ist der Bereich im R^{n+1} „oberhalb" des Graphen der Beschränkung $F|_S$ von F
auf S, und heißt der *Epigraph* von $F|_S$. Man kann leicht zeigen, daß $[F, S]$ konvex
und abgeschlossen ist. Damit läßt sich nun (18.2) folgendermaßen in der Form
(18.1) schreiben:

Man minimiere die Linearform

$$\mathbf{p}' \mathbf{y} = \lambda \tag{18.3}$$

über dem konvexen, abgeschlossenen Bereich $[F, S] \subset R^{n+1}$.

Wir können nun den folgenden Algorithmus zur Lösung von (18.1) angeben: Es sei P_0 ein konvexer Polyeder mit den Eigenschaften:

(a) $S \subset P_0$,

(b) $L(\mathbf{x})$ ist auf P_0 nach unten beschränkt.

Man benutze nun folgende Rekursionsvorschrift für $k = 0, 1, \dots$:

1. Man minimiere $L(\mathbf{x})$ über P_k, d. h. man löse ein lineares Programm (z. B. mit dem Simplex-Algorithmus für $k = 0$ und mit dem dualen Simplex-Algorithmus für $k \geq 1$). Es sei $\mathbf{x}^k$ eine optimale Lösung. Falls $\mathbf{x}^k \in S$, so ist $\mathbf{x}^k$ eine optimale Lösung von (18.1).

2. Falls $\mathbf{x}^k \notin S$, bestimme man eine Hyperebene H_k, welche $\mathbf{x}^k$ und S trennt, d. h. man bestimme $\mathbf{a}^k \in R^n - \{0\}$ und $b^k \in R$ derart, daß $\mathbf{a}^{k\prime} \mathbf{x} \leq b^k < \mathbf{a}^{k\prime} \mathbf{x}^k$ für alle $\mathbf{x} \in S$. Eine solche Hyperebene existiert nach dem Trennungssatz (s. Kapitel I, 11. Abschnitt), angewendet auf S und eine abgeschlossene Kugelumgebung B^k von $\mathbf{x}^k$ derart, daß $B^k \cap S = \emptyset$. Nun setze man $P_{k+1} = P_k \cap \{\mathbf{x} \in R^n \mid \mathbf{a}^{k\prime} \mathbf{x} \leq b^k\}$.

Der Algorithmus liefert also Folgen $\{P_k\}$ und $\{\mathbf{x}^k\}$ derart, daß

$$P_0 \supset P_1 \supset \dots \supset P_k \supset \dots \supset S, \qquad \mathbf{x}^k \in P_k - S,$$

und

$$L(\mathbf{x}^0) \leq L(\mathbf{x}^1) \leq \dots \leq L(\mathbf{x}^k) \leq \dots \leq L(\mathbf{x}^*),$$

wobei $\mathbf{x}^*$ eine optimale Lösung von (18.1) sei. Man beachte, daß $\mathbf{x}^*$ wegen der Linearität der Zielfunktion ein Randpunkt von S (d. h. ein Punkt von S, aber kein innerer Punkt von S) sein muß.

Die beiden folgenden Schnittebenenverfahren unterscheiden sich nur in der Methode zur Bestimmung der trennenden Hyperebene. Eine in der Praxis häufig gebrauchte Modifikation liegt in der Definition von P_{k+1}: Um die Anzahl der Restriktionen zu beschränken, kann man manche derjenigen, die für $\mathbf{x}^k$ nichtbindend sind, vernachlässigen (s. hierzu Topkis [1] und Eaves und Zangwill [1]). Dies liegt nahe, da bei jeder Iteration eine weitere lineare Restriktion hinzukommt und somit das zu lösende lineare Programm ständig wächst. Ein weiterer Nachteil ist, daß die Punkte $\mathbf{x}^k$ alle unzulässig sind. Theoretische Untersuchungen haben ferner ergeben, daß diese Verfahren nur recht langsam konvergieren. Sie haben sich aber trotzdem für spezielle Probleme als nützlich erwiesen, z. B. wenn nur wenige der f_i nichtlinear sind.

2. Das Schnittebenenverfahren von Kelley

Dieses Verfahren wurde praktisch zur gleichen Zeit, unabhängig von Kelley [1] auch von Cheney und Goldstein [1] gefunden.

Es seien $f_1, f_2, \dots, f_m$ konvexe, differenzierbare Funktionen auf R^n, für welche wir auch kurz $\mathbf{f}: R^n \to R^m$ schreiben. Damit ist $S = \{\mathbf{x} \in R^n \mid \mathbf{f}(\mathbf{x}) \leq \mathbf{0}\}$ konvex und abgeschlossen. Wir betrachten wieder das Programm (18.1):

Man minimiere $L(\mathbf{x})$ über S.

Wie wir in der Einleitung sahen, bleibt nur die Angabe der trennenden Hyperebene H_k. Wir nehmen also an, daß $\mathbf{x}^k \notin S$, d. h. $\mathbf{f}(\mathbf{x}^k) \nleqq \mathbf{0}$. Es sei j_k derart, daß

$$f_{j_k}(\mathbf{x}^k) = \max \{f_i(\mathbf{x}^k) \mid i = 1, 2, \ldots, m\},$$

dann ist offensichtlich $f_{j_k}(\mathbf{x}^k) > 0$. Ferner gilt wegen der Konvexität von f_{j_k} nach (1.145) für alle $\mathbf{x} \in R^n$

$$f_{j_k}(\mathbf{x}) - f_{j_k}(\mathbf{x}^k) \geqq (\mathbf{x} - \mathbf{x}^k)' \nabla f_{j_k}(\mathbf{x}^k). \tag{18.4}$$

Nun definieren wir

$$H_k = \{\mathbf{x} \in R^n \mid f_{j_k}(\mathbf{x}^k) + (\mathbf{x} - \mathbf{x}^k)' \nabla f_{j_k}(\mathbf{x}^k) = 0\}$$

und

$$P_{k+1} = P_k \cap Q_k,$$

wobei

$$Q_k = \{\mathbf{x} \in R^n \mid f_{j_k}(\mathbf{x}^k) + (\mathbf{x} - \mathbf{x}^k)' \nabla f_{j_k}(\mathbf{x}^k) \leqq 0\}.$$

Es ist Q_k ein Halbraum genau dann, wenn $\nabla f_{j_k}(\mathbf{x}^k) \neq \mathbf{0}$. Dies gilt aber falls $S \neq \emptyset$, denn aus $\nabla f_{j_k}(\mathbf{x}^k) = \mathbf{0}$ folgt sofort nach (18.4), daß $\mathbf{x}^k$ globales Minimum von f_{j_k} ist, was $S = \emptyset$ nach sich zieht, da $f_{j_k}(\mathbf{x}^k) > 0$.

Ferner gilt $S \subset Q_k$, da nach (18.4) für alle $\mathbf{x} \in S$

$$0 \geqq f_{j_k}(\mathbf{x}) \geqq f_{j_k}(\mathbf{x}^k) + (\mathbf{x} - \mathbf{x}^k)' \nabla f_{j_k}(\mathbf{x}^k),$$

und es gilt $\mathbf{x}^k \notin Q_k$, da

$$f_{j_k}(\mathbf{x}^k) + (\mathbf{x}^k - \mathbf{x}^k)' \nabla f_{j_k}(\mathbf{x}^k) = f_{j_k}(\mathbf{x}^k) > 0.$$

Zur geometrischen Interpretation von H_k betrachten wir den Graphen von f_{j_k}, d. h. die Punktmenge $\{(\mathbf{x}, f_{j_k}(\mathbf{x})) \mid \mathbf{x} \in R^n\} \subset R^{n+1}$ oder auch die Hyperfläche $\mathbf{y} = f_{j_k}(\mathbf{x})$ im R^{n+1}. Die Tangentialhyperebene an diese Hyperfläche im Punkte

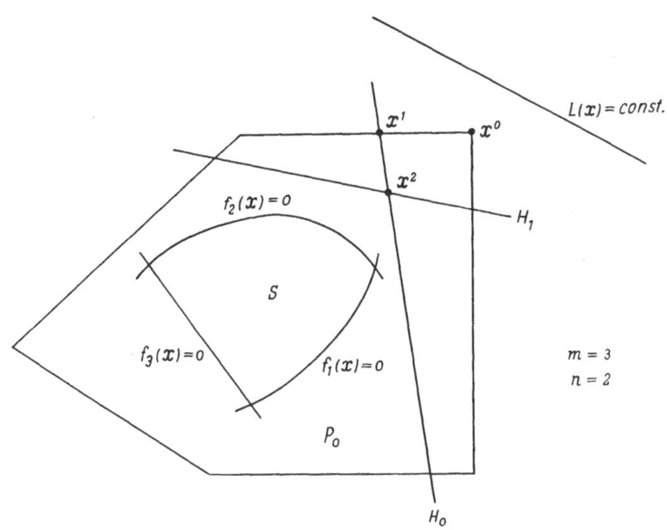

Fig. 29

$(\mathbf{x}^k, f_{j_k}(\mathbf{x}^k))$ hat bekanntlich die Gleichung

$$y = f_{j_k}(\mathbf{x}^k) + (\mathbf{x} - \mathbf{x}^k)' \nabla f_{j_k}(\mathbf{x}^k).$$

Der Durchschnitt dieser Hyperebene mit der Hyperebene $y = 0$ im R^{n+1} ergibt die Hyperebene H_k im R^n. In Fig. 29 haben wir $n = 2$ gesetzt, d. h. die abgebildeten Niveauhyperflächen sind Kurven. Der entsprechende Graph von f_1 etwa ist damit eine Fläche im R^3:

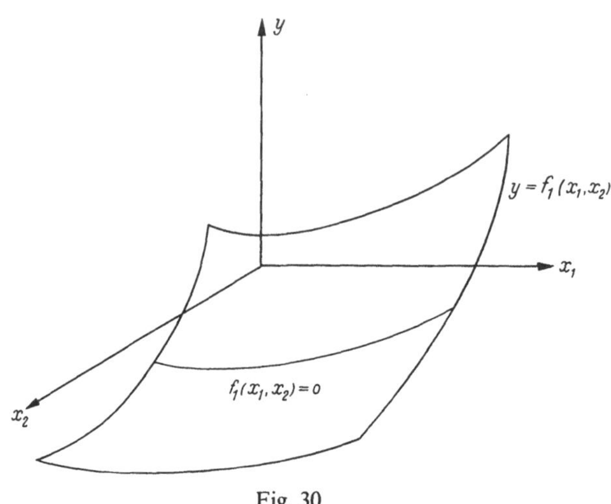

Fig. 30

Man beachte, daß dieses Verfahren für $n = 1$ und $m = 1$ in das Newtonsche Iterationsverfahren zur Bestimmung von Nullstellen übergeht.

Satz: Es seien die Funktionen $f_1, f_2, \ldots, f_m$ stetig differenzierbar. Ist die Folge $\{\mathbf{x}^k\}$ unendlich und $\hat{\mathbf{x}}$ ein Häufungspunkt von $\{\mathbf{x}^k\}$, so ist $\hat{\mathbf{x}}$ eine optimale Lösung von (18.1).

Bemerkung: Ist P_0 kompakt und die Folge $\{\mathbf{x}^k\}$ unendlich, so besitzt sie einen Häufungspunkt.

Beweis: O. B. d. A. können wir annehmen, daß $\{\mathbf{x}^k\}$ gegen $\hat{\mathbf{x}}$ konvergiert (da es sonst eine Teilfolge gibt, die gegen $\hat{\mathbf{x}}$ konvergiert). Offensichtlich kommt in der Folge $\{j_k\}$ mindestens ein Index j unendlich oft vor. Indem man auf eine Teilfolge $\{\mathbf{x}^k\}_{k \in K}$ von $\{\mathbf{x}^k\}$ übergeht, kann man erreichen, daß für alle $k \in K \; j_k = j$.

Sei nun $k \in K$. Dann gilt $\mathbf{x}^{k+1} \in Q_k$ oder

$$f_j(\mathbf{x}^k) + (\mathbf{x}^{k+1} - \mathbf{x}^k)' \nabla f_j(\mathbf{x}^k) \leqq 0,$$

und damit, daß

$$f_j(\mathbf{x}^k) \leqq |\mathbf{x}^{k+1} - \mathbf{x}^k| \cdot |\nabla f_j(\mathbf{x}^k)|. \tag{18.5}$$

Da die Folge $\{\mathbf{x}^k\}_{k \in K}$ gegen $\hat{\mathbf{x}}$ konvergiert, gibt es eine abgeschlossene Kugelumgebung V von $\hat{\mathbf{x}}$ im R^n derart, daß für alle $k \in K \; \mathbf{x}^k \in V$, und da ∇f_j stetig auf V ist, ist $|\nabla f_j(\mathbf{x}^k)|$ als Funktion von $k \in K$ beschränkt. Nun ist für alle $k \in K$ und

$i = 1, 2, \ldots, m, f_i(\mathbf{x}^k) \leqq f_j(\mathbf{x}^k)$, und damit folgt aus (18.5) für alle $i = 1, 2, \ldots, m$:

$$f_i(\hat{\mathbf{x}}) = \lim_{\substack{k \in K \\ k \to \infty}} f_i(\mathbf{x}^k) \leqq \lim_{\substack{k \in K \\ k \to \infty}} f_j(\mathbf{x}^k)$$

$$\leqq \lim_{\substack{k \in K \\ k \to \infty}} (|\mathbf{x}^{k+1} - \mathbf{x}^k| \cdot |\nabla f_j(\mathbf{x}^k)|) = 0,$$

d. h. $\hat{\mathbf{x}} \in S$.

Sei andererseits $\mathbf{x} \in S$. Dann gilt offensichtlich $L(\mathbf{x}^k) \leqq L(\mathbf{x})$ für alle $k \in K$, also folgt $L(\hat{\mathbf{x}}) \leqq L(\mathbf{x})$, d. h. $\hat{\mathbf{x}}$ ist eine optimale Lösung für (18.1).

Zur numerischen Durchführung des obigen Verfahrens wie auch einer speziellen Betrachtung des Verfahrens bei quadratischen Programmen möchten wir auf das Buch von Collatz und Wetterling [1], §§ 10, 14 verweisen. Um das Verfahren zu beschleunigen, hat Wolfe [7] eine Modifikation vorgeschlagen, mit der das Verfahren bei quadratischen Programmen aus nur endlich vielen Schritten besteht.

3. Das Schnittebenenverfahren von Kleibohm und Veinott

Das Schnittebenenverfahren von Kelley ist, wie wir sahen, sowohl theoretisch wie auch geometrisch einfach zu beschreiben, und läßt sich zudem auch leicht durch geeignete Abänderung von Simplex-Codes programmieren. Ein wesentlicher Nachteil ist jedoch die relativ langsame Konvergenz. Um diese zu verbessern, liegt es vom geometrischen Gesichtspunkt nahe zu versuchen, den durch die trennende Hyperebene H_k gegebenen Schnitt so tief wie möglich vorzunehmen. Im folgenden Verfahren, welches Kleibohm [1] und Veinott [1] unabhängig voneinander entwickelt haben, wird dies erreicht, indem eine gewisse Stützhyperebene von S als H_k gewählt wird. Diese Wahl benötigt jedoch einen weiteren Rechenschritt pro Iteration und somit einen größeren rechnerischen Aufwand.

Die Funktionen $f_1, f_2, \ldots, f_m$ seien hier differenzierbar, aber nicht notwendigerweise konvex. Jedoch sei der Bereich S konvex und abgeschlossen. Ferner setzen wir voraus:

(a) es gebe einen inneren Punkt $\tilde{\mathbf{x}}$ von S, z. B. $\tilde{\mathbf{x}} \in R^n$ mit $\mathbf{f}(\tilde{\mathbf{x}}) < \mathbf{0}$ (die strenge Vektorungleichung ist komponentenweise zu verstehen),

(b) ist $f_i(\mathbf{x}) = 0$, so sei $\nabla f_i(\mathbf{x}) \neq \mathbf{0}$.

Wir betrachten wieder das Programm (18.1):

Man minimiere $L(\mathbf{x})$ über S,

und wiederum bleibt nur noch die Angabe der trennenden Hyperebene H_k. Wir nehmen also an, daß $\mathbf{x}^k \notin S$, d. h. $f(\mathbf{x}^k) \not\leqq \mathbf{0}$. Sei M_k die Verbindungsstrecke zwischen $\tilde{\mathbf{x}}$ und $\mathbf{x}^k$,

$$M_k = \{\lambda \tilde{\mathbf{x}} + (1 - \lambda) \mathbf{x}^k \mid 0 \leqq \lambda \leqq 1\}.$$

S und M_k sind beide abgeschlossen und konvex, also ist $S \cap M_k$ abgeschlossen und konvex und ist somit die Verbindungsstrecke zwischen $\tilde{\mathbf{x}}$ und einem bestimmten Punkt $\mathbf{y}^k \in S$, dem sogenannten *Durchstoßpunkt* von M_k. Offensichtlich ist $\mathbf{y}^k \neq \mathbf{x}^k$, und auch ist $\mathbf{y}^k$ kein innerer Punkt von S, denn sonst wäre $\mathbf{y}^k$ nicht Endpunkt von

$S \cap M_k$, wie man leicht sieht. Nun gilt $\{\mathbf{x} \in R^n \mid \mathbf{f}(\mathbf{x}) < \mathbf{0}\} \subset S^\circ =$ Menge der inneren Punkte von S, woraus folgt:

Rand $(S) = S - S^\circ \subset \{\mathbf{x} \in R^n \mid \max \{f_i(\mathbf{x}) \mid i = 1, 2, \ldots, m\} = 0\}$, also ist $\mathbf{y}^k \in$ Rand (S) und es gibt ein j_k derart, daß $f_{j_k}(\mathbf{y}^k) = 0$. Der Durchstoßpunkt $\mathbf{y}^k$ wird also durch die folgenden drei Bedingungen bestimmt: $\mathbf{y}^k \in M_k$, $\mathbf{y}^k \in S$, und es gibt ein j_k, so daß $f_{j_k}(\mathbf{y}^k) = 0$. Nun definieren wir H_k als die folgende Stützhyperebene von S im Punkte $\mathbf{y}^k$:

$$H_k = \{\mathbf{x} \in R^n \mid (\mathbf{x} - \mathbf{y}^k)' \nabla f_{j_k}(\mathbf{y}^k) = 0\},$$

(man beachte, daß $\nabla f_{j_k}(\mathbf{y}^k) \neq \mathbf{0}$ nach Voraussetzung (b)), und setzen $P_{k+1} = P_k \cap Q_k$, wobei

$$Q_k = \{\mathbf{x} \in R^n \mid (\mathbf{x} - \mathbf{y}^k)' \nabla f_{j_k}(\mathbf{y}^k) \leq 0\} = \text{Halbraum}.$$

Offensichtlich ist $S \subset Q_k$. Ferner gilt $\mathbf{x}^k \notin Q_k$, denn sonst wäre entweder $\mathbf{x}^k \in Q_k - H_k$ oder $\mathbf{x}^k \in H_k$. Aus $\mathbf{x}^k \in Q_k - H_k$ folgt jedoch $M_k \subset Q_k - H_k$, im Widerspruch zu $\mathbf{y}^k \in H_k$. Und aus $\mathbf{x}^k \in H_k$ folgt $M_k \subset H_k$, insbesondere $\tilde{\mathbf{x}} \in H_k$, im Widerspruch zur Annahme $\tilde{\mathbf{x}} \in S^\circ$.

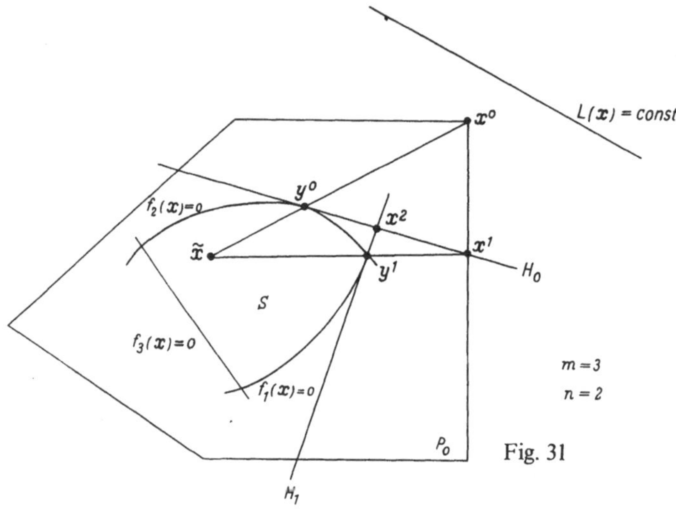

Fig. 31

Wenn kein innerer Punkt $\tilde{\mathbf{x}}$ von S bekannt ist, so kann man, falls die Funktionen $f_1, f_2, \ldots, f_m$ alle konvex sind, einen solchen mit der folgenden Methode bestimmen:

Man minimiere $\lambda \in R$ über dem Bereich $T = \{(\mathbf{x}, \lambda) \mid \mathbf{x} \in R^n \text{ und } \lambda \in R \text{ derart,}$ daß $f_i(\mathbf{x}) \leq \lambda, i = 1, 2, \ldots, m\}$, mit Hilfe des obigen Algorithmus.
Definieren wir $L(\mathbf{x}, \lambda) = \lambda$ und $g_i(\mathbf{x}, \lambda) = f_i(\mathbf{x}) - \lambda, i = 1, 2, \ldots, m$, so lautet dieses Programm:

Man minimiere die Linearform $L(\mathbf{x}, \lambda)$ über dem Bereich $T = \{(\mathbf{x}, \lambda) \mid g_i(\mathbf{x}, \lambda) \leq 0, i = 1, 2, \ldots, m\}$.
Man beachte, daß in der Notation der Einleitung T der Durchschnitt der Epigraphen von f_i ist:

$$T = \bigcap_{i=1}^{m} [f_i, R^n].$$

Damit ist T als Durchschnitt konvexer, abgeschlossener Mengen selbst konvex und abgeschlossen.

Sei $\bar{\mathbf{x}} \in R^n$ beliebig, und $\bar{\lambda} \in R$ derart, daß $\bar{\lambda} > \max \{f_i(\bar{\mathbf{x}}) \mid i = 1, 2, \ldots, m\}$. Dann ist $(\bar{\mathbf{x}}, \bar{\lambda})$ offensichtlich ein innerer Punkt von T. Wir nehmen ferner an, daß T „nach unten" beschränkt ist, was offensichtlich i. a. der Fall ist. Damit gibt es ein $\mu < 0$ derart, daß $\lambda \geqq \mu$ für alle $(\mathbf{x}, \lambda) \in T$. Als den T enthaltenden Anfangspolyeder nehmen wir den Halbraum $\{(\mathbf{x}, \lambda) \mid \mathbf{x} \in R^n \text{ und } \lambda \geqq \mu\}$.

Damit sind alle Voraussetzungen für die Anwendung des Schnittebenenverfahrens von Kleibohm und Veinott erfüllt. Wir brauchen das Verfahren jedoch nur so weit zu führen, bis ein Punkt $(\mathbf{x}^k, \lambda^k)$ erreicht ist, mit $\max \{f_i(\mathbf{x}^k) \mid i = 1, 2, \ldots, m\}$ < 0. Dann ist $\mathbf{x}^k$ ein innerer Punkt von S.

Satz: Es seien die Funktionen $f_1, f_2, \ldots, f_m$ stetig differenzierbar. Ist die Folge $\{\mathbf{x}^k\}$ unendlich und $\hat{\mathbf{x}}$ ein Häufungspunkt von $\{\mathbf{x}^k\}$, so ist $\hat{\mathbf{x}}$ eine optimale Lösung von (18.1).

Bemerkung: Ist P_0 kompakt und die Folge $\{\mathbf{x}^k\}$ unendlich, so besitzt sie einen Häufungspunkt.

Beweis: Wie im Beweis des Konvergenzsatzes im Abschnitt 2 können wir o. B. d. A. annehmen, daß $\{\mathbf{x}^k\}$ gegen $\hat{\mathbf{x}}$ konvergiert, und daß $j_k = j$ für alle k.

Es sei V eine abgeschlossene Kugelumgebung von $\hat{\mathbf{x}}$ im R^n derart, daß für alle k $\mathbf{x}^k \in V$. Dann liegt $\mathbf{y}^k$ für alle k in dem Kegel auf V mit Spitze $\bar{\mathbf{x}}$, d. h. in einer kompakten Menge, also hat die Folge $\{\mathbf{y}^k\}$ einen Häufungspunkt $\hat{\mathbf{y}}$, und es gibt eine Teilfolge $\{\mathbf{y}^k\}_{k \in K}$ die gegen $\hat{\mathbf{y}}$ konvergiert. Offensichtlich konvergiert dann $\{\mathbf{x}^k\}_{k \in K}$ gegen $\hat{\mathbf{x}}$, und wir haben noch die dritte gegen λ konvergierende Folge $\{\lambda^k\}_{k \in K}$, gegeben durch

$$\mathbf{y}^k = \lambda^k \bar{\mathbf{x}} + (1 - \lambda^k) \mathbf{x}^k, \qquad 0 \leqq \lambda^k < 1,$$
$$\hat{\mathbf{y}} = \lambda \bar{\mathbf{x}} + (1 - \lambda) \hat{\mathbf{x}}, \qquad 0 \leqq \lambda < 1.$$

(Man beachte, daß $\lambda < 1$, da $\bar{\mathbf{x}}$ innerer Punkt von S, d. h. es gibt eine offene Umgebung $W \subset S$ von $\bar{\mathbf{x}}$, die keine $\mathbf{y}^k$ und somit auch nicht $\hat{\mathbf{y}}$ enthält.) Ferner ist $\hat{\mathbf{y}} \in S$, da $\mathbf{y}^k \in S$ für alle $k \in K$ und S abgeschlossen ist. Nun gilt $\hat{\mathbf{y}} = \hat{\mathbf{x}}$:

(a) Es sei $\mathbf{z}^k = \nabla f_j(\mathbf{y}^k)$. Wegen der Stetigkeit der Funktion ∇f_j folgt, daß die Folge $\{\mathbf{z}^k\}_{k \in K}$ gegen $\hat{\mathbf{z}} = \nabla f_j(\hat{\mathbf{y}})$ konvergiert.

(b) Es ist $\bar{\mathbf{x}}$ innerer Punkt von Q_k, d h. $(\bar{\mathbf{x}} - \mathbf{y}^k)' \mathbf{z}^k < 0$. Durch Limesbildung folgt mit obiger Bemerkung $(\bar{\mathbf{x}} - \hat{\mathbf{y}})' \hat{\mathbf{z}} < 0$: keine der Stützhyperebenen $(\mathbf{x} - \mathbf{y}^k)' \mathbf{z}^k = 0$ schneidet W, da $W \subset S \subset Q_k$, also kann die Hyperebene $(\mathbf{x} - \hat{\mathbf{y}})' \hat{\mathbf{z}} = 0$ nicht $\bar{\mathbf{x}}$ enthalten.

(c) Da $\mathbf{x}^k \notin Q_k$ und $\mathbf{x}^{k+1} \in Q_k$, folgt

$$(\mathbf{x}^k - \mathbf{y}^k)' \mathbf{z}^k > 0 \quad \text{und} \quad (\mathbf{x}^{k+1} - \mathbf{y}^k)' \mathbf{z}^k \leqq 0.$$

Durch Limesbildung folgt dann

$$(\hat{\mathbf{x}} - \hat{\mathbf{y}})' \hat{\mathbf{z}} \geqq 0 \quad \text{und} \quad (\hat{\mathbf{x}} - \hat{\mathbf{y}})' \hat{\mathbf{z}} \leqq 0, \quad \text{d. h. } \hat{\mathbf{x}}' \hat{\mathbf{z}} = \hat{\mathbf{y}}' \hat{\mathbf{z}}.$$

(d) Aus $\hat{\mathbf{y}} = \lambda \bar{\mathbf{x}} + (1 - \lambda) \hat{\mathbf{x}}$ folgt mit (c) durch Skalarproduktbildung:

$$\hat{\mathbf{y}}' \hat{\mathbf{z}} = \lambda \bar{\mathbf{x}}' \hat{\mathbf{z}} + (1 - \lambda) \hat{\mathbf{y}}' \hat{\mathbf{z}} \quad \text{oder} \quad \lambda (\bar{\mathbf{x}} - \hat{\mathbf{y}})' \hat{\mathbf{z}} = 0.$$

Mit (b) folgt dann $\lambda = 0$, d. h. $\hat{\mathbf{y}} = \hat{\mathbf{x}}$.

Damit ist $\hat{\mathbf{x}} \in S$. Der Beweis, daß $\hat{\mathbf{x}}$ eine optimale Lösung von (18.1) ist, erfolgt wie im Beweis des Konvergenzsatzes in Abschnitt 2.

Ein wesentlicher Vorteil dieses Verfahrens gegenüber dem Schnittebenenverfahren von Kelley besteht darin, daß das gesuchte Minimum sowohl von oben als auch von unten angenähert wird:

$$L(\mathbf{x}^k) \leqq L(\hat{\mathbf{x}}) \leqq L(\mathbf{y}^k).$$

Das Verfahren kann also abgebrochen werden, wenn $L(\mathbf{y}^k) - L(\mathbf{x}^k)$ kleiner als eine vorgegebene Toleranzgrenze ist.

Läßt man im obigen Verfahren den inneren Punkt $\tilde{\mathbf{x}}$ folgendermaßen von Schritt zu Schritt variieren: es sei τ eine feste Konstante mit $0 < \tau < 1$, und man setze

$$\tilde{\mathbf{x}}^{k+1} = \tau\, \tilde{\mathbf{x}}^k + (1 - \tau)\, \mathbf{y}^k, \quad k = 0, 1, 2, \ldots,$$

so erhält man das MFD-*Verfahren* (modified feasible directions) von Zoutendijk [4], für welches der obige Konvergenzsatz bewiesen werden kann.

Neunzehntes Kapitel

Straffunktionsverfahren

1. Einleitung

Ein wichtiger Ansatz zur Lösung von nichtlinearen Programmen ist dessen Zurückführung auf eine Folge von freien Programmen, d. h. Programme ohne Restriktionen, mittels sogenannter Straffunktionen. Hierbei gibt es wiederum zwei verschiedene grundlegende Ansätze: Erstens die innere Straffunktionsmethode, bei der man mit einem inneren Punkte des durch die Nebenbedingungen gegebenen zulässigen Bereichs S anfängt und den Rand von S mit unendlich hohen Kosten belegt, so daß man im zulässigen Bereich S bleibt, aber das Nahsein am Rand von S mit schrittweise abnehmenden Kosten belegt, so daß schrittweise mehr des Bereichs S abgesucht wird, und zweitens die äußere Straffunktionsmethode, bei der man das Entferntsein von S mit schrittweise wachsenden Kosten belegt und sich, ausgehend von einem Punkte $\notin S$, dem zulässigen Bereich S von außen nähert. Diese beiden Verfahren haben jedoch große theoretische Ähnlichkeit, und wurden von Fiacco und McCormick [1] unter dem Namen SUMT − sequential unconstrained minimization techniques − eingehend behandelt.

Die Lösung der gewonnenen freien Programme ist ein Problem für sich, und die Wahl der hierzu heranzuziehenden Methode hängt in großem Maße von der Struktur der freien Programme ab. Es zeigt sich nämlich, daß gewisse ungünstige Eigenschaften der zu optimierenden Funktion mit wachsendem Straffunktionsparameter immer ausgeprägter werden können, so daß gewisse Modifikationen meist nötig sind. Hierfür möchten wir auf die Literatur verweisen, z. B. Fiacco und McCormick [1], Gill und Murray [1] und Polak [1]. Trotzdem gehören diese Methoden, insbesondere in Kombination mit speziellen Verfahren für freie Programme, zu den beliebtesten der nichtlinearen Programmierung.

2. Das innere Straffunktionsverfahren − der allgemeine Fall

Wir gehen aus von dem nichtlinearen Programm:

Man minimiere die stetige Funktion $F(\mathbf{x})$ über dem abgeschlossenen Bereich $S \subset R^n$. $\hspace{4em}$ (19.1)

Wir setzen hier voraus, daß S innere Punkte hat, d. h. $S° \neq \emptyset$. Ferner sei B: $S° \to [0, \infty)$ eine stetige Funktion mit der Eigenschaft:

$$B(\mathbf{x}) \to \infty \quad \text{falls} \quad \mathbf{x} \to \text{Rand } S - S° \text{ von } S.$$

Eine solche Funktion heißt *innere Straffunktion* oder auch *Barriere-Funktion*. Für $r > 0$ und $\mathbf{x} \in S°$ definieren wir

$$G(\mathbf{x}, r) = F(\mathbf{x}) + r B(\mathbf{x}).$$

Entscheidend für das zu beschreibende Verfahren ist die Tatsache, daß das Programm:

Man minimiere $G(\mathbf{x}, r)$ über $S°$ (für festes $r > 0$)

im wesentlichen ein freies Programm ist, denn der Strafterm $r B(\mathbf{x})$ verhindert, daß man in die Nähe des Randes $S - S°$ von S kommt. Man kann dieses Programm also mit Methoden für freie Programme lösen. Je kleiner r ist, desto mehr des Bereichs $S°$ wird abgesucht.

Das Verfahren besteht nun aus folgenden Schritten: Man wähle eine Folge $\{r^k\}$ in R mit $r^k > r^{k+1} > 0$ für alle k, und $\lim\limits_{k \to \infty} r^k = 0$, und benutze die folgende Rekursionsvorschrift für $k = 0, 1, \ldots$:

Man minimiere $G(\mathbf{x}, r^k)$ über $S°$. $\qquad\qquad\qquad\qquad\qquad$ (19.2)

Es sei $\mathbf{x}^k$ eine optimale Lösung dieses Programms. Man beachte hierbei, daß $\mathbf{x}^k$ nicht von $\mathbf{x}^0, \mathbf{x}^1, \ldots, \mathbf{x}^{k-1}$ abhängt.

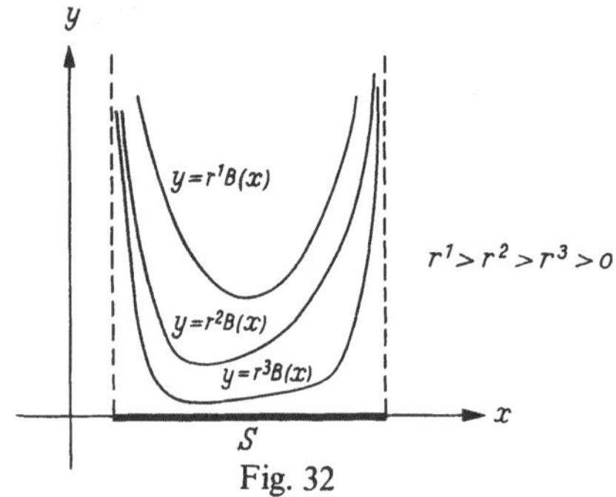

Fig. 32

Satz 1:

(a) Für $k = 0, 1, 2, \ldots$ gilt:

(i) $\quad G(\mathbf{x}^k, r^k) \geqq G(\mathbf{x}^{k+1}, r^{k+1})$,

(ii) $\quad B(\mathbf{x}^k) \leqq B(\mathbf{x}^{k+1})$,

(iii) $\quad F(\mathbf{x}^k) \geqq F(\mathbf{x}^{k+1})$.

(b) Für jeden Häufungspunkt $\bar{\mathbf{x}}$ der Folge $\{\mathbf{x}^k\}$ gilt $F(\mathbf{x}^k) \geqq F(\bar{\mathbf{x}})$ für alle k, und $\lim\limits_{k \to \infty} F(\mathbf{x}^k) = F(\bar{\mathbf{x}})$.

(c) Es habe S die folgende topologische Eigenschaft: für jeden Punkt $\mathbf{x} \in S$ und jede Umgebung U von $\mathbf{x}$ im R^n gilt $U \cap S° \neq \emptyset$, mit anderen Worten,

$$\overline{S°} = S, \qquad\qquad\qquad\qquad\qquad (19.3)$$

wobei der Querstrich die abgeschlossene Hülle bedeutet (s. Fig. 33).
Dann gilt, daß jeder Häufungspunkt $\bar{\mathbf{x}}$ der Folge $\{\mathbf{x}^k\}$ eine optimale Lösung von (19.1) ist.

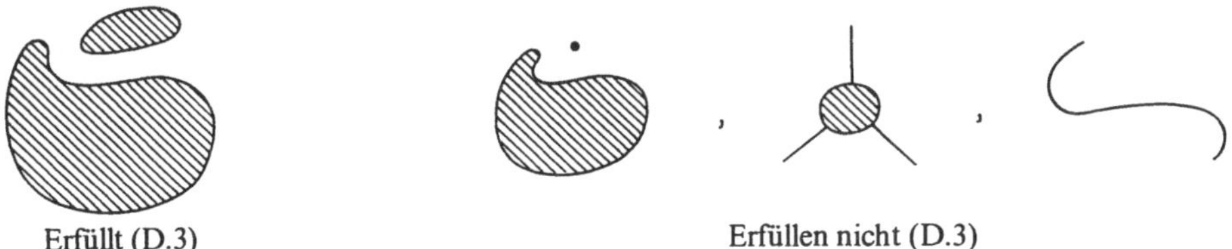

Erfüllt (D.3)   Erfüllen nicht (D.3)

Fig. 33

Beweis:

(a) (i) $G(\mathbf{x}^k, r^k) = F(\mathbf{x}^k) + r^k B(\mathbf{x}^k)$
$\geqq F(\mathbf{x}^k) + r^{k+1} B(\mathbf{x}^k)$, da $r^k > r^{k+1}$,
$\geqq F(\mathbf{x}^{k+1}) + r^{k+1} B(\mathbf{x}^{k+1})$ nach Definition von $\mathbf{x}^{k+1}$,
$= G(\mathbf{x}^{k+1}, r^{k+1})$.

(ii) $F(\mathbf{x}^k) + r^k B(\mathbf{x}^k) \leqq F(\mathbf{x}^{k+1}) + r^k B(\mathbf{x}^{k+1})$ nach Definition von $\mathbf{x}^k$, und
$F(\mathbf{x}^{k+1}) + r^{k+1} B(\mathbf{x}^{k+1}) \leqq F(\mathbf{x}^k) + r^{k+1} B(\mathbf{x}^k)$ nach Definition von $\mathbf{x}^{k+1}$.

Addition ergibt somit

$$(r^k - r^{k+1}) B(\mathbf{x}^k) \leqq (r^k - r^{k+1}) B(\mathbf{x}^{k+1})$$

oder

$$B(\mathbf{x}^k) \leqq B(\mathbf{x}^{k+1}).$$

(iii) $F(\mathbf{x}^k) + r^{k+1} B(\mathbf{x}^k) \geqq F(\mathbf{x}^{k+1}) + r^{k+1} B(\mathbf{x}^{k+1})$ nach Definition von $\mathbf{x}^{k+1}$,
$\geqq F(\mathbf{x}^{k+1}) + r^{k+1} B(\mathbf{x}^k)$ nach (ii).

Damit ist $F(\mathbf{x}^k) \geqq F(\mathbf{x}^{k+1})$.

(b) Es sei $\{\mathbf{x}^k\}_{k \in K}$ eine gegen $\bar{\mathbf{x}}$ konvergierende Teilfolge von $\{\mathbf{x}^k\}$. Wegen der Stetigkeit von F folgt $\lim_{\substack{k \in K \\ k \to \infty}} F(\mathbf{x}^k) = F(\bar{\mathbf{x}})$. Mit (a)(iii) folgt dann aber $F(\mathbf{x}^k) \geqq F(\bar{\mathbf{x}})$ für alle k und $\lim_{k \to \infty} F(\mathbf{x}^k) = F(\bar{\mathbf{x}})$.

(c) Es sei $\bar{\mathbf{x}}$ ein Häufungspunkt der Folge $\{\mathbf{x}^k\}$. Da $\mathbf{x}^k \in S^\circ$ für alle k, folgt, daß $\bar{\mathbf{x}} \in \overline{S^\circ} \subset S$, da S abgeschlossen. Wir werden zeigen, daß $F(\bar{\mathbf{x}}) \leqq F(\mathbf{x})$ für alle $\mathbf{x} \in S^\circ$. Dann folgt mit der Stetigkeit von F, daß $F(\bar{\mathbf{x}}) \leqq F(\mathbf{x})$ für alle $\mathbf{x} \in \overline{S^\circ} = S$ (Voraussetzung!), d. h. $\bar{\mathbf{x}}$ ist eine optimale Lösung von (19.1).

Angenommen, es existiere ein $\hat{\mathbf{x}} \in S^\circ$ mit $F(\hat{\mathbf{x}}) < F(\bar{\mathbf{x}})$. Es sei $\varepsilon = F(\bar{\mathbf{x}}) - F(\hat{\mathbf{x}})$. Dann folgt nach (b), $F(\mathbf{x}^k) - F(\hat{\mathbf{x}}) \geqq \varepsilon$ für alle k, und somit gilt $G(\mathbf{x}^k, r^k) = F(\mathbf{x}^k) + r^k B(\mathbf{x}^k) \geqq F(\mathbf{x}^k) \geqq F(\hat{\mathbf{x}}) + \varepsilon$ für alle k. Nun ist aber offensichtlich $\lim_{k \to \infty} G(\hat{\mathbf{x}}, r^k) = F(\hat{\mathbf{x}})$, also gibt es ein $\bar{k}$, so daß $0 \leqq G(\hat{\mathbf{x}}, r^{\bar{k}}) - F(\hat{\mathbf{x}}) < \varepsilon$, d. h. $G(\hat{\mathbf{x}}, r^{\bar{k}}) < F(\hat{\mathbf{x}}) + \varepsilon \leqq G(\mathbf{x}^{\bar{k}}, r^{\bar{k}})$, im Widerspruch zur Definition von $\mathbf{x}^{\bar{k}}$.

Beispiele:

Es sei $S = \{\mathbf{x} \in R^n \mid f_i(\mathbf{x}) \leqq 0, i = 1, 2, \ldots, m\}$, wobei die f_i stetige Funktionen seien. Ferner sei $S^\circ = \{\mathbf{x} \in R^n \mid f_i(\mathbf{x}) < 0, i = 1, 2, \ldots, m\}$. Die folgenden sind die bekanntesten inneren Straffunktionen:

(a) (Carroll [1]) $B_1(\mathbf{x}) = - \sum_{i=1}^{m} \dfrac{1}{f_i(\mathbf{x})}$, und allgemeiner:

(b) $B_2(\mathbf{x}) = \sum_{i=1}^{m} \dfrac{1}{(-f_i(\mathbf{x}))^a}$, $a \in R$ mit $a > 0$, z. B. $a = 1$ oder 2,

(c) (Frisch [1]) $B_3(\mathbf{x}) = -\sum_{i=1}^{m} \log\left(-\frac{f_i(\mathbf{x})}{M}\right)$

$$= m \log M - \sum_{i=1}^{m} \log\left(-f_i(\mathbf{x})\right)$$

$$= m \log M - \log\left[(-1)^m \prod_{i=1}^{m} f_i(\mathbf{x})\right],$$

wobei $M = \max\{-f_i(\mathbf{x}) \mid \mathbf{x} \in S, i = 1, 2, \ldots, m\} < \infty$.

Bei der Beschreibung des Algorithmus haben wir stillschweigend vorausgesetzt, daß das Programm (19.2):

Man minimiere $G(\mathbf{x}, r^k)$ über S°

eine optimale Lösung in S° besitzt, d. h. daß $\inf\limits_{\mathbf{x} \in S^\circ} G(\mathbf{x}, r^k)$ in einem Punkt von S° angenommen wird (es wird auf jeden Fall in einem Punkt von S angenommen). Der folgende Satz beweist, daß dies gilt, falls S kompakt ist.

Satz 2: Ist S kompakt, so gilt für jedes beliebige $r > 0$: $\inf\limits_{\mathbf{x} \in S^\circ} G(\mathbf{x}, r)$ wird in einem Punkt von S° angenommen.

Beweis Es ist offensichtlich

$$\inf_{\mathbf{x} \in S^\circ} G(\mathbf{x}, r) < \infty \tag{19.4}$$

und nach Definition des Infimums existiert eine Folge $\{\mathbf{y}^i\}$ in S° mit $\lim\limits_{i \to \infty} G(\mathbf{y}^i, r) = \inf\limits_{\mathbf{x} \in S^\circ} G(\mathbf{x}, r)$. Da S kompakt, gibt es eine konvergente Teilfolge $\{\mathbf{y}^i\}_{i \in I}$ von $\{\mathbf{y}^i\}$, und es sei $\lim\limits_{\substack{i \in I \\ i \to \infty}} \mathbf{y}^i = \bar{\mathbf{y}} \in S$. Offensichtlich konvergiert die Teilfolge $\{G(\mathbf{y}^i, r)\}_{i \in I}$ von $\{G(\mathbf{y}^i, r)\}$ auch gegen $\inf\limits_{\mathbf{x} \in S^\circ} G(\mathbf{x}, r)$, d. h. $\lim\limits_{\substack{i \in I \\ i \to \infty}} G(\mathbf{y}^i, r) = \inf\limits_{\mathbf{x} \in S^\circ} G(\mathbf{x}, r)$.

Ist $\bar{\mathbf{y}} \in \text{Rand } S - S^\circ$ von S, so folgt

$$\inf_{\mathbf{x} \in S^\circ} G(\mathbf{x}, r) = \lim_{\substack{i \in I \\ i \to \infty}} G(\mathbf{y}^i, r) = \lim_{\substack{i \in I \\ i \to \infty}} F(\mathbf{y}^i) + r \lim_{\substack{i \in I \\ i \to \infty}} B(\mathbf{y}^i) = F(\bar{\mathbf{y}}) + r \cdot \infty = \infty$$

wegen der grundlegenden Eigenschaft einer Barriere-Funktion. Dies widerspricht jedoch (19.4).

Also ist $\bar{\mathbf{y}} \in S^\circ$, und es gilt $\inf\limits_{\mathbf{x} \in S^\circ} G(\mathbf{x}, r) = \lim\limits_{\substack{i \in I \\ i \to \infty}} G(\mathbf{y}^i, r) = G(\bar{\mathbf{y}}, r)$.

Ferner gilt es zu beachten, daß man zur Lösung des Programms (19.2) mittels einer Methode für freie Programme, einen Anfangspunkt in S° benötigt. Einen solchen kann man, falls $S = \{\mathbf{x} \in R^n \mid f_i(\mathbf{x}) \leq 0, i = 1, 2, \ldots, m\}$, wobei die f_i stetige Funktionen sind, folgendermaßen bestimmen:

Man minimiere $\lambda \in R$ über dem abgeschlossenen Bereich $T = \{(\mathbf{x}, \lambda) \mid \mathbf{x} \in R^n$ und $\lambda \in R$ derart, daß $f_i(\mathbf{x}) \leq \lambda, i = 1, 2, \ldots, m\}$, mit Hilfe des obigen Algorithmus. Als Anfangspunkt $(\bar{\mathbf{x}}, \bar{\lambda})$ für dieses Programm nimmt man einen beliebigen Punkt $\bar{\mathbf{x}} \in R^n$ und $\bar{\lambda} > \max\{f_i(\bar{\mathbf{x}}) \mid i = 1, 2, \ldots, m\}$. Offensichtlich ist $(\bar{\mathbf{x}}, \bar{\lambda})$ ein innerer Punkt von T. Wir brauchen den Algorithmus nur so oft anzuwenden, bis ein Punkt $(\mathbf{x}^k, \lambda^k)$ erreicht wird, mit $\lambda^k < 0$. Dann ist $\mathbf{x}^k$ ein innerer Punkt von S.

3. Der konvexe Fall

In diesem Abschnitt setzen wir voraus, daß

$$S = \{\mathbf{x} \in R^n \,|\, f_i(\mathbf{x}) \leqq 0, \quad i = 1, 2, \ldots, m\},$$
$$B = B_2 \text{ mit } a \geqq 1, \text{ oder } B_3 \text{ (s. obige Beispiele)},$$

und daß folgende Bedingungen gelten:

(1) $S^\circ = \{\mathbf{x} \in R^n \,|\, f_i(\mathbf{x}) < 0, \quad i = 1, 2, \ldots, m\} \neq \emptyset$,

(2) die Funktionen $F, f_1, \ldots, f_m$ seien konvex und differenzierbar — damit sind S° und S konvex, und man sieht leicht, daß dann S die Eigenschaft (19.3) hat,

(3) ist $\bar{\mathbf{x}}$ ein Häufungspunkt der Folge $\{\mathbf{x}^k\}$, so gelte $\lim_{k \to \infty} r^k B_2(\mathbf{x}^k) = 0$. (Dies gilt immer, falls $\bar{\mathbf{x}} \in S^\circ$.)

Man bemerke, daß die inneren Straffunktionen B_2 mit $a \geqq 1$ und B_3 mit der Konvexität der Funktionen f_i wieder konvex sind. Dies folgt sofort nach folgendem Satz:

Satz 3: Es seien $f: R^n \to R$ und $g: R \to R$ konvexe Funktionen, und ferner sei g monoton wachsend. Dann ist $h = g \circ f$ eine konvexe Funktion.

Beweis: Es seien $\mathbf{x}, \mathbf{y} \in R^n$ und $\lambda \in R$ mit $0 < \lambda < 1$. Dann folgt

$$h(\lambda \mathbf{x} + (1-\lambda)\mathbf{y}) = g(f(\lambda \mathbf{x} + (1-\lambda)\mathbf{y})) \leqq g(\lambda f(\mathbf{x}) + (1-\lambda)f(\mathbf{y})), \text{ da } f$$

konvex und g monoton wachsend, $\qquad\qquad \leqq \lambda h(\mathbf{x}) + (1-\lambda)h(\mathbf{y})$, da g konvex.

Ebenso läßt sich beweisen:

Korollar: Es sei f konkav und g konvex und monoton fallend. Dann ist h konvex.

Um die Konvexität von B_1 (d. h. B_2 mit $a = 1$) einzusehen, nehme man $f = f_i$ und $g(x) = -\dfrac{1}{x}$ für $x < 0$. Bekanntlich ist die Summe konvexer Funktionen wieder konvex. Für B_2 mit $a > 1$ nehme man $f = -\dfrac{1}{f_i}$ und $g(x) = x^a$ für $x > 0$, und für B_3 im Korollar $f = -\dfrac{f_i}{M}$ und $g(x) = -\log x$ für $x > 0$.

Damit haben wir, daß mit der Konvexität von F die Funktion $G(\mathbf{x}, r)$ auf S° konvex ist, d. h. die Programme (19.2) sind konvex.

Hat nun die Folge $\{\mathbf{x}^k\}$ einen Häufungspunkt $\bar{\mathbf{x}}$, so ist $F(\bar{\mathbf{x}})$ das globale Minimum von F in dem konvexen Bereich S. Es sei $b = F(\bar{\mathbf{x}})$. Nach Satz 1 (b) liefert $F(\mathbf{x}^k)$ eine obere Schranke für b. Mit Hilfe der in Kapitel III,3 beschriebenen Dualitätstheorie für konvexe Programme können wir auch geeignete untere Schranken für b ableiten.

Das hier betrachtete Programm (19.1):

Man minimiere $F(\mathbf{x})$ über dem Bereich $S = \{\mathbf{x} \in R^n \,|\, f_i(\mathbf{x}) \leqq 0, i = 1, 2, \ldots, m\}$, wobei $F, f_1, f_2, \ldots, f_m$ konvex und differenzierbar sind,

ist genau das in Kapitel III,3 betrachtete Programm (3.31). Das hierzu duale konvexe Programm lautet demnach:

Man maximiere $\Phi(\mathbf{x}, \mathbf{u}) = F(\mathbf{x}) + \sum_{j=1}^{m} u_j f_j(\mathbf{x})$ unter den Nebenbedingungen

$$\nabla_{\mathbf{x}} \Phi(\mathbf{x}, \mathbf{u}) = \mathbf{0}, \quad \mathbf{u} \geqq \mathbf{0},$$

d. h. $\quad \nabla F(\mathbf{x}) + \sum_{j=1}^{m} u_j \nabla f_j(\mathbf{x}) = \mathbf{0}, \quad u_j \geqq 0, \quad j = 1, 2, \ldots, m.$

Wir setzen nun $u_j^k = \begin{cases} \dfrac{a\, r^k}{(-f_j(\mathbf{x}^k))^{a+1}} & \text{falls } B = B_2, \\[3ex] -\dfrac{r^k}{f_j(\mathbf{x}^k)} & \text{falls } B = B_3, \end{cases}$

für $j = 1, 2, \ldots, m$, und $k = 0, 1, 2, \ldots$ Offensichtlich ist $\mathbf{u}^k > \mathbf{0}$, und es folgt

$$\nabla_{\mathbf{x}} \Phi(\mathbf{x}^k, \mathbf{u}^k) = \nabla F(\mathbf{x}^k) + a\, r^k \sum_{j=1}^{m} \frac{\nabla f_j(\mathbf{x}^k)}{(-f_j(\mathbf{x}^k))^{a+1}} \text{ falls } B = B_2,$$

$$= \nabla F(\mathbf{x}^k) + r^k \sum_{j=1}^{m} \nabla \left(\frac{1}{(-f_j(\mathbf{x}^k))^a} \right)$$

$$= \nabla_{\mathbf{x}} G(\mathbf{x}^k, r^k) = \mathbf{0},$$

da $\mathbf{x}^k$ eine optimale Lösung von Programm (19.2) ist, und ebenso

$$\nabla_{\mathbf{x}} \Phi(\mathbf{x}^k, \mathbf{u}^k) = \nabla F(\mathbf{x}^k) - r^k \sum_{j=1}^{m} \frac{\nabla f_j(\mathbf{x}^k)}{f_j(\mathbf{x}^k)} \text{ falls } B = B_3,$$

$$= \nabla F(\mathbf{x}^k) - r^k \sum_{j=1}^{m} \nabla (\log(-f_j(\mathbf{x}^k)))$$

$$= \nabla_{\mathbf{x}} G(\mathbf{x}^k, r^k) = \mathbf{0}.$$

Also ist $(\mathbf{x}^k, r^k)$ dual zulässig. Dann folgt nach Satz 1 in Kapitel III,3,

$$\Phi(\mathbf{x}^k, \mathbf{u}^k) \leqq b \quad \text{für alle } k.$$

Ferner gilt

$$\lim_{k \to \infty} \Phi(\mathbf{x}^k, \mathbf{u}^k) = \lim_{k \to \infty} \left(F(\mathbf{x}^k) - a\, r^k \sum_{j=1}^{m} \frac{-f_j(\mathbf{x}^k)}{(-f_j(\mathbf{x}^k))^{a+1}} \right) \text{ falls } B = B_2,$$

$$= \lim_{k \to \infty} \left(F(\mathbf{x}^k) - a\, r^k \sum_{j=1}^{m} \frac{1}{(-f_j(\mathbf{x}^k))^a} \right)$$

$$= \lim_{k \to \infty} (F(\mathbf{x}^k) - a\, r^k B_2(\mathbf{x}^k)) = b$$

nach Voraussetzung (3), und

$$\lim_{k \to \infty} \Phi(\mathbf{x}^k, \mathbf{u}^k) = \lim_{k \to \infty} (F(\mathbf{x}^k) - m\, r^k), \quad \text{falls } B = B_3,$$

$$= \lim_{k \to \infty} F(\mathbf{x}^k) = b.$$

Zusammenfassend haben wir also $\Phi(\mathbf{x}^k, \mathbf{u}^k) \leqq b \leqq F(\mathbf{x}^k)$ für alle k, und $\lim\limits_{k \to \infty} F(\mathbf{x}^k) = \lim\limits_{k \to \infty} \Phi(\mathbf{x}^k, \mathbf{u}^k) = b$. Diese Schranken können somit als Abbruchkriterium für den Algorithmus dienen.

4. Das äußere Straffunktionsverfahren — der allgemeine Fall

Wir gehen aus von dem nichtlinearen Programm:

Man minimiere die stetige Funktion $F(\mathbf{x})$ über dem Bereich $S \subset R^n$. (19.5)

Es sei $P: R^n \to [0, \infty)$ eine stetige Funktion mit der Eigenschaft:

$$P(\mathbf{x}) = 0 \text{ genau dann, wenn } \mathbf{x} \in S.$$

Eine solche Funktion heißt *äußere Straffunktion (penalty function)*. Für $s > 0$ definieren wir

$$H(\mathbf{x}, s) = F(\mathbf{x}) + s\, P(\mathbf{x}):$$

Läßt man in dem freien Programm:

Man minimiere $H(\mathbf{x}, s)$ über R^n (für festes s)

den Parameter s wachsen, so nähern sich die Lösungen schrittweise dem zulässigen Bereich von (19.5), da der Strafterm zunehmend dominiert. Das Verfahren besteht nun aus folgenden Schritten:

Man wähle eine Folge $\{s^k\}$ in R mit $s^{k+1} > s^k > 0$ für alle k, und $\lim\limits_{k \to \infty} s^k = \infty$, und benutze die folgende Rekursionsvorschrift für $k = 0, 1, 2, \ldots$:

Man minimiere $H(\mathbf{x}, s^k)$ über R^n. (19.6)

Es sei $\mathbf{x}^k$ eine optimale Lösung dieses freien Programms. Man beachte hierbei, daß $\mathbf{x}^k$ nicht von $\mathbf{x}^0, \mathbf{x}^1, \ldots, \mathbf{x}^{k-1}$ abhängt.

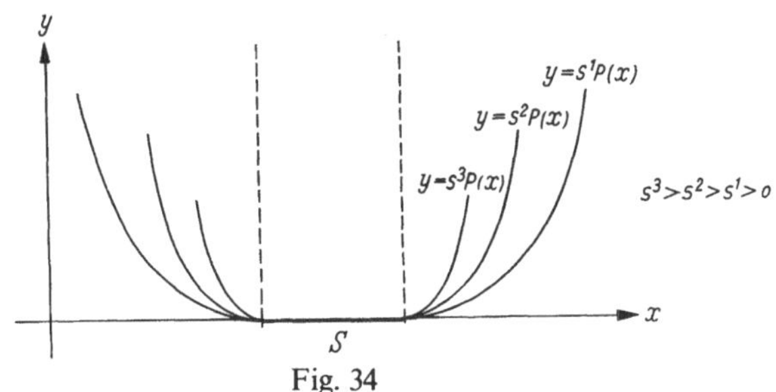

Fig. 34

Satz 4:

(a) Für $k = 0, 1, 2, \ldots$ gilt:

(i) $H(\mathbf{x}^k, s^k) \leqq H(\mathbf{x}^{k+1}, s^{k+1})$,

(ii) $P(\mathbf{x}^k) \geqq P(\mathbf{x}^{k+1})$,

(iii) $F(\mathbf{x}^k) \leqq F(\mathbf{x}^{k+1})$.

(b) Es sei $\mathbf{x} \in S$. Dann gilt $F(\mathbf{x}^k) \leqq H(\mathbf{x}^k, s^k) \leqq F(\mathbf{x})$ für alle k. Insbesondere gilt: ist $\mathbf{x}^k \in S$, so ist $\mathbf{x}^k$ eine optimale Lösung von (19.5).

(c) $\lim\limits_{k \to \infty} P(\mathbf{x}^k) = 0$.

(d) Für jeden Häufungspunkt $\bar{x}$ der Folge $\{x^k\}$ gilt:

(i) $F(x^k) \leq F(\bar{x})$ für alle k, und $\lim_{k \to \infty} F(x^k) = F(\bar{x})$,

(ii) Es ist $\bar{x}$ eine optimale Lösung von (19.5),

(iii) $\lim_{k \to \infty} H(x^k, s^k) = F(\bar{x})$.

Beweis:

(a) (i) $H(x^k, s^k) = F(x^k) + s^k P(x^k)$

$$\leq F(x^{k+1}) + s^k P(x^{k+1}) \text{ nach Definition von } x^k,$$
$$\leq F(x^{k+1}) + s^{k+1} P(x^{k+1}), \text{ da } s^k < s^{k+1},$$
$$= H(x^{k+1}, s^{k+1}).$$

(ii) Analog dem Beweis von Satz 1 (a) (ii) unter Beachtung, daß $s^k < s^{k+1}$.

(iii) $F(x^k) + s^k P(x^{k+1}) \leq F(x^k) + s^k P(x^k)$ nach (ii),
$$\leq F(x^{k+1}) + s^k P(x^{k+1}) \text{ nach Definition von } x^k.$$

(b) $F(x^k) \leq H(x^k, s^k) \leq H(x^{k+1}, s^{k+1})$ nach (a) (i),
$$\leq H(x, s^{k+1}) \text{ nach Definition von } x^{k+1},$$
$$= F(x), \text{ da } x \in S.$$

(c) Nach (a) und (b) sind die Folgen $\{F(x^k)\}$, $\{H(x^k, s^k)\}$ monoton steigende, beschränkte Folgen, welche somit konvergieren — es sei $\lim_{k \to \infty} F(x^k) = a$, $\lim_{k \to \infty} H(x^k, s^k) = b$. Damit folgt, daß

$$\lim_{k \to \infty} s^k P(x^k) = b - a,$$
$$= (\lim_{k \to \infty} s^k)(\lim_{k \to \infty} P(x^k)),$$

und da $\lim_{k \to \infty} s^k = \infty$, ist $\lim_{k \to \infty} P(x^k) = 0$.

(d) Es sei $\{x^k\}_{k \in K}$ eine gegen $\bar{x}$ konvergierende Teilfolge von $\{x^k\}$. Wegen der Stetigkeit von F folgt $\lim_{\substack{k \in K \\ k \to \infty}} F(x^k) = F(\bar{x})$.

Mit (a) (iii) folgt dann aber $F(x^k) \leq F(\bar{x})$ für alle k und $\lim_{k \to \infty} F(x^k) = F(\bar{x})$.

Wegen der Stetigkeit von P folgt $\lim_{\substack{k \in K \\ k \to \infty}} P(x^k) = P(\bar{x})$,
$$= 0 \text{ nach (c)},$$

also ist $\bar{x} \in S$. Ferner gilt nach (b) für jedes $x \in S$,

$$F(\bar{x}) = \lim_{k \to \infty} F(x^k) \leq F(x),$$

d. h. $\bar{x}$ ist eine optimale Lösung von (19.5).
Weiter folgt aus (b):

$$F(\bar{x}) = \lim_{k \to \infty} F(x^k) \leq \lim_{k \to \infty} H(x^k, s^k) \leq \min\{F(x) \mid x \in S\} = F(\bar{x}),$$

d. h.
$$\lim_{k \to \infty} H(x^k, s^k) = F(\bar{x}).$$

Beispiele:

(1) Es sei $S = \{x \in R^n \mid f_i(x) \leq 0, \ i = 1, 2, \ldots, m\}$, wobei die f_i stetige Funktionen seien, und $f^+(x)$ der Vektor mit

$$f_i^+(x) = \max\{0, f_i(x)\}, \quad i = 1, 2, \ldots, m.$$

Dann gibt es die folgenden äußeren Straffunktionen:

(a) $$P(\mathbf{x}) = \sum_{i=1}^{m} (f_i^+(\mathbf{x}))^a, \qquad a \in R \text{ mit } a > 0,$$

z. B. $a = 1$ oder 2. P ist differenzierbar, falls die f_i differenzierbar sind und $a > 1$.

(b) $$P(\mathbf{x}) = g(f^+(\mathbf{x})),$$

wobei $g: R^m \to [0, \infty)$ eine stetige Funktion ist mit den Eigenschaften:

$$g(\mathbf{y}) = 0, \text{ falls } \mathbf{y} = \mathbf{0},$$
$$g(\mathbf{y}) > 0, \text{ falls } \mathbf{y} \geqq \mathbf{0} \text{ aber } \mathbf{y} \neq \mathbf{0}.$$

(c) Man nehme in (b) die Funktion $g(\mathbf{y}) = \mathbf{y}' \mathbf{A} \mathbf{y}$, wobei $\mathbf{A}$ eine symmetrische positiv-definite $(m \times m)$-Matrix ist.

(2) Es sei $S = \{\mathbf{x} \in R^n \mid f_i(\mathbf{x}) = 0, i = 1, 2, \ldots, m\}$, wobei die f_i stetige Funktionen seien. Dann gibt es die folgenden äußeren Straffunktionen:

(a) $$P(\mathbf{x}) = \left(\sum_{i=1}^{m} (f_i(\mathbf{x}))^2 \right)^{a/2}, \qquad a \in R \text{ mit } a > 0,$$

z. B. $a = 1$ oder 2. P ist differenzierbar, falls die f_i differenzierbar sind und $a \geqq 2$.

(b) $$P(\mathbf{x}) = \sum_{i=1}^{m} |f_i(\mathbf{x})|.$$

Bemerkungen

(1) Im Gegensatz zu dem inneren Straffunktionsverfahren ist das äußere Straffunktionsverfahren auch für Programme mit Gleichungsrestriktionen geeignet. Ferner kann man bei gemischten Programmen z. B. die Gleichungsrestriktionen mit Straffunktionen entfernen und die Ungleichungsrestriktionen beibehalten, oder auch eine störende Restriktion entfernen um die Anwendbarkeit eines bestimmten Algorithmus zu erreichen. Auch gibt es Verfahren, die sowohl äußere als auch innere Straffunktionen benutzen. Wir verweisen hierfür auf Fiacco und McCormick [1] und Polak [1], s. a. die grundlegende Arbeit von Zangwill [2].

(2) Bei inneren Straffunktionsmethoden konnten wir nur im konvexen Fall Schranken für den optimalen Zielfunktionswert angeben, die als Abbruchkriterium für den Algorithmus dienen können. Für äußere Straffunktionsverfahren hingegen können wir die nichtbindenden Restriktionen dazu benutzen, d. h. diejenigen Werte $f_i(\mathbf{x}^k)$, die > 0 sind, da diese ein Maß dafür sind, wie nahe $\mathbf{x}^k$ an S ist. Andererseits ist es aber von Interesse, Schranken für den Zielfunktionswert zu kennen. Für den konvexen Fall bestimmen wir solche im nächsten Abschnitt.

5. Der konvexe Fall

Hier setzen wir voraus, daß

$$S = \{\mathbf{x} \in R^n \mid f_i(\mathbf{x}) \leqq 0, \qquad i = 1, 2, \ldots, m\},$$
$$P(\mathbf{x}) = \sum_{i=1}^{m} (f_i^+(\mathbf{x}))^a, \qquad a > 1,$$

und daß die Funktionen $F, f_1, f_2, \ldots, f_m$ konvex und differenzierbar sind – damit ist S konvex, und auch die Funktion P ist konvex: dies folgt wie im 3. Abschnitt nach Satz 3. Also ist die Funktion $H(\mathbf{x}, s)$ konvex, d. h. die Programme (19.6) sind konvex. Ferner ist die Funktion P differenzierbar:

$$\nabla (f_i^+ (\mathbf{x}))^a = \begin{cases} 0 & \text{für } \mathbf{x} \text{ mit } f_i(\mathbf{x}) < 0, \\ a\,((f_i(\mathbf{x}))^{a-1}\nabla f_i(\mathbf{x}) & \text{für } \mathbf{x} \text{ mit } f_i(\mathbf{x}) > 0. \end{cases}$$

Ist $f_i(\bar{\mathbf{x}}) = 0$, so folgt $\lim\limits_{\mathbf{x} \to \bar{\mathbf{x}}} \nabla (f_i^+ (\mathbf{x}))^a = 0$, da $a > 1$ und da $0 \leqq \nabla f_i(\bar{\mathbf{x}}) < \infty$, weil f_i konvex ist. Also ist $\nabla (f_i^+ (\bar{\mathbf{x}}))^a = 0$.

Hat nun die Folge $\{\mathbf{x}^k\}$ einen Häufungspunkt $\bar{\mathbf{x}}$, so ist $F(\bar{\mathbf{x}})$ das globale Minimum von F in dem konvexen Bereich S. Es sei $b = F(\bar{\mathbf{x}})$. Satz 4 (b) liefert $H(\mathbf{x}^k, s^k)$ eine untere Schranke für b. Mit Hilfe der in Kapitel III,3 beschriebenen Dualitätstheorie für konvexe Programme können wir aber wie folgt eine bessere untere Schranke ableiten.

Das hier betrachtete Programm (19.5):

Man minimiere $F(\mathbf{x})$ über dem Bereich $S = \{\mathbf{x} \in R^n \mid f_i(\mathbf{x}) \leqq 0,\ i = 1, 2, \ldots, m\}$, wobei $F, f_1, f_2, \ldots, f_m$ konvex und differenzierbar sind,

ist genau das in Kapitel III,3 betrachtete Programm (3.31). Das hierzu duale konvexe Programm lautet demnach:

Man maximiere $\Phi(\mathbf{x}, \mathbf{u}) = F(\mathbf{x}) + \sum\limits_{j=1}^{m} u_j f_j(\mathbf{x})$ unter den Nebenbedingungen

$$\nabla_{\mathbf{x}} \Phi(\mathbf{x}, \mathbf{u}) = 0, \quad \mathbf{u} \geqq 0,$$

d. h. $\qquad \nabla F(\mathbf{x}) + \sum\limits_{j=1}^{m} u_j \nabla f_j(\mathbf{x}) = 0, \quad u_j \geqq 0, \quad j = 1, 2, \ldots, m.$

Wir setzen nun $u_j^k = a\, s^k (f_j^+ (\mathbf{x}^k))^{a-1}$, $j = 1, 2, \ldots,\ m, k = 0, 1, \ldots$. Offensichtlich ist $\mathbf{u}^k \geqq 0$, und es folgt

$$\nabla_{\mathbf{x}} \Phi(\mathbf{x}^k, \mathbf{u}^k) = \nabla F(\mathbf{x}^k) + a\, s^k \sum\limits_{j=1}^{m} (f_j^+ (\mathbf{x}^k))^{a-1} \nabla f_j(\mathbf{x}^k)$$

$$= \nabla_{\mathbf{x}} H(\mathbf{x}^k, s^k) = 0,$$

da $\mathbf{x}^k$ eine optimale Lösung von Programm (19.6) ist. Also ist $(\mathbf{x}^k, \mathbf{u}^k)$ dual zulässig. Dann folgt nach Satz 1 in Kapitel III,3,

$$\Phi(\mathbf{x}^k, \mathbf{u}^k) \leqq b \quad \text{für alle } k.$$

Ferner gilt $H(\mathbf{x}^k, s^k) \leqq \Phi(\mathbf{x}^k, \mathbf{u}^k)$ für alle k:

$$\Phi(\mathbf{x}^k, \mathbf{u}^k) = F(\mathbf{x}^k) + a\, s^k \sum\limits_{j=1}^{m} (f_j^+ (\mathbf{x}^k))^{a-1} f_j(\mathbf{x}^k)$$

$$= F(\mathbf{x}^k) + a\, s^k \sum\limits_{j=1}^{m} (f_j^+ (\mathbf{x}^k))^{a}, \text{ da } a > 1,$$

$$= H(\mathbf{x}^k, s^k) + (a-1)\, s^k \sum\limits_{j=1}^{m} (f_j^+ (\mathbf{x}^k))^{a} \geqq H(\mathbf{x}^k, s^k).$$

Zusammenfassend haben wir also

$$H(\mathbf{x}^k, s^k) \leqq \Phi(\mathbf{x}^k, \mathbf{u}^k) \leqq b \text{ für alle } k,$$

und

$$\lim_{k \to \infty} H\,(\mathbf{x}^k, s^k) = \lim_{k \to \infty} \Phi\,(\mathbf{x}^k, \mathbf{u}^k) = b.$$

Im Gegensatz zu der Entwicklung in Abschnitt 3 haben wir noch keine obere Schranke für b gewonnen. Eine solche wurde von Fiacco und McCormick [1] angegeben unter der Voraussetzung, daß

$$\{\mathbf{x} \in R^n \,|\, f_i(\mathbf{x}) < 0, \quad i = 1, 2, \ldots, m\} \neq \varnothing.$$

Es sei $\mathbf{y} \in \{\mathbf{x} \in R^n \,|\, f_i(\mathbf{x}) < 0, i = 1, 2, \ldots, m\}$, und

$$I_k = \{i \,|\, f_i(\mathbf{x}^k) > 0\},$$

$$\mu^k = \max_{i \in I_k} \frac{f_i(\mathbf{x}^k)}{f_i(\mathbf{x}^k) - f_i(\mathbf{y})}\,,$$

$$\mathbf{z}^k = (1 - \mu^k)\,\mathbf{x}^k + \mu^k\,\mathbf{y}.$$

Man beachte, daß $0 < \mu^k < 1$ und daß $\mathbf{z}^k$ auf der Verbindungsstrecke zwischen $\mathbf{x}^k$ und $\mathbf{y}$ liegt. Aus der Konvexität der f_i folgt

$$f_i(\mathbf{z}^k) \le (1 - \mu^k) f_i(\mathbf{x}^k) + \mu^k f_i(\mathbf{y}) \begin{cases} = f_i(\mathbf{x}^k) - \mu^k\,(f_i(\mathbf{x}^k) - f_i(\mathbf{y})) \le 0 \text{ für alle } i \in I_k, \\ \le \mu^k f_i(\mathbf{y}) < 0 \text{ für alle } i \notin I_k, \text{ da hier } f_i(\mathbf{x}^k) \le 0. \end{cases}$$

Damit ist $\mathbf{z}^k \in S$, d. h. zulässig, für alle k. Also liefert $F\,(\mathbf{z}^k)$ eine obere Schranke für b. Ferner ist jeder Häufungspunkt $\bar{\mathbf{z}}$ der Folge $\{\mathbf{z}^k\}$ ein Häufungspunkt der Folge $\{\mathbf{x}^k\}$: dazu bemerken wir vorab, daß $\lim_{k \to \infty} f_j^+(\mathbf{x}^k) = 0$ für alle j, nach Satz 4 (c). Damit folgt $\lim_{k \to \infty} \mu^k = 0$. Nun sei $\{\mathbf{z}^k\}_{k \in K}$ eine gegen $\bar{\mathbf{z}}$ konvergierende Teilfolge von $\{\mathbf{z}^k\}$.

Dann haben wir

$$\bar{\mathbf{z}} = \lim_{\substack{k \in K \\ k \to \infty}} \mathbf{z}^k = \lim_{\substack{k \in K \\ k \to \infty}} ((1 - \mu^k)\,\mathbf{x}^k + \mu^k\,\mathbf{y}) = \lim_{\substack{k \in K \\ k \to \infty}} \mathbf{x}^k.$$

Zwanzigstes Kapitel

Die Zentrenmethode von Huard

1. Einleitung

Ein weiteres Verfahren, welches wie die im letzten Kapitel besprochenen Straffunktionsverfahren ein nichtlineares Programm auf eine Folge von freien Programmen (d. h. solche ohne Restriktionen) zurückführt, ist die sogenannte Zentrenmethode von Huard [1], [2]. Hier wird der zulässige Bereich schrittweise reduziert und eine Punktfolge $\{\mathbf{x}^i\}$ bestimmt, mit der Eigenschaft, daß $\mathbf{x}^i$ ein „Zentrum" des i-ten zulässigen Bereichs ist, d. h. $\mathbf{x}^i$ maximiert eine gewisse „Abstandsfunktion", die den Abstand von dem Rand des i-ten zulässigen Bereichs mißt. Diese schrittweisen Maximumprobleme sind freie Programme, und die Abstandsfunktionen können als verallgemeinerte parameterlose innere Straffunktionen betrachtet werden.

2. Die Zentrenmethode von Huard

Wir betrachten das folgende allgemeine nichtlineare Programm:
    Man minimiere die stetige Funktion

$$F(\mathbf{x}) \tag{20.1}$$

über dem Bereich $S \subset R^n$ gegeben durch die Nebenbedingungen

$$f_i(\mathbf{x}) = f_i(x_1, x_2, \ldots, x_n) \leqq 0, \quad i = 1, 2, \ldots, m,$$

wobei die Funktionen $f_1, f_2, \ldots, f_m$ stetig seien.
    Statt $f_1, f_2, \ldots, f_m$ werden wir auch kurz $\mathbf{f}\colon R^n \to R^m$ schreiben, damit ist $S = \{\mathbf{x} \in R^n \mid \mathbf{f}(\mathbf{x}) \leqq \mathbf{0}\}$. Ferner sei für $\bar{\mathbf{x}} \in S$

$$S(\bar{\mathbf{x}}) = \{\mathbf{x} \in R^n \mid F(\mathbf{x}) \leqq F(\bar{\mathbf{x}}) \quad \text{und} \quad \mathbf{f}(\mathbf{x}) \leqq \mathbf{0}\} = S \cap \{\mathbf{x} \in R^n \mid F(\mathbf{x}) \leqq F(\bar{\mathbf{x}})\},$$

$$P(\bar{\mathbf{x}}) = \{\mathbf{x} \in R^n \mid F(\mathbf{x}) < F(\bar{\mathbf{x}}) \quad \text{und} \quad \mathbf{f}(\mathbf{x}) < \mathbf{0}\}$$

(die strenge Vektorungleichung ist komponentenweise zu verstehen),

$$Q(\bar{\mathbf{x}}) = \{\mathbf{x} \in R^n \mid F(\mathbf{x}) = F(\bar{\mathbf{x}}) \quad \text{oder} \quad \max\{f_i(\mathbf{x}) \mid i = 1, 2, \ldots, m\} = 0\}$$
$$= S(\bar{\mathbf{x}}) - P(\bar{\mathbf{x}}).$$

Offensichtlich liegt $P(\bar{\mathbf{x}})$ im Inneren $(S(\bar{\mathbf{x}}))^{\circ}$ von $S(\bar{\mathbf{x}})$, und somit der Rand $S(\bar{\mathbf{x}}) - (S(\bar{\mathbf{x}}))^{\circ}$ von $S(\bar{\mathbf{x}})$ in $Q(\bar{\mathbf{x}})$. Ferner sind S und $S(\bar{\mathbf{x}})$ abgeschlossene Mengen. Der *Abstand* $d(\mathbf{x}, \bar{\mathbf{x}})$ eines Punktes $\mathbf{x} \in S(\bar{\mathbf{x}})$ von $Q(\bar{\mathbf{x}})$ wird nun mittels einer stetigen Funktion $d: R^n \times R^n \to R$ mit den folgenden Eigenschaften definiert:

P_1: $d(\mathbf{x}, \bar{\mathbf{x}}) > 0$ für alle $\mathbf{x} \in P(\bar{\mathbf{x}})$,

P_2: $d(\mathbf{x}, \bar{\mathbf{x}}) = 0$ für alle $\mathbf{x} \in Q(\bar{\mathbf{x}})$,

P_3:   ist $\bar{\bar{\mathbf{x}}} \in S$ derart, daß $F(\bar{\bar{\mathbf{x}}}) \leq F(\bar{\mathbf{x}})$, (d. h. $S(\bar{\bar{\mathbf{x}}}) \subset S(\bar{\mathbf{x}})$),
      so folgt $d(\mathbf{x}, \bar{\bar{\mathbf{x}}}) \leq d(\mathbf{x}, \bar{\mathbf{x}})$ für alle $\mathbf{x} \in S(\bar{\bar{\mathbf{x}}})$,

P_4:   ist $\mathbf{x}^0, \mathbf{x}^1, \mathbf{x}^2, \ldots$ eine Punktfolge in S derart,
      daß $\mathbf{x}^{k+1} \in S(\mathbf{x}^k)$, $k \geq 0$, und $\lim\limits_{k \to \infty}(F(\mathbf{x}^{k+1}) - F(\mathbf{x}^k)) = 0$,
      so folgt $\lim\limits_{k \to \infty} d(\mathbf{x}^{k+1}, \mathbf{x}^k) = 0$.

Beispiele: Die zwei von Huard gegebenen Beispiele sind:

$$d_1(\mathbf{x}, \bar{\mathbf{x}}) = \{F(\bar{\mathbf{x}}) - F(\mathbf{x})\} \prod_{i-1}^{m} (-f_i(\mathbf{x})),$$

$$d_2(\mathbf{x}, \bar{\mathbf{x}}) = \min \{F(\bar{\mathbf{x}}) - F(\mathbf{x}), -f_i(\mathbf{x}) \mid i = 1, 2, \ldots, m\}.$$

Ein Punkt $\mathbf{x}' \in S(\bar{\mathbf{x}})$ heißt nun *Zentrum* von $S(\bar{\mathbf{x}})$, falls

$$d(\mathbf{x}', \bar{\mathbf{x}}) = \sup_{\mathbf{x} \in S(\bar{\mathbf{x}})} d(\mathbf{x}, \bar{\mathbf{x}}).$$

Ist $S(\bar{\mathbf{x}})$ kompakt, so hat $S(\bar{\mathbf{x}})$ mindestens ein Zentrum, welches ferner in $P(\bar{\mathbf{x}})$ liegt, falls $P(\bar{\mathbf{x}}) \neq \varnothing$.

Bemerkung: Die Bestimmung eines Zentrums von $S(\bar{\mathbf{x}})$, d. h. das Programm:
Man maximiere $d(\mathbf{x}, \bar{\mathbf{x}})$ über dem Bereich $S(\bar{\mathbf{x}})$,   (20.2)
ist nur formal ein Programm mit Restriktionen, denn es kann, ausgehend von einem inneren Punkt von $S(\bar{\mathbf{x}})$, mit Algorithmen für freie Programme gelöst werden. Da der Wert der Funktion $d(\mathbf{x}, \bar{\mathbf{x}})$ zum Rand von $S(\bar{\mathbf{x}})$ hin (genauer: zu $Q(\bar{\mathbf{x}})$ hin) gegen 0 geht, bleiben wir zwangsläufig im Innern von $S(\bar{\mathbf{x}})$ (genauer: in $P(\bar{\mathbf{x}})$), so daß die Restriktion $\mathbf{x} \in S(\bar{\mathbf{x}})$ nicht berücksichtigt zu werden braucht. Bezüglich der obigen Beispiele ist erwähnenswert, daß $\sup\limits_{\mathbf{x} \in S(\bar{\mathbf{x}})} d_2(\mathbf{x}, \bar{\mathbf{x}}) = \sup\limits_{\mathbf{x} \in R^n} d_2(\mathbf{x}, \bar{\mathbf{x}})$ ohnehin klar ist.

Als nächstes geben wir drei Voraussetzungen an, die den Ablauf des Algorithmus gewährleisten:

(a) Es existiere ein Punkt $\mathbf{x}^0 \in S$ derart, daß $S(\mathbf{x}^0)$ beschränkt, also kompakt ist, und daß $P(\mathbf{x}^0) \neq \varnothing$. Damit ist das Bild von $S(\mathbf{x}^0)$ unter F ein kompaktes Intervall in R, und folglich hat das Programm (20.1) optimale Lösungen. Ferner ist die Menge S° der inneren Punkte von S nicht leer, da $P(\mathbf{x}^0) \subset S^{\circ}$.

(b) Die abgeschlossene Hülle $\overline{S^{\circ}}$ von S° sei gleich S (i. a. gilt nur $\overline{S^{\circ}} \subset S$).

Die Zentrenmethode liefert für ein $\bar{\mathbf{x}} \in S$ mit $P(\bar{\mathbf{x}}) \neq \varnothing$ einen Nachfolger aus $P(\bar{\mathbf{x}})$ (nämlich ein Zentrum von $S(\bar{\mathbf{x}})$), und offensichtlich gilt $P(\bar{\mathbf{x}}) \subset S^{\circ}$. Also wird eine mit der Zentrenmethode ermittelte optimale Lösung von (20.1) in $\overline{S^{\circ}}$ liegen (siehe Konvergenzsatz weiter unten). Aus diesem Grunde ist die Voraussetzung sinnvoll.

(c) Für alle $\mathbf{x} \in S^{\circ}$ gelte $\mathbf{f}(\mathbf{x}) < \mathbf{0}$, d. h. $S^{\circ} = \{\mathbf{x} \in R^n \mid \mathbf{f}(\mathbf{x}) < \mathbf{0}\}$
(i. a. gilt nur $S^{\circ} \supset \{\mathbf{x} \in R^n \mid \mathbf{f}(\mathbf{x}) < \mathbf{0}\}$).

Mit den Voraussetzungen (b) und (c) folgt:
Ist $\bar{x} \in S$ derart, daß $P(\bar{x}) = \varnothing$, so ist $\bar{x}$ eine optimale Lösung von (20.1).   (20.3)

Beweis: Es sei $\bar{x} \in S$ keine optimale Lösung von (20.1), d. h. es gebe ein $\tilde{x} \in S$ mit $F(\tilde{x}) < F(\bar{x})$. Ist $\tilde{x} \in S^{\circ}$, so ist $\tilde{x} \in P(\bar{x})$ nach (c), im Widerspruch zu der Voraussetzung $P(\bar{x}) = \varnothing$. Ist andererseits $\tilde{x} \notin S^{\circ}$, so ist $\tilde{x}$ Häufungspunkt von S° nach (b). Nun ist die Menge $\{x \in R^n \mid F(x) < F(\bar{x})\}$ eine offene Umgebung von $\tilde{x}$, also gibt es (da $\tilde{x}$ Häufungspunkt von S° ist) ein $x' \in S^{\circ}$ mit $F(x') < F(\bar{x})$, d. h. $x' \in P(\bar{x})$ nach (c), im Widerspruch zu der Voraussetzung $P(\bar{x}) = \varnothing$.

Nach diesen Vorbereitungen können wir nun den Algorithmus angeben.

1. Man wähle einen Punkt $x^0 \in S$ derart, daß $S(x^0)$ kompakt und $P(x^0)$ nicht leer ist. Ein solcher Punkt existiert nach Voraussetzung (a).

2. Man bestimme ein Zentrum x^1 von $S(x^0)$, d. h. man löse das freie Programm: maximiere $d(x, x^0)$ über dem Bereich $S(x^0)$ (s. obige Bemerkung). Es gilt $S(x^1) \subset S(x^0)$, $S(x^1)$ ist kompakt, und $x^1 \in P(x^0)$.
Man benutze nun folgende Rekursionsvorschrift für $k = 1, 2, \ldots$:

3. Man bestimme ein Zentrum x' von $S(x^k)$, d. h. man löse das freie Programm: maximiere $d(x, x^k)$ über dem Bereich $S(x^k)$.

4. Ist $d(x', x^k) = 0$, d. h. $P(x^k) = \varnothing$, so folgt nach (20.3), daß x^k eine optimale Lösung für (20.1) ist. Ist $d(x', x^k) > 0$, d. h. $x' \in P(x^k)$, so siehe 5. Schritt.

5. Man setze $x^{k+1} = x'$. Es gilt $S(x^{k+1}) \subset S(x^k)$, $S(x^{k+1})$ ist kompakt, und $x^{k+1} \in P(x^k)$.

Der Algorithmus liefert also eine Folge $\{x^k\}$ derart, daß $x^{k+1} \in P(x^k) \subset S(x^k)$,
$$S^{\circ} \supset P(x^0) \supset P(x^1) \supset \ldots, \qquad S \supset S(x^0) \supset S(x^1) \supset \ldots,$$
$$F(x^0) > F(x^1) > F(x^2) > \ldots$$

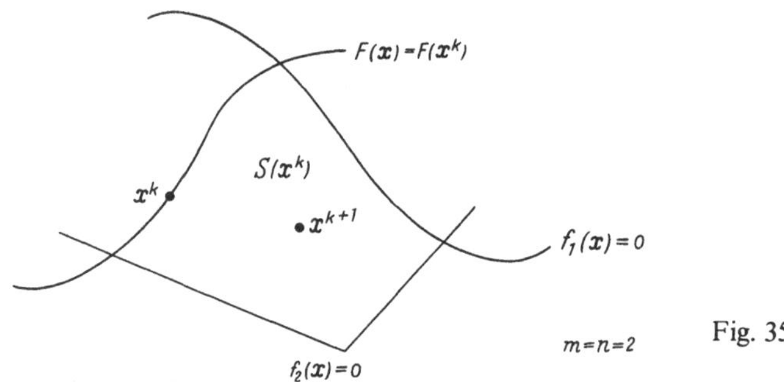

Fig. 35

Satz: Ist die Folge $\{x^k\}$ unendlich, so hat sie Häufungspunkte, da sie in der kompakten Menge $S(x^0)$ liegt, und jeder dieser Häufungspunkte ist eine optimale Lösung von (20.1).

Beweis: Es sei $\hat{x}$ ein Häufungspunkt der Folge $\{x^k\}$. O. B. d. A. können wir annehmen, daß $\{x^k\}$ gegen $\hat{x}$ konvergiert (da es sonst eine Teilfolge gibt, die gegen $\hat{x}$ konvergiert). Wir werden nun zeigen, daß $P(\hat{x}) = 0$, woraus nach (20.3) folgt, daß $\hat{x}$ eine optimale Lösung von (20.1) ist. Offensichtlich ist $\hat{x} \in S$, da S abgeschlossen. Wegen der Stetigkeit von F gilt $\lim_{k \to \infty} F(x^k) = F(\hat{x})$, und folglich ist $F(x^k) > F(\hat{x})$ für alle k, und $\lim_{k \to \infty} (F(x^{k+1}) - F(x^k)) = 0$. Nach Eigenschaft P_4 der Abstandsfunktion d

folgt damit

$$\lim_{k \to \infty} d(\mathbf{x}^{k+1}, \mathbf{x}^k) = 0. \tag{20.4}$$

Ist nun $P(\hat{\mathbf{x}})$ nicht leer, so gibt es einen Punkt $\mathbf{x}' \in P(\hat{\mathbf{x}})$. Dann ist $d(\mathbf{x}', \hat{\mathbf{x}}) > 0$, und ferner gilt für alle k,

$$\mathbf{x}' \in S(\mathbf{x}^k),$$

$d(\mathbf{x}^{k+1}, \mathbf{x}^k) \geq d(\mathbf{x}', \mathbf{x}^k)$, da $\mathbf{x}^{k+1}$ Zentrum von $S(\mathbf{x}^k)$ ist, und $d(\mathbf{x}', \mathbf{x}^k) \geq d(\mathbf{x}', \hat{\mathbf{x}})$ nach Eigenschaft P_3 der Abstandsfunktion d, also folgt

$$d(\mathbf{x}^{k+1}, \mathbf{x}^k) \geq d(\mathbf{x}', \hat{\mathbf{x}}) > 0 \quad \text{für alle } k,$$

wobei entscheidend ist, daß $d(\mathbf{x}', \hat{\mathbf{x}})$ eine von k unabhängige positive Konstante ist. Dies widerspricht aber der Aussage (20.4).

Wenn kein Anfangspunkt $\mathbf{x}^0$ von S bekannt ist, so kann man einen solchen mit der folgenden Methode bestimmen:

Man minimiere $\lambda \in R$ über dem Bereich $T = \{(\mathbf{x}, \lambda) \mid \mathbf{x} \in R^n \text{ und } \lambda \in R \text{ derart,}$ daß $f_i(\mathbf{x}) \leq \lambda, i = 1, 2, \ldots, m\}$, mit Hilfe des obigen Algorithmus.

Definieren wir $G(\mathbf{x}, \lambda) = \lambda$ und $g_i(\mathbf{x}, \lambda) = f_i(\mathbf{x}) - \lambda, i = 1, 2, \ldots, m$, so lautet dieses Programm:

Man minimiere die Funktion $G(\mathbf{x}, \lambda)$ über dem Bereich

$$T = \{(\mathbf{x}, \lambda) \mid g_i(\mathbf{x}, \lambda) \leq 0, \; i = 1, 2, \ldots, m\},$$

es ist somit in der Form von (20.1).

Man überzeugt sich leicht davon, daß

$$T^\circ = \{(\mathbf{x}, \lambda) \mid g_i(\mathbf{x}, \lambda) < 0, \; i = 1, 2, \ldots, m\} \neq \varnothing,$$

und daß $\overline{T^\circ} = T$ (es ist T der Durchschnitt der Epigraphen von f_i, s. Kapitel XVIII,3). Als Anfangspunkt $(\mathbf{x}^0, \lambda^0)$ nehme man $\mathbf{x}^0 \in R^n$ beliebig und $\lambda^0 = \max \{f_i(\mathbf{x}^0) \mid i = 1, 2, \ldots, m\}$. Ist $\lambda^0 \leq 0$, so ist $\mathbf{x}^0 \in S$, i. a. ist aber $\lambda^0 > 0$. Offensichtlich ist dann

$$P(\mathbf{x}^0, \lambda^0) = \{(\mathbf{x}, \lambda) \mid \lambda < \lambda^0 \quad \text{und} \quad g_i(\mathbf{x}, \lambda) < 0, \quad i = 1, 2, \ldots, m\}$$
$$= \{(\mathbf{x}, \lambda) \mid f_i(\mathbf{x}) < \lambda < \lambda^0, \quad i = 1, 2, \ldots, m\} \neq \varnothing,$$

da $S^\circ \neq \varnothing$. Wir nehmen ferner an, daß $T(\mathbf{x}^0, \lambda^0) = \{(\mathbf{x}, \lambda) \mid f_i(\mathbf{x}) \leq \lambda \leq \lambda^0, i = 1, 2, \ldots, m\}$ kompakt ist, was offensichtlich i. a. der Fall ist. Damit hat $T(\mathbf{x}^0, \lambda^0)$ ein Zentrum. Wir brauchen den Algorithmus nur so oft anzuwenden, bis ein Punkt $(\mathbf{x}^k, \lambda^k)$ erreicht wird mit $\lambda^k \leq 0$. Als den gesuchten Anfangspunkt nehmen wir dann $\mathbf{x}^k$. Die Kompaktheit von $S(\mathbf{x}^k)$ ist damit jedoch nicht gesichert.

Ferner gilt es zu beachten, daß man zur Lösung des Programms (20.2) mittels einer Methode für freie Programme, i. a. einen Anfangspunkt in $(S(\bar{x}))^\circ$ benötigt. Dies ist jedoch, wie wir früher bemerkten, insbesondere bei der Abstandsfunktion d_2 nicht notwendig. Auf dieses Problem gehen wir hier nicht weiter ein, da der obige Algorithmus bei der Lösung der Subprogramme (20.2) ohnehin in der Praxis Schwierigkeiten bereitet, die wir im nächsten Abschnitt mittels einer von Huard [2] vorgeschlagenen Modifikation beseitigen werden.

3. Die modifizierte Zentrenmethode von Huard

Die Zentrenmethode von Huard reduziert, wie wir im vorigen Abschnitt sahen, das Programm (20.1) auf eine Folge freier Programme vom Typ (20.2). Die genaue Lösung dieser Programme ist jedoch praktisch nicht in einer endlichen Anzahl von Schritten zu erreichen, und auch annäherungsweise Lösungsmethoden haben sich als ineffizient erwiesen. Huard [2] hat deshalb eine modifizierte Zentrenmethode vorgeschlagen, die das Programm (20.2) unter der zusätzlichen Voraussetzung, daß F und f differenzierbar sind, weiter auf ein lineares Programm und ein eindimensionales freies nichtlineares Programm (s. Kapitel XIV) reduziert.

Im Mittelpunkt dieser Methode steht das folgende im Algorithmus von Topkis und Veinott (s. Kapitel XVI) benutzte lineare Subprogramm im R^{n+1}. Es sei $(\mathbf{s}, \alpha) \in R^n \times R = R^{n+1}$, und gegeben sei ein zulässiger Punkt $\mathbf{x}^k \in R^n$ für (20.1). Dann lautet das Subprogramm:

Man minimiere α unter den Nebenbedingungen

$$\begin{aligned}
\mathbf{s}' \nabla F(\mathbf{x}^k) &\leqq \alpha, \\
f_i(\mathbf{x}^k) + \mathbf{s}' \nabla f_i(\mathbf{x}^k) &\leqq \alpha, \quad i = 1, 2, \ldots, m, \\
|s_i| &\leqq 1, \quad i = 1, 2, \ldots, n.
\end{aligned} \tag{20.5}$$

Die Motivierung und Eigenschaften dieses Programms haben wir an der oben angegebenen Stelle ausführlich besprochen. Insbesondere gilt für eine optimale Lösung $(\bar{\mathbf{s}}, 0)$ des Programms (20.5), daß $\mathbf{x}^k$ die Kuhn-Tucker-Bedingungen für (20.1) erfüllt, falls $\mathbf{x}^k$ ein regulärer Punkt der Restriktionen $\mathbf{f}(\mathbf{x}) \leqq \mathbf{0}$ ist.

Die modifizierte Zentrenmethode von Huard läßt sich nun folgendermaßen angeben:

1. Man wähle einen Punkt $\mathbf{x}^0 \in S$ derart, daß $S(\mathbf{x}^0)$ kompakt und $P(\mathbf{x}^0)$ nicht leer ist.

Man benutze nun folgende Rekursionsvorschrift für $k = 0, 1, \ldots$:

2. Man löse das lineare Subprogramm (20.5). Es sei $(\bar{\mathbf{s}}, \bar{\alpha})$ eine optimale Lösung.

3. Ist $\bar{\alpha} = 0$, so ist $\mathbf{x}^k$ ein Kuhn-Tucker-Punkt für (20.1). Ist $\bar{\alpha} < 0$, so siehe 4. Schritt.

4. Man löse das folgende eindimensionale freie nichtlineare Programm:
Man maximiere $d(\mathbf{x}^k + \lambda \bar{\mathbf{s}}, \mathbf{x}^k)$ für $\lambda \in R$ mit $\lambda \geqq 0$.

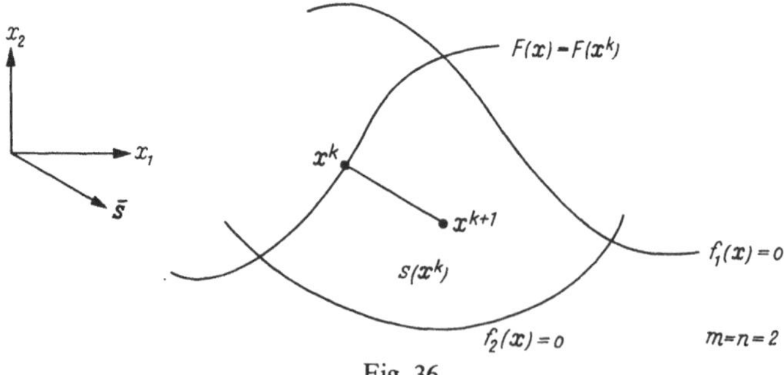

Fig. 36

Es sei das Maximum durch λ^k gegeben — dieser Wert existiert, da die Maximierung eigentlich über einem kompakten Bereich stattfindet (siehe Bemerkung im vorigen Abschnitt).

5. Man setze $\mathbf{x}^{k+1} = \mathbf{x}^k + \lambda^k \bar{\mathbf{s}}$. Es gilt $\mathbf{x}^{k+1} \in S(\mathbf{x}^0)$.

Falls kein Anfangspunkt x^0 von S bekannt ist, so kann man einen solchen wie früher (s. vorigen Abschnitt) mit Hilfe des obigen modifizierten Algorithmus bestimmen. Ferner gilt für diesen der folgende Konvergenzsatz, den wir hier ohne Beweis angeben (s. Polak [1]):

Satz: Es seien F und f stetig differenzierbar. Ist die Folge $\{\mathbf{x}^k\}$ unendlich, so hat sie Häufungspunkte, da sie in $S(\mathbf{x}^0)$ kompakt liegt, und jeder dieser Häufungspunkte $\mathbf{x}^*$ ergibt den minimalen Zielfunktionswert 0 in (20.5) (d. h. man löst (20.5) mit $\mathbf{x}^*$ an der Stelle von $\mathbf{x}^k$), also ist $\mathbf{x}^*$ ein Kuhn-Tucker-Punkt für (20.1), falls $\mathbf{x}^*$ ein regulärer Punkt der Restriktionen $\mathbf{f}(\mathbf{x}) \leqq \mathbf{0}$ ist (offensichtlich gilt $\mathbf{x}^* \in S$).

Literaturverzeichnis

Anmerkung

Die folgende Zusammenstellung enthält neben den im Text zitierten Arbeiten weitere einschlägige Veröffentlichungen, die im Zusammenhang mit der Theorie und der Praxis der nichtlinearen Programmierung stehen. Lehrbücher sind in *Kursivdruck* gesetzt.

Abkürzungen

Can. J. Math.	Canadian Journal of Mathematics
Comment. Math. Helv.	Commentarii Mathematici Helvetici
C. r. Acad. Sci.	Comtes rendus Hebdomadaires des Séances de l'Académie des Sciences (Paris)
Econ.	Econometrica
JASA	Journal of the American Statistical Association
JORSA (bis 1955) OR JORSA (ab 1956)	Journal of the Operations Research Society of America
J. Reine Angew. Math.	Journal für die Reine und Angewandte Mathematik
J. Res. Nat. Bur. Standards	Journal of Research of the National Bureau of Standards
J. Roy. Stat. Soc.	Journal of the Royal Statistical Society
Man. Sci.	Journal of the Institute of Management Science
Math. Ann.	Mathematische Annalen
Math. Z.	Mathematische Zeitschrift
Nav. Res. Log. Qu.	Naval Research Logistics Quarterly
Op. Res. Qu.	Operational Research Quarterly
Pac. J. Math.	Pacific Journal of Mathematics
Proc. Amer. Math.	Proceedings of the American Mathematical Society
Qu. Appl. Math.	Quarterly of Applied Mathematics
Qual. OR.	Qualitätskontrolle und Operational Research
SIAM	Journal of the Society for Industrial and Applied Mathematics
Stat. Neerl.	Statistica Neerlandica
Stat. Qual. Contr.	Statistical Quality Control
Trans. Amer. Soc. Mech.	Transactions of the American Society of Mechanical Engineers
UFO	Unternehmensforschung
ZAMM	Zeitschrift für Angewandte Mathematik und Mechanik
ZAMP	Zeitschrift für Angewandte Mathematik und Physik

Literaturverzeichnis

Abadie, J. (ed.): [1] *Nonlinear programming.* Amsterdam: North-Holland 1967

Abadie, J., Carpentier, J.: [1] Generalization of the Wolfe reduced gradient method to the case of nonlinear constraints. In: R. Fletcher (ed.): *Optimization.* London-New York: Academic Press 1969.

Abraham, J.: [1] An approximate method for convex programming. Econ. **29** (1961)

Aoki, M.: [1] *Introduction to optimization techniques.* New York: Macmillan 1971

Arrow, K. J., Barankin, E. W., Blackwell, D.: [1] Admissible points of convex sets. In: *Contributions to the theory of games,* II (Ann. Math. Studies **28**). Princeton: Princeton University Press 1953

Arrow, K. J., Enthoven, A. C.: [1] Quasi-concave programming. Econ. **29** (1961)

Arrow, K. J., Hurwicz, L.: [1] The gradient method for concave programming. In: Arrow, K. J., L. Hurwicz, and H. Uzawa [1]

[2] Reduction of constrained maxima to saddle-point problems. In: Proceedings of the Third Berkeley Symposium on Math. Stat. and Prob. Berkeley and Los Angeles: University of California Press 1955

[3] Gradient methods for constrained maxima. OR JORSA 5 (1957)

Arrow, K. J., Hurwicz, L., Uzawa, H.: [1] *Studies in linear and nonlinear programming.* Stanford/Cal.: Stanford University Press 1958

Avriel, M.: [1] *Nonlinear programming: analysis and methods.* Englewood Cliffs, N. J.: Prentice-Hall 1976

Barankin, E., Dorfman, R.: [1] Toward quadratic programming. Los Angeles: Univ. of Calif., Managment Sc. Res. Project Res. Rep. 42 (1955)

[2] A method for quadratic programming. Econ. 24 (1956)

[3] On quadratic programming. University of California Publications in Stat. 2 (1958)

Bard, Y.: [1] Comparison of gradient methods for the solution of nonlinear parameter estimation problems. SIAM J. Num. Anal. 7 (1970)

Bazaraa, M. S., Goode, J. J., Shetty, C. M.: [1] Constraint qualifications revisited. Man. Sci. 18 (1972)

Beale, E. M. L.: [1] Note on reciprocal problems in linear programming. Conference on Linear Programming, May 1954. London: Ferranti Ltd. 1954

[2] On minimizing a convex function subject to linear inequalities. J. Roy. Stat. Soc. 17 B (1955)

[3] On quadratic programming. Nav. Res. Log. Qu. 6 (1959)

[4] An algorithm for solving the transportation problem when the shipping cost over each route is convex. Nav. Res. Log. Qu. 6 (1959)

Beveridge, G. S. G., Schechter, R. S.: [1] *Optimization: theory and practice.* New York: McGraw-Hill 1970

Blackett, D.: [1] Convex programming. Abstract in Project SCOOP, Manual No. 10 (1952)

Blum, E., Oettli, W.: [1] *Mathematische Optimierung.* Berlin-Heidelberg-New York: Springer-Verlag 1975

Böhm, H. H.: [1] *Nichtlineare Programmplanung.* Wiesbaden: Betriebswirtschaftlicher Verlag Dr. Th. Gabler 1959

Boot, J. C. G.: [1] Notes on quadratic programming: The Kuhn-Tucker and Theil-van de Panne conditions, degeneracy and equality constraints. Man. Sci. 8 (1961)

Booth, A. D.: [1] An application of the method of steepest descent to the solution of systems of non-linear simultaneous equations. Qu. J. Appl. Math. 1 (1949)

Box, M. J., Davies, D., Swann, W. H.: [1] *Nonlinear optimization techniques.* ICI Monograph No. 5. Edinburgh: Oliver & Boyd 1969

Brent, R. P.: [1] *Algorithms for minimization without derivatives.* Englewood Cliffs, N. J.: Prentice-Hall 1973

Broyden, C. G.: [1] Quasi-Newton methods and their application to function minimization. Math. Comp. 21 (1967)

[2] The convergence of a class of double-rank minimization algorithms I, II. J. Inst. Maths. Applics. 6 (1970)

Carroll, Ch. W.: [1] The created response surface technique for optimizing nonlinear restrained systems. OR JORSA 9 (1961)

Charnes, A., Cooper, W. W.: [1] Nonlinear power of adjacent extreme point methods of linear programming. Econ. 25 (1957)

[2] Chance constraints and normal deviates. JASA 57 (1962)

[3] Chance constrained programming. Man. Sci. 6 (1960)

Charnes, A., Cooper, W. W., Henderson, A.: [1] *An introduction to linear programming.* New York: Wiley 1953

Charnes, A., Lemke, C. E.: [1] Computational theory of linear programming: Part II − Minimization of nonlinear separable convex functionals. Econ. 23 (1954)

[2] Minimization of non-linear separable convex functions. Nav. Res. Log. Qu. 1 (1954)

Chenery, H. B., Uzawa, H.: [1] Non-linear programming in economic development. In: Arrow, K. J., L. Hurwicz, and H. Uzawa [1]

Cheney, E. W.: [1] A code for convex programming. In: The Rand Symposium on Mathematical Programming. Proceedings of a Conf. R-351 (1960)

Cheney, E. W., Goldstein, A. A.: [1] Newton's method for convex programming and Tchebycheff approximation. Numerische Math. **1** (1959)

Collatz, L., Wetterling, W.: [1] *Optimierungsaufgaben.* Berlin-Heidelberg-New York: Springer-Verlag 1971

Colville, A. R.: [1] A comparative study of nonlinear programming codes. In: H. W. Kuhn (ed.): Proceedings of the Princeton symposium on mathematical programming. Princeton, N. J.: Princeton Univ. Press 1970

Cowles Commission for Research in Economics (University New Haven, Connecticut). [1] Lagrange multiplier revisited (A contribution to nonlinear programming). Santa Monica/Cal.: The Rand Corporation, RM-676 (1951). (Vgl. Slater [1])

Dantzig, G. B.: [1] Computational algorithm of the revised simplex method. Santa Monica/Cal.: The Rand Corporation, RM-1266 (1953)

[2] General convex objective forms. Santa Monica/Cal.: The Rand Corporation, P-1664 (1959)

[3] New directions in mathematical programming. Santa Monica/Cal.: The Rand Corporation, P-1646 (1959)

Dantzig, G. B., Ford, L. R. Jr., Fulkerson, D. R.: [1] A primal dual algorithm for linear programs. In: *Linear inequalities and related systems,* Ann. of Math. Studies No. 38, Princeton/N. J.: Princeton Univ. Press 1956 (Vgl. Kuhn und Tucker [2])

Dantzig, G. B., Johnson, S., White, W.: [1] A linear programming approach to the chemical equilibrium problem. Man. Sci. **5** (1958)

Dantzig, G. B., Orden, A., Wolfe, P.: [1] The generalized simplex method for minimizing a linear form under linear inequality constraints. Pac. J. Math. **5** (1955)

Davidon, W. C.: [1] Variable metric method for minimization. Report ANL-5990, U.S. Atomic Energy Comission (1959)

[2] Variance algorithm for minimization. Computer J. **10** (1968)

[3] Optimally conditioned optimization algorithms without line searches. Math. Prog. **9** (1975)

Dennis, J. B.: [1] *Mathematical programming and electronic networks.* New York: MIT Press and John Wiley and Sons 1959

Dillon, J. D.: [1] Geographical distribution of production in multiple plant operation. Man. Sci. **2** (1956)

Dixon, L. C. W.: [1] Variable metric algorithms: necessary and sufficient conditions for identical behavior of non-quadratic functions. J. Opt. Th. Appl. **10** (1972)

[2] Quasi-Newton algorithms generate identical points. Math. Prog. **2** (1972)

[3] Quasi-Newton techniques generate identical points II: the proofs of four new theorems. Math. Prog. **3** (1972)

[4] (ed.) *Optimization in action.* London: Academic Press 1976

Dorfman, R.: [1] Application of linear programming to the theory of firm, including an analysis of monopolistic firms by nonlinear programming. Econ. **22** (1954)

Dorn, W. S.: [1] Duality and shadow prices in non-linear programming. IBM Res. Memo. RC-192 (1959)

[2] Duality in quadratic programming. Qu. Appl. Math. **18** (1960)

[3] On Lagrange multipliers and inequalities. IBM Research Memo. RC-274 (1960) and OR JORSA **9** (1961)

[4] Non-linear programming. IBM Research Memo. RC-266 (1960)

[5] A duality theorem for convex programming. IBM Research Journal (to appear)

Eaves, B. C., Zangwill, W. I.: [1] Generalized cutting plane algorithms. SIAM J. Control **9** (1971)

Elmaghraby, Saŀah, E.: [1] An approach to linear programming under uncertainty. OR JORSA **7** (1959)

Elster, K.-H., Reinhardt, R., Schäuble, M., Donath, G.: [1] *Einführung in die nichtlineare Optimierung.* Leipzig: Teubner 1977

D'Esopo, D. A.: [1] A convex programming procedure. Nav. Res. Log. Qu. **6** (1959)

Fan, Ky.: [1] Existence theorems and extreme solutions for inequalities concerning convex functions for linear transformations. Math. Z. **68** (1957)

[2] On the equilibrium of a system of convex and concave functions. Math. Z. **70** (1958)

[3] On systems of convex inequalities. In: The Rand Symposium on Math. Progr. Proc. of a Conf. R-351 (1960)

Fan, Ky., Glicksberg, I., Hoffman, A. J.: [1] Systems of inequalities involving convex functions. Proc. Amer. Math. Soc. **8** (1957)

Farkas, J.: [1] Über die Theorie der einfachen Ungleichungen. J. Reine Angew. Math. **124** (1902)

Faure, P., Huard, P.: [1] Résolution des programmes mathématiques à fonction non-linéaire par la méthode du gradient réduit. Rev. Fr. de Rech. Opération. **9** (1965)

Fenchel, W.: [1] Convex cones, sets, and functions. Lecture notes, Dept. of Mathematics, Princeton University (1953)

Fiacco, A. V., Smith, N. M., Blackwell, D.: [1] A more general method for nonlinear programming. Paper, presented to the 17th National Meeting of the OR Society of America (1960)

Fiacco, A. V., McCormick, G. P.: [1] *Nonlinear programming: sequential unconstrained minimization techniques.* New York: Wiley 1968

Fletcher, R: [1] A new approach to variable metric algorithms. Computer J. **13** (1970)

Fletcher, R., Powell, M. J. D.: [1] A rapidly convergent descent method for minimization. Computer J. **6** (1963)

Fletcher, R., Reeves, C. M.: [1] Function minimization by conjugate gradients. Computer J. **7** (1964)

Foulkes, J. D., Prager, W., Warner, W. H.: [1] On bus schedules. Man. Sci. **1** (1954).

Frank, M., Wolfe, Ph.: [1] An algorithm for quadratic programming. Nav. Res. Log. Qu. **3** (1956)

Freund, R. J.: [1] The introduction of risk into a programming model. Econ. **24** (1956)

Frisch, R. A. K.: [1] The logarithmic potential method of convex programming, with particular application to the dynamics of national development. Mem. Univ. Inst. of Economics of Oslo 1955

[2] The multiplex method for linear and quadratic programming. Mem. Univ. Social. Institute of Oslo 1957

[3] Quadratic programming by the multiplex method in the general case where the quadratic form may be singular. Mem. Inst. of Economics University of Oslo 1960

Gale, D., Kuhn, H. W., Tucker, W.: [1] Linear programming and the theory of games. In: Chap. XIX of the Cowles Commission for Research in Economics Monograph No. 13

Gill, P. E., Murray, W. (eds.): [1] *Numerical methods for constrained optimization.* London: Academic Press 1974

Goldfarb, D.: [1] A family of variable-metric methods derived by variational means. Math. Comput. **24** (1970)

Goldman, A. J., Tucker, A. W.: [1] Theory of linear programming. In: *Linear inequalities and related systems.* Princeton/N. J.: Princeton Univ Press. 1956

Gordan, P.: [1] Über die Auflösung linearer Gleichungen mit reellen Koeffizienten. Math. Ann. **6** (1873)

Gottfried, B. S., Weisman, J.: [1] *Introduction to optimization theory.* Englewood Cliffs, N. J.: Prentice-Hall 1973

Gould, F. J., Tolle, J. W.: [1] Geometry of optimality conditions and constraint qualifications. Math. Prog. **2** (1972)

Gould, S.: [1] A method of dealing with certain non-linear allocation problems using the transportation technique. Op. Res. Qu. **10** (1959)

Graves, R. L., Wolfe, P. (eds.): [1] *Recent advances in mathematical programming.* New York: McGraw-Hill 1963

Greenstadt, J.: [1] Variations on variable-metric methods. Math. Comput. **24** (1970)

Griffith, R. E., Stewart, R. A.: [1] A nonlinear programming technique for the optimization of continuous processing systems. Man. Sci. **7** (1961)

Hadley, G.: [1] *Nonlinear and dynamic programming.* Reading, Mass.: Addison-Wesley 1964

Hartley, H. O.: [1] Nonlinear programming for separable objective functions and constraints. In: The Rand Symposium on Math. Progr. Proc. of a Conference Rand Report R-351 (1960)

[2] Nonlinear programming by the simplex method. Econ. **29** (1961)

Hestenes, M. R., Stiefel, E.: [1] Methods of conjugate gradients for solving linear systems. J. Res. Nat. Bur. Standards **49** (1952)

Hildreth, C. G.: [1] Point estimates of ordinates of concave functions. JASA **49** (1954)

[2] A quadratic programming procedure. Nav. Res. Log. Qu. **4** (1957)

Himmelblau, D. M.: [1] *Applied nonlinear programming*. New York: McGraw-Hill 1972

Houthakker, H. S.: [1] The capacity method of quadratic programming. Econ. **28** (1960)

Huang, H. Y.: [1] Unified approach to quadratically convergent algorithms for function minimization. J. Opt. Th. Appl. **5** (1970)

Huang, H. Y., Levy, A. V.: [1] Numerical experiments on quadratically convergent algorithms for function minimization. J. Opt. Th. Appl. **6** (1970)

Huard, P.: [1] Resolution of mathematical programming with nonlinear constraints by the method of centres. In: J. Abadie (ed.): *Nonlinear programming*. Amsterdam: North-Holland 1967

[2] Programmation mathématique convexe. Rev. Fr. Inform. Rech. Opération. **2** (1968)

Hurwicz, L.: [1] Programming in linear spaces. In: Arrow, K., J., L. Hurwicz, and H. Uzawa [1]

Hurwicz, L., Uzawa, H.: [1] A note on the Lagrangian saddle-point. In: Arrow., K. J., L. Hurwicz, and H. Uzawa [1].

Jacoby, S. L. S., Kowalik, J. S., Pizzo, J. T.: [1] *Iterative methods for nonlinear optimization problems*. Englewood Cliffs, N.J.: Prentice-Hall 1972

Karlin, S.: [1] *Mathematical methods and theory in games, programming, and economics*. Vol. I and II. London: Addison-Wesley Publishing Company Inc. 1959

Karlin, S., Shapiro, H. N.: [1] Some simple nonlinear models. The Rand Corporation, RM-949 (1952)

Karush, W.: [1] On a class of minimum-cost problems. Man. Sci. **3** (1957)

[2] A theorem in convex programming. Nav. Res. Log. Qu. **6** (1959)

Karush, W., Vazsonyi, A.: [1] Mathematical programming and employment scheduling. Nav. Res. Log. Qu. **4** (1957)

Kelley, Jr., J. E.: [1] The cutting plane method for solving convex programs. SIAM **8** (1960)

[2] A general technique for convex programming. To appear in J. Roy. Stat. Soc.

Kelley, Jr., J. E., Wolfe, Ph.: [1] Programming with nonlinear constraints. In draft

Kemeny, J. G., Snell, J. L., Thomson, G. L.: [1] *Introduction to finite mathematics*. New Jersey: Prentice-Hall Inc. 1957

Kiefer, J.: [1] Optimum sequential search and approximation methods under minimum regularity assumptions. SIAM **5** (1957)

Kleibohm, K.: [1] Ein Verfahren zur approximativen Lösung von konvexen Programmen. Dissertation Zürich 1966

Klein, B.: [1] Direct use of extremal principles in solving certain optimizing problems involving inequalities. JORSA **3** (1955)

Kowalik, J., Osborne, M. R.: [1] *Methods for unconstrained optimization problems*. New York: Elsevier 1968

Kreko, B.: [1] *Optimierung, nichtlineare Modelle*. Berlin: Deutscher Verlag d. Wiss. 1974

Krelle, W.: [1] *Preistheorie*. Tübingen: J. C. B. Mohr u. Zürich: Polygraphischer Verlag 1961

Krelle, W., Künzi, H. P.: [1] *Lineare Programmierung*. Zürich: Verlag Industrielle Organisation 1959

Kuhn, H. W., Tucker, A. W.: [1] Non-linear programming. In: Proc. of the Second Berkeley Symposium on Math. Stat. and Probab. Berkeley/Cal.: University Press 1950

Kuhn H. W., Tucker, A. W. (eds.): [2] *Linear inequalities and related systems* (Ann. Math. Studies, Vol. 38). Princeton: Princeton University Press 1956

Künzi, H. P.: [1] Nichtlineare Programmierung. ZAMM **41** (1961)

[2] Abgekürzte Verfahren beim quadratischen Programmieren. UFO **5** (1961)

Künzi, H. P., Oettli, W.: [1] Une méthode de résolution des programmes quadratiques en nombres entiers. C. r. Acad. Sci. (Paris) **252** (1961)

[2] *Nichtlineare Optimierung: neuere Verfahren, Bibliographie*. Lecture Notes in Operations Research and Math. Systems, No. 16. Berlin-Heidelberg-New York: Springer-Verlag 1969

Loeb, H. L.: [1] Algorithms for Chebycheff approximations using the ratio of linear forms. In: The Rand Symposium on Math. Progr. Proc. of a Conf. R-351 (1960)

Luenberger, D. G.: [1] *Introduction to linear and nonlinear programming*. Reading, Mass.: Addison-Wesley 1973

McCormick, G. P.: [1] Second order conditions for constrained minima. SIAM **15** (1967)
[2] Anti-zig-zagging by bending. Man. Sci. (Theory) **15** (1969)

McCormick, G. P., Ritter, K.: [1] Methods of conjugate direction versus quasi-Newton methods. Math. Prog. **3** (1972)

Mangasarian, O. L.: [1] *Nonlinear programming*. New York: McGraw-Hill 1969

Mann, A. O.: [1] Concave programming for gasoline blends. JORSA **1** (1953)

Markowitz, H. M.: [1] The optimization of quadratic functions subject to linear constraints. Santa Monica/Cal.: The Rand Corporation RM-1438 (1955)
[2] The optimization of a quadratic function subject to linear constraints. Nav. Res. Log. Qu. **3** (1956)
[3] Computing procedures for portofolio selection. Abstract in: Nav. Res. Log. Qu. **1** (1957)

Marquardt, D. W.: [1] An algorithm for least-squares estimation of nonlinear parameters. SIAM **11** (1963)

Martin, A. D.: [1] Mathematical programming of portofolio selection. Man. Sci. **1** (1955)

Merrill, R. P.: [1] Description of computer code for gradient projection method. In: The Rand Symposium on Math. Progr. Proc. of a Conf. R-351 (1960)

Miller, C. E.: [1] The simplex method for local separable programming. To appear in: The mathematical Programming Symposium Chicago 1962   ·

Mizuno, Y.: [1] An example of the applied non-linear programming involving uncertain elements (in Japanese). Stat. Qual. Contr. **6** (1955)

Motzkin, T. S.: [1] Beiträge zur Theorie der Linearen Ungleichungen. Diss. Basel 1933
[2] Ramification of optimization theory. In: The Rand Symposium on Math. Progr. Proc. of a Conf. R-351 (1960)

Murray, W.: [1] *Numerical methods for unconstrained optimization*. London: Academic Press 1972

Myers, G.: [1] Properties of the conjugate gradient and Davidon methods. J. Opt. Th. Appl. **2** (1968)

Neumann, J. von, Morgenstern, O.: [1] *Theory of games and economic behaviour*. Princeton: University Press 1944 (3rd Edition 1953)

Orden, A.: [1] Survey of research on mathematical solutions of programming problems. Man. Sci. **1** (1955)
[2] Minimization of indefinite quadratic functions with linear constraints. To appear in: The Mathematical Programming Symposium Chicago 1962

Peuchot, M.: [1] Research in convex program solving. In: Proceedings of the Second Intern. Conf. on OR. Aix-en-Provence 1960

Polak, E.: [1] *Computational methods in optimization, a unified approach*. New York: Academic Press 1971

Powell, M. J. D.: [1] An efficient method for finding the minimum of a function of several variables without calculating derivatives. Computer J. **7** (1964)

Rademacher, H., Schoenberg, I. J.: [1] Helly's theorem on convex domains and Tschebycheff's approximation problem. Can. J. Math. **2** (1950)

Reklaitis, G. V., Phillips, D. T.: [1] A survey of nonlinear programming. AIIE Trans. **7** (1975)

Riley, V., Gass, S. I.: [1] A bibliography of linear programming and associated techniques. Baltimore: Johns Hopkins University Press 1958

Rosen, J. B.: [1] The gradient projection method for nonlinear programming, Part I – Linear constraints. SIAM **8** (1960)
[2] The gradient projection method for nonlinear programming. Part II – Nonlinear constraints. In: The Rand Symposium on Math. Progr. Proc. of a Conf. R-351 (1960) and SIAM **3** (1961)
[3] Stability of differential equations and equivalent nonlinear programming problem. Notices Amer. Math. Soc. **7** (1960)

Rossman, M. J., Kellogg, M. N.: [1] A manual optimization of non-linear systems with numerous feasible solutions. OR JORSA **5** (1957)

Rutishauser, H.: [1] Zur Matrizeninversion nach Gauß-Jordan. ZAMP, **X** (1959)

Saline, L. E.: [1] Quadratic programming of interdependent activities for optimum performance. Trans. Amer. Soc. Mech. **78** (1956)

Shanno, D. F.: [1] Conditioning of quasi-Newton methods for function minimization. Math. Comput. **24** (1970)

[2] Conjugate gradient methods with inexact searches. Working Paper, College of Business and Public Administration, Univ. of Arizona, Tucson, Ariz., U.S.A. (1976)

Shanno, D. F., Phua, K. H.: [1] Matrix conditioning and nonlinear optimization. Math. Prog. **14** (1978)

Shepard, R. W.: [1] Nonlinear programming. 2. Teil: Kuhn-Tuckerscher Lehrsatz, Quadratic Programming und Gradientenmethode. Qual. u. OR **1** (1960)

[2] Nonlinear programming. Teil 1: Lineare Darstellung trennbarer konkaver Funktionen bei einem Produktionsprogramm. Qual. u. OR. **10** (1960)

Shetty, C. M.: [1] A solution to the transportation problem with nonlinear costs. OR JORSA **7** (1959)

Simmons, D. M.: [1] *Nonlinear programming for operations research.* Englewood Cliffs, N.J.: Prentice-Hall 1975

Simon, H. A.: [1] Dynamic programming under uncertainty with a quadratic criterion function. Econom. **24** (1956)

Slade, Jr., J. J.: [1] Some observations on formal models for programming. Trans. Amer. Soc. Mech. **78** (1956)

Slater, M.: [1] Lagrange multiplier revisited: A contribution to non-linear programming. Santa Monica/Cal.: The Rand Corporation RM-676 (1951)

Smith, D. M.: [1] Techniques for block angular and non linear programming problems. In: The Rand Symposium on Math. Progr. Proc. of a Conf. R-351 (1960)

Stiefel, E.: [1] Relaxationsmethoden bester Strategie zur Lösung linearer Gleichungssysteme. Comment. Math. Helv. **29** (1955)

[2] *Einführung in die Numerische Mathematik.* Stuttgart: B. G. Teubner Verlagsgesellschaft 1961

Stiemke, E.: [1] Über positive Lösungen homogener linearer Gleichungen. Math. Ann. **76** (1915)

Swann, W. H.: [1] Report on the development of a new direct search method of optimization. ICI Central Instrument Laboratory Research Note 64/3 (1964)

Theil, H., van de Panne, C.: [1] Quadratic programming as an extension of conventional quadratic maximization. Man. Sci. **7** (1961)

Therme, M.: [1] Solution and graphic discussion of a non-linear programme. In: Proceedings of the Second Intern. Conf. on O.R. Aix-en-Provence 1960

Thrall, R.: [1] Some results in non-linear programming. Part. I. Santa Monica/Cal.: The Rand Corporation, RM-909 (1952)

[2] Some results in non-linear programming. Part II. Santa Monica/Cal.: The Rand Corporation, RM-935 (1952)

[3] Some results in non-linear programming. In: The Second Symposium in Linear Programming, Vol. II. Washington: National Bureau of Standards 1955

Topkis, D. M.: [1] Cutting plane methods without nested constraint sets. OR JORSA **18** (1970)

Topkis, D. M., Veinott, Jr., A. F.: [1] On the convergence of some feasible direction algorithms for nonlinear programming. J. SIAM Control **5** (1967)

Tucker, A. W.: [1] Dual systems of homogeneous linear relations. In: *Linear inequalities and related systems,* Annals of Mathematics Studies, No. 38. Princeton/N.J.: Princeton Univ. Press, 1956

[2] Linear and non-linear programming. OR JORSA **5** (1957)

Uzawa, H.: [1] The Kuhn-Tucker theorem in concave programming. In: Arrow, K. J., L. Hurwicz, and H. Uzawa [1]

[2] The gradient method for concave programming. II. Global results. In: Arrow, K. J., L. Hurwicz, and H. Uzawa [1]

[3] Iterative methods for concave programming. In: Arrow, K. J., L. Hurwicz, and H. Uzawa [1]

[4] A theorem on covex polyhedral cones. In: Arrow, K. J., L. Hurwicz, and H. Uzawa [1]

[5] Market mechanism and mathematical programming. Econ. **28** (1960)

Vajda, St.: [1] *Mathematical programming.* London: Addison-Wesley Publishing Company, Inc. 1961

Van de Panne, C.: [1] A quadratic programming method. To appear in: The Mathematical Programming Symposium Chicago 1962

Van de Panne, C., Averink, G. J.: [1] Imperfect management decisions and predictions and their financial implications in dynamic quadratic cost minimization. Stat. Neerl. **15** (1961)

Vazsonyi, A.: [1] Optimizing a function of additively separated variables subject to a simple restriction. Second Symposium in Linear Programming, Vol. II. National Bureau of Standards, US Department of Commerce 1955

Veinott, A. F. Jr.: [1] The supporting hyperplane method for unimodal programming. OR JORSA **15** (1967)

Walsh, G. R.: [1] *Methods of optimization.* London: Wiley 1975

Warga, J.: [1] Convex minimization problems I. RAD technical Memo TM-59-20. Wilmington/Mass.: Res. and Adv. Devel. Division 1959

[2] Convex minimization problems II (The transportation problem). RAD Technical Memo TM-59-21. Wilmington/Mass.: Res. and Adv. Devel. Division 1959

[3] Convex minimization problems III, Linear programming. RAD Technical Memo. TM-59-22. Wilmington/Mass.: Res. and Adv. Devel. Division 1959

Wegner, P.: [1] A nonlinear extension of the simplex method. Man. Sci. **7** (1961)

Wilde, D. J.: [1] *Optimum seeking methods.* Englewood Cliffs, N.J.: Prentice-Hall 1964

Wilde, D. J., Acrivos, A.: [1] Minimization of a piecewise quadratic function arising in scheduling. OR JORSA **8** (1960)

Wilde, D. J., Beightler, C. S.: [1] *Foundations of optimization.* Englewood Cliffs, N.J.: Prentice-Hall 1967

Witzgall, Ch.: [1] Gradient-projection methods for linear programming. Princeton-IBM Math. Res. Proj. Techn. Rep. **2** (1960)

[2] On the gradient projection methods of R. Frisch and J. B. Rosen. To appear in: The Mathematical Programming Symposium Chicago 1962

Wolfe, Ph.: [1] The simplex method for quadratic programming. Econ. **27** (1959)

[2] A duality theorem for nonlinear programming. Santa Monica/Cal.: The Rand Corporation, P-2028 (1960)

[3] Recent developments in nonlinear programming, Part I. Santa Monica/Cal.: The Rand Corporation, P-2063 (1960)

[4] Some simplex-like non-linear programming procedure. In: Proceedings of the Second Intern. Conf. on O. R. Aix-en-Provence 1960

[5] The Rand symposium on mathematical programming. Santa Monica/Cal.: The Rand Corporation, R-351 (1960)

[6] Methods of nonlinear programming. To appear in: Mathematical Programming Symposium Chicago 1962

[7] Accelerating the cutting plane method for nonlinear programming. SIAM **9** (1961)

[8] Methods of nonlinear programming. In: J. Abadie (ed.): *Nonlinear programming.* Amsterdam: North-Holland 1967

[9] On the convergence of gradient methods under constraints. IBM Research Report RC 1752 (1967)

Zangwill, W. I.: [1] *Nonlinear programming: a unified approach.* Englewood Cliffs, N.J.: Prentice-Hall 1969

[2] Nonlinear programming via penalty functions. Man. Sci. **13** (1967)

Zoutendijk, G.: [1] Studies in nonlinear programming. Some remarks about the gradient projection method of nonlinear programming. Koninklije/Shell-Laboratorium, Amsterdam, Sept. (1957)

[2] Maximizing a function in a convex region. J. Roy. Stat. Soc. **21** B (1959)

[3] *Methods of feasible directions. A study in linear and non-linear programming.* Amsterdam-London-New York-Princeton: Elsevier Publishing Company 1960

[4] Nonlinear programming: a numerical survey. J. SIAM Control **4** (1966)

Zurmühl, R.: [1] *Matrizen, eine Darstellung für Ingenieure.* 3. Aufl. Berlin-Göttingen-Heidelberg: Springer-Verlag 1961

Namen- und Sachverzeichnis

Operations Research-Spektrum

Organ der Deutschen Gesellschaft für Operations Research

Titel Nr. 291

Herausgeber: W. Bühler, Dortmund; U. Eckhardt, Hamburg; K.-W. Gaede, Darmstadt; H. Müller-Merbach, Darmstadt; D. B. Pressmar, Hamburg; H. Schellhaas, Darmstadt; C. Schneeweiß, Berlin; P. Stahlknecht, Berlin; H.-J. Todt, Rossert

Schriftleitung: H. Späth, Oldenburg

Als Organ der Deutschen Gesellschaft für Operations Research (DGOR) soll das **OR-Spektrum** von der Vielfalt der Richtungen profitieren, die in der DGOR vertreten sind. Die Zeitschrift wendet sich an alle im Bereich des Operations Research tätigen Personen. Ihr Orientierungspunkt liegt in dem Ziel, einen Beitrag zur Bewältigung realer Planungsaufgaben zu leisten.

Die Zeitschrift veröffentlicht Forschungsbeiträge in deutscher und englischer Sprache, die sich auf den gesamten Modellbildungs-, Lösungs- und Implementierungsprozeß beziehen; insbesondere dient sie

- der Konstruktion in der Praxis einsetzbarer Modelle und deren Einbettung in den realen Planungszusammenhang,
- der Weiterentwicklung mathematischer Lösungsverfahren.

Neben entsprechenden Originalarbeiten sollen Übersichtsartikel, Fallstudien und Berichte über OR-Software das Gesicht der Zeitschrift prägen.

Mit diesem Konzept wird ein breiter Kreis der am Operations Research interessierten Personen angesprochen; ebenso bietet sich dem in der internationalen Forschung stehenden Wissenschaftler ein geeignetes Forum.

Mitglieder der Deutschen Gesellschaft für Operations Research e. V. erhalten die Zeitschrift im Rahmen der Mitgliedschaft.

Bezugsbedingungen: Auf Anfrage

Springer-Verlag
Berlin
Heidelberg
New York

E. Blum, W. Oettli
Mathematische Optimierung
Grundlagen und Verfahren
1975. 5 Abbildungen. IX, 413 Seiten
(Ökonometrie und Unternehmensforschung,
Band 20)
Gebunden DM 148,– ISBN 3-540-07294-2

Gegenstand dieses Buches ist die nichtlineare
Programmierung. Es werden sowohl ihre
Grundlagen als auch die Lösungsverfahren
dargestellt. Als Anwendung dienen Beispiele
aus der Kontrolltheorie, der Approximations-
theorie, der Ökonomie und der Netzwerk-
theorie.

P. J. Dhrymes
Econometrics
Statistical Foundations and Applications
Springer Study Edition
Revised reprint of the 1st edition 1974.
XV, 592 pages
DM 48,– ISBN 3-540-90095-0

Dieses Buch behandelt die Anwendung stati-
stischer Methoden auf empirische Daten der
Wirtschaft. Ohne daß tiefere mathematische
Kenntnisse vorausgesetzt werden, wird der
Leser mit den verhältnismäßig schwierigen
Methoden vertraut gemacht, die für eine ange-
messene Behandlung konkreter Probleme ge-
braucht werden. Die Darstellung selbst ist an
keiner Stelle unnötig schwierig oder abstrakt.

P. J. Dhrymes
Introductory Econometrics
1978. 10 figures, 7 tables. X, 563 pages
Cloth DM 42,– ISBN 3-540-90317-8

Im Mittelpunkt dieses Lehrbuches steht das allgemeine lineare Modell, das mit seinen Voraussetzungen (und Konsequenzen der Abweichung
von diesen Voraussetzungen) eingehend diskutiert wird. Unter den weiteren vom Autor behandelten Themen befinden sich simultane
Gleichungsmodelle, Durbin-Watson Theorie
und Bayessche Analyse, die alle gründlicher und
ausführlicher als in elementaren Lehrbüchern
üblich diskutiert werden.

P. J. Dhrymes
Mathematics for Econometrics
1978. 1 figure. VIII, 136 pages
DM 18,– ISBN 3-540-90316-X

Mathematics for Econometrics enthält eine Einführung und Übersicht über die in der Ökonometrie notwendigen mathematischen Begriffs-
bildungen. Geschrieben als ein Anhang zu
Introductory Econometrics desselben Autors,
kann es auch unabhängig oder in Verbindung
mit anderen Lehrbüchern benutzt werden.

P. Kall
Stochastic Linear Programming
1976. 1 figure. VI, 95 pages
(Ökonometrie und Unternehmensforschung,
Band 21)
Cloth DM 42,– ISBN 3-540-07491-0

Dieser Band behandelt in knapper, anwendungs-
orientierter Weise Aufgabenstellungen der
linearen Programmierung, bei denen einige oder
alle Koeffizienten eines linearen Programms
Zufallsvariable sind. Die systematische Behandlung der wesentlichen Resultate der stochasti-
schen linearen Programmierung in einem bestimmten theoretischen Rahmen macht das
Buch als Einführung geeignet. Darüberhinaus
werden zahlreiche ungelöste Probleme angegeben, die den Anschluß an die neuere
Forschung vermitteln.

H. Bühlmann, H. Loeffel, E. Nievergelt
Entscheidungs- und Spieltheorie
Ein Lehrbuch für Wirtschaftswissenschaftler
Hochschultext
1975. 121 Abbildungen, 53 Tabellen.
XIII, 311 Seiten
DM 28,60 ISBN 3-540-07462-7

Das Buch gibt eine Einführung in die Entschei-
dungs- und Nutzentheorie mit Einschluß der
Spieltheorie sowie der statistischen Entschei-
dungstheorie. Das Hauptziel besteht in der Ver-
mittlung der Grundbegriffe und wichtigsten An-
wendungsmöglichkeiten der modernen Ent-
scheidungstheorie bei Unsicherheit. Besondere
Aufmerksamkeit wurde einem sorgfältigen
didaktischen Aufbau gewidmet. Viele durchge-
rechnete Beispiele und Aufgaben mit Lösungs-
hinweisen erlauben dem Leser ein relativ mühe-
loses Eindringen in die Materie. Das Buch
schließt im deutschen Sprachraum eine Lücke.

L. V. Makarov, A. M. Rubinov
**Mathematical Theory of Economic Dynamics
and Equilibria**
Translated from the Russian by M. A. El-Hodiri
1977. 25 figures. XV, 252 pages
Cloth DM 76,– ISBN 3-540-90191-4

Die Autoren entwickeln in diesem Werk eine
Theorie der oekonomischen Dynamik und des
oekonomischen Gleichgewichts, wobei als
wesentliches Hilfsmittel die topologischen
Eigenschaften von Abbildungen zwischen
Punktmengen, insbesondere des Kakutani-Fix-
punkts herangezogen werden. Zu den behandelten Themen gehören das Neuman-Gale-
Modell, das Arrow-Debreu-Modell und das allgemeine Modell der oekonomischen Dynamik.

Preisänderungen vorbehalten